"十四五"职业教育国家规划教材

国家首批示范性高等职业院校重点建设专业指定教材

国家级精品课程、国家精品资源共享课程建设教材

印 刷 工 艺

王利婕　主　编

朱永双　副主编

刘志宏　招　刚　许向阳　许瑞馨　吴　丽　参　编

U0219855

中国轻工业出版社

图书在版编目（CIP）数据

印刷工艺 / 王利婕主编. —北京：中国轻工业出版社，2023.8

"十二五"职业教育国家规划教材、经全国职业教育教材审定委员会审定　国家首批示范性高等职业院校重点建设专业指定教材

ISBN 978-7-5184-0598-5

Ⅰ.① 印… Ⅱ.① 王… Ⅲ.① 印刷—生产工艺—高等职业教育—教材 Ⅳ.① TS805

中国版本图书馆CIP数据核字（2015）第205172号

责任编辑：杜宇芳　　　　　责任终审：张乃东　　整体设计：锋尚设计
策划编辑：林　媛　杜宇芳　责任校对：燕　杰　责任监印：张　可

出版发行：中国轻工业出版社（北京东长安街6号，邮编：100740）
印　　　刷：三河市万龙印装有限公司
经　　　销：各地新华书店
版　　　次：2023年8月第1版第5次印刷
开　　　本：787×1092　1/16　印张：22.75
字　　　数：570千字
书　　　号：ISBN 978-7-5184-0598-5　定价：79.00元
邮购电话：010-65241695
发行电话：010-85119835　传真：85113293
网　　　址：http://www.chlip.com.cn
Email：club@chlip.com.cn
如发现图书残缺请与我社邮购联系调换
231184J2C105ZBW

前　言

　　印刷工艺技术是印刷包装领域的核心技术，它贯穿于印刷产品的设计、印前制作、印刷、印后加工及客户服务等各个环节，对印刷产品的生产和销售起着决定性的作用。

　　"印刷工艺"课程是高职高专院校印刷技术及相关专业的核心课程，内容包括印刷工艺基础、工艺原理、工艺方法、工艺要素与参数、工艺过程控制、印刷产品质量检测、印刷标准化、印刷工艺设计与管理等，其知识点贯穿整个专业课程体系，内容涉及多个工序与岗位，对整个专业知识的学习和核心技能的掌握起着重要的支撑作用。

　　本教材由全国首批示范性高职院校深圳职业技术学院印刷技术专业的"印刷工艺"课程教学团队集体编写完成，该校的印刷技术专业是国家级示范专业，其"印刷工艺"课程是国家级精品课程和国家级精品资源共享课程。课程教学团队开展本课程的教学和建设达17年之久，积累了丰富的教学经验、教学改革成果和课程资源，自从与中国轻工业出版社签订出版合同以来，不断进行课程内容和教学模式的改革与实践，历时多年，教材中凝聚了团队成员的心血与汗水、创新与探索。

　　本教材按教学要求和工作过程共分成课程概述、六个教学单元及附录部分，力求体现以下特点：

　　1．按实际生产岗位要求和高等职业院校人才培养模式设计内容。

　　2．编写结构力求符合高职高专学生学习的特点和教学要求。

　　3．各单元分别由应知应会要点、目标任务、内容讲解（含图表）、项目训练、真实任务、职业拓展等部分组合而成，教学中将学习与工作任务相结合，使学生在完成工作的过程中达到学习目标，养成独立思考和解决问题的能力。

　　4．图表并茂，大量采用生产中使用的真实数据和表格，力求贴近生产实际。

　　本教材由国家级示范专业——深圳职业技术学院印刷技术专业负责人、国家精品课程"印刷工艺"课程负责人王利婕教授任主编，有着大型印刷企业工艺生产和管理经验的朱永双高级工程师任副主编，专业骨干教师刘志宏、招刚、许向阳、许瑞馨、吴丽为主要参编成员。课程概述、附录部分由王利婕编写，第一单元由王利婕、许瑞馨、吴丽编写，第二单元由朱永双编写，第三单元由招刚编写，第四单元由刘志宏编写，第五单元由许向阳、朱永双编写，第六单元由朱永双、王利婕编写。全书由王利婕、朱永双统稿和修改。

　　本教材从立项到完成编写得到了中国轻工业出版社及赵红玉、林媛、杜宇芳三位老师的大力支持和指导，海德堡印刷媒体技术中心、深圳雅昌集团、深圳中华商务安全印务有限公司、深圳劲嘉彩印集团股份有限公司、永发印务（东莞）有限公司等企业为教材的编写提供了大量的参考数据和资料。对以上个人和企业给予的大力支持和帮助，在此一并表示衷心的感谢。

　　由于水平有限，本教材在编写过程中难免存在不足和错漏，敬请兄弟院校及业内同行批评指正。

编写组
2015年7月

目 录

项目三　印刷辅助材料认知

|第四单元|印刷工艺过程控制

项目一　印刷压力及其控制

项目二　水墨平衡及其控制

项目三　印刷色序及其控制

项目四　印刷工艺条件及其控制

项目五　常见的印刷工艺故障分析与控制

第五单元｜印刷质量检测与标准化控制

项目一　印刷质量评价

项目二　印刷质量检测常用工具和仪器使用

项目三　印刷质量控制指标检测与计算

| 附录二 | "印刷工艺"实训项目指导书

综合训练项目——印刷工艺规程编制

| 参考文献 |

课程概述

一、课程简介

1. 课程参考学时及开设时间

本课程约70学时，建议第四学期开设。

2. 前导与后续课程

前导课程：印刷概论、印刷色彩、数字印前技术、图文排版与制作、印刷设备等。

后续课程：胶印机操作、特种印刷、印后加工工艺、印刷企业管理、毕业设计等。

3. 课程目标

本课程以现代印刷产品的工艺设计与生产过程为载体，以具体项目引导教学任务和内容，使学生针对具体生产任务全面掌握：常用的印刷工艺方法与原理；纸张、油墨等工艺要素的应用与要求；印刷工艺参数与工艺过程控制；印刷工艺标准与产品质量检测；印刷工艺设计与现场工艺管理。

学习结束后，学生应达到印刷工艺设计、工艺跟单及工艺操作的基本要求，同时应提高独立思考能力、解决问题能力和职业综合素质，为胜任印刷工艺生产与管理打下良好的基础。

二、课程主要学习内容与要求

1. 主要学习内容

岗位知识学习：印刷工艺基本概念、工艺原理、工艺方法、工艺要素、印刷过程控制原理、印刷标准化等。

岗位能力学习：印刷工艺设计、印刷材料选用与计算、印刷报价、印刷工艺过程控制方法、印刷质量检测与控制、印刷工艺相关标准应用、印刷施工单填写与解读、印刷工艺规程编制、印刷工艺管理理念与能力等。

职业文化学习：职业养成、职业能力训练、综合人文素质培养与提升等。

2. 教学要求

（1）教师要求

①精通印刷技术原理与工艺技术；②具有丰富的印刷工艺设计与生产经验；③能解决印刷工艺生产常见问题；④熟悉相关设备与仪器，熟悉国际国内相关印刷标准；⑤具有较强的表达能力、课程设计能力、教学创新能力和课堂组织能力。

（2）学生要求

①积极参加各教学环节；②在小组中发挥重要的岗位作用；③勤于思考，勤于动手；④善于提问，积极讨论；⑤针对具体生产任务掌握平版印刷、凹版印刷、柔性版印刷的基本原理、工艺过程及其应用；弄清印版、纸张、油墨等印刷工艺材料的组成、印刷适性和使用方法；掌握印刷的三大基本原理和过程中的印刷压力、水墨平衡、彩色套印工艺原理与过程控制方法，弄懂印刷质量的数据化、规范化控制和管理方法，学会工艺设计的内容和方法，弄懂印刷工艺中所涉及的要素和参数，提高分析和解决实际生产问题的能力，达到能进行印刷工艺跟单、工艺设计及生产工艺管理的要求。

三、主要教学资源与辅助工具

1. "印刷工艺"精品课程网络共享资源：

http://www.icourses.cn/coursestatic/course_6350.html

2. 主要参考资料

①《印刷原理与工艺》，冯瑞乾编著，印刷工业出版社，2000年。

②《印后原理与工艺》，魏瑞玲编著，印刷工业出版社，2000年。

③《平版胶印印刷材料》，印刷工业出版社，1994年。

④《常用印刷标准汇编》，全国印刷标准化技术委员会编，中国标准出版社，2015版。

3. 辅助教学设备与工具

①教学工具：长尺、短尺、剪刀、戒刀、放大镜、印刷品、8开设计用白纸本等。

②教学设备：印前、印刷及印后加工设备；密度计、色度计、读数显微镜等。

四、考核要求

采用形成性考核方式，成绩构成如下：

1. 平时项目考核占总成绩的50%（每项目10分，共50分）。

2. 综合训练项目——印刷工艺规程编制占总成绩的30%。

3. 平时表现及职业素养占10%。

4. 课程最后总结或课程答辩占10%。

第一单元

印刷工艺基础

印刷工艺技术是印刷领域最为核心的专业技术，涉及材料、方法、要素、过程、产品等。本单元是印刷工艺的基础部分，学习中应首先明确与印刷工艺相关的基本概念和要素，再重点学习常用的印刷工艺方法、原理及其应用，并了解印后加工工艺方法。通过本单元的学习，使学生对印刷工艺技术有一个全面、基本的了解，为后续的工艺设计和工艺技术学习打下一定的基础。

能力目标

1. 能针对不同印刷品或印刷内容选择相应的印刷工艺方法。
2. 能写出各种印刷品的印刷及印后加工工艺流程框图。

知识目标

1. 印刷工艺的基本概念。
2. 常用印刷工艺原理、方法及其应用特点。
3. 印刷工艺基本要素。

项目一　印刷工艺基础认知

知识点1　印刷工艺基本概念

（1）印刷工艺　实现印刷的各种规范、程序和操作方法。

（2）印刷工艺规范　又称印刷工艺规程，对印刷工艺的材料使用、工艺参数、工艺条件与环境、工艺控制、工艺方法等进行规定和控制。

（3）印刷工艺程序　指印刷工艺操作的过程及先后顺序，即工艺流程。

（4）操作方法　指实现印刷工艺的原理与方法、设备的操作方法等。

知识点2　印刷工艺基本要素

（1）印刷工艺基本要素

①承印物；②油墨（或色料）；③印刷机械；④印刷版。

（2）印刷图文要素

①文字；②线划；③色彩；④网点；⑤实地。

（3）印刷工艺条件与参数

①印刷压力；②印刷幅面；③印刷速度；④印刷温湿度；⑤印刷色序；⑥润版液的参数；⑦油墨的转移与吸附条件。

（4）印刷工艺控制与管理要素

①工艺条件与参数控制；②工艺程序与操作方法控制；③印品质量控制与管理；④作业现场控制与管理；⑤印刷设备控制与管理。

项目二　常用印刷工艺方法分析

知识点1　平版印刷工艺

一、概述

由于印版的图文部分和空白部分并无明显高低之分，几乎处于同一平面上，所以被称为平版印刷。

平版印刷由石版印刷演变而来，从发明至今已有200多年的历史。1796年，德国发明了石版印刷原理，并于1798年制造出第一台木制石印机。将石版版面先着水、后着墨，然后放上印刷纸张加压进行印刷，把印版图文上的油墨直接印在纸张上，这就是所说的直接平印法。1817年，用金属薄版代替了石版，并采用圆压圆型印刷机的结构形式进行印刷。1905年，美国的鲁贝尔（W.Rubel）发明了间接印刷方法，先将油墨转移到橡皮布上，即为第一次转移，然后再转印到承印物上，故一般将平版印刷称为胶印。由于橡皮布具有弹性，通过它传递，不但能够提高印刷速度，减少印版磨损，延长印版的使用寿命，而且可以在较粗糙的纸张上印出细小的网点和线条，比直接印刷更为清晰。从直接的石版印刷发展到间接的胶印是印刷史上的一大进步。平版印刷所使用的印版，曾经选用石版、锌版和纸版，现在主要是以金属铝制造基材，即PS版、CTP胶印版、无水胶印版。

二、平版印刷原理

印版上的图文部分通过感光方式或转移方式使之具有亲油性及斥水性，空白部分通过化学处理使之具有亲水性。

在印刷时，利用油与水互相排斥的原理，首先在印版表面涂上一层薄薄的水膜，使空白部分吸附水分，而图文部分因具有斥水性，不会被润湿。再利用印刷部件的供墨装置向印版供墨，由于印版的非图文部分受到水的保护，因此，油墨只能供到印版的图文部分。最后是将印版上的油墨转移到橡皮布上，再利用橡皮滚筒与压印滚筒之间的压力，将橡皮布上的油墨转移到承印物上，完成一次印刷。所以，平版印刷是一种间接的印刷方式，其工艺过程简图如图1-1所示。

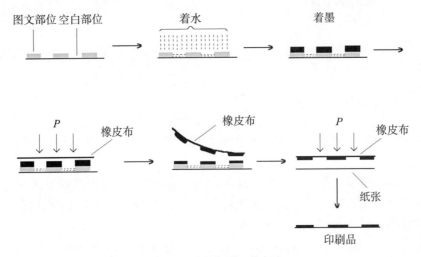

图1-1 平版印刷工艺方法

目前，平版胶印机可以划分为两类：单张纸胶印机（图1-2）和卷筒纸胶印机（图1-3）。单张纸平版胶印印刷原理如图1-4所示。

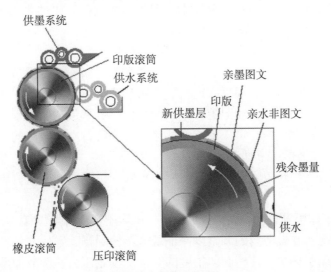

图1-2 单张纸胶印原理

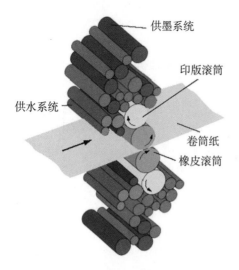

图1-3　卷筒纸胶印原理

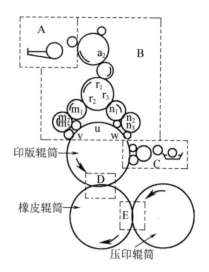

图1-4　平版印刷机基本结构与工作原理

三、平版印刷工艺操作流程

平版印刷工艺操作流程包括：印刷前的准备、安装印版、试印刷、正式印刷，印后处理等。

（1）印刷前的准备　平版印刷工艺复杂，印刷前要做好充分的准备工作。

纸张在投入印刷前（尤其是用于多色胶印机的纸张），需要进行调湿处理，其目的是降低纸张对水分的敏感程度，提高纸张尺寸的稳定性。

油墨厂生产的油墨，一般是原色墨，印刷厂在使用时，需要根据印刷品的类别，印刷机的型号，印刷色序等要求，对油墨的色相、黏度、黏着性、干燥性进行调整。

从存版车间领到上机的印版时，要对印版的色别进行复核，以免发生版色和印刷单元油墨色相不符的印刷故障。

平版的浓淡层次，是用网点百分比来表现的，网点百分比过大，印版深，相反则印版浅。过深、过浅的印版需要修正或重新晒版。

此外，还要检查印版的规线、切口线、版口尺寸等。

平版印刷使用的润湿液一般是在水中加入磷酸盐、磷酸、柠檬酸、乙醇、阿拉伯胶以及表面活性剂等化学组分，根据印刷机、印版、承印材料等的不同要求，配制成性能略有差异的润湿液。印刷时，润湿液在印版的空白部分形成均匀的水膜，防止脏版。当空白部分的亲水层被磨损时，可以形成新的亲水层，维持空白部分的亲水性。同时，能降低印版的温度，减小网点扩大值。

（2）安装印版　将印版连同印版下的衬垫材料，按照印版的定位要求，安装并固定在印版滚筒上。

（3）试印刷　印版安装好以后，就可以进行试印刷，主要操作有：检查胶印机输纸、传纸、收纸的情况，并做适当的调整以保证纸张传输顺畅、定位准确。以印版上的规矩线为标准，调整印版位置，达到套印精度的要求。校正压力，调节油墨、润湿液的供给量，使墨色符合样张。印出开印样张，审查合格，即可正式印刷。

（4）正式印刷　在印刷过程中要经常抽出印样检查产品质量，其中包括：套印是否准确，墨色深浅是否符合样张，图文的清晰度是否能满足要求，网点是否发虚，空白部分是否洁净等，同时，要注意机器在运转中，有无异常，发生故障即时排除。

（5）印后处理　主要内容有：墨辊、墨槽的清洗，印版表面涂胶或去除版面上的油墨，印张的整理，印刷机的保养以及作业环境的清扫等。

四、平版印刷特点

工艺过程特点：制版工艺简单，版材成本低廉，耐印率高，图文质量好；印版上的图文与非图文部分几乎在同一个平面上；采用有水印刷，图文与空白部位分明，图文精细、清晰，但水墨平衡不好控制；间接印刷，橡皮布的弹性能使印刷接触良好，印版磨损小，橡皮滚筒可以适用不同类型的纸张；周期短，印刷速度快，工艺技术先进，数据化、规范化程度高，可以连接各种印前和印后装置，达到连贯作业，可以承印大批量印刷。

印刷品的特点：线条或网点的中心部分墨色较浓，边缘不够整齐、又没有油墨堆起的现象。在印版上有图文部分和非图文部分的部分都是平坦的，而在边缘部分因受到水的侵蚀，而显得不平坦。

印刷特点：色调再现性好，印刷质量好；成本低；印刷幅面大；墨层厚度较薄（$1 \sim 2\mu m$），颜色较浅，要求油墨颜色性能要好；采用半色调网点印刷，层次丰富，色彩鲜艳，但网点易变形；纸张上所获油墨量为印版上的36%左右。

五、应用范围

平版印刷广泛应用于印刷报纸、书刊、画报、宣传画、商标、挂历、地图、纸包装盒、纸包装袋等纸品材料印刷、也可用于马口铁、铝片、塑料片基的印刷。

知识点2　凹版印刷工艺

一、概述

相对于平版印刷的间接印刷方式而言，凹版印刷是一种直接的印刷方法。印刷版上空白部位高于图文部位且处于同一平面或同一半径的弧面上，通过压力的作用，使图文印迹转移到承印物表面的印刷方法称凹版印刷。它将凹版凹坑中所含的油墨直接压印到承印物上，所印画面的浓淡层次是由凹坑的大小及深浅决定的，如果凹坑较深，则含的油墨较多，压印后承印物上留下的墨层就较厚；相反如果凹坑较浅，则含的油墨量就较少，压印后承印物上留下的墨层就较薄。凹版印刷的印版是由一个个与原稿图文相对应的凹坑及印版的表面所组成的。印刷时，油墨被充填到凹坑内，印版表面的油墨用刮墨刀刮掉，印版与承印物有一定的压力接触，将凹坑内的油墨转移到承印物上，完成印刷。

印刷部分低于空白部分，层次深浅不同则凹陷深度不同，空白部分在同一平面。如图1-5所示。

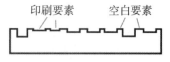

图1-5　凹印印版结构

二、凹版印刷原理

印刷时，全版面涂布油墨后，用刮墨机械刮去平面上（即空白部分）的油墨，使油墨只保留在版面低凹的印刷部分，再在版面上放置承印物，施以较大压力，使版面上印刷部分的油墨转移到承印物上，获得印刷品，如图1-6所示。因版面上印刷部分凹陷的深浅不同，所以印刷部分的油墨量就不同，印刷成品上的油墨膜层厚度也不一致，油墨多的部分显得颜色较浓，油墨少的部分颜色就淡，因而可使图像显得有浓淡不等的色调层次。具体步骤如下：

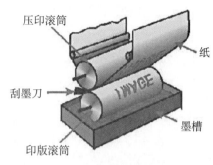

图1-6　凹版印刷原理

①凹版印刷的原理是供墨装置将油墨供到凹版的图文部分和非图文部分，如图1-7（a）。②在刮墨刀的作用下，将凹版印版表面（印版的非图文部分）的油墨刮除干净，如图1-7（b）。③通过印刷压力的作用，凹版网穴（图文部分）的油墨转移到承印物上，从而完成一次印刷，如图1-7（c）。④版面上图文部分的油墨转移到承印物上，获得印刷品，如图1-7（d）。

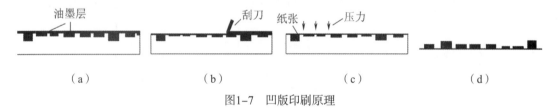

（a）　　　　　　　（b）　　　　　　　（c）　　　　　　　（d）

图1-7　凹版印刷原理

三、凹版印刷工艺操作过程

印前准备→上版→调整规矩→正式印刷→印后处理

1. 印前准备

凹版印刷的准备工作包括：根据施工单的要求，准备承印物、油墨、刮墨刀等，还要对印刷机进行润滑。

印前准备要做到：

①查印刷机各导向辊转动情况。

②查压印滚筒。由于油墨、溶剂的作用使得胶辊表面产生不规则溶胀，特别是胶辊两端积累的油墨杂质更要清理干净，有溶胀现象的一律更换。建议尽可能地使用与基材宽度相符合的压印辊。

③清理干燥箱出风口、干燥箱内导向辊。检查温度控制部分及执行元件的可靠性。

④刮墨刀应正确安装。安装前应检查刮墨刀衬片是否平直，如产生波浪形应及时

更换。

⑤油墨循环系统应清理干净。查看墨盘、搅墨辊、墨泵是否粘有杂物，在墨泵的吸入口应装有金属网。对油墨进行过滤。以除去杂质。并经常检查清洗。

检查计算机自动对版装置。检查光电眼、反射板是否清洁，两者位置是否正确，特别是调整辊系统要确保整个系统精度、动作可靠。

2. 上版

上版操作中，要特别注意保护好版面不被碰伤，要把叼口处的规矩及推拉规矩对准，还要把印版滚筒紧固在印刷机上，防止正式印刷时印版滚筒的松动。

3. 调整规矩

凹版印刷调整规矩是，按照工作任务单和样张的要求以领取油墨、承印物；然后安装印刷滚筒；调整压印滚筒上的包衬物，使印版上各部分的压力一致；并调整刮墨刀对印版的角度和距离，开机试印。

（1）放卷装置与调节

①卷筒纸架。卷筒纸架把卷筒纸或塑料薄膜卷用锥形顶尖安装在印刷机上，当纸卷将近用完时，自动接纸装置将新纸卷或塑料薄膜卷自动粘接到运转的纸带上，同时切断旧纸尾，完成不停机换卷。

②张力自控系统。纸张或薄膜在印前放卷过程中，多色印刷过程中或印后收纸过程中都需要保持一定的张力。

③纸带横向规矩调偏装置。为了保证承印材料卷带进入印刷部分或复卷时横向规矩保持一致，需要横向调偏。

（2）刮刀和压印滚筒调节

①刮刀调节。调节刮刀压力以刮除干净印版表面的油墨，压力与印刷速度成正比，一般速度快，压力相应要大。

②调整压印滚筒。印版滚筒上好后即可调整压印滚筒，针对不同承印物，压印滚筒的印刷压力不同。

（3）油墨干燥温度的调节　印刷时，操作者应根据承印材料的种类、印刷速度、图文面积、墨层厚度调整各单元的干燥温度。

（4）套印　机器调整好后便可进行套印，首先用手动调节钮将版面套准，然后即可进行计算机调整。

（5）正式印刷中对印样的核对　正式印刷时，操作者要不断将印样与标准样核对，检查是否有误差，并进行必要的调整。

4. 正式印刷

在正式印刷的过程中，要经常抽样检查，网点是否完整，套印是否准确，墨色是否鲜艳，油墨的黏度及干燥是否和印刷速度相匹配，是否因为刮墨刀刮不均匀，印张上出现道子、刀线、破刀口等。

凹版印刷的工作场地，要有良好的通风设备，以排除有害气体，对溶剂应采用回收设备。印刷机上的电器要有防爆装置，经常检查维修，以免着火。

5. 印后处理

印后处理包括：烘烤除臭、分割、制成品。

四、凹版印刷特点与应用

1. 优点

凹版印刷的印墨大多堆存在较深的凹槽里，墨比较浓厚，所以印刷品上的油墨有堆起来的感觉，并带有锯齿感，图文明显的浮凸感具有一定的防伪性。凹版印刷通过网穴的体积不同来再现颜色深浅，层次丰富，色彩鲜艳，网点不易变形；图文与空白部位分明，图文精细、清晰；适用的承印材料非常广泛，可以选用油墨在纸张、塑料薄膜、纺织品、真空镀铝纸（金银卡纸）、金属箔、玻璃纸等各种纸基、非纸基材料上进行印刷，印刷适性稳定；印版采用镀铜金属滚筒和电子雕刻法制版，精度高，耐印率高，图文质量好；印刷工艺简单，耐印力高，且多为轮转机印刷，印刷速度快，印数大，工艺技术先进，数据化、规范化程度高，综合加工能力强。

滚筒式凹版印刷机除了基本的印刷功能以外，印刷机还可配置连线的印后加工设备，包括折页、裁切、压痕等工序。还会加上专色或光油印刷，或连线烫金等不同类型的加工效果。包装凹版印刷必须配合准确的模切和压痕，方便印刷品在后加工成型时，获得理想的效果。

2. 缺点

当然，凹版印刷也存在局限性，传统凹印的图像和文字使用相同的分辨率，导致文字和线条有毛刺，不够细腻。人工劳动强度大、凹印滚筒制作成本高，制版周期长。凹印制版的电镀工艺带来环境污染，使用的传统凹印油墨中的苯、甲苯等气体也会对环境产生污染。目前已逐渐采用酒精稀释的水基型油墨来取代传统的凹印苯墨，在环保方面也逐渐得到改善。

采用凹版印刷方式，承印物上所获油墨量为印版上的60%左右。印刷中采用刮墨刀，印版磨损大，所以要求油墨颗粒细腻，黏度不易太高，对刮墨刀无腐蚀作用（多为溶剂型油墨或水基油墨）。

凹版印刷设备的成本高昂，投资巨大，所以能够开展凹版印刷的印刷厂数目较少。而且凹版印刷所用的版材，与其他印刷方法的版材比较，成本可以超过百倍。不过由于凹版皆采用铜质的圆筒制作，表面再电镀一层铬金属，以加强版面的硬度，耐印力非常高，经过长时间印刷也保持精确的品质，较其他印刷方法更适合于超大印量的生产需求。

3. 应用

凹版印刷作为印刷工艺的一种，以其印制品墨层厚实，颜色鲜艳、饱和度高、印版耐印率高、印品质量稳定、印刷速度快等优点在印刷包装及图文出版领域内占据极其重要的地位。从应用情况来看，在国外，凹印主要用于杂志、产品目录等精细出版物，包装印刷和钞票、邮票等有价证券的印刷，而且也应用于装饰材料等特殊领域；在国内，凹印则主要用于软包装印刷，随着国内凹印技术的发展，也已经在纸张包装、木纹装饰、皮革材料、药品包装上得到广泛应用。

由于凹版印刷速度高、在廉价纸张上也能获得较好的四色印刷效果、可以选择不同的裁切长度，以及配置不同类型的折页设备，所以出版业对凹版的需求非常大，尤其是以长版大印量的期刊、目录为主。这类型印刷机可配置多至10组印刷单元，卷纸可以在双面同时印刷四色加单色文字，整个印刷工序能一次完成。印刷机的版圆筒可以按照印刷页面的不同大小，更换不同直径的版圆筒，以配合实际需求。从世界范围看，凹版主要应用于四个领域：出版印刷、包装印刷、纺织印刷和装饰印刷。而在我国，目前凹版方式主要应用在包装印刷和特种印刷两个领域，主要有以下几类：纸包装：烟盒、酒盒、药盒、保健品包装盒等；塑料软包装：化妆品、洗涤用品包装；医药包装，PTP铝箔、SP复合膜等；特种印刷领域：钞票、邮票、证券等。

知识点3　柔性版印刷工艺

一、概述

柔版印刷，源于凸版印刷。初期的凸版印刷是活版印刷，它的印版属硬版，印版的图文是反图，并且高于空白部分，突出于印版表面。当墨辊均匀地涂布油墨于版面时，只有突出印版表面的图文部分才会接触到墨辊，让油墨从墨辊转移至印版上。油墨转移至图文之后直接压印至承印物的表面，产生一个正体的印刷图文。由于硬质印版只能在较平滑的表面才能有较好的油墨转移效果，而在其他透气度较高或较粗糙的纸张上印刷品质不太理想。为配合承印物的表面特性，柔版印刷使用的印版材料具有弹性，受压时稍微变形，可以更好地转移油墨。

柔版采用橡胶或感光聚合物制成，具有一定的弹性，能够配合不同承印物的表面特性，取得更理想的油墨转移效果。所以，柔版印刷可以称作为一种使用有弹性的凸版和比较稀薄的印刷油墨、利用网纹传墨辊以短墨路涂墨的印刷方式。

二、柔性版印刷原理

柔版印刷方法，是将承印物以卷装形式输送至印刷机，经各个印刷单元进行印刷后，再以卷装回收或经连线分纸器切分为单张纸，于收纸端收集。柔版印刷所用的印版，是从凸版印刷方法蜕变而来，其印刷部分高于空白部分，而且所有印刷部分均在同一平面上。印刷时，在印刷部分敷以油墨，因空白部分低于印刷部分，所以不能粘附油墨，然后使纸张等承印物与印版接触，并加以一定压力，使印版上印刷部分的油墨转印到纸张上而得到印刷品，如图1-8所示。

具体可分为以下四个步骤：①墨斗中的油墨，被转移到网纹辊上，网纹辊网穴和网纹辊的表面都带上了印刷油墨；②网纹辊表面的油墨在刮墨刀的作用下被刮去，这样，油墨只存在网纹辊的网穴中；③网穴中的油墨在压力的作用下，转移到柔性印版上；④最后，在印刷压力的作用下，将印版上的油墨转移到承印物上。

柔版印刷机采用的是短墨路供墨系统，结构比较简单，主要由墨槽、胶辊、刮墨刀和网纹辊四部分组成。其中，网纹辊是柔版印刷机的核心部件，它负责向印版上均匀地传递定量油墨。在网纹辊的表面均匀分布着许多形状一致的微小凹孔，称之为"着墨孔"，这些着墨孔在印刷中起着储墨、匀墨和定量传墨的作用。常见的着墨孔形状包括：锥形、柱形、球形等，截面形状有三角形、菱形、六边形等，如图1-9所示。

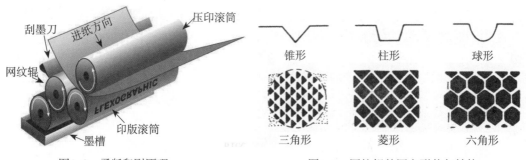

图1-8 柔版印刷原理   图1-9 网纹辊的网穴形状与结构

三、柔性版印刷特点与应用

1. 优点

①印刷品质量好，印刷品层次丰富，色彩鲜艳，视觉效果好，特别适合包装印刷的要求；②印版柔软，油墨传递性好，耐印率高（100万印），承印材料范围比较广，例如纸张、塑料薄膜、铝箔、不干胶纸等；③采用新型的水性油墨，无毒无污染，完全符合绿色环保的要求，也能满足食品包装的要求；④生产效率高。柔版印刷采用的是卷筒材料，不仅能够实现承印材料的双面印刷，同时还能够完成连线上光、烫金、模切、排废、收卷等工作。大大缩短了生产周期，节省了人力物力，降低生产成本，提高经济效益；⑤印刷机结构简单，操作和维护简便，设备投资少、见效快、收益高。

2. 缺点

柔版印刷的印版具有弹性，使印版与承印物在转印过程有更好的接触，但因为印版会受压而稍微变形，所以也影响印刷质量。

3. 应用范围

柔版印刷是包装装潢印刷中一种重要的印刷方法，应用于印刷器皿、折叠的外包装箱、袋、食物包装盒、标签、信封及包装纸等。由于柔性版具有弹性，特别适合于只能承受低压力的承印物，如瓦楞纸箱，在美国98%的瓦楞纸箱由柔版印刷完成。此外柔版印刷也应用于出版业，主要印刷漫画、纸张插页等。

知识点4 孔版印刷工艺

一、概述

孔版印刷也称丝网版印刷，采用丝网印刷版，图文部位为通透的网孔，空白部位网孔被封死，印刷时印版上的油墨在刮墨板的挤压下从版面图文部位的网孔漏印至承印物上。孔版印刷的印版上，印刷部分是由大小不同的孔洞或大小相同但数量不等的网眼组成，孔洞能透过油墨，空白部分则不能透过油墨。印刷时，油墨透过孔洞或网眼印到纸张或其他承印物上，形成印刷成品。孔版印刷的成品墨量都较厚实，比凹版印刷的墨量更大。丝网印刷的一个非常重要特点就是不受承印物的厚度及大小所限制，这是其他印刷方法所不能达到的；丝网印刷的步骤非常简单，印刷机的机构也简单，如图1-10所示。所以孔版印刷应用广泛，常用于印刷商品包装、彩画、印刷电路以及在不规则的曲面上印刷。

图1-10　孔版印刷机

二、孔版印刷原理及工艺流程

网版所用的丝网，布满了同样大小的网孔。先用感光物料在丝网的表面涂制成一层薄膜，将所有网孔封闭。经影像曝光之后，空白部分被紫外线照射而变硬，图文部分因为未受照射，所以经药水冲洗后被清除，使图文部分的网孔开放。空白部分的涂层因为变硬而将网孔封闭，使油墨只能从图文部分通过，制作好的孔版印版如图1-11所示。油墨被添加到网版的表面，由刮墨刀给油墨施压，使油墨透过开放的网孔附着于承印物上，而封闭的网孔阻隔油墨通过，形成承印物上的空白部分，孔版印刷原理如图1-12所示。

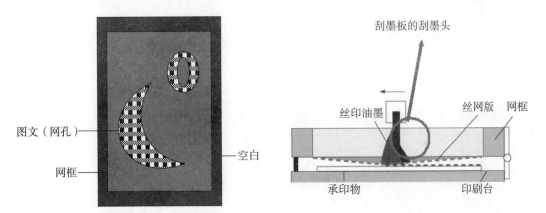

图1-11　孔版印刷的印版　　　　　图1-12　孔版印刷原理示意图

孔版印刷工艺过程具体可分为三个步骤，如图1-13所示：①印版上敷以油墨，如图1-13（a）。②承印物放在印版下，用刮墨器以一定的压力刮墨使油墨透过孔洞，如图1-13（b）。③油墨转移到承印物上形成印刷品，如图1-13（c）。

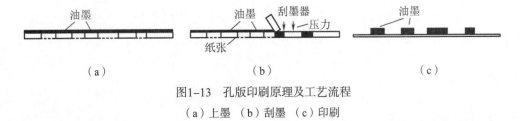

（a）　　　　　　　　（b）　　　　　　　　（c）

图1-13　孔版印刷原理及工艺流程

（a）上墨　（b）刮墨　（c）印刷

三、孔版印刷特点

孔版印刷基本要素有：承印物、油墨（或色浆）、丝网印版、丝印机台和刮墨板。网版本身由一层薄而柔韧的丝网物料所制成，因丝网本身柔软而具有弹性，故能够在凹凸不平的承印物表面进行直接印刷。网版印刷的另一个优点，便是可选用多类型的油墨，以配合承印物的特性，例如印刷纸张、塑料、金属及纤维等不同物料时，可采用不同种类的油墨。并且网版印刷能够直接控制油墨墨膜的厚薄，墨层厚度为几十至几百微米，甚至上千微米，故墨色很浓厚，以满足成品的特别需求，图文的色彩、耐湿和耐高温的能力都大大加强，产品的寿命也可以延长。

图1-14　丝网印刷品

孔版印刷工艺方法简单，设备投资少，成本低；承印物范围非常广，各种材料、各种形状的承印物，且不限幅面；印刷面积不受限制。凡是印刷品上墨层有立体感的以及瓶罐、曲面及一般电路板印刷，多是孔版印刷产品。

但孔版印刷色调再现性较差；印刷速度慢；印版耐印率较低。

丝网印刷品的特点用放大镜观察鉴别，图文边缘不整齐，分布有不规律的毛刺，如图1-14所示。大部分印刷品用手触摸，有凸起感。

四、孔版印刷应用范围

孔版印刷主要应用于成型物品表面印刷、标牌、大幅面广告、织　物、包装装潢印刷、印刷线路板等。孔版印刷的承印材料，包括纸张、纸板、塑料、玻璃、金属、纤维、尼龙及棉织物等。其他的成品还包括大型海报、路牌、纺织品及电子线路板，都可以利用孔版印刷完成。

知识点5　数字印刷工艺

一、概述

数字印刷，又称为数码印刷，指数字印前系统与专门的印品输出设备组合，将经过印前处理的数字图文页面信息直接转移到承印物上的印刷技术。数字印刷在印刷时，图文内容可以随需要变化。

数字印刷拥有区别于传统印刷的优点，数字印刷实现了无压印刷和全数字化，是一个完全数字化的生产流程，印前、印刷和印后一体化。能够配合现在的商业印刷市场，实现可变数据印刷、个性化印刷和按需印刷，例如供应小批量、款式多、工时短和个性化的印刷品等。

二、数字印刷的分类

（一）静电成像数字印刷

1. 静电成像数字印刷原理

静电成像又称电子照相技术，利用激光扫描的方法在光导体上形成静电潜影，再利用带电色粉与静电潜影之间的电荷作用力将色粉影像转移到承印物上完成印刷，是应用最广泛的数字印刷技术。

静电成像数字印刷分为5个阶段：成像、着墨、色粉转移、定影和清洁。

首先在涂有光导体的滚筒式感光鼓上均匀充电，接着由计算机控制的激光束对其表面曝光，受光部分的电荷消失，未受光部分仍然携带电荷形成电荷潜像；该电荷潜像与带有相反电荷的色粉相吸着墨成像，然后转移到承印物（如纸张）上；最后通过加热定影。静电成像数字印刷原理如图1-15所示。

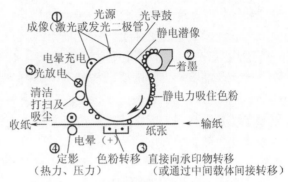

图1-15　静电成像数字印刷基本原理

光导鼓通过光学系统成像。在光学系统中，激光通过一个旋转镜和专用光学仪器反射到光导鼓上。激光束高速地导向整个鼓面，在数字调制器的控制下，光线根据图像或开或关，即电荷放电或保留在原来充电的光导鼓上。静电印刷的激光成像系统如图1-16所示。

静电成像数字印刷使用的墨粉主要分为粉状色粉和液体色粉。粉状色粉主要是由聚合物、颜料和添加剂组成的 $6\sim20\mu m$ 大小的微粒，可以分为双组分色粉（色粉+载体）和单组分色粉（磁性或非磁性）；而液体色粉是由颜料和添加剂组成的小于 $2\mu m$ 的微料，并存在于绝缘体溶液中的，其中也有些色粉是聚合物微料。

不同静电照像设备所用油墨也有所不同，例如使用有机光导体作为成像鼓的Indigo，使用非晶态硅作为成像鼓的Mitsubishi MD 300等使用的是液体油墨；Xeikon、Canon、Xerox、Heidelberg Nexpress等设备使用的是双组分呈色剂，双组分呈色剂常用于普通高质量、高生产力的多色印刷系统；而单组分呈色剂中的磁性单组分呈色剂常用于单色高速数码印刷机，如离子成像、磁成像的设备，也用于相对简单的静电成像复印机和数码印刷机，非磁性单组分呈色剂用于低速多色印刷设备时，显影单元可以很简单。图1-17所示的Xerox Docucolor 2060是典型的静电成像数字印刷机。

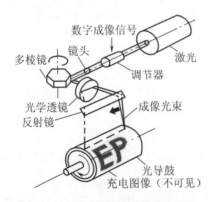

图1-16　静电印刷的激光成像系统

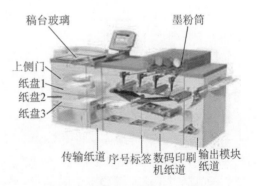

图1-17　Xerox DocuColor 2060

静电照像系统中还有一个重要组成部分是定影装置，如图1-18所示。定影系统可以将色粉微粒固定在纸张上，产生稳定的印刷图像。常用的设计是在热力和接触压力下，使色粉融化并在纸张上固定。

2. 静电数字成像的特点

静电数字成像印刷机具有诸多优势：对承印物、墨粉及油墨均无特殊要求，可实现黑白及彩色印刷，色域再现范围远远大于传统胶印，因而印品色彩更加亮丽真实；印刷速度可达每分钟数十张至数百张；印品质量可达到传统胶印水平，单个像素可达到8位的阶调数；部分机型具有独立处理套印、字体边缘、人物肤色以及独特的第五色功能。

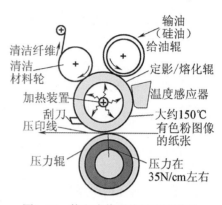

图1-18　静电成像系统的定影装置

同时，静电数字成像印刷机也有一些缺点，例如，采用电子油墨的静电成像数字印刷机在四色印刷时，四色油墨在一定压力下依次叠加在一起构成图像，易造成网点增大，导致高光与暗调部分的色彩还原能力略差，细节丢失较多；受激光成像技术的限制，单组成像系统高速旋转时，激光束会发生偏转，在感光鼓中央和边缘之间出现距离差，从而造成图像层次不清、细节损失。

（二）喷墨印刷

1. 喷墨数字印刷原理

在数字影像信号的控制下，将许多微小的压电陶瓷放置到喷墨打印机的微细的喷嘴（一般直径在30～50μm）附近，利用墨水在电压作用下会发生形变的原理，油墨以一定的速度从喷嘴喷射到承印物上，最后通过油墨与承印物的相互作用实现油墨影像的再现，在输出介质表面形成图案，如图1-19所示。喷墨数字印刷是一种"与物体非接触"的高科技数码印制方式。

为使油墨具有足够的干燥速度，并使印刷品具有足够高的印刷密度和分辨率，一般要求油墨中的溶剂能够快速渗透进入承印物，而油墨中的呈色剂（一般多为染料）应能够尽可能固着在承印物的表面。因此，所使用的油墨必须与承印物匹配，以保证良好的印刷质量，所以一般的喷墨印刷系统都必须使用专用配套的油墨和承印材料。

图1-19　喷墨印刷

从原理上讲，喷墨印刷属于高速成像体系，根据喷射方式的不同，墨滴的产生速度可以在每秒钟数千滴到数十万滴的范围变化。喷墨印刷是通过控制细微墨滴的沉积，在承印材料上产生需要的颜色与密度，最终形成印刷品的一种复制技术。

2. 喷墨印刷方式

喷墨方式可分为连续式及非连续式（或称DOD-按需式）两大类，而非连续式的打印方式又可依墨水喷出动力机构的不同，分为热发泡式及压电式。喷墨印刷的分类如图1-20。

喷墨的速度取决于两项主要的因素：一为墨滴频率（每秒有多少墨滴），另一为墨滴大小。而喷墨头的重量也会影响到速度，如重量轻的喷墨头在加速和降速上就比较容易控制。至于分辨力则与两项主要的因素有关：一为喷墨头每一管道的间隔距离，另一因素为墨滴大小。

（1）连续喷墨印刷方式
连续喷射式原理是通过对油墨施以高频震荡压力，使油墨从喷嘴中喷出均匀连续的微滴流。在喷嘴处设有一个与图形光电转换信号同步变化的电场。喷出的液滴在充电电场中有选择地带电，当液滴流继续通过偏转电场时，带电的液滴在电场的作用下偏转，不带电的液滴继续保持直线飞行状态。直线飞行的液滴不能到达承印物而被集液器回收。带电的液滴喷射到承印物上而完成印刷。

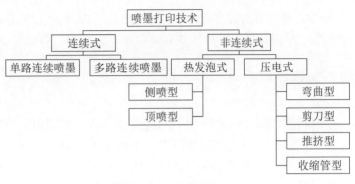

图1-20　喷墨技术分类

连续式的主要用在工业方面，譬如标签、车票、纸箱等粗糙表面、金属表面、塑胶表面，优点是速度快，物质表面的平滑度并不很重要，喷头和物质之间有相当大的距离，所以被印材料的厚度不受影响，缺点是解析度不是很高，通常用在粗糙的、不很注重解析度的物质表面。

（2）间歇式喷墨印刷方式　　间歇式喷墨印刷也称为按需喷墨或随机喷墨印刷，按需喷射式喷印系统的工作原理是当需要印时，系统对喷嘴内的油墨施加高频机械力、电磁式热冲击，使之形成微小的液滴从喷嘴喷出，由计算机控制喷射到承印物。按需喷射式应用最广的是热喷墨技术，它是依靠热脉动产生墨滴，由计算机控制一根加热电阻丝到规定温度，致使油墨气（雾）化以后从喷嘴喷出。另一种DOD技术是电压式喷射系统，即由计算机控制在导电材料上强加一个电位，使导电材料在电场方向产生压缩，在垂直方向产生膨胀，从而使油墨喷出。

（3）喷墨印刷的技术特点　　喷墨印刷技术是通过喷嘴直接将墨滴喷射到承印物上形成图文。与其他印刷方式相比，喷墨印刷的主要技术特点有：

①喷墨印刷是一种非接触式的无版印刷。在喷墨印刷过程中，喷头与承印材料相隔有一定的距离，是属于真正意义上的无版、无压印刷。因此，喷墨印刷对承印物的形状和材质无要求，可以在任何形状的物品上印刷，所用的材料可以是纸张、丝绸、金属，也可以是陶瓷、玻璃等易碎物体，这是其他印刷方式不能比拟的。

②喷墨印刷生产周期短。由于喷墨印刷不需要使用印版，相比于传统印刷，喷墨印刷属于全数字化印刷，完全脱离了传统印刷工艺的繁琐程序，因此可以大大缩短作业生产周期。

③喷墨印刷分辨率高、印刷质量优良。喷墨印刷的喷嘴可以喷射出微细的墨滴，形成高分辨率的图文。其印刷分辨率接近胶印印刷的质量水平。

④喷墨印刷实现智能化操作。喷墨印刷系统由计算机直接控制管理，可实现智能化全自动作业，因此操作简单方便。

⑤可实现可变数据印刷和定制印刷，图像信息可随时改变，能够满足用户的短版印刷及个性化印刷要求。例如：个人相册、产品说明、资料、试销产品、包装样品等。

⑥印刷生产成本低，生产幅面大。喷墨印刷可实现大幅面、全景作品的复制。

⑦喷墨印刷的数字化特征可使其更易引入数字管理技术、自动化工作流程及色彩管理等数字集成技术，并可实现异地印刷、远程网络传输印刷等。

三、数码印刷特点

与传统印刷相比数码印刷的优点如下：①周期短，数码印刷无需菲林，自动化印前准备，印刷机直接提供打样，省去了传统的印版，不用软片，简化了制版工艺，并省去了装版定位，水墨平衡等一系列的传统印刷工艺过程。②数码印刷品的单价成本与印数无关，其印数一般在50～5000份的印刷作业。③数码印刷的快捷灵活是传统印刷无法做到的。由于数码印刷机中的印版或感光鼓可以实时生成影像，可以一边印刷，一边改变每一页的图像或文字。④便于与客户进行数字连接，印刷作业被制成电子文件，通过高速远距离通信进行传递，将客户和印刷服务有机地连接起来，这是已往从来没有的现象。

四、数码印刷应用领域

（1）按需印刷市场　POD就是按需印刷的意思，英文全称为"Print-on-Demand"。主要针对频繁修订和需要被更新的出版物，如使用手册、文件和政策宣传册等都可以通过该系统轻而易举的完成。

（2）可变数据输入印刷　数码印刷中，每一页上的图像或文字可以在一次印刷中连续变化，此需求在传统的印刷中根本无法解决。

（3）网络印刷　数码印刷技术确保了再版印刷品与第一版的效果相同，因此没有理由要求一份公文同时在同一地点印出。每一家公司都希望将储存和运输的费用降到最低。例如，一家公司可在总部制作出一份新的产品目录，然后把文件发到各地的分公司，在当地印刷。

知识点6　组合印刷

随着印刷市场的日益繁荣，现代人对印刷品的要求越来越苛刻，许多新的加工技术不断涌现。印刷厂商也在竭力寻求一种能在同一产品上获得多种工艺效果的印刷方法。因此，这种能在一次印刷过程中同时完成多种印刷工艺的线式组合加工方式成为人们竞相选择的对象。另一方面，各种印刷工艺都有其本身固有的优点和缺点，例如，胶印和凸印的图文清晰度好，印刷速度高，但遮盖力较差，且设备购置成本高；丝印可以堆积出厚实的油墨层，具有优异的遮盖力，且设备购置成本低，但印刷速度慢；而柔印无论是遮盖力、印刷速度、清晰度还是购置成本都处于居中的位置。将这几种印刷方式各自最佳的特性充分发挥出来，形成一条综合性完美的生产线便是组合印刷的目的和意义。

组合印刷是不同类型的印刷和印后加工机组组成的流水生产线，组合印刷可混合使用凹印、柔印、丝印、凸印、胶印等多种印刷工艺。常见的组合印刷机组通常都包括丝印、柔印、凸印和热烫印机组。先进的印刷设备，高品质的承印材料和其他高性能的辅助材料，特别是UV固化油墨技术的大力发展，成为推动组合印刷工艺技术发展的重要因素。

一、组合印刷方式分类

（1）传统印刷方式的组合　在传统印刷技术中，最常用的组合是连接胶印和柔印两种印刷方式的系统。例如用柔印、胶印和丝印机相组合的标签印刷机，其中柔印用来进行多色印刷和涂布，而丝印则用来印刷标签上的相关色标或是文字。另外，目前市场很看好的单张凹印可灵活地与胶印、柔印、丝印等印刷工艺进行组合印刷，满足了烟草包装印刷的特殊要求。以印刷精度较高的轮转丝网印刷机组配合柔性版印刷机，其应用范围也很广泛。

（2）传统印刷方式与数字印刷方式（包括静电方式和喷墨打印方式）的组合　在传统印刷方式中加入数字印刷方式（喷墨与静电印刷)，有助于添加个性化的印刷信息，进行可变数据的印刷。柔印工艺因速度快、成本低、性能高等优点被广泛应用于药品软包装产品的印制，但在处理包含有可变信息的活件时却不是太灵活。很多厂商将柔印与喷墨打印组合，使用喷墨打印技术印刷可变数据，还有的使用热转印印刷可变数据。

（3）不同数字印刷系统的组合　将静电成像式印刷工艺与喷墨印刷机组合在一起，静电成像方式适合进行高速的单色印刷；而喷墨打印方式则适合产生少量的彩色印记。这样就结合两种技术的优点。

（4）印刷系统与印后加工装置的组合　印后加工装置一般与柔印、凹印等印刷设备组合，例如单张纸胶印机与带有涂布机组的柔印机配套机组，这二者的配合可以加工全表面涂布或局部涂布的高质量多色印品。印刷机与烫金、覆膜、模切设备的组合，常用于烟盒、标签等的印刷。

二、组合印刷的特点

尽管组合印刷方式的普及还有待时日，我们不能否认这种印刷方式具有下列无可比拟的优越性。

（1）灵活方便性　组合印刷系统在设计时能够实现模块化。因此，这种设备在组合后还可以再次分离使用，这对于混合式联动生产线来说是十分有利的。这种组合印刷系统的每一部分都可以单独进行操作。例如，有一台支持无水印刷方式（即其输墨装置要有温控系统，而每个印刷机组都不使用润版装置）的胶印机，在印刷过程中，可以将传统的胶印方式与无水印刷方式组合使用。如果进行多色印刷，使用无水胶印工艺；而对单色印品和线条稿，则可以使用传统胶印方式。

（2）高效性　组合式印刷系统的联动生产形式不仅可以让印刷单位最大限度地满足客户提出的各种要求，而且可以在压缩成本的情况下有效地增加生产效率。并且，因为能够充分利用各种设备而相对降低了生产成本，从而获得了良好的产品性能价格比。

（3）高质性　由于这种系统利用了各种印刷方式的优点，所以印品的高质量特征是必然的。无论是使用印刷版的传统印刷方式还是无接触式数字化印刷的方法，各种技术都会在某项特殊的生产形式中具有优势。

当然，组合印刷系统的缺点也无法避免，由于印刷方式之间存在速度的不同，在组合使用时，整体的印刷速度必然会受到最慢的印刷方式的限制，因此与单一的印刷方式相比，组合式印刷至少目前在印刷效率上只能适合慢速印刷的需求。联机与脱机印刷的组合对于印刷的生产过程来说，各种印刷方式都可能会与其他印刷方式之间存在竞争关系。

组合印刷系统将各种印刷方式联接在一起，来更灵活地适应各种客户多种业务的需求。人们也在期待能够使用更多的印刷方式来进行联线生产。当然，这不能排除在生产中也会单独用到各种印刷技术的脱机方式。这种灵活的印刷方式，在现在和将来会成为印刷设备和印刷材料开发和使用的主流。

三、组合印刷工艺要点

1. 胶印网印组合印刷工艺要点

（1）胶印网印组合印刷工艺的特点

①胶印画面再现性好，由于胶印网点相对精细，其半色调画面更接近连续调画面，表现画面细腻，细微层次再现好，对于画面上远景再现性好。

②网印再现画面的特点是墨层厚、色彩鲜艳，表现画面近景质感强，通过印刷亮光油墨和消光墨的亮暗对比，使画面更富有立体感。

（2）画面层次的表现 对画面不同区位先进行分析，以风景画为例，对于远景的山、天空、云、雾和细微层次变化丰富的区位都可用胶印来再现，对于大面积实地或层次的更深变化的部位，以及近景质感要求较高的树、草、石等都可用网印来表现。

在胶印网印组合印刷中要结合各自特点，用平印再现画面亮调部分，保证亮调的层次，用网印再现暗调，使画面有更深的密度，可以接近或超过透射原稿。两种工艺配合使用时，要注意使画面层次阶调连续，避免衔接不当。

（3）定位 胶印网印组合印刷的版式要求根据印件规格尺寸预制有十字线、角线、切线，起定位作用。在规线上可标有叼口位置、走纸方向，印刷时，平印、网印的机器协调叼口、侧规位置。

（4）墨层控制 在胶印网印组合工艺中，一般要求网印墨膜的厚度较大，以实现遮盖和重点突出的效果。与单一的网印工艺相比，胶印网印组合工艺中，在网印版的制作和印刷时，可通过技术处理来获得较厚的网印墨膜。通过选用目数较小的中粗或粗丝网、晒版时在不影响图文印刷精度的前提下加厚涂布感光胶、选择较大的印刷网距、选择较小的刮墨板角度（以45°~65°较为适宜）、印刷的刮墨压力不宜过大等，通过这些处理便可以达到预期的网印墨膜。

（5）油墨的干燥 胶印网印组合工艺中油墨的干燥速度和方式至关重要，尤其是网印油墨，要求在网版上印刷时保持湿润以确保不堵塞网孔，而印到承印物上后要快速完成干燥。

2. 胶印凸印组合印刷工艺要点

（1）从产品的设计开始，最好能考虑到胶印和凸印的套印位置应拉开，留有一定的空间，扣套多些，严套少些，以防止胶印和凸印之间的套印不准。

（2）制版时，对胶印和凸印结合严套的产品，一般以印色为基础，将凸印版墨稿根据图案位置贴到胶印的底片上，当产生新的底片时，再将凸印部分挖掉去做凸印版，这种方法称为胶凸组合工艺的"拼挖法"。

（3）对胶印和凸印结合的部分，在深浅颜色反差较大的前提下，深色印版可以采取"吃一线"的方法，防止纸张收缩所造成的套印不准。

（4）印刷顺序应采用先胶印后凸印的方法。凸印版面大多是实地，如果先进行凸印，尽管油墨经滚筒压力后部分连接料渗透到纸张中，但仍有少量的颗粒留在表面，经后工序胶印后整个版面受压剥离，降低了油墨的吸附牢度，从而影响产品的质量。

另外，胶印中使用的酸性润版液会降低印刷品表面的光泽度，尤其是印金、银油墨的产品。如果先胶印，由于是网点成像，呈色墨量小，而且凸版印刷为局部版面受压，对产品的质量影响比较小。

（5）胶印是圆压圆的印刷方式，而凸印大多是圆压平的印刷方式，两种印刷方式在所印产品图文相同的情况下，胶印图文有所扩大（印版伸长造成的）。因此，只有改变滚筒包衬，才能达到套印准确的要求。改变衬垫的最好办法是：把橡皮滚筒上的包衬转移到印版滚筒上，可以缩短印刷图文的长度，增减量基本相同。但必须严格控制在一定范围内，否则会对印版的耐印力及网点变形等产生不良的影响。

四、组合印刷生产中存在的问题

（1）承印材料和油墨　组合印刷的承印材料对印刷质量有着很重要的影响，因为组合印刷系统结合了不同方式的印刷技术，而不同方式的印刷技术要求承印材料的印刷适性也不同。所以，能同时很好地满足不同印刷方式的承印材料就显得非常重要，一种比较合适的方法是对现有承印材料的印刷适性进行改善，使之能满足混合印刷技术中不同的印刷种类对承印材料的要求。

组合印刷系统中油墨所带来的问题比承印材料所带来的问题还要复杂，特别是印刷过程要叠印时更是如此，比如用喷墨的方法在平版印刷的油墨上面成像时要考虑到喷墨所用油墨和平版印刷所用油墨的叠印适性之间是否能相互兼容。

（2）速度匹配　各印刷机组之间的速度匹配问题是影响组合印刷系统效率的一个重要方面。不同印刷方式的印刷速度差别往往很大，而在印刷时只能就低不就高，这样就严重地影响了整个印刷系统的效率。对于单张纸印刷机来说，可以通过为高速印刷机组并连上两个或三个低速印刷机组来解决速度匹配问题，比如通过一个分纸装置把从高速印刷机组出来的印张分成两列或三列再分别进入相应的低速印刷机组。但是，速度匹配问题的最终解决还是要依赖低速印刷机组的速度提高。

（3）标准化问题　组合印刷系统各印刷机组是按照统一标准设计还是按各自的标准设计始终是一个不可调和的矛盾。按统一标准设计的各个印刷机组之间能很好地协调工作，但缺乏灵活性，在进行独立作业时可能会遇到很多麻烦；按各自标准设计的组合印刷机各机组保持很大的灵活性，可以联机作业也可以独立作业，但由于各机组之间的设计标准不同，所以协调性也不高，印刷过程中可能会出现某些不匹配的问题。此问题的最终解决要依靠行业标准的出台以及不同种类的组合印刷系统在此问题上所做出的不同取舍。

（4）色序安排和工位组合问题　在组合式印刷过程中色序和工位的合理安排是非常关键的，工位和色序安排的合理了，不仅仅可以减少材料损耗提高生产效率，还关系到产品是否能够顺利的生产出来。例如，凹印机组一般都会放在机器的第一组或者最后一组。这是因为凹印机组放在机器的中间位置承印物的张力不容易控制很难保持稳定从而影响套印的准确性。

关于色序的安排总的来说可以按照透光度差的先印，图文面积小的先印，先辅色后主色的原则来安排。先浅后深可以提高油墨的遮盖效果，先小后大可以尽量减少墨层的叠加。

组合印刷技术的出现丰富了印刷的种类，提高了印刷的效率，开辟了印刷的新领域，也证明了人们在印刷领域里不断追求、精益求精的科学态度。虽然组合印刷技术目前还没有得到广泛的应用，目前还存在着这样那样的有待解决的问题，相信随着印刷工艺的不断完善，随着各种适合应用于组合印刷技术材料的出现，未来的印刷领域里一定会有组合印刷技术的一席之地。

任务　综合分析比较各种印刷工艺方法的特点

训练目的

1. 掌握四大印刷方式平版印刷、凹版印刷、柔性版印刷和孔版印刷的基本原理与工艺方法。

2. 掌握各种印刷工艺的印刷品的特点。

训练条件（场地、设备、工具、材料等）

1. 场地：教室。

2. 设备：无。

3. 工具：多种印刷成品样品。

4. 材料：练习表格（1份/人）。

方法与步骤

1. 对比讲解四种印刷方式的基本原理，每种印刷方式里不同的印刷基本要素，讲述不同印刷方式的印刷机的基本结构与运行原理，介绍各种印刷方式的特点以及不同的应用领域。

2. 针对不同的印刷成品样品，分析使用何种印刷方式进行印刷。

3. 填写下表

比较内容	平版印刷	凹版印刷	柔性版印刷	孔版印刷
主要承印物				
油墨类型				
印版图文与空白				

续表

比较内容	平版印刷	凹版印刷	柔性版印刷	孔版印刷
版材				
印刷方式				
印版成本				
印刷膜层厚度				
耐印率				
环保性				

考核基本要求

1．能掌握平版印刷、凹版印刷、柔性版印刷、孔版印刷各自的工艺特点。

2．能区分各种印刷方式之间的不同点。

项目三　印后加工工艺方法认知

将经过印刷的承印物，加工成人们所需要的形式或符合某种使用性能的印刷品的生产过程，称为印后加工。主要包括三大部分：

①书刊的装订。骑马订装、平装、精装、特殊装订等。

②印品的表面加工整饰。覆膜、上光、烫金、模切、压痕、凹凸压印等。

③成型（容器）加工。纸盒、纸袋、纸箱、锦盒加工等。

知识点1　书刊装订工艺

将印好的书页、书贴加工成册，或把单据、票据等整理配套，订成册本等印后加工，统称为装订。

书刊的装订，包括订和装两大工序。订就是将书页订成本，如书芯的加工，装是书籍封面的加工，就是装帧。

一、古代书籍装订工艺的演进

古代书籍装订工艺的演进过程：简策—卷轴装—经折装—旋风装—蝴蝶装和包背装—线装书，如图1-21所示。

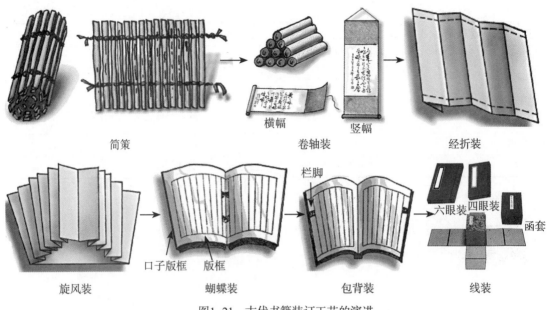

图1–21　古代书籍装订工艺的演进

二、现代书刊装订的方法及主要工艺流程

（一）书刊装订的方法

书刊装订方法分为精装、平装、骑马订装、古装和其他印后加工形式，详细分类如图1–22所示。平装书芯的订联方法有铁丝平订、缝纫订、锁线订、无线胶订等多种形式。精装书芯的订联方法有锁线订和胶粘装订等。

- 现代装订方法
  - 骑马订
  - 平装
    - 铁丝平订
    - 锁线平订
      - 勒口式封面
      - 包式封面
    - 无线胶订（包式封面）
      - 单张胶粘
      - 铣背打毛胶粘
      - 铣背锯槽胶粘
      - 打孔胶粘
    - 缝纫订
  - 精装
    - 锁线订（硬质封面）
      - 圆背有脊
      - 圆背无脊
      - 方背
    - 无线胶订：圆背无脊和方背用塑料封面
- 古装
  - 卷轴装
  - 经折装
  - 册装
    - 旋风装
    - 蝴蝶装
    - 和合装
    - 包背装
    - 四目式装

图1–22　书刊装订方法

（二）书刊装订的主要工艺流程

书刊装订工作十分繁杂，如一般的平装书需要十几道工序，精装书需要二十多道工序，特装书的装订工序高达五十多道。不同的装订方法，操作工序不一样，就是同一种装订方法，也可以采取不同的操作工艺。下面仅介绍平装、骑马订、精装工艺流程。

1. 平装书制作工艺流程

平装是现代书籍、图册的主要装订形式之一，也称平面装。平装，是根据现代印刷的特点，将大幅面页张先折叠成书帖再配成册，包上封面后切去三面毛边成为一本可以

阅读的书籍。

平装书籍在装帧时封面可分勒口、不勒口（齐口）和复口等几种形式，以齐口居多。勒口，是平装装帧的一种形式。主要是封面的前口边裁切时大于书芯前口边宽20～30mm，再将封面多余部分沿书芯前口切边向里折齐在封二和封三内。

图1-23 平装书

平装的书芯加工有多种方式：铁丝平订、缝纫订、三眼线订、无线胶订、锁线订、塑料线烫订等。平装工艺简单，使用方便，价格低廉，书册厚度可订装30mm左右（相当于52g凸版纸280张左右），是目前我国应用最普遍的装订形式。

国际上称平装书为纸皮书或小册子，如图1-23所示。

平装书籍加工工艺流程如图1-24所示。

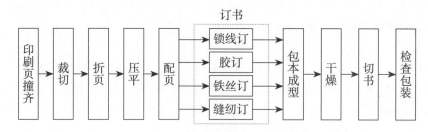

图1-24 平装书籍加工工艺流程

（1）撞页裁切　印刷好的大幅面书页撞齐后，用单面切纸机裁切成符合要求的尺寸。

裁切是在切纸机上进行的。切纸机按其裁刀的长短，分为全张和对开两种；按其自动化程度分为全自动切纸机、半自动切纸机。操作时，要注意安全，裁切的纸张、切口应光滑、整齐、不歪不斜、规格尺寸符合要求。

（2）折页　印刷好的大幅面书页，按照页码顺序和开本的大小，折叠成书帖的过程，叫作折页。折页的方式，大致分为三种，如图1-25所示。

①平行折页法。折出的书帖折缝互相平行，适用于折叠较厚纸张的书页，如少儿读物、画册等。

②垂直交叉折页法。每折完一折时，必须将书页旋转

图1-25 折页方法示意图

90°角折下一折，书帖的折缝互相垂直。这种折页形式，操作方便，折数与页数有一定关系。

③混合折页法。在同一书帖中的折缝，既有平行，又有垂直的折页方式为混合折页法。用机器折成的书帖大部分是这种形式。

（3）压平　就是利用平压平的压力机将折页后的书帖压平，以便于配页工序顺利进行。

（4）配页　就是指将折好的书帖或单张书页（零页或插页），按页码顺序配集成书册的工艺过程。

各种书刊，除单帖成本的以外，都要经过配页才能成本，因此配页是各种书刊装订的主要工序之一。配页又分为配书帖和配书芯。

配书帖。指把零页或插页按页码顺序套入或粘在某一书帖上。

配书芯。指把整本书的书帖按顺序配集成册的过程，也叫排书。

书芯配页的方法主要有套配法和叠配法两种。

①套配法（套帖法）。将一个个书贴按页码顺序依次套在另一个书贴的外面（或里面），使其成为一本书刊的书芯的配页方法［图1-26（a）］。如果在书芯外面再套上封皮，就可以订本成为书刊。套配法常用于骑马订法装订的杂志或较薄的本、册，一般是用搭页机来配页。

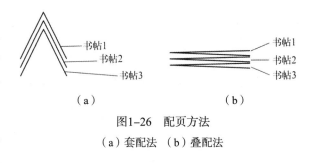

图1-26　配页方法
（a）套配法　（b）叠配法

②叠配法（配帖法）。将各个书帖按页码顺序，一帖一帖地叠摞在一起，成为一本书刊的书芯，供订本后包封面［图1-26（b）］。该法常用于平装书或精装书。叠配法适用于除骑马订以外的其他各种装订方式。因此，目前大部分书刊都是采用叠配法进行配页。

为了防止配帖出差错，印刷时，每一印张的帖脊处，印上一个被称为折标的小方块。配帖以后的书芯，在书背处形成阶梯状的标记，如图1-27所示，检查时，只要发现梯档不成顺序，即可发现并纠正配帖的错误。

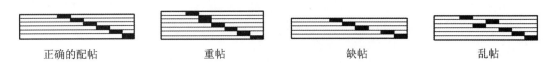

正确的配帖　　　　重帖　　　　缺帖　　　　乱帖

图1-27　书背的梯档

将配好的书帖（一般叫毛本）撞齐、扎捆，除了锁线订以外，在毛本的背脊上刷一层稀薄的胶水或浆糊，干燥后一本本地分开，以防书帖散落，然后进行订书。

（5）订书（订联或黏联）　是指将配好的散帖书册，运用各种方法牢固地连接起来，使之成为一本完整书芯的加工过程。

订联方法包括：铁丝订、锁线订、缝纫订、三眼订、胶订、塑线烫订等。订联工序除了各种订联法的操作以外，还包括撞书、捆书、浆背、分本、割本、压书等辅助工序的操作。

常用的方法有铁丝订、锁线订、无线胶订、缝纫订四种。

①铁丝订。铁丝订书分铁丝平订（平面订）和骑马订两种。

铁丝平订是将用叠配法配好的书帖，在订口处（一般离书脊5mm处），用订书机将铁丝穿过书芯在背面弯折，把书芯订牢的订书方法，如图1-28所示。铁丝平订对装订的书帖有较宽的选择性，一般用于装订较厚（270页以下）的书刊、杂志。

骑马订是将套配法配好的书帖，在折逢处用订书机订联的一种装订方法，如图1-29所示。主要用于页数较少（100页以下）的期刊、杂志和儿童读物等。

　　铁丝订的生产效率高，价格便宜，所订书册的书背平整美观。但铁丝的订脚紧，较厚的书不易翻阅；铁丝受潮易生锈，一方面影响书的牢固程度，另一方面锈斑渗透封面，造成书页的破损和脱落。

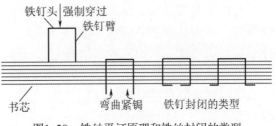

图1-28　铁丝平订原理和铁丝封闭的类型

　　铁丝订书的工艺过程（参见图1-30）：

　　送料→切料→成型（做钉）→订书→托平（紧钩）→复位

　　②锁线订。将已经配好的书芯，按顺序用线一帖一帖沿折缝串联起来，并互相锁紧，这种装订方法称为锁线订，如图1-31所示。

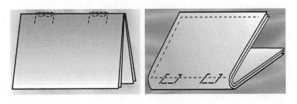

图1-29　骑马订

　　锁线订的优点是用线沿各书帖折缝处订缝，不占订口，装订成册的书籍容易摊平，阅读时翻阅方便，可以装订各种厚度的书籍，锁线订书芯的牢固度高，使用寿命长。

　　目前，质量要求高和耐用的书籍多采用锁线订。锁线订的缺点是：锁线机一般是单机操作，书芯中书帖的数量越多，锁线劳动强度越大，与其他装订设备的生产效率不易平衡，难以实现装订联动化；由于每个书帖的订缝处都有两根线，所以书芯的书脊处增厚。

　　锁线订的方式分为平锁和交叉锁两种，如图1-32所示。

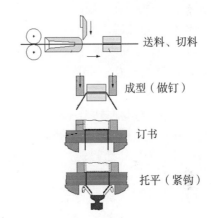

送料、切料

成型（做钉）

订书

托平（紧钩）

图1-30　铁丝订书工艺过程

图1-31　普通锁线订示意图

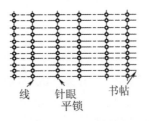

线　针眼　书帖
平锁

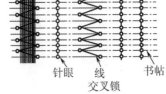

针眼　线　书帖
交叉锁

图1-32　锁线订

　　③无线胶订。无线胶粘装订是指用胶质物质将每一帖书页沿订口相互粘接为一体的固背装订方法。其特点是从配页到出书整个无线胶订的工艺过程，可以在一台机器上连续自动完成。显然，这一工艺方法大大缩短了书刊装订的工艺流程，减少了重复劳动，提高了生产效率。无线胶订和锁线订一样，具有翻阅方便、不占订口等优点，用无线胶订加工的书芯，既能用于平装，也能用于精装，是一种广泛采用的订书方法。

无线胶粘装订的方法很多，一般可分为：切孔胶粘装订法、铣背打毛胶粘装订法、切槽式胶粘装订法、单页胶粘装订法。

铣背打毛胶粘装订法无线胶订的工艺，如图1-33所示。

④缝纫订。是采用一种与家用缝纫机结构相似的工业缝纫机，将书册订联在一起的方法。缝纫订订联牢固，不怕潮湿，厚度在3～200页均可装订，但装订速度慢不易联动及高速生产。

（6）包本成型　即包封面也叫包本或裹皮。通过折页、配帖、订合等工序加工成的书芯，包上封面后，便成为平装书籍的毛本。

封面的包封形式有：骑马钉封面、平订包式封面、平订压槽包式封面、平订压槽裱背封面和平订勒口包式封面，如图1-34所示。

图1-33　铣背打毛胶粘装订法

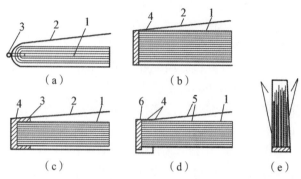

图1-34　封面的包封形式

（a）骑马订封面　（b）平订包式封面　（c）平订压槽包式封面
（d）平订压槽裱背封面　（e）平订勒口包式封面

1—书芯　2、5—封面　3—铁丝订脚　4—胶　6—包条

机械包封面，使用的是包封机，有长式包封机和圆式包封机。

机械包封机的工作过程是：将书芯背朝下放入存书槽内，随着机器的转动，书芯背通过胶水槽的上方，浸在胶水中的圆轮，把胶水涂在书芯脊背部、靠近书脊的第一页和最后一页的订口边缘上涂上胶水的书芯，随着机器的转动，来到包封面的部位，最上面一张封面被黏贴在书脊背上，然后集中放入烘背机里加压、烘干，使书背平整。

（7）干燥　或叫烘干，即对成型后的毛书进行人工干燥处理。目的是使胶液在较短的时间里充分干固，以便进行三面裁切。在生产线上进行书背烘干的方法很多，有利用微波进行烘干的，有利用红外线等热源进行烘干的，根据不同的胶料，也有利用吹热风或冷风来加速书背干燥的。

（8）切书　把经过加压烘干、书背平整的毛本书，用切书机将天头、地脚、切口按照开本规格尺寸裁切整齐，使毛本变成光本，成为可阅读的书籍。

切书一般在三面切书机上进行。三面切书机是裁切各种书籍、杂志的专用机械。三面切书机上有三把钢刀，它们之间的位置可按书刊开本尺寸进行调节，参见图1-35。

（9）检查包装　书裁切好后，逐本检查，防止不符合质量要求的书刊出厂，然后用打包机进行包装。

（10）无线胶订生产线　无线胶订联动机，能够连续完成配页、撞齐、铣背、锯槽、打毛、刷胶、粘纱布、包封面、刮背成型、切书等工序。有的用热熔胶粘

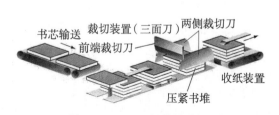

图1-35　三面刀切书示意图

合，有的用冷胶粘合，自动化程度很高。

2. 精装书制作的工艺流程

精装是现代书籍的主要装帧形式之一，是书刊装订加工中比较精致的装帧方法，装帧工艺复杂。精装一般以纸板作为书壳，其面层用纸、布、麻丝、漆布等材料，经装饰加工，烫印上彩色文字或图案后做成硬质封面。书芯经加工后，书背为圆弧形或平直形。硬质封面和书芯两者套合，构成造型美观，挺括坚实，翻阅方便的精装书籍，精装产品如图1-36所示。

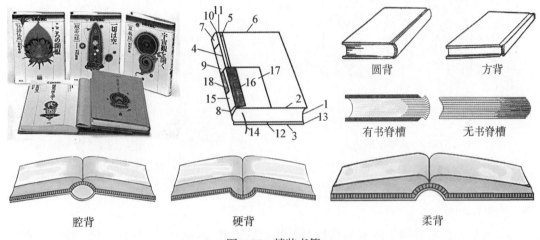

图1-36　精装书籍

1—书芯　2—封面　3—封底　4—书脊　5—布腰　6—纸面　7—中径　8—堵头布

9—书背　10—书槽　11—纸板厚度　12—地脚或天头的飘口　13—切口的飘口

14—书签带　15—中径纸　16—纱布　17—前封　18—锁线线迹

精装工艺是指折页、配页、订书、切书以后对书芯及书籍的外形进行加工的工艺，主要有书芯加工、书壳制作及上书壳三大工艺过程，主要流程如图1-37所示。

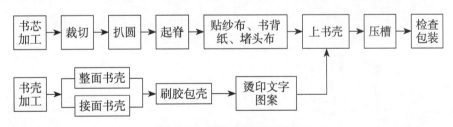

图1-37　精装主要工艺流程

（1）书芯的加工制作　书芯制作的前一部分和平装书装订工艺相同，包括：裁切、折页、配页、锁线与切书等。在完成上述工作之后，就要进行精装书芯特有的加工过程，压平、刷胶、干燥、裁切、扒圆、起脊、刷胶、粘纱布、再刷胶、粘堵头布、粘书背纸、干燥等便完成精装书芯的加工。

①压平。在专用的压平机上进行，使书芯结实、平服，以便提高书籍的装订质量。

②刷胶。用手工或机械的方法刷胶，使书芯达到基本定型，在下一道工序加工时，书贴不相互移动。

③裁切。对刷胶基本干燥的书芯，进行裁切，成为光本书芯。

④扒圆。由人工或机械，把书芯背脊部分，处理成圆弧形的工艺过程，叫扒圆。扒圆后整本书的书帖能互相错开，便于翻阅，提高了书芯的牢固程度，如图1-38所示。

⑤起脊。由人工或机械，把书芯用夹板夹紧夹实，在书芯正反两面，接近书脊与环衬连线的边缘，压出一条凹痕，使书脊略向外鼓起的工序，叫起脊。这样可防止扒圆后的书芯回圆变形，如图1-39所示。

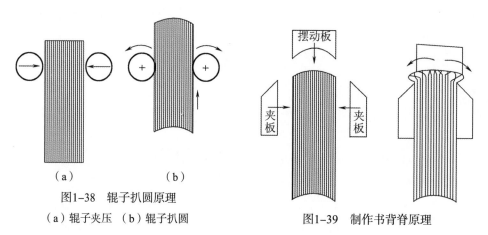

图1-38　辊子扒圆原理

（a）辊子夹压　（b）辊子扒圆

图1-39　制作书背脊原理

⑥书背的加工。加工的内容包括：刷胶、粘书签带、贴纱布、贴堵头布、贴书脊纸，如图1-40所示。

目前精装书芯的加工多采用精装书芯联动机，进行自动化的连续生产，其工艺流程如图1-41所示。

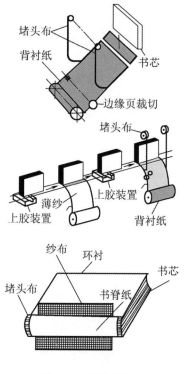

图1-40　书背的加工

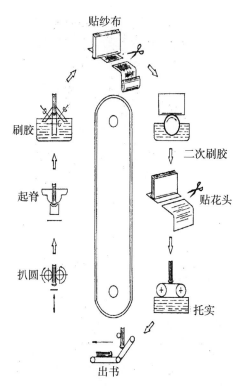

图1-41　精装书芯加工工艺流程

（2）书壳的制作　书壳是精装书的封面。书壳是书刊的外衣，对于书籍来说，它既起着外部装饰作用，又可以保护书籍，使其具有完好的使用性和耐用性。在大批量的生产中，还要求书壳的制作及与书芯的套合，更易于实现机械化和自动化的生产。

①书壳的分类与结构。精装书壳是由软质裱面材料、里层材料和中径纸组成。精装书书壳分为整面（整料）书壳和接面（拼料）书壳两种，如图1-42所示。

整面书壳的结构是由一张完整的封（裱）面材料（如全布面、全纸面）、两张纸板和中径纸制成，其结构与生产操作如图1-43所示。

接面书壳的结构通常是封面和封底用一种材料，书腰用一种材料拼接而成（如布腰纸面、布面和包四角的封面），其结构与生产操作如图1-44所示。

②壳的制作与加工。根据不同的开本及书芯厚度，将裁好的纸板、封面裱装材料及中径纸按一定的规格黏合在一起的工艺过程称为制书壳，所使用的设备称为糊封机。使用糊封机可以制作整面书壳，也可以制作接面书壳。

（3）上书壳　把精装书芯与书壳套合在一起，经刷胶使其粘合固定的工艺，称为上书壳，也叫套壳。它是制作精装书籍的最后一道工序。

①书芯与书壳的套合方式。精装书壳与书芯的套合有三种方法：普通式、筒子式和套合式，如图1-45所示。通常采用普通式上书壳法。

②普通式上书壳方法。即将胶液均匀地刷到环衬上，使前、后封面与环衬粘接。这是书芯与书壳套合的主要方法。

③筒子式上书壳法。即先按书背弧长用牛皮纸卷一活筒卷，粘贴在书脊背上，待书芯与书壳套合时，将刷好胶的活筒卷与书壳的中径纸板粘接起来，而后将前后封壳与环

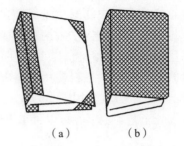

（a）　　　　　（b）

图1-42　精装书的分类

（a）接面包角书壳　（b）整面圆角书壳

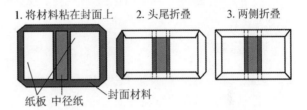

1. 将材料粘在封面上　　2. 头尾折叠　　3. 两侧折叠

纸板　中径纸　　　封面材料

图1-43　整面书壳的结构与生产操作

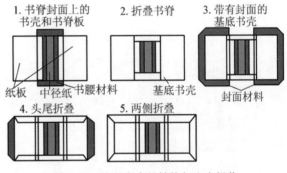

1. 书脊封面上的书壳和书脊板　　2. 折叠书脊　　3. 带有封面的基底书壳

纸板　中径纸　书腰材料　　基底书壳　　封面材料

4. 头尾折叠　　5. 两侧折叠

图1-44　接面书壳的结构与生产操作

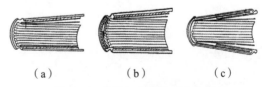

（a）　　　　（b）　　　　（c）

图1-45　书芯与书壳的套合方式

（a）普通式　（b）筒子式　（c）套合式

衬粘接。这样在翻阅书籍时，纸筒随之撑开呈空心筒状，既增加了书芯的牢度，又使书背平服。这种上书壳的方法一般用于生产量较少、使用期限长、使用频率高、大开本印张多的书籍。例如，百科全书、多册的工具书、精致的画册等。

套合式上书壳法。一般使用塑料书壳，把经过裱卡的书芯或簿册套在塑料壳的袋子里。这种上书壳的方法多用于小开式的字典、手册、工具书以及各种簿册等。

④上书壳工艺。上书壳可以手工操作，也可以用机器操作。

任务　骑马订、平装、精装书刊装订流程认知

训练目的

通过实训，进一步了解书刊印后装订的种类及其流程。

1. 掌握书刊骑马订装订工艺流程。

2. 掌握书刊平装装订工艺流程。

3. 掌握书刊精装装订工艺流程。

训练条件（场地、设备、工具、材料等）

场地：校外实训基地（书刊印刷企业）。

方法与步骤

1. 参观有骑马订、平装和精装设备的印刷企业。

2. 观看切纸机、折页机、锁线机的生产过程，技术人员现场讲解各种设备的工艺过程、设备结构、工艺控制要点。

3. 观看骑马订联动线生产过程，技术人员现场讲解骑马订的工艺流程、设备结构、工艺控制要点。

4. 观看胶装联动线生产过程，技术人员现场讲解无线胶装的工艺流程、设备结构、工艺控制要点。

5. 观看精装制壳机、精装生产联动线生产过程，技术人员现场讲解各种设备的工艺过程、设备结构、工艺控制要点。

考核基本要求

1. 能正确阐述书刊骑马订装订工艺流程。

2. 能正确阐述书刊平装装订工艺流程。

3. 能正确阐述书刊精装装订工艺流程。

知识点2　印刷品表面整饰工艺

表面整饰是指在书籍封皮或其他印刷品上，进行上光、覆膜、烫箔、压凹凸、模

切、压痕及其他装饰加工。其目的不仅是提高印刷品的艺术效果，而且具有保护印刷品的作用。

一、上光

在印刷品表面涂（或喷、印）上一层无色透明的涂料，经流平、干燥、压光后，在印刷品的表面形成薄而均匀的透明光亮层，这个工艺过程叫上光。

由于上光的涂料薄层具有较高的透明性和平滑度，因而可在印刷品表面上呈现出美丽的光泽，所以上光加工是改善印刷品表面性能的一种有效方法。目前上光工艺被广泛地应用于包装装潢、书刊封面、画册、商标、广告、大幅装饰等印品的表面处理中。

1. 上光油（涂料）

上光油的种类较多，印刷中常用的主要有三种：溶剂型光油、水性光油和UV光油。各种上光油都由主剂、助剂和溶剂三部分组成。

（1）主剂　是上光涂料的成膜物质，通常为天然树脂或合成树脂。现在普遍使用的是合成树脂，如丙烯酸树脂。

（2）溶剂　是主剂的载体，是成膜树脂（主剂）和助剂的分散介质，常用的溶剂有：甲苯、二甲苯、乙醇、丁醇、异丙醇、甲醇、乙酸乙酯、乙酸甲酯、乙酸丁酯等。随着水性光油和UV光油的发展和应用，甲苯和二甲苯等有毒溶剂已被淘汰，现在大部分光油已达到环保要求。

（3）助剂　是改善上光油的理化性能和加工特性而加入的物质。常用的有增加膜层内聚强度的固化剂；降低上光油表面张力的表面活性剂；便于涂布操作的消泡剂；为提高膜层弹性的增塑剂等。

上光油应对印刷品表面有一定的黏合力，具有良好的流平性，成膜后膜面平滑；膜层应具有一定的韧性和耐磨性，透明不变色，印后加工适应性广，耐溶剂、耐热性好等。此外，上光油应无臭，无味，对人身无危害，无环境污染，价格便宜，使用安全。

2. 上光工艺流程

印刷品的上光工艺包括上光油的涂布和压光两项。

（1）上光油的涂布　上光油的涂布方式有：喷刷涂布、印刷涂布和上光涂布机涂布三种主要方式。

a. 喷刷涂布。均为手工操作，虽然速度慢、涂布质量差，但灵活性强，适用于表面粗糙或凹凸不平的印刷品（瓦楞纸）或包装容器等异形印刷品。

b. 印刷涂布。通常用印刷机涂布，将上光涂料，贮存在印刷机的墨斗中，采用实地印版，按照上光印刷品的要求，印刷一次或多次上光涂料。印刷涂布上光，不需要购置新设备，一机两用，适合于中、小型印刷厂上光涂布加工。

c. 专用上光机涂布。目前应用最普遍的方法。上光涂布机由印刷品传输机构、涂布机构、干燥机构以及机械传动、是电器控制等部分组成，如图1-46所示。适用于各种类型上光涂料的涂布加工，能够精确地控制涂布量，涂布质量稳定，适合各种档次印刷品的上光涂布加工。

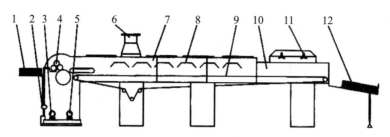

图1-46　上光涂布机结构

1—输入台　2—涂料输送系统　3—涂布动力机构　4—涂布机构

5—输送带传动机构　6—排气管道　7—烘干室　8—加热装置

9—印品输送带　10—冷却室　11—冷却送风系统　12—印品收集装置

印刷品的上光按上光幅面分为整体上光和局部上光，按加工连续性分为联机上光和脱机上光。

（2）上光油的压光　利用压光机对涂布上光油后的印刷品表面进行压光，使干燥后的上光涂层表面形成镜面效果的过程，称为压光。

压光机是上光机的配套设备，通常为连续滚压式的，由输送机构、机械传动机构和控制机构组成，如图1-47所示。印刷品由输纸台输入加热辊和加压辊之间的压光带，在温度和压力的作用下，涂层贴附在压光带表面进行压光处理，待逐渐冷却后，涂层表面便形成光亮的表面层。

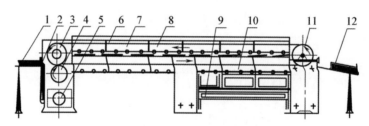

图1-47　压光机结构简图

1—印品输送台　2—高压油泵　3—热压辊　4—加压辊　5—调速电机

6—压光钢带　7—冷却箱　8—观察门　9—冷却水槽　10—通风系统

11—传输辊　12—印品收集台

（3）UV上光　UV上光也称紫外线光固化上光，该上光油主要由感光树脂、活性稀释剂、光引发剂及其他助剂组成。在印刷品表面均匀地涂布一层UV光油，再经紫外线照射，使上光油交联结膜固化。UV上光广泛应用于纸张、纸板、塑料和木材等印刷表面进行上光。

上光油被紫外线照射后能瞬间干燥，不产生有机挥发物，上光质量好。UV上光还特别适合印刷、上光的一步实现，能并入联动生产线中，如图1-48所示。

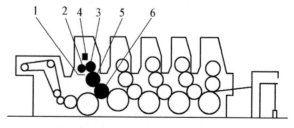

图1-48　联机上光机组结构简图

1—贮料槽　2—计量辊　3—送料辊

4—出料口　5—匀料辊　6—涂布辊

二、覆膜

将塑料薄膜涂上黏合剂，经加热、加压与纸印刷品粘合在一起形成产品的加工技术称为覆膜。经覆膜的印刷品，表面平滑光亮，图文颜色鲜艳，立体感强。同时因有一层塑料薄膜，还起到防水、防污、耐磨、耐拉伸的作用，其断面如图1-49所示。

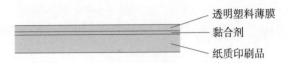

图1-49 印刷品覆膜后的断面

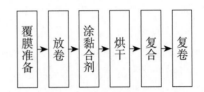

图1-50 即涂覆膜的工艺流程

覆膜是印刷品表面装饰加工技术之一，是印刷的辅助工艺。覆膜工艺广泛应用于书刊、画册、封面、各种证件的表面装饰以及各种纸制包装制品的表面装潢处理。覆膜工艺分为即涂覆膜和预涂覆膜两种。

1. 即涂覆膜的工艺流程（图1-50）

（1）覆膜准备 包括待覆印刷品的检查、塑料薄膜的选择、黏合剂的配制等。

（2）覆膜操作 覆膜一般使用专用覆膜机。覆膜机由放卷部分、上胶涂布部分、干燥部分、热压复合部分（有的包括辅助层压部分）、印刷品输入部分、复卷部分以及机械传动装置组成，其结构组成如图1-51所示。

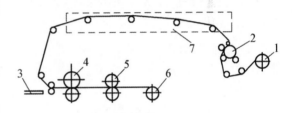

图1-51 即涂型覆膜机结构简图

1—塑料薄膜放卷部分 2—涂布部分
3—印刷品输入台 4—热压复合部分
5—辅助层压部分 6—复卷部分 7—干燥通道

覆膜具体的操作为：①根据印刷品尺寸切膜、装膜；②将塑料薄膜按指定的路线穿过传送辊；③接通电源，使干燥通道的电热辊升至设定温度并开启送风装置；④打开贮胶箱阀门，将黏合剂注入涂布槽，并达到标准工作液面；⑤启动传送机构，检查薄膜的运行状态，调整输纸台规矩挡板；⑥将涂胶辊、热压辊合压并输入印刷品进行复合，同时在复合过程中经常检查产品质量，以便随时调整。

即涂覆膜工艺设备陈旧，环境污染严重，覆膜的产品易产生气泡、折皱，是落后的加工工艺。

2. 预涂覆膜的工艺流程

预涂覆膜是指从事预涂膜生产的专业厂家把黏合剂涂布在塑料薄膜上，经过烘干、收卷作为产品出售。印后加工企业在无黏合剂涂布装置的覆膜设备上进行热压，完成印刷品的覆膜加工。

预涂型覆膜机是将印刷品同预涂塑料薄膜复合到一起的专用设备，主要结构由薄膜放卷、印刷品自动输入、热压复合、自动收卷4大部分组成，如图1-52所示。

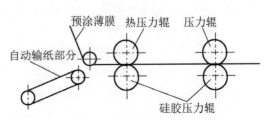

图1-52 预涂覆膜过程

与即涂型覆膜机相比，预涂覆膜不需要黏合剂涂布、加热干燥系统，因此体积小、结构紧凑、造价低、操作方便、生产灵活性大和生产效率高。

三、烫印

烫印是一种不用油墨的特种印刷工艺，它是借助一定的压力与温度，运用装在烫印机上的模版，将金属箔或颜料箔按烫印模版的图文转移到被烫印刷品或其他物品表面上的一种加工工艺。

电化铝烫印的图文呈现出强烈的金属光泽，色彩鲜艳夺目。尤其是金银电化铝，以其富丽堂皇精致高雅的装潢点缀了印刷品表面，其光亮程度大大超过印金和印银，使产品具有高档的质感。同时由于电化铝箔具有优良的物理化学性能，又起到了保护印刷品的作用。所以电化铝烫印工艺被广泛应用于高档、精致的包装装潢、商标和书籍封面等印刷品上，以及家用电器、建筑装潢、工艺文化用品等方面。纸张、塑料、木材、丝绸织物和皮革等都可以成为被烫印的材料。

1. 电化铝箔的结构

电化铝烫印箔，一般由五层不同材料组成，参见图1-53。从反面到正面依次为基膜层（也称片基）、隔离层（也称脱离层）、保护层（又称颜色层）、铝层和黏胶层。基膜层一般为双向拉伸的聚酯薄膜，起支撑作用，其他各层均依附其上；隔离层使电化铝箔与基膜互相隔离，烫印时便于脱箔；保护层主要是显示电化铝的色彩，烫印后罩印在图案的表面又起保护作用；铝层是利用金属铝能较好的反射光

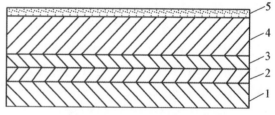

图1-53　电化铝烫印箔的结构

1—片基层　2—脱离层　3—保护层

4—铝层　5—胶粘层

线的特点，使电化铝呈现金属光泽，一般由真空喷铝的方法完成；胶粘层是在烫印时，电化铝箔与被烫印材料接触，遇热后起良好的粘结作用。

随着产品的发展变化，烫印箔由电化铝箔发展到铬箔、镍-铬箔，色彩更加丰富，并可进行彩色烫印。铬箔、镍-铬箔还可制成高光、亚光、丝纹、喷砂、纺织、大理石等特种装饰效果的烫印材料，多应用于金属、电子产品、塑料实用件的装饰，以代替电镀。另外，还出现了折光烫印箔、全息烫印箔等，使产品既上档次，又具有防伪功能。

2. 烫印机的基本结构

现在有自动平压平式（图1-54）、圆压平式（图1-55）和圆压圆式烫印机，它们均由机身机架、烫印装置和烫印箔传送装置等组成。机身机架包括外形机身、输纸台和收纸台等。烫印装置包括电热板、烫印版、压印版和底版等。电热板固定在印版平台上，内装大功率电热丝；烫印版为铜版或锌版，其传热性好，不易变形、耐压、耐磨；压印版通常采用铝板或铁板；底版为厚度约7mm的铝板，用来粘贴和固定烫印版。烫印箔传送装置由放卷辊、送卷辊和助送滚筒、收卷辊以及进给机构组成。

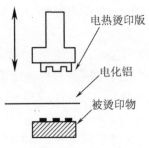

图1-54 平压平式烫印

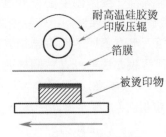

图1-55 圆压平式烫印

3．电化铝烫印工艺（图1-56）

（1）烫印前的准备工作 有准备烫料及烫印版两项任务。

①烫料的准备。包括电化铝型号的选择和按规格下料。型号不同，其性能和适烫的材料及范围也有所区别，如白纸与有墨层的印刷品、实地印刷品与网点印刷品、大字号与小字号等，对电化

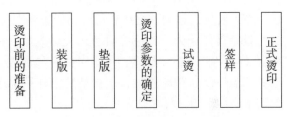

图1-56 电化铝烫印工艺过程

铝型号的选择就要有所区别。如当烫印面积较大时，要选择易于转移的电化铝；烫印细小文字或花纹，可以选择不易于转移的电化铝；烫印一般的图文，应选择通用型的电化铝等。

②烫印版的准备。烫印所用版材为铜版，其特点是传热性能好，耐压、耐磨、不变形。当烫印数量较少时，也可以采用锌版。铜、锌版要求使用1.5mm以上的厚版材，通过照相制版加工成凸版，图文腐蚀深度一般应达到0.5～0.6mm。加工时，要腐蚀得略深，图文与空白部分高低之差要尽可能拉大，这样在烫印时可以减少出现连片和糊版，以利于保证烫印质量。

（2）装版 是将制好的铜或锌版固黏在版台上，并将规矩、压力调整到合适的位置。印版的合理位置应该是电热板的中心，因中心位置受热均匀，当然还应该方便进行烫印操作。印版固定的方法是：把定量为130～180g/m² 的牛皮纸或白板纸裁成稍大于印版的面积，均匀地涂上牛皮胶或其他黏合剂，并把印版粘贴上，然后接通电源，使电热板加热80～90℃，合上压印平板，使印版全面受压约15min，印版便平整地粘牢在底版上了。

（3）垫版 印版固定后，即可对局部不平处进行垫版调整，使各处压力均匀。平压平烫印机应先将压印平板校平，再在平板背面粘贴一张 100g/m²以上的铜版纸，并用复写纸碰压得出印样，根据印样轻重调整平板压力，直至印样清晰、压力均匀。可根据烫印情况在平板上粘贴一些软硬适中的衬垫。

圆压平型烫印机烫机的垫版操作与一般的凸版印刷基本相同，但必须掌握衬垫厚度，以免造成印迹变形。

（4）烫印工艺参数的确定 烫印的工艺参数主要包括：烫印温度、烫印压力及烫印速度，理想的烫印效果是这三者的综合效果。

①温度的确定。确定最佳烫印温度所应考虑的因素，包括电化铝的型号及性能、烫印压力、烫印速度、烫印面积、烫印图文的结构、印刷品底色墨层的颜色、厚度、面积以及烫印车间的室温。烫印压力较小、机速快、印刷品底色墨层厚、车间室温低时，烫

印温度要适当提高。烫印温度的一般范围为70～180 ℃ 。最佳温度确定之后，应尽可能自始至终保持恒定，以保证同批产品的质量稳定。

当同一版面上有不同的图文结构时，选择同一烫印温度往往无法同时满足要求。这种情况有两种解决办法：一是在同样的温度下，选择两种不同型号的电化铝；二是在版面允许的条件下（如两图文间隔较大），可采用两块电热板，用两个调压变压器控制，以获得两种不同的温度，满足烫印的需要。

②压力的确定。施加压力的作用，一是保证电化铝能够粘附在承印物上，二是对电化铝烫印部位进行剪切。烫印压力要比一般印刷的压力大。烫印压力过小，将无法使电化铝与承印物粘附，同时对烫印的边缘部位无法充分剪切，导致烫印不上或烫印部位印迹发花。若压力过大，衬垫和承印物的压缩变形增大，会产生糊版或印迹变粗。

设定烫印压力时，应综合考虑烫印温度、机速、电化铝本身的性质、被烫物的表面状况（如印刷品墨层厚薄、印刷时白墨的加放量、纸张的平滑度等）等影响因素。一般在烫印温度低、烫印速度快、被烫物的印刷品表面墨层厚以及纸张平滑度低的情况下，要增加烫印压力，反之则相反。

③烫印速度的确定。烫印速度决定了电化铝与承印物的接触时间，接触时间与烫印牢度在一定条件下是成正比的。烫印速度稍慢，可使电化铝与被承印物粘接牢固，有利于烫印。当机速增大，烫印速度太快，电化铝的热熔性膜和脱离层在瞬间尚未熔化或熔化不充分，就导致烫印不上或印迹发花。

上述三个工艺参数确定的一般顺序是：以被烫物的特性和电化铝的适性为基础，以印版面积和烫印速度来确定温度和压力；温度和压力两者首先要确定最佳压力，使版面压力适中、分布均匀；在此基础上，最后确定最佳温度。从烫印效果来看，以较平的压力、较低的温度和稍慢的车速烫印是理想的。

（5）试烫、签样、正式烫印　烫印工艺参数确定之后，可进行印刷规矩的定位。烫印规矩也是依据印样来确定的。平压平烫印机是在压印平板上粘贴定位块，定位块必须采用较耐磨的金属材料，如铜块、铁块等，然后试烫数张，烫印质量达到规定要求，并经签样后，即可进行正式烫印。

当今，联线冷烫装置得到了发展，采用印胶、覆合电化铝、剥离的工艺，通过印刷单元于冷烫印箔上叠印形成有金属风格的图像、文字、实地或线条。这些图案由涂布的黏性油墨的区域使金属箔从承载的载体薄膜上分离下来，并转移到纸上而形成。

四、凹凸压印

凹凸压印又称"凹凸印刷""轧凹凸"或"压凸印"。最早起源于我国，是一种不用油墨的印刷方式。它是采用一组图文对应的凹版和凸版，将承印物置于其间，通过较大压力压印出浮雕状凹凸图文的工艺。这种方法多用于印刷品、纸容器或金属容器的印后加工，如瓶签、贺年卡、年历、纸盒以及商标等的装潢（凸起的花纹或图形），复制效果生动美观，立体感强。压凹凸的生产工艺流程如图1-57所示。

图1-57　压凹凸的生产工艺流程

（1）印刷底图　凹凸印刷的成品大多是彩色的，通常先在承印物上用普通的印刷方法印出彩色图文。可用胶版印刷、丝网印刷、擦金或电化铝烫印等制作底图。

（2）制凹版　凹版模子的制作质量是决定印刷品压印质量的关键。压凸纹的凹版，是用铜版或钢版，先腐蚀后雕刻制成的图文凹模（若加工图文简单，压凸印数量较少，也可采用锌版）。腐蚀后的铜版或钢版，因版面深浅一致而轮廓不明显，缺乏层次，版口毛糙，所以还要进行雕刻加工。雕刻加工要根据图案的类别采用不同的方法。如画面是圆形的物品，则版口修成圆边；如是文字和线条，则版口要修成直边。若为了突出立体造型，则可以把版口修成斜面。

（3）制凸版　压凸纹除凹版外，还需配置与凹版纹路相对应的压印凸版。

①传统石膏凸版制作工艺。将制好的铜（钢）凹版黏置在平压机的金属底板上，校平板子并在压印平板上用黄纸板糊好，然后用树胶液或糯米粉浆调和石膏糊，快速把石膏糊涂在粘有黄纸板的平板上，稍加摊平，铺上一层薄纸，为了防止石膏粉落入版纹之中，须盖上一层塑料薄膜。压印前还要在凹版上轻轻地刷上一层煤油，防止压印时粘坏石膏模子。第一次压印时压力要稍小些，只压出一个影子即可；第二次压印时，在凹版后面加垫一张较厚的白板纸，待石膏粉快干时压印上去，当石膏粉完成固化干燥后，铲除四周多余的石膏，即制成石膏凸版。

②新型PVC预制凸版制作工艺。为了克服石膏强度低和制作时复杂费时的缺点，目前出现了一种采用聚氯乙烯（PVC）预先制作凸版的工艺。它是将塑料版材与模具（凹版）重合后，放入具有加热及冷却系统的模压机内，通过调节温度与压力得到的与模具（凹版）形状一样、凹凸正好相反的制品，即PVC凸版。

（4）装版　首先将凹凸印版与压印机的金属底板粘接。粘接方法是：可以用胶布粘版，但须先用砂布将印版背面打毛，以防打滑；也可用黏合剂粘版，但印版与底板之间应糊一层牛皮纸，避免金属与金属直接接触而造成脱版。然后用填料将印版固定在铁框中，并注意印版在铁框中的位置，尽量做到居中，使印版在压印时受力平衡。

（5）压印凸纹　凹凸压印根据最终加工效果的不同，其工艺方法一般有单层凸纹、多层凸纹、凸纹清压和凸纹套压等几种。压凸纹一般在平压式凸版印刷机或特制的压凸机上进行。这种机器的特点是压力大，结构坚固，能压制版面较大的凹凸产品。也有采用圆压平式压印机压印的，这种机器速度较快，但冲击力小，印件的凹凸层次不如平压式压印机压得丰满。压印时，将已印好的图案印刷品放在凹版和凸版之间，再用较大的压力和冲力直接压印。当印品较厚时（如硬纸板），可用电热器将铜凹版或钢凹版加热，然后冲压，利用瞬间的热量软化印刷品图案区，从而提高压印产品的立体感和层次感。

五、模切与压痕

模切工艺就是用模切刀（钢刀）根据产品设计要求的图案组合成模切版，在压力的作用下，将印刷品或其他板状坯料轧切成所需形状和切痕的成型工艺。

压痕工艺则是利用压痕线（钢线）或压痕模（钢模），通过压力在板料上压出线痕，或利用滚线轮在板料上滚出线痕，以便板料能按预定位置进行弯折成型。在大多数情况下，同一个产品既要模切，又要压痕。因此，往往把模切刀和压线刀组合在同一模版内，在模切机上同时进行模切和压痕加工，故又简称为模压。模压加工操作简便，成本低，投资少，见效快，质量好，加工后的制品可大幅度提高档次，在提高产品包装附加值等方面起着重要的作用。模压加工技术主要用来对各类纸板进行模切和压痕，也可对皮革、塑料等材质进行加工。经模压后的纸类印刷品可折叠或粘贴成各种形状的容器或盒子，如图1-58所示。

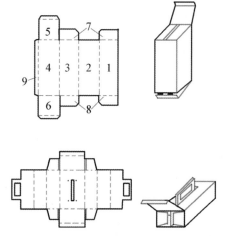

图1-58 不同形状盒形模切示意图

模压机构均由模切版台和压切机构两大部分组成。根据模切版和压切机构两部分主要工作部件的形状不同，模切机又可分为平压平、圆压平和圆压圆三种基本类型，如图1-59所示。

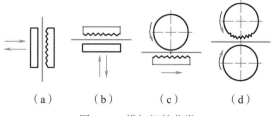

图1-59 模切机的分类
（a）立式平压平 （b）卧式平压平
（c）圆压平 （d）圆压圆

1. 模压工作原理

模压前，需先根据产品设计要求，用钢刀（即模切刀）和钢线（即压线刀）排成模切压痕版，简称模压版，将模压版装到模压机上，在压力作用下，将纸板坯料轧切成型，并压出折叠线或其他模纹。模压版结构及工作原理如图1-60所示。

2. 模压板的制作

模压版有整体式和组装式两种。在整块衬空材料上按图样开出沟缝，并在其中嵌入钢刀或钢线加以固紧而形成的模压版为整体式模压版，它造价较高，但牢靠耐用，易于安装和调整，最适合应用于圆压圆模压机。钢刀和钢线在整个模

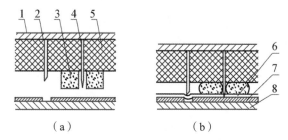

图1-60 模切压痕工作原理图
（a）脱开状态 （b）压合状态
1—版台 2—钢线 3—橡皮 4—钢刀
5—衬空材料 6—纸制品 7—垫版 8—压板

压版中的位置是按图样用许多单件的衬空材料组装固定而成的模压版，称为组装式模压版，它改版灵活，材料的重复使用率高，可节省制版材料。

（1）底版的制作 就是按照产品设计或样品的要求，将平面展开图上所需裁切的模切线和折叠的压痕线图形，按实样大小比例，准确无误地复制到底版上，并制出镶嵌刀线的狭缝。图样复制的准确性及嵌缝的优劣是影响模压工艺质量的关键。

（2）钢刀、钢线的铡切及成型加工 就是按设计要求，将模压用的钢刀和钢线铡切

成最大的成型线段，再将其加工成所要求的几何形状的过程。

（3）排刀拼版　排刀主要是将钢刀、钢线、衬空材料按制版要求拼装组合成模压版的过程。

（4）激光模压版的制作　激光制版系统是应用激光和计算机技术加工模切压痕版。只要把待模切产品的图样、纸板厚度等参数输入电子计算机，便可控制底版操作系统，使底版按照所需模版图样在激光束下自动地移动。这种模版制作方法改变了传统制版方法精度低、速度慢、没有重复性、无法适应包装自动化生产线要求的状况。目前激光切割的模切版已广泛应用于印刷、包装装潢行业。

这种新工艺的优点可归纳为：①激光切割速度快、周期短。激光切割可提高工效几倍至几十倍。一般情况下，一块模切版只需1~3h即可完成编程及切割任务；②质量好、精度高。激光制作模压版由计算机控制，尺寸精度高，误差±0.05mm。激光工艺的积累误差小，成品精美；③重复性好。计算机编制的程序可以存储，大批生产时，需要多块相同的模压版，只需调出程序再切制即可，故有极好的重复性，而传统工艺则无法实现。

3. 模压工艺

在模切压痕之前要制作模压版，而后在模切机上利用模压版按工艺流程对印后纸板进行加工。一般模切压痕的工艺流程如图1-61所示。

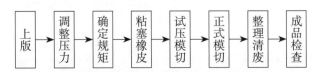

图1-61　一般模切压痕的工艺流程

将制作好的模压版，安装固定在模切机的版框中，初步调整好位置，获取初步模切压痕效果的操作过程称为上版。上版前，要求校对模切压痕版，确认符合要求后，方可开始上版操作。

接着调整版面压力。一般分两步。先调整钢刀的压力：垫纸后，先开机压印几次，目的是将钢刀碰平、靠紧垫版，然后用面积大于模切版版面的纸板进行试压，根据钢刀切在纸板上的切痕，采用局部或全部逐渐增加或减少垫纸层数的方法，使版面各刀线压力均匀一致；再调整钢线的压力，一般钢线比钢刀低0.8mm，为使钢线和钢刀均获得理想的压力，应根据所模压纸板的性质对钢线的压力进行调整。在只将纸板厚度作为主要因素考虑时，一般根据所压纸板的厚度，以测试为基础经验估算垫纸的厚度。

橡皮粘塞在模版主要钢刀刃口的两侧，利用橡皮弹性恢复力的作用，可将模切分离后的纸板从刃口部推出。橡皮布高出刀口3~5mm。

对模切压痕加工后的产品，应将多余边料清除，称为清废，也称落料、出屑、撕边、敲芯等，即将盒芯从胚料中取出并进行清理。清理后的产品切口应平整光洁，必要时应用砂纸对切口进行打磨或用刮刀刮光。

清理后再进行成品检查，在产品质量检验合格后，进行点数包装。

知识点3　印品成型加工工艺

纸包装容器包括：纸盒、纸袋、纸箱、锦盒等。折叠式纸质容器由于可节省大量贮存空间，便于运输，并可实现机械化生产，已成为纸类包装箱、包装盒的主流。评价纸容器的质量，不仅要考虑到印刷图案的质量，还要参照容器的造型和加工成型的方法。容器的造型和加工成型，如图1-62所示。

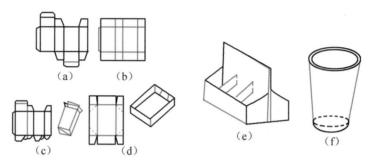

图1-62　容器的造型与加工成型

（a）、（b）直角式盒　（c）自动粘底式盒　（d）托盘式纸容器　（e）支座式盒　（f）纸杯

一、纸制彩盒加工工艺与方法

彩盒的制造工艺一般如图1-63所示。

（1）盒形设计　这是成盒的基础，好的盒形设计不仅外观新颖时尚、图案艳丽，而且能增强容器的抗压和抗摩擦性能，更重要的是应有利于纸容器的成型加工。

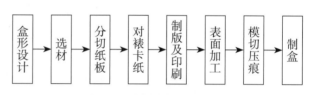

盒形设计 → 选材 → 分切纸板 → 对裱卡纸 → 制版及印刷 → 表面加工 → 模切压痕 → 制盒

图1-63　彩盒的制造工艺流程

（2）选材　一般选用印刷效果好，适合所包商品的廉价材料制作纸容器，如黄板纸、牛皮纸、卡纸、白板纸等。若是高档容器，还可在上述材料上再裱贴铜版纸等上等纸品。同时，印刷油墨也要根据包装的物品选择耐光、耐磨、耐油、耐药品以及无毒的油墨，尤其是儿童食品，其外包装容器更应选用环保油墨来印刷。

（3）分切纸板　又称开料。根据盒形设计的尺寸要求进行分切下料。

（4）制版及印刷　纸容器外表面的印刷可以采用通常的印刷方法，如胶印、凹印和柔印等。目前多以胶版印刷方式为主，柔性版印刷在这个领域的应用正逐步得到加强。在文字、线条、实地图案和网线数不太高的层次版的印刷上，柔印和胶印可获得同样高的印刷质量。

（5）对裱卡纸　彩盒生产中，为了降低成本、加强彩盒的挺度、承受冲击力和承载力，将有底纹的灰卡、白卡或瓦楞纸底面均匀涂上糊精胶水，裱到有印刷图文的薄卡纸或金、银纸上，经适当的加压，即成对裱卡纸。它包括表纸板、瓦楞纸（B型、E型、C型）等。

（6）表面加工　根据产品的需要，一般在印刷完之后要在印品表面进行上光、覆膜、涂蜡、压凸及烫箔等处理，以此增强容器表面性能，强化视觉感受。

（7）模切压痕

（8）制盒　用制盒机折叠做成盒状，供下道工序使用。瓦楞纸箱一般用柔性版印刷，同时进行压线、刷胶或用铁丝订，做成箱子的形状，一般是平面折叠旋转，使用时拉开成箱形。

二、软包装制袋加工工艺与方法

由纸、塑料、铝箔或其复合材料做成的，其一端或两端封闭，并有一个开口，以便盛装被包装产品的一种非刚性容器，称之为包装袋。随着软包装产品的日益增加，复合材料已开始得到普遍应用。这种复合材料包括

图1-64　制作软包装袋工艺流程

纸塑、纸箔、纸纸、塑塑以及塑箔等的复合。软包装袋制作工艺流程如图1-64所示。

软包装印刷一般采用凹版印刷或柔性版印刷的方式印制包装袋外表面。印刷完成后的材料要依靠各种复合机和热熔的胶黏剂与其他材料进行复合加工，使其具备密封产品的不透气性、防潮和防腐性。具体的复合方法及使用材料必须根据内装物品的要求而定。根据设计好的各种规格，把复合后的多层材料裁切成相应的式样，以利于进一步制袋。常用的包装袋形式如图1-65所示。

目前使用较多的是一种敞口式多层袋，它有四种最基本的封合方法：缝合封合、粘合封合、胶带封合和热压封合。对于塑料复合材料，其制袋封合方法主要是热压封合（即热封法），在制袋机上进行。对于纸包装材料，还可用黏合剂粘合的方法制袋和封口。

复合塑料薄膜袋是通过热封一边或几边来进行生产的，而热封的方式一般有三种：边封合、底部封合、双封合。边封合是最普通的制袋方法，其工艺方法如图1-66所示。

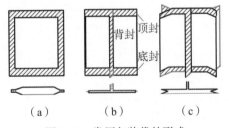

图1-65　常用包装袋的形式

（a）侧封式　（b）合掌封式　（c）起褶式

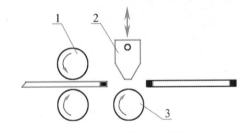

图1-66　边封合示意图

1—牵引辊　2—热封刀　3—热封绳

底部封合只是在袋的底部进行封合。用于制袋的管形复合材料被送入制袋机，在单个袋的底部进行密封，袋与原材料之间用刀切开，分切动作与热封动作是分开的。底部封合方法可控制热量和压合时间，不会熔化和损坏薄膜，不会改变薄膜的物理性能，其工艺方法如图1-67所示。

双封合方法使用双面封合机构。这种机构带有加热或不加热的分切刀，定位在两密封头之间，如图1-68所示。其唯一特征是在每一热封周期将热量供给原料的上面和下面，并形成两个完全分离和独立的封合线。双封合技术能在给定密封周期内供给大量可控制的热量，适用于较厚的薄膜，能生产两侧面带有密封线的零售袋。

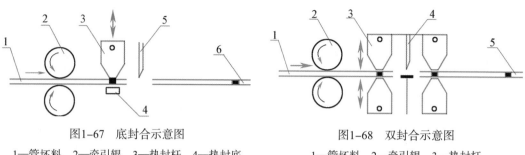

图1-67　底封合示意图

1—管坯料　2—牵引辊　3—热封杆　4—热封底
座　5—切刀　6—袋裙

图1-68　双封合示意图

1—管坯料　2—牵引辊　3—热封杆
4—切刀　5—袋裙

三、纸箱加工工艺与方法

纸箱加工制作如图1-69所示。

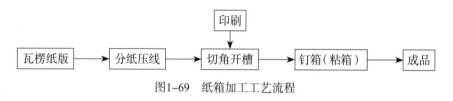

图1-69　纸箱加工工艺流程

四、锦盒加工与制作

锦盒的加工工艺如图1-70所示。

图1-70　锦盒的加工工艺流程

任务1　印刷品的印后加工工艺方法分析

训练目的

通过实训，进一步理解和掌握印刷品的印后加工工艺方法。

1. 掌握书刊骑马订装订工艺流程。
2. 掌握书刊平装装订工艺流程。
3. 掌握书刊精装装订工艺流程。

训练条件（场地、设备、工具、材料等）

1. 场地：校内实训室。
2. 设备：包本机。
3. 工具：订书机、直尺。

4. 材料：针、丝线、纸张、胶。

方法与步骤

1. 手工制作一本骑马订书。
2. 手工制作一本无线胶装书。
3. 手工锁线、裱糊制作一本精装书。

考核基本要求

1. 能正确分析样本印刷品采用的装订和印后加工方式。
2. 能正确阐述样本印刷品采用的装订工艺流程。

任务2 印刷品的印制工艺方法选择与分析

训练目的

1. 对所学印刷工艺进行综合性运用，加深理解；进一步熟悉生产工艺流程。
2. 学会针对具体印刷产品进行工艺方法的选择、组合应用。

训练条件（场地、设备、工具、材料等）

1. 场地：教室。
2. 设备：无。
3. 工具：多种印刷成品样品。
4. 材料：白纸、装订材料等。

方法与步骤

1. 定单特性分析，了解产品特点与要求。
2. 产品各部位印刷方法分析。
3. 印后加工方法的分析。
4. 制定印制工艺流程（含印前、印刷、印后）。
5. 填写实训报告单。

考核基本要求

1. 能分析印刷产品所用的印刷工艺方法。
2. 能识别印刷产品所用的印后加工工艺方法。
3. 能制定印刷产品的印制工艺流程。

职业拓展 如何成为一名优秀的印刷工艺员

（1）定目标，达目标

（2）善于沟通，有良好的人际关系

（3）技术精湛

（4）乐观和自信

（5）尊重他人、善待他人

（6）凡事100%做准备

（7）养成列清单习惯

（8）坚持每天看书30min

（9）学会分享

（10）注重工作质量

（11）凡事及时跟进

（12）做人讲诚信，做事讲责任

（13）每天运动1h

（14）说真话，保持真实好品德

（15）保持认真观察和分析好习惯

（16）专注、专业

（17）建立自己的美誉度

（18）谦虚谨慎，戒骄戒躁

（19）每天保持愉悦平和的心态

技能知识点考核

1．多项选择题

（1）下列属于印刷工艺范畴的项目有（   ）。

    A．印刷机维护   B．印刷材料的使用

    C．印刷合同的签订   D．印刷工艺控制

（2）下列（   ）为印刷工艺的基本要素。

    A．印刷机   B．承印物   C．压印滚筒   D．原稿

（3）印刷的图文要素有（   ）。

    A．图形   B．图像   C．文字   D．色彩

（4）下列属于间接印刷的工艺方法是（   ）。

    A．平版胶印   B．贴花印刷

    C．塑料薄膜凹印   D．柔性版印刷

2．填空题

（1）现代印刷的四大工艺方法是_____、_____、_____和_____。

（2）印刷过程的五个重要工艺理论是_____、_____、_____、_____和_____。

3．判断题

（1）柔性版印刷中所再现的网点是靠网纹辊来实现和传递的。（   ）

（2）在现代印刷中，四大印刷方法缺一不可。（   ）

（3）胶印会逐渐取代其他三种印刷工艺方法。（   ）

第二单元

印刷工艺基本原理

印刷的整个过程就是将图文信息组合、排版、颜色分解、阶调层次转换，再通过印刷油墨的颜色合成和阶调层次的传递，还原原稿中的图文信息。简单地说彩色图像复制包括两方面：颜色复制与阶调层次复制。颜色复制分为颜色分解和颜色合成，阶调层次复制将连续调图像转换成网目调图像，油墨以网点的形式转移到印刷品上，形成阶调层次。

能力目标

1. 能够分析印刷品的印刷原色。
2. 能够分析印刷品的阶调层次复制要求。
3. 能够分析与确定印刷品的加网参数。
4. 能够分析印刷主要材料表面的吸附性能。

知识目标

1. 理解印刷图像颜色和阶调层次的复制原理。
2. 掌握加网参数对印刷工艺的影响。
3. 了解印刷材料表面亲水性和亲油性。
4. 了解印刷材料表面吸附性能。

项目一　印刷图像复制原理分析

知识点1　印刷色彩复制原理

一、色光三原色和色光加色法

不同的颜色相混合能产生新的颜色，我们将能够通过混合产生所有颜色的最少的几种颜色称为原色。当由两种或两种以上色光同时到达人眼的视网膜时，人眼视网膜的三种感色细胞分别受到刺激，在大脑中产生一种综合的颜色感觉。这种由两种或两种以上色光混合呈现新的颜色的呈色原理称为色光加色法。人们通过实验发现，各种色光可以用红（波长630～700nm）、绿（波长500～570nm）、蓝（波长420～470nm）三种单色光混合得到，但是红、绿、蓝三种色光却不能用其他色光混合得到，因此，将红、绿、蓝三种色光定为色光三原色。

光谱中的红、绿、蓝光范围较大，但作为原色光应该是严格的单色光，国际照明委员会（CIE）于1931年规定色光三原色的红光波长为700nm、绿光波长为546.1nm、蓝光波长为435.8nm。

将等量的三原色混合，得到的颜色如图2-1所示，即：

红光（R）+绿光（G）=黄光（Y）

蓝光（B）+绿光（G）=青光（C）

红光（R）+蓝光（B）=品红光（M）

黄光（Y）+蓝光（B）=白光（W）

青光（C）+红光（R）=白光（W）

品红光（M）+绿光（G）=白光（W）

图2-1　色光混合

不等量的红、绿、蓝三原色的色光混合相加，如果是双色混合，混合色偏向于比例大的颜色。比如红光与绿光混合，红光比例大于绿光，则得到的颜色为偏红的橘红色光。如果是红、绿、蓝三色光不等量混合，则混合色的亮度增加，彩度降低，三原色光的比例差别越小彩度越低，三原色光的比例差别越大，彩度越大。混合色中的色光加的越多就越亮，等量的红、绿、蓝色光可以产生灰白色。

加色混合分为直接光源的色光相加和间接的反射光混合两类。如太阳光、照明灯光等，人眼看到的不是各种单色光，而是光源在发射光波的过程中，光到达人眼之前就直接混合呈色，这种加色法称为色光直接混合，又称为视觉器官以外的色光混合。间接的反射光混合是指颜色混合在人的视觉器官内进行，又分为两种形式，一种是色光的静态混合或称空间混合，另一种是色光的动态混合或称时间混合。在一个平面上有不同的色块，当两个色块面积很小又距离很近时，它们的反射光投射到人眼视网膜的同一视觉细胞，人眼就认为是一种颜色，这种颜色就是两种反射光混合后的颜色，这种现象就是色光的静态混合（空间混合）。当不同的色彩以一定速度交替呈现在眼前时，在人的眼睛里就会产生不同色彩的混合现象，这就现象就是色光的动态混合（时间混合）。如麦克斯韦尔色盘，当色盘静止时，人眼能清楚看到色盘上不同颜色色块，当色盘快速转动时，人眼看不到不同的色块，而是一片中性灰色。这是因为第一色刺激未过，又叠加第二或第三色的刺激，由于视觉的残留作用，人眼感觉是叠加后的新的颜色。

在光学中两种色光以适当比例混合产生白色，这两种颜色称为"互为补色"。黄光和蓝光混合成白光，黄色与蓝色为互补色，同理青色与红色为互补色，品红色与绿色为互补色。

二、色料三原色和色料减色法

自然界存在的物体大部分是不会自己发光的。对于自身不能发光的物体，通过吸收照射在其上的光线中的一部光、反射另一部分光、被反射的光相加混合产生新的颜色，这种呈色原理称为色料减色法。例如黄色颜料吸收白光中的蓝光，反射红光和绿光，红光和绿光进入人眼后，得到黄色。

我们将黄、品红、青三种色料以适当比例混合，可以得到自然界的成千上万种颜色，而用其他色料混合却得不到黄、品红、青三种色料，所以将黄、品红、青三种色料定为色料三原色。

不同量的黄、品红、青三原色的色料混合相加，可以产生一种新颜色，并且越加越暗，等量的色料三原色的混合呈色规律如下，如图2-2所示。

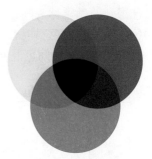

图2-2　色料混合

黄（Y）+品红（M）=红（R）

黄（Y）+青（C）=绿（G）

品红（M）+青（C）=蓝（B）

黄（Y）+品红（M）+青（C）=黑（K）

黄色料与品红色料混合，黄色料从照射的白光中吸收了蓝光，反射红光和绿光，品红色料吸收了绿光，最后只剩下红光反射出来，人眼看到的便是红色。黄色料与青色料混合，黄色料从照射的白光中吸收了蓝光，反射红光和绿光，青色料吸收了红光，最后只剩下绿光反射出来，人眼看到的便是绿色。品红色料与青色料混合，品红色料从照射的白光中吸收了绿光，反射红光和蓝光，青色料吸收了红光，最后只剩下蓝光反射出来，人眼看到的便是绿色。色料三原色黄、品红、青等量混合，由于白光中的蓝光、绿光、红光全部被黄、品红、青色料吸收，没有剩余的色光反射，因此人眼看到的是黑色。

不等量的两种原色色料混合时，混合后的色相偏向于比重大的原色色相。如黄色与品红色的色料相混合，当黄色色料的比重大于品红色色料时，混合后的红色偏向于黄色，如红橙色。不等量的三种原色色料混合，明亮度和彩度都下降，色料混合的越多色彩越暗，三原色色料的比例差别越小彩度越低，三原色色料的比例差别越大，彩度越大。

色料混合时，某一种颜色的色料与另一种颜色的色料混合后呈黑色，称这两种色料的颜色为互补色。如品红色料与绿色色料混合成黑色，则品红色与绿色为互补。同理，黄色与蓝色为互补色，青色和红色为互补色。

理想的色料三原色是吸收一种三原色光反射另两种三原色光，如图2-3所示。但是理想的色料三原色实际上是不存在的，实际曲线的特点是该反射的色光和该吸收的色光都不彻底，与理想曲线有较大的差别，色料的颜色亮度低、饱和度小、色调不纯正。因此三原色料混合后的色调不如理想三原色料的混合色，比如实际黄色料与青色料混合后的绿色，比理想的绿色偏青色。

色料减色混合分为透明色层叠合和色料调和两种类型。透明色层叠合指几种颜色的透明明色层叠合在一起时，白光照射到色层上，每层透明色层只吸收与其色彩呈补色关系的那部分色光，透过与其色彩相同的那部分色光，最后剩下的光进行人眼感觉到混合后的颜色。比如黄色透明色层叠加在青色透明色层上，白光照射到黄色透明色层，黄色透明色层吸收蓝光，透过绿光和红光，绿光和红光射到青色透明色层上，青色透明色层吸收了红光，最后只剩下绿光，经纸张反射进入人眼，人眼看到的是叠合后的绿色，如图2-4所示。色料调和指的是几种色料混合后成为另一种新的颜色，比如将画画用的黄色颜料与青色颜料混合在一起，得到的是绿色。混合后的颜色亮度降低，颜色变暗变灰。

色料中黄、品红、青三原色称为一次色，是配置其他不同颜色用的基本色。两种原色混合得到的颜色称为间色或二次色。比如由黄色色料与青色色料混合得到的绿色就是二次色。由三种原色料混合得到的颜色称为复色或三次色。复色可以用三原色叠合、原色与间色混合、两种间色混合或三种间色混合等方式形成。

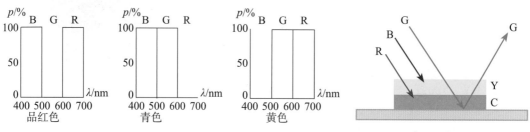

图2-3　色料三原色理想光谱曲线　　　图2-4　透明色层叠合呈色原理

三、分色与色彩还原技术

原稿上包含各种颜色信息，印刷品要复制原稿上成千上万种颜色，不可能用这么多颜色的色料去印刷。前面已介绍过色料三原色黄、品、青混合后可以得到自然界的绝大部分颜色，所以印刷就用黄品青三原色油墨，通过不同比例的墨量组合来复制原稿上的颜色。这也就意味着我们得把原稿上的颜色分解成黄、品、青三种颜色信息。分色原理如下：白光照射到原稿上，这些颜色吸收了部分光，反射或透射另一部分的色光，这些色光通过红、绿、蓝滤色片后被分解成三路颜色信号。原稿上某颜色反射或透射的红光信息通过红滤色片，形成红光信息，该颜色的反射或透射的绿光信息通过绿滤色片，形成绿光信息，该颜色的反射或透射的蓝光信息蓝滤色片，形成蓝光信息。每一路颜色信号的强弱变化对应着原稿上该颜色含量多少，根据减色法原理，减色法的三原色为青、品红、黄，故要将原稿经过红、绿、蓝滤色片后所得到的红、绿、蓝三色信息转换成青、品红和黄色信息。已知红色与青色为互补色，绿色与品红色为互补色，蓝色与黄色为互补色，通过互补色的关系转换将原稿上的红色、绿色、蓝色信息转换成对应的青色、品红色和黄色信息。

青、品红、黄三种颜色对应的强弱信息比例转换成网点百分比，再将网点百分比记录在印版上，就得到了三张分色印版，这三张分色印版记录的信息就对应着印刷时青、品红、黄三种彩色油墨的墨量。彩色原稿上的颜色由青、品红、黄色油墨中两种或三种以不同比例组成，因此彩色原稿上每一个点都在三张分色版上形成记录信息。

颜色的分解与合成示意如图2-5所示。

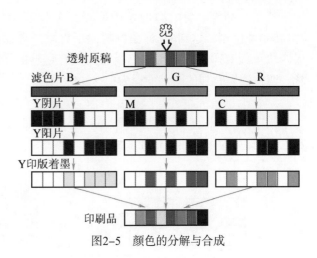

图2-5 颜色的分解与合成

四、四色印刷技术

一般印刷用黄、品、青、黑四个颜色的油墨，前面我们知道色料减色法的三原色是黄、品、青三色，为什么印刷会多了黑色呢？这时因为一则是油墨问题，油墨要满足黏度、黏着性、干燥速度的要求，所以不可能做得很纯。图2-6为黄、品、青三色油墨的光谱反射率曲线，虚线为理想油墨曲线，粗实线为实际油墨曲线。由于油墨的光谱特性达不到理想的状态，因此把等量的青色、品红色和黄色油墨混合在一起产生的不是纯黑色，而是黑色偏棕色。于是在印刷中就使用第四种颜色，即黑色油墨，来增强印刷品黑色浓度、增强暗调的表现能力、增大反差。二则是从成本的角度考虑，黑色墨比彩色墨便宜，而大量的印刷品如图书为黑白印刷品，用黑色墨比用黄、品、青三色墨叠加出黑色更经济实惠，印刷黑色文字效果更好，并且能减少三色墨套准的风险。三则从印刷工艺的角度考虑，在印刷品中颜色深的部位，如黑色或灰色如果完全由黄、品、青三色墨叠加的话，那么深颜色部位的墨量就大且墨层厚，造成油墨干燥速度缓慢，并且印刷控制难度增大，而用黑色墨代替一部分黄、品、青三色墨叠加的黑色，降低彩色油墨的用量，使得总墨量减少，那么油墨干燥速度加快，中间调到暗调的颜色和层次容易控制，减少故障。故彩色印刷一般为黄、品、青、黑四色印刷。

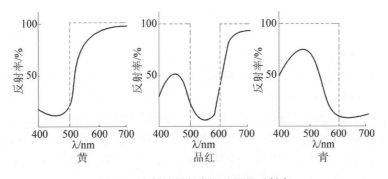

图2-6 理想油墨与实际油墨的反射率

若黄、品红、青、黑四色的网点百分比有10个层次，则四色版套印合成的颜色就有14640种色相，这14640种颜色超出了人眼所能感受的范围，所以，用黄、品红、青、黑四块色版套印，只要每块色版的网点有足够的层次，就能完全再现原稿千变万化的色彩。四色油墨叠加的颜色方程为：

$$\alpha_Y + \beta_M + \gamma_C = \delta_{BK} + X$$

式中，α、β、γ、δ分别为黄、品红、青、黑的网点百分比，X为底色去除后的剩余混合色。图2-7为四色油墨叠加实例。

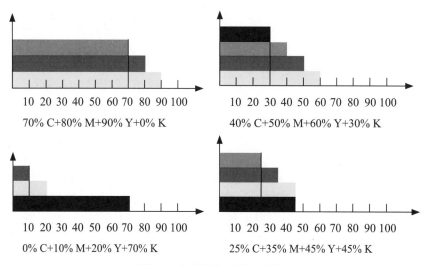

图2-7　印刷颜色的叠加实例

五、专色印刷技术

印刷最基本、最常用的三原色为黄色、品红色、青色，另外加上黑色，因为用这四种油墨就可以用最经济的方法复制出自然界大多数的颜色，但是在一些特殊的情况下，我们需要用到除了这四种颜色以外的油墨来印刷，除基本的黄、品红、青、黑四色油墨以外颜色的油墨统称为专色油墨。专色即特定彩色油墨的颜色，如红色、橘色、荧光黄、珍珠蓝、金色、银色等。有些专色可以由CMYK油墨混合得到，如红色、橘色、绿色等，有些专色无法用CMYK油墨再现的，如荧光黄、珍珠蓝、金色、银色等。

专色具有以下特点：

①由于CMYK四色呈现的色域有限，专色可以很好地解决CMYK四色色域以外的颜色，如金色、银色等。

②虽然可以给专色加网以呈现任意的深浅色调，但大多情况下专色采用实地印刷，无论这种专色有多深或多浅。

③每一种专色都为固定色相，在印刷时大大提高了颜色传递的准确性。所以它被广泛用于公司名称和商标的印刷中，例如可口可乐公司的标志为红色，在印刷时可以采用专色——红色印刷，这样不管在什么纸张上或采用什么样的印刷设备，都能保证红色的准确。

④使用专色印刷时，每一种专色要专门制作一块印版，并由一个机组走纸一次来完成对该专色的印刷。

⑤专色可以与CMYK颜色中的一种色或几种色一起使用，也可以单独使用。如某印刷品用CMYK色金色即五色印刷，或者某图书全书内文只用一个棕红色专色印刷。

在下面这些情况，可以用专色来印刷：

①考虑成本因素。以下面的实例来说明，图2-8为图书《成为高职院校优秀教师》的扉页与正文的某两页，该图书所有内页只有两种颜色棕色和黑色。

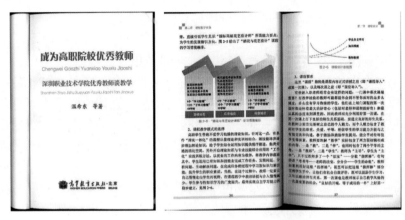

图2-8 《成为高职院校优秀教师》的扉页与正文

如果用标准四色油墨来印刷此棕色，则需要青色、品红色、黄色油墨三色叠印来完成，需要三块印刷版，再加上黑色文字，用四种油墨四色印刷完成。如果采用专色印刷，即事先用品红色油墨、青色油墨、黄色油墨调配成所需的棕色，然后用此专色和黑色在双色机上就可以完成印刷品的生产了，如果印刷数量可观，则可以降低较多生产成本。

②考虑质量因素。专色印刷在套印和颜色稳定性方面更有保障。因为专色不需要套色，在颜色的传递和还原上更能保证一致的外观，所以对颜色一致性要求高的产品，可考虑专色印刷。

③特殊颜色因素。在一些需要复制标准四色油墨色域之外颜色的情况下，可以考虑使用专色油墨来完成，例如荧光色、金色、银色。金、银色在商品的包装印刷中应用广泛，如化妆品的包装盒、酒盒、烟盒等的印刷。

任务　印刷颜色的识别与分析

训练目的

1. 通过实训掌握印刷四原色与专色的关系。
2. 通过实训掌握识别印刷品专色的方法。
3. 通过实训掌握专色的特点和应用。
4. 通过实训获得设定印刷颜色的能力。

训练条件（场地、设备、工具、材料等）

1．场地：教室。

2．设备：无。

3．工具：放大镜。

4．材料：印刷样品、印刷设计样稿。

方法与步骤

1．给每人一份印刷样品，分析与识别该样品的印刷颜色。

方法如下：

（1）识别印刷品是单一色相、两种色相还是丰富色相。

（2）如果整个印刷品是单一色相，则分析这单一的颜色是不是青色、黄色、品色或黑色的印刷原色。如果它是这四原色中的其中一种颜色，则该印刷品为原色印刷。如果它不是四原色中的任何一种颜色，那么用放大镜观察印刷品颜色墨，有看到网点的则由原色套印得到，没有看到网点且在色块的边缘也没看到油墨套色的话，则为专色印刷。

（3）如果整个印刷品只有两种色相，同理分析这两种颜色是不是青色、黄色、品色或黑色的印刷原色。如果它们是这四原色中的其中两种颜色，则该印刷品为原色印刷。如有一种颜色不是四原色中的任何一种颜色，或者两种颜色都不是四原色中的颜色，同理用放大镜观察色块及其边缘，如没有看到网点也没在色块边缘看到油墨套色，则该色为专色。

（4）如果印刷品的色相很丰富，首先分析识别印刷品上有无特殊颜色或特殊效果，如金色、银色、荧光色、珍珠光泽的颜色等，如有这些特殊颜色，则可判断该印刷品为四原色加专色印刷。其次分析印刷品上是否有某些文字、或线条图案、或商标标志用统一种颜色印刷，而该颜色不是黄、品红、青或黑色，用放大镜观看这些文字、线条图案或商标标志的边缘。当看到这些文字或线条图形或商标标志的边缘有黄、品红、青或黑色的两种或多种颜色，可判断该印刷品采用四色印刷套印而成，无专色。当在这些文字、线条图形或商标标志的边缘没有黄、品红、青或黑色，而就是该颜色本身，且是实地的，可判断该颜色为专色。

2．给每人一份印刷品的设计样稿，设定印刷颜色。

方法如下：

（1）观察设计样稿是单一色相、两种色相还是丰富色相。

（2）当设计样稿是单一色相时，判断这个色相是不是黄色、品红色、青色或黑色，如果是其中的一种颜色，就用该色油墨印刷。如果不是黄色、品红色、青色或黑色的任何一种颜色，则专门配制该色专色墨印刷。

（3）当设计样稿为两种色相时，判断这两种色相是不是黄色、品红色、青色或黑色，如它们是这四原色中的其中两种颜色，则用该两种颜色的油墨印刷。如有一种颜色不是四原色中的任何一种颜色，或者两种颜色都不是四原色中的颜色，为了节省成本，可以专门配制专色墨印刷。

（4）当设计样稿的色相很丰富时，首先分析它是否有特殊颜色要求，如金色、银色、荧光色、珍珠光泽的颜色等，如有这些特殊颜色，则除用CMYK四原色外再加特殊效果的专色墨印刷。其次分析设计样稿是否对某些文字、或线条图形、或商标标志的统一颜色有严格的要求，而且该颜色不是黄、品红、青或黑色，为了颜色的印刷准确性，可考虑这些文字、或线条图形、或商标标志的颜色采用专色印刷。另外设计样稿中如多次重复出现或者大面积存在某种非四原色的一种颜色，为了颜色的印刷准确性和印刷的一致性，可考虑用专色印刷。

考核基本要求

1. 对给定的印刷品，能识别与分析印刷颜色。
2. 给定印刷品的设计样稿，能设定印刷颜色。

知识点2 印刷阶调层次复制技术

一、网点复制技术

当油墨从印版上被印到承印物上时，图文信息得到复制。凸版印刷、平版印刷和网版印刷的印版只存在两种状态，着墨或不着墨，不着墨的地方即空白，着墨的地方即图文，而着墨区的墨层厚度是相同的，在印版上不存在墨层厚度变化的着墨区，也就是说油墨从印版转移到承印物上，在承印物上的只是二值图像，空白和着墨，除了凹版印刷以外。凹版印刷的印版可承载不同厚度的油墨，在承印物上油墨以不同的厚度表现阶调层次。那么印刷又如何在只能实现二值图像复制的情况下传递图像的阶调层次呢？答案是利用网点技术来实现。

我们用放大镜观察印刷品，可以看到组成图像的是一个个小的黑色或彩色墨点，如图2-9和图2-10中所示的点，这些点就是网点。

图2-9 彩色网点

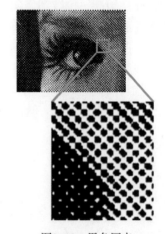

图2-10 黑色网点

一幅连续调的黑白照片，如图2-11所示，不用网点技术进行印刷复制时，得到的是图2-12所示没有深浅变化，只有黑与白之别的图片，而加网后再印刷，得到的是图2-13

所示的与原稿的深浅变化基本一致的具有层次的图片。从中可看出通过网点技术印刷实现了连续调图像的层次复制。

将印刷品的图像平面分割成若干小格，即网格，在每个网格的内部，按照原稿图像对应位置的深浅状况，涂覆一定量的油墨，网格内的油墨以点的形式出现，即网点。网格内的网点覆盖面积大，对应位置原稿的图像颜色较深，网格内的网点覆盖面积小，对应位置的原稿图像颜色较浅，如图2-14所示。

通过改变网点的覆盖面积比例来改变油墨的相对量，单位面积内网点面积越大，油墨的覆盖比例也越大，该印刷范围内反射光线少吸收光线多，呈现的颜色深；反之，单位面积内网点面积越小，油墨的覆盖比例也越小，该印刷范围内反射光线多吸收光线少，呈现的颜色浅。因此，可以利用网点的覆盖面积大小变化来反映印刷品上的明亮、阴暗以及颜色的浓淡层次，实现阶调的再现，如图2-15所示。

图2-11　连续调原

图2-12　未加网印刷品

图2-13　加网后印刷品

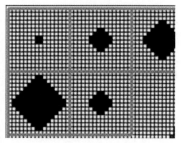

图2-14　网点

→网点覆盖面积变大，颜色变深

←网点覆盖面积变小，颜色变浅

图2-15　网点覆盖面积与颜色深浅

网点与网点之间是空白的，区别于原稿上的连续调图像，称印刷品的图像为半色调图像，也称网目调图像。但在一定的距离以外观察印刷品，看到的图像是连续的。

二、加网基本参数

1. 网点面积覆盖率

在印刷品上，网点面积覆盖率是指着墨的面积占单位面积比率，即网点百分比。例如在单位面积内着墨率为50%，则称之为50%的网点，若在单位面积内着墨面积率为80%，则称之为80%的网点。

网点面积覆盖率直接控制着承印材料上单位面积内被油墨所覆盖的面积大小，决定了照射到油墨上的光被吸收和反射的量，代表了图像层次的深浅和颜色的浓淡。如10%的网点，单位面积内只有10%的面积被油墨所覆盖，也就是说10%的网点只有10%的面积能吸收光线，而有90%的面积反射光线；而对于90%的网点，则刚好相反，有90%的面积能吸收光线，而只有10%的面积反射光线。相比较两种大小的网点百分比，人眼对前者感觉明亮，而对后者则感觉暗淡。图2-16为黄、品红、青、黑色从10%到100%的10个层次的网点面积覆盖率呈现的深浅实例。

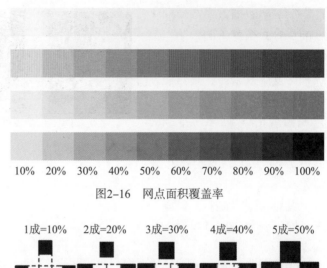

图2-16　网点面积覆盖率

在我国习惯用网点的"成数"来表示网点的面积覆盖率，如50%的网点称为"5成点"，而25%的网点称之为"2.5成点"。图2-17为不同成数的网点及网点间的距离，1成网点的网点之间间隔为三个网点宽，2成网点的

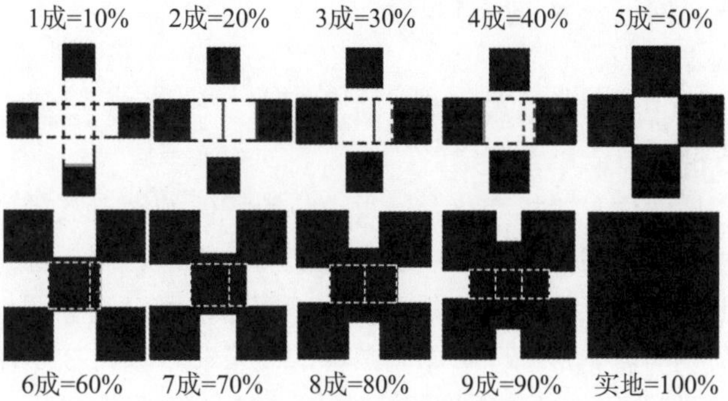

图2-17　网点成数与网点间距

网点之间间隔为两个网点宽，3成网点的网点之间间隔为1.5个网点宽，4成网点的网点之间间隔为1.25个网点宽，5成网点的网点之间间隔刚好为一个网点宽，6成网点的网点宽是1.25个空白点宽，7成网点的网点宽是1.5个空白点宽，8成网点的网点宽是两个空白点宽，9成网点的网点宽是3个空白点宽，100%网点也称为实地。

2．网点类型

单位印刷面积内网点覆盖面积的变化可以由下面几种方法实现：①网点的距离（出现的频率）相同，但大小不同——这种网点类型称为调幅网点（AM）；②网点的距离不同，但大小相等——这种网点类型称为调频网点（FM）；③网点的距离不同，大小也不同——这种网点类型称为混合网点。

各种网点的构成变化如图2-18所示。

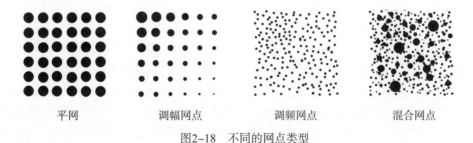

平网　　　　　　调幅网点　　　　　　调频网点　　　　　　混合网点

图2-18　不同的网点类型

（1）调幅网点　调幅网点的位置和角度是固定的，通过网点的大小变化获得连续调的复制效果。它是目前使用最普遍的网点类型，工艺成熟。由于网点的排列有一定的角度，不同颜色的网点叠加在一起会产生莫尔纹。

调幅网点具有三个要素：网点线数、网点角度、网点形状。

（2）调频网点　调频网点的网点大小是固定的，但

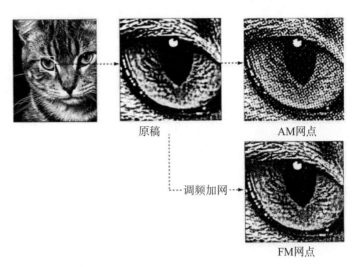

原稿　　　　　　　　AM网点

调频加网→

FM网点

图2-19　原稿、调幅网点、调频网点的比较

它们的位置随机变化，通过单位面积内的网点数量的变化获得连续调的复制效果。调频网点有较高的细节和层次表现能力，图2-19调频网点和调幅网点的复制效果比较，可看出调频网点能印出非常精细的印刷品，可以消除调幅加网中的莫尔纹和断线现象。由于调频网点非常小，对印刷条件的要求非常高，在出印版和印刷过程中容易丢失网点，造成图像层次缺失，印刷质量难以控制。

调频网点的要素只有一个，即网点的直径大小，一般为10、15、20μm。

（3）混合网点　调频调幅混合网点，指在每幅图上根据图像的不同颜色密度采用类似调频或调幅的网点。比如网屏公司出的视必达网点，在1%～10%的高光和90%～99%的暗调部分，采用调频网，固定大小的网点，通过网点数量的变化来再现层次。在10%～90%的阶调，网点的大小像调幅加网一样变化，而网点的分布和调频加网一样随机变化，如图2-18中混合网点。这种网点，将调频和调幅网点的优点结合起来，在高光区和暗调区，能复制微小细节，在中间调区表现更加生动自然，不会出现莫尔纹，在色调均匀的区域，复制更平滑，并还提高了半色调复制中线条的表现能力。

3. 网点线数

网点线数指印刷品上色调区域网点排列方向上单位长度内的网点的个数。用每英寸的线数（lpi）或每厘米的线数（lpc）表示，也称加网线数。

一般来说，当视网膜上的像在同一个视觉细胞上时，人眼认为这个物体是一个点。根据视网膜上视觉细胞的大小，计算得到当两个点成像在视网膜上一个视觉细胞的视角小于1.5′时，人眼分辨不出这是两个点，将他们合成一点看待。视距不同，两个点的距离也不同。当加网线数足够高时，网点之间距离非常小，或者观察的距离足够远时，眼睛就看不出每一个点，看到的是连续的图像。我们人眼正常阅读的视距是250mm，视角1.5′，可计算出，当印刷品的加网线数在175lpi时，人眼分辨不出一个个网点，将网目调图像看成是连续调图像。不同视距与网点线数之间的关系见表2-1，印刷品加网利用的正是眼睛的这个特性。

表2-1 视距与网点线数的关系

视距 /mm	加网线数 /lpi	加网线数 /lpc	网点间距离 /mm
210	200	80	0.064
250	175	70	0.173
290	150	60	0.085
330	133	54	0.095
430	100	40	0.127
730	60	25	0.210

　　一般人眼阅读书刊的距离为200～270mm，当印刷品的加网线数在150lpi以上时，人眼看不清印刷品上的网点，看到的是连续着色的有深浅变化的画面。当我们正常视距下看报纸时，可以较为明显地看到一个个网点，那是因为报纸的加网线数一般较低，只有100～133lpi，在正常视距下，两个网点的视角大于1.5′，两个网点成像在不同的视觉细胞，因此人眼可分辨出他们是两个网点，如果将报纸放到500mm以上距离看时，人眼就会感觉不到网点，看到的是层次连续变化的画面。印刷常用加网线数如表2-2。

表2-2 印刷网点线数

N/lpc	24	25	28	30	32	34	40	44	48	54	60	70	80	100	120
N/lpi	60	65	70	75	80	85	100	110	120	133	150	175	200	250	300

　　在网点面积一定的情况下，网点线数决定了单位面积内网点的个数。网点个数越多，单个网点面积越小，印刷的图文越精细，如图2-20所示。

　　印刷品的加网线数取决于多个因素：第一，与承印材料关系密切，纸张表面平滑，加网线数可相应加大。纸张越差，表面越粗糙，加网线数要相应降低。第二，受印刷工艺方法的限制，一般来说，胶印的加网线数较高，通常选择在200lpi以下；柔性版印刷的加网线数比胶印的小，通常选择在150lpi以下；丝网印刷的线数最低。第三，加网线数受印刷条件的影响，如同样的印刷品用轮转胶印机印刷选择的加网线数要比平版胶印机印刷要

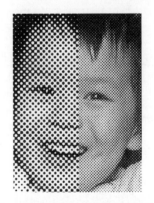

图2-20 不同加网线数的效果比较

低，一般来说印刷设备高端，印刷环境好，加网线数可以高些，反之加网线数低些。另外，加网线数还取决于印刷品的使用条件和观看条件。印刷品幅面越大，观看的距离越远，加网线数越低。比如，当印刷品的观察距离是明视距离时，如书刊画册，印刷品的加网线数就比较高。对于观察距离比较远，通常在一米以外的招贴画或海报等印刷品，加网线数就可以低一些。各类印刷品的网点线数如表2-3所示。

表2-3　各类印刷品常用的网点线数

印品类别	网点线数 /lpi
全开宣传画、招贴画	80 ~ 100
对开年画、教学挂图	100 ~ 133
日历、明信片、画报、画册、书刊封面	150 ~ 175
精美画册、精细印刷品	175 ~ 250

4．网点角度

网点角度指网点排列线和水平线间的夹角。

当两张以上按规则排列的网目片叠加在一起时，形成的干涉条纹光学上称莫尔条纹，印刷行业称其为龟纹，如图2-21两张和三张网目片叠加后的形成的龟纹。当两张网目片的点与点完全正重合时，龟纹无穷大，图像中不会现龟纹，只要稍有错开成一定的交角，就会出现龟纹，当错开的交角角度差在23°~ 45°时，形成的龟纹较小，叠印出来的花纹比较美观，对视觉干扰较小。

在四色印刷中，不同原色的网点角度必须按照一些特定的角度错开排列，这样既可以避免不同的颜色相互叠印在一起，又可以避免不同方向的网点相互干扰而产生龟纹，印刷网目角差应在23°~ 45°。

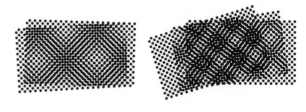

图2-21　龟纹

常用网点角度见表2-4。

表2-4　印刷常用网点角度　　　　　　　　　　单位（°）

序号	印刷网点角度			
1（最常用）	90	75	45	15
2	90	67.5	45	22.5
3	90	71.6	45	18.4

人眼对不同的网点角度感受不同，其中人眼对45°的网点的视觉效果最好，美感较强；对90°（0°）的网点，感觉呆滞、视觉美感较差；对15°和75°的网点，视觉美感一般。因此，在单色网目调印刷中，通常选择与水平方向呈45°的网点角度。

不同的网点角度差，视觉效果不同。网点角度差为30°时，印刷品的视觉效果最佳，图像均匀和谐；网点角度差为22.5°时，印刷品的视觉效果一般，看上去还柔和、悦目；网点角度差为15°时，印刷品的视觉效果较差，看上去不舒适。对于四色印刷来说，由于在90°范围内以30°角度差只能安排三个颜色，还有一种颜色只好用15°角度差。因为黄颜色最浅，最接近白纸的明度，称为弱色，青色、品红色和黑色油墨引起的视觉较黄颜色强烈，称为强色，通常青、品红和黑三个强色版安排为30°角度差，把黄色版安排在15°角度差。45°角的网点在视觉上最舒服、最美观，所以画面的最主要色版选择45°，另两个强色版分别为15°和75°，黄版为0°或90°，如图2-22所示。

印刷品常用网点角度安排如下：对于双色印刷，75°用于较浅的颜色，45°用于较深的颜色；三色印刷时，15°用于黄色或其他浅色，75°用于品红色或其他中等色，45°用于青色或其他较深的颜色；四色印刷的网点角度安排见表2-5。

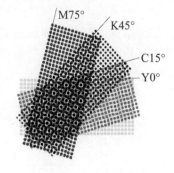

图2-22　四色网点角度

表2-5　常见印刷品的网点角度选择　　　　　　　　　　　　　单位（°）

印刷品类型	各色版网点角度			
	黄	品红	青	黑
国画或普通以黑色为主色的原稿	90（0）	15	75	45
风景画或冷色调等以青色为主色调的原稿	90	15	45	75
人物画或暖色调等以品红色为主色调的原稿	90	45	75	15

5．网点形状

网点形状是油墨点印在纸张上的几何形状，它关系到印刷品不同图像层次的视觉效果。最常用的网点形状有方形网点、圆形网点、椭圆形或菱形网点等。不同类型的图像通常需要不同形状的网点。

网点扩大对不同网点形状的阶调再现影响不同，网点扩大使得在网点搭角处的阶调有一次跃升，阶调的跃升造成视觉上的不连贯。其中方形网点在50%时开始相连，在此阶调位置有一次密度的跃升；圆形网点在78.5%开始相连，在此阶调位置有一次密度的跃升；菱形网点两对角线长度不同，长对角线对应的角约在40%相连，短对角线对应的角约在60%相连，故菱形网点在整个阶调上有两处的密度跃升，由于每次只出现在一个角，故每次的跃升较方形和圆形网点小。在选择网点形状时尽可能避免图像关键阶调处的密度跃升。

（1）方形网点　　方形网点是传统的网点形状，容易根据网点间距来判断网点大小。在50%处才能真正显示形状，随着网点的缩小或增大，成方中带圆甚至成圆形。与其他形状的网点相比较，正方形的网点面积率是最高的。方形网点棱角分明，对于层次的表现能力很强，适合一般的风景、静物、线条、图形和一些外形硬朗型的图像。由于在网点搭角的中间调有密度的跃升，因此它不适合对中间层次要求丰富的图像，如人物画。

（2）椭圆形和菱形网点　　椭圆形和菱形网点在表现画面阶调方面较柔和，这两种网点都是非中心对称，画面中大部分中间调层次的网点都是长轴互相连接，短轴脱空，因此特适合于中高调层次丰富的图像，色彩过渡自然，一般用于人物图像（有较多的肤色处于中间调）。

（3）圆形网点　　圆形网点可以较好地表现亮调和中间调的层次，但是暗调区域层次表现较差。由于总体反映层次的能力较差，在平版胶印中较少使用，如果要复制的原稿画面中亮调层次较多，暗调部分较少，采用圆形网点还是相当有利的。由于圆形网点的周长比与其他形状的网点相比是最短的，网点扩大也最小，因此被广泛地应用于柔性版印刷。

（4）艺术网点　为了产生特殊的视觉效果也有使用特殊形状的网点，如同心圆网点、水平波浪形网点、十字线网点、砖形网点等。同心圆网点适用于有水面的画面，或用于圆形的机械零件、轮子、球类等原稿；水平波浪形网点适用于湖面、河面等有水晕水面的原稿；砖形网点适用于楼群、房屋建筑类景物，质感较好；十字线网点适合复制树林等垂直景物，有高大的感觉。

三、网点再现颜色原理

网点是印刷中接受和转移油墨的最基本单位，利用网点覆盖面积的变化形成浓淡深浅不同的阶调层次，复制原稿上连续晕染的层次，因此网点对原稿的层次起临摹的作用。此外，网点在彩色印刷中，决定着墨量的大小，起着组织颜色和图像轮廓的作用。

三原色网点套印时，由于网点大小、角度或分布频率不同，网点有时会叠合，有时会并列，有时也会半叠合半并列。通常印刷品较深暗的部位，各色网点叠合的机会多，印刷品亮调部位，网点覆盖面积比较小，并列的情况多，如图2-23印刷品放大看到的网点排列情况。网点呈现色彩的基本方式主要有两种：网点叠合呈色和网点并列呈色。

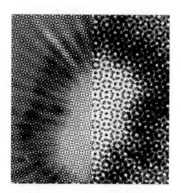

图2-23　网点排列情况

1. 网点叠合呈色

只有一种原色网点印刷到纸张上，白光照射到网点后，墨层吸收一种原色光，另两种原色光透过墨层照射到白纸上被反射出来，呈现颜色。

当两个不同原色网点叠合时，白光照射到上面一层的网点，墨层吸收该墨色的互补色色光，另两种原色光透过上面的墨层照射到下面的网点，下面的网点墨层吸收其对应的互补色色光，余下一种原色光透过该墨层照射到白纸上被反射出来，呈现颜色。

当黄色网点叠印于品红色网点之上，白光照射到上层时，根据补色吸收的规律，黄色网点吸收了白光中的蓝光，余下的红光和绿光透过黄色网点到达品红色网点，又被品红色网点吸收了绿光，只余红光照射到白纸上后又被反射出来，黄色与品红色网点叠加后呈现的是红色。同理黄色网点与青色网点叠合呈绿色，品红色网点与青色网点叠合呈蓝色。当三原色网点叠合在一起时，每层均会吸收白光中的一种色光，没有任何的色光能到达白纸，所以没有任何色光会被反射出来，即呈现黑色，如图2-24所示。

网点叠合呈色即减色法混合原理，网点叠合呈色的前提是：三原色油墨都具有较高的透明度。

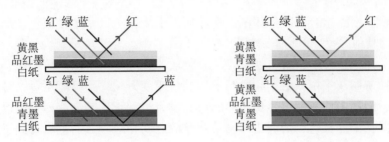

图2-24　网点叠合呈色

2．网点并列呈色

当两种不同原色的网点并列时，两种原色网点墨层分别吸收各自的互补色色光，余下的另两种原色光被反射出来。由于网点很小，人眼无法分辨清楚它们反射的各种色光成分，人眼看到的是两个网点反射出来的色光在空间加色混合后的色光。

当黄色与品红色网点并列时，白光照到黄色网点，黄色网点吸收蓝光，反射出红光和绿光。白光照到品红网点时，品红色网点吸收绿光，反射出红光和蓝光。红光和绿光加红光和蓝光呈现淡红色。同理，品红色网点与青色网点并列呈淡蓝色，黄色网点与青色网点并列呈淡绿色，如图2-25所示。

当三原色网点并列时，三原色网点都会吸收入射光中的部分色光，反射出来的剩余色光在空间混合形成较弱的白光，人眼看去是灰色。随着网点面积的增大，白光被减弱的程度也增大，灰色也就更暗。

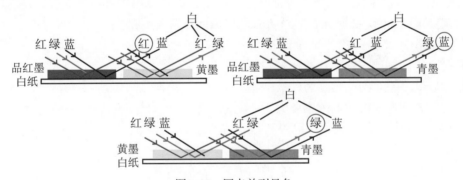

图2-25　网点并列呈色

网点并列的呈色过程是减色法原理与加色法原理的综合作用。

虽然相同的两种原色在网点并列与网点叠合时呈现的颜色色相是相同的，但颜色的明度和彩度有所区别。网点叠合时，呈现的新颜色明度低，彩度较高。网点并列时，呈现的新颜色明度较高，彩度较低。

四、中性灰平衡

网点在彩色印刷中，决定着墨量的大小，起着组织颜色的作用。假如原稿上的某一绿色，经过分色、加网后，以70%的青色网点和50%的黄色网点的油墨合成该绿色，那么如何判断这个70%的青色网点和50%的黄色网点的油墨合成绿色是正确的绿色？我们知道在原稿上有不同深浅的灰色，它们经过印刷后在印刷品上也必须是中性的。如果这些由黄、品红、青色网点组合的灰色印刷后在印刷品上不偏色，呈中性灰色，那么我们可以判断印刷品的其他颜色也得到正确复制。

在一定的印刷适性下，黄、品、青三原色从浅到深按一定网点比例组合叠印获得不同亮度的中性灰叫灰平衡。由于印刷品上的颜色千变万化，不可能对每一种颜色都进行检查和控制，而用中性灰就很容易判断颜色有没有得到正确复制。如果原稿中的中性灰复制后仍然保持中性灰色，则表明印刷品和原稿之间相对应点的色彩得到了正确复制，否则表明印刷品出现了整体偏色的情况。可见，灰平衡是正确复制颜色的基础，只有能正确地复制出各阶调的灰色，才能正确地复制其他颜色，若灰平衡出现偏差，整幅图片就偏色。灰平衡是分色、制版、打样和印刷的质量基础，是各工序数据化控制的核心，在印刷复制中占重要地位。

五、印刷阶调复制曲线

利用网点覆盖面积的变化来表现原稿层次，即原稿上最深的地方对应于印刷品相同位置的网点覆盖率为100%，原稿上空白的地方对应于印刷品相同位置的网点覆盖率为0，原稿上从最浅处到最深处的变化对应于印刷品上的网点覆盖率从0变化到100%。印刷品的阶调一般划分为三个部分：亮调、中间调、暗调。亮调部分的网点覆盖率为10%～30%；中间调部分的网点覆盖率为40%～60%；暗调部分网点覆盖率则为70%～90%。绝网指的是网点覆盖率为0的部位，实地部分指的是网点覆盖率为100%的部位。那么，是不是原稿上的阶调层次以如图2-26所示的直线方式转变成网点覆盖率呢？

如果以图2-26所示的理论阶调复制曲线进行复制时，印刷出来的图片整体发闷，反差小、给人以"平平"的感觉。为什么会这样？这是因为一方面原稿的阶调范围要大于印刷品的阶调范围，原稿上的最大密度可以到2.8，而印刷品由于受油墨的限制一般只有1.8，也就是说原稿的阶调经过印刷后阶调一定会被压缩。另一方面人眼对于不同的阶调区域的感受是不同的，人眼对图像中的亮调部分比较敏感，该处层次稍有变化，人眼就能觉察出图像的变化，中间调层次是图像信息的集中地，是印刷复制的重点，而暗调处则是人眼不太敏感的区

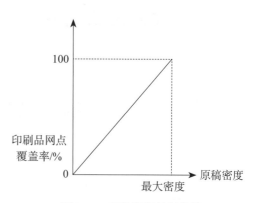

图2-26　理论阶调复制曲线

域。如果以图2-26所示的直线方式将原稿上的层次进行压缩的话，人眼敏感的亮调部分相比较于人眼不太敏感的暗调部分在印刷品上变化较小，暗调部分的变化较大，这与人眼视觉特性不相符合，所以印刷品给人的感觉是亮调不亮，该突出没有突出，重要部位给人以"平"的感觉，整体不美观。当原稿的阶调得到好的复制时，图像表现出令人满意的反差，原稿上的重要细节得到表现，整个画面取得平衡。

那么什么才是好的阶调复制曲线呢？原稿图像的亮调层次，中间调层次和暗调层次中，究竟对哪一部分进行压缩呢？由于图像中的亮调层次是人眼比较敏感的部位，中间

调层次是图像复制的重点，暗调部位是人眼不太敏感的区域，因此，在图像阶调复制时，往往采用压缩暗调层次，拉开亮调层次、忠实复制中间调层次的方法来对原稿图像层次进行复制。好的阶调复制曲线如图2-27所示，这也就我们实际生产过程上所使用的阶调复制曲线。

由于原稿千变万化，所以最佳的阶调复制曲线就是根据原稿特点对阶调曲线进行适当的调整，改变阶调曲线的形态，增大或降低图像中不同部位的反差和细节，以补偿图像复制过程的非线性变化，满足印刷复制的要求。

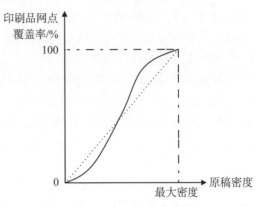

图2-27　实际阶调复制曲线

六、网点在印刷过程中的变化

印刷的理想情况是：原稿加网制得网目调印版时，原稿上的明暗层次被准确地转变成相应大小的网点覆盖率；印版上的油墨在转移时，墨点的大小能完全一致地转移到承印物上，在整个工艺流程中，作为图像载体的网点要求即不扩大也不缩小。但是在实际生产过程中，网点从数字化信息转换到模拟信息，最后呈现在承印物上的整个过程存在很多可变因素，使得网点发生如图2-28所示的变化，从而影响图像阶调层次、颜色及清晰度。

网点缩小　　网点扩大　　网点重影　　网点滑移

图2-28　网点变形类型

印刷品图像的阶调层次、颜色、清晰度再现依赖网点复制的质量，网点在传递过程中发生变化，图像的复制质量相应地受到影响。①网点边缘残缺不全，就不能完成网点百分比的表现力；②网点印迹不实，就不能吸收足够的光线，暗调不黑；③网点扩大，暗调增加，亮调中间调减少，印品偏暗显"闷"；④网点缩小，亮调增加，暗调不足，印品显得"平浮"；⑤网点重影，颜色加深，清晰度下降。

出印版和印刷阶段都会导致网点的变化。制作印版进行曝光时的曝光强度、曝光时间和显影时显影液的温度、浓度、速度都会影响网点的大小。印刷阶段对网点传递的影响因素就更多了，如油墨类型、油墨黏度、印刷压力、承印物类型、橡皮布类型、润版液类型、印刷色序、印刷设备的精度等。但是网点从印版传递到承印物的印刷过程必然伴随着一定量的网点扩大，主要原因有：①网点上的油墨有一定的厚度，在印刷压力的作用下，油墨向四周扩散，压力越大，网点扩大也越大；②油墨的流动性导致网点扩大，墨层越厚、油墨的流动性越好，网点扩大越多；③承印物的变形、对油墨的吸收渗透等导致网点扩大，在印刷过程中承印物变形越严重，网点变形也越严重。油墨除了在承印物表面干燥固着外，有一部分扩散和渗透进承印物里面，使得网点扩大。纸张表面越粗糙，纸张吸墨性越好，网点扩大越多。

网点扩大量的计算公式为：

网点扩大量=印刷品网点百分比-相对应位置印版上的网点百分比

网点扩大量与单位面积内网点边缘长度之和成正比，图2-29左边图的网点线数是右边图的两倍，从中可看出左边图的单位面积内网点边缘长度之和大于右边图，所以网点线数越高网点扩大量越大。同一加网线数的网点，随着网点百分比的增大，网点周长也在增大，网点扩大量也随之增大，当网点与网点边缘相接时，网点周长到达最大值，网点扩大量也达到最大量，接着网点百分比再增大时，网点的周长下降，网点扩大量也随着下降，如图2-30圆形网点的网点扩大与网点周长之间的变形关系。

在整个印刷复制过程中，控制网点的变形、网点的合理扩大对正常复制颜色和阶调层次非常重要。

图2-29　不同网点线数

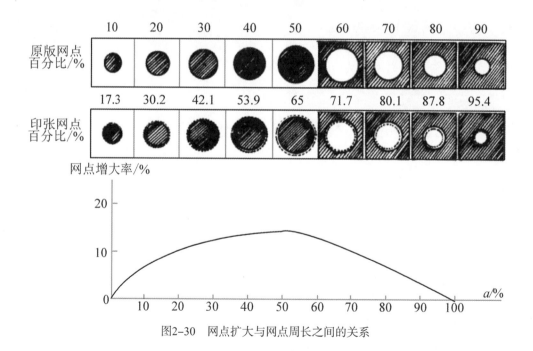

图2-30　网点扩大与网点周长之间的关系

任务　印刷品加网参数的分析与确定

训练目的

1. 通过实训掌握加网的基本参数。
2. 通过实训获得设定加网基本参数的能力。

训练条件（场地、设备、工具、材料等）

1. 场地：教室。
2. 设备：无。
3. 工具：放大镜。
4. 材料：印刷样品、印刷设计样稿。

方法与步骤

1. 给每人一份印刷样品，分析样品的印刷色彩特性和质量特性
①分析印刷品的色彩特性，是单色印刷、双色印刷、四色印刷或五色印刷；
②分析印刷品的印刷工艺方法，是胶印产品、凹印产品、柔印产品或孔版印刷产品；
③分析印刷品的所用的纸张，是低档的纸张、中档的纸张、或高档纸张；
④分析印刷品的质量要求，是高品质的还是一般质量；
⑤分析印刷品的观看距离和使用条件，是近距离看的还是远距离看；
⑥分析印刷品的图像内容，是人物、物品、风景、建筑等；
⑦分析印刷品的重点阶调位置，是在亮调部分、中调部分，还是在暗调部分；
⑧分析印刷品的主要色调，是暖色调、冷色调，还是浓黑色调。

2. 分析与确定印刷加网线数，并说明原因
加网线数与印刷工艺方法的关系，一般来说，胶印的加网线数较高，通常选择在200lpi以下；柔性版印刷的加网线数比胶印的小，通常选择在150lpi以下，丝网印刷的线数最低；
加网线数与承印材料的关系，纸张表面平滑，加网线数可相应加大，纸张越差，表面越粗糙，加网线数要相应降低；不同类型的纸张所用网点线数如表2-6。

表2-6　不同类型的纸张所用网点线数

纸张类型	网点线数 /lpi
新闻纸	100~133
胶版纸	100~150
轻涂纸	120~175
铜版纸	150~200

加网线数与图像精度的关系，加网线数越高，图像越精细，分辨率越高，但是印刷的难度也增加，随着加网线数降低，图像的分辨率和清晰度也下降；

加网线数与印刷品的使用条件和观看条件的关系，印刷品幅面越大，观看的距离越远，加网线数越低，印刷品幅面小，观察距离比较近的，加网线数就要高一些。

3. 分析与确定网点形状，并说明原因

根据分析所得的印刷品的图像内容，及图像的重点阶调位置，确定网点形状；

一般的风景、静物、线条、图形和一些硬调图像，重点阶调在亮调或暗调的，选用方形网点；

一般的人物画像或重点阶调位置在中间调，选用椭圆形或菱形网点；

也可以使用特殊形状的网点，如同心圆网点、水平波浪形网点、十字线网点、砖形网点等，有水面的画面，或圆形的机械零件、轮子、球类等图像，可选用同心圆网点；湖面、河面等有水晕水面的图像，可选用水平波浪形网点；楼群、房屋建筑类景物，可选用砖形网点。

如果柔性印刷产品，通常选用圆形网点。

4. 分析与确定各色版的网点角度并说明原因

根据分析所得的印刷品的印刷颜色数以及主色调，确定各色版的加网角度；

单色网目调印刷品，网点角度为45°；

双色网目调印刷品，网点角度为15°和45°，其中主色调色版放在45°；

三色网目调印刷品，网点角度为15°、45°和75°，其中主色调色版放在45°；

四色网目调印刷品，网点角度如下：国画或普通以黑色为主色高的原稿，加网的网点角度Y90°、K45°、M15°或75°、C75°或15°；风景画或冷色调等以青色为主色调的原稿，加网的网点角度Y90°、C45°、M15°或75°、K75°或15°；人物画或暖色调等以品红色为主色调的原，加网的网点角度Y90°、M45°、C15°或75°、K75°或15°。

以上是胶印网点角度安排，如果柔性印刷产品，四色版的网点角度一般在胶印网点角度的基础上加7.5°或减7.5°。常用柔性版印刷的网点角度如表2-7。

表2-7   柔性版印刷常用网点角度

四色版	青（C）	黑（K）	品红（M）	黄（Y）
胶印常用网点角度 -7.5°	7.5°	37.5°	67.5°	82.5°
胶印常用网点角度 +7.5°	22.5°	52.5°	82.5°	7.5°

考核基本要求

1. 能清楚明白几个加网参数含义。
2. 能理解影响加网参数选择的因素。
3. 对给定印刷品能选择合适的加网参数。

项目二　印刷油墨转移机理分析

知识点1　油水不相溶机理

一、离子键与共价键

离子键与共价键都称为化学键，是分子内部原子之间的相互作用力，是分子形成的主要原因。

离子键是指当两个原子电负性相差很大，形成分子时有电子得失，形成了正负离子，这种由正、负离子间的静电作用所形成的化学键称离子键。

如：NaCl分子中的化学键为离子键。

$$Na-e \rightarrow Na^+$$

$$Cl+e \rightarrow Cl^-$$

$$Na^+ + Cl^- \rightarrow NaCl（离子键结合）$$

共价键是指当两个原子形成分子时没有电子得失，只有电子对的共用而形成的化学键。

如：Cl_2 : Cl : Cl　　HCl : H : Cl

①共价键分为非极性共价键和极性共价键：双原子形成的分子，原子间电子云分布对称，没有电负性的差异（无极性），形成非极性共价键，如Cl_2。②不同原子组成的分子中，由于两原子电负性大小不一样，原子间的电子云会偏向于电负性大的原子，而形成正、负两极，形成极性共价键，如HCl。

二、极性分子与非极性分子

构成所有物质的分子的原子由不同类型的化学键结合起来。如离子键、共价键等。

离子键是最强的极性键，因为离子是带电荷的原子，它们是形成离子型化合物的微粒，当两个原子电负性相差很大时，可以认为生成的电子对完全转移到电负性大的原子上，于是形成正、负离子。这种由正、负离子间的静电作用所生成的分子，是强极性的极性分子。

共价键分为极性共价键和非极性共价键，原子间以非极性共价键结合的分子，是非极性分子；以极性共价键结合的分子的极性还要结合分子的空间构型来确定，空间构型对称的为非极性分子，反之则为极性分子。如CO_2，O=C=O，分子结构中的正负电荷中心重合，是非极性分子，又如H_2O，分子结构中的正负电荷中心不重合，是极性分子，不同分子极性分析见表2-8。

表2-8　常见分子的极性

分子	Cl_2	HCl	Al_2O_3	CCl_4	NH_3	H_2O
化学键种类	非极性共价键	极性共价键	离子键	极性共价键	极性共价键	极性共价键

续表

分子	Cl$_2$	HCl	Al$_2$O$_3$	CCl$_4$	NH$_3$	H$_2$O
分子构型	直线型	直线型		正四面体	三角锥形	倒 V 字形
分子极性	非极性	极性	极性	非极性	极性	极性

三、分子的相似相溶原理

分子之间的结合力也称为分子间的二次结合力，以区别于原子或离子间的化学键作用，化学键作用也称为一次结合力，通常二次结合力要弱于一次结合力。分子之间的结合力主要是氢键和范德华力，范德华力包括取向力、诱导力和色散力，如图2-31所示。

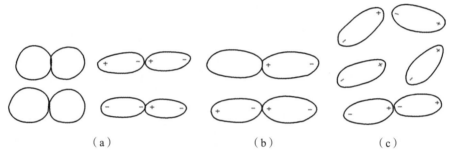

（a）　　　　　　　　　（b）　　　　　（c）

图2-31　分之间的二次作用力

（a）色散力　（b）诱导力　（c）取向力

氢键是存在于氢原子与其他电负性较强的原子化合成的分子之间。

色散力是非极性分子因瞬间偶极现象，而呈异性比邻状态的吸引力。它存在于非极性分子与非极性分子之间，由于非极性分子的电子云密度分布暂时不均匀导致正电荷中心和负电荷中心发生瞬时不重合形成瞬时偶极。

诱导力是在极性分子吸引下，非极性分子产生诱导偶极与极性分子固有偶极之间的吸引力。它存在于极性分子与非极性分子之间，诱导偶极只发生在极性分子取向的那一刻，强度小且瞬间消失。

取向力是极性分子之间，异性相吸，分子产生相对的转动而呈异性比邻取向的力。它存在于极性分子与极性分子之间。

通常，非极性分子之间只存在色散力；极性与非极性分子存在诱导力和色散力；极性分子之间存在取向力、诱导力和色散力。氢键、取向力、诱导力和色散力四种力相比，最大是的氢键，其次为取向力，最弱的是色散力，诱导力在取向力和色散力之间。

极性分子与极性分子之间的取向力使两种溶剂亲和在一起；非极性分子与非极性分子之间的色散力使两种溶剂相互亲和扩散；极性分子溶剂与非极性分子溶剂在一起时，极性分子之间的取向力远远大于极性分子与非极性分子之间诱导力和色散力，使极性分子溶剂不能与非极性分子溶剂相亲和。也就是说极性分子溶解极性分子，非极性分子溶解非极性分子，极性分子与非极性分子不相溶，这就是分子的相似相溶原理。

四、油和"水"不混溶机理

1. 水的偶极性

水分子以极性共价键结合，水分子中的氧原子和氢原子之间通过共用电子对与极性共价键结合，由于氧原子的电负性大于氢原子，因此在H—O键的两端电荷分布不均匀，正电荷与负电荷重心不重合，两个H—O之间形成一个104°45′的夹角，电荷重心偏向于氧原子一端。如图2-32所示。水分子中氧原子的一端带负电荷较强，氢原子一端带正电荷较强，使水分子产生了正负电极，被称为水偶极体，因此水分子是一种很强的极性分子。

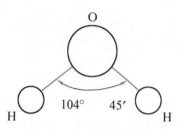

图2-32　水分子的结构

极性很强的水分子对极性物质具有较强的亲和力；反之，具有极性结构的物质对水也具有亲和力，亲和力的大小由两物质的极性强弱决定，这种亲和力称为——亲水性。

2. 油的非极性

油墨是由不溶性颜料颗粒高度分散在连结料中的稳定悬浮体，油在胶印油墨中指的是连结料，连结料不外乎是干性植物油和合成树脂。

（1）干性植物油　油脂型连结料主要以干性植物油为主，如：桐油、亚麻仁油等，它们都是由甘油（丙三醇）与脂肪酸经酯化所生成的酯类，主要成分是甘油三酸酯$C_3H_5(OCOR)_3$，结构式如图2-33。

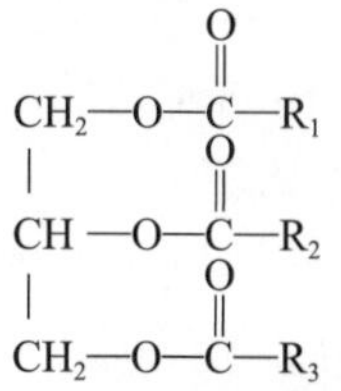

图2-33　甘油三酸酯的结构式

其中：R_1、R_2和R_3均为烃基（非极性基团）。甘油三酸酯在一定条件下能水解成丙三醇（甘油）和游离脂肪酸。这些分子的烃链相当长，一般为含有17个碳原子以上的碳氢键，亲油疏水的烃基团占主要地位，而亲水的基团（羧基—COOH）只起微弱的作用，非极性键是主要的，因此从分子性质来说是非极性的。

（2）合成树脂　油墨所用树脂有酚醛、醇酸、顺丁烯二酸酐及聚氨酯等。由于树脂对某些制墨溶剂的溶解度低，所以加入一定量的植物油或游离脂肪酸，对合成树脂进行油改性处理。改性树脂的结构式中碳氢链部分处于主要地位，疏水基团起主导作用，它基本上显示出非极性分子的性质，而且由于使用非极性的烷烃类和芳烃类溶剂，增加了疏水性能。因此整个分子显示出非极性分子的性质，所以合成树脂属于非极性物质。

根据分子的相似相溶原理，水是极性分子，油是非极性分子，它们的性质不同，所以水和油不相溶。正是油水不相溶的机理，构成胶印中的油和水存在于同一平面上的依据。

知识点2　润湿与吸附机理

印刷的过程也就是油墨从墨斗中通过墨辊、印版、橡皮布等印刷表面转移到承印物表面的过程，在每次的转移过程中，油墨取代各个印刷表面上的空气，将固体表面由"气-固"界面转变为稳定的"液-固"界面，润湿是油墨在各个印刷表面传递和转移的先决条件，印刷表面必须具备良好的润湿性能，才能保证油墨在其表面的吸附和铺展，从而实现传递和转移。

一、表面张力与表面过剩自由能

表面张力与表面过剩自由能是描述物体表面状态的物理量。由于物体表面分子相对于物体内部的分子来说其受到的力是不对称的，物体表面分子受到往内部拉的拉力，这个拉力形成表面张力，相对于物体内部多余的能量，就是表面过剩自由能。以液体为例，如图2-34所示，处在液体内部的分子，四周被同类分子所包围，受周围分子的引力是对称的，因而相互抵消，合力为零；处在液体表面的分子，因

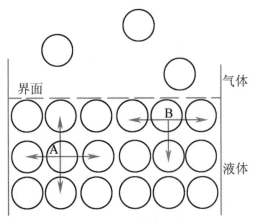

图2-34　液体的表面张力

为液相的分子对他的引力远大于气相的分子对他的引力，致使合力不再为零，而是具有一定的力且指向液相的内侧。由于这个拉力的存在，使得液体表面的分子，相对于液体内部分子处于较高能量态势，随时有向液体内部迁移的可能，处于一种不稳定的状态。液体表面分子受到的拉力形成了液体的表面张力，相对于液体内部所多余的能量，就是液体的表面过剩自由能。

自然界中的液体表面，由于其表面的外部分子为空气，它对液体表面的作用力远远小于液体本身内部的分子作用力，即表面张力的存在，为了达到平衡状态，液体都有自动收缩其表面成为球形的趋势。这是因为在体积一定的几何形体中球体的表面积最小。

表面张力的单位是N/m（牛顿／米），表面过剩自由能也称"比表面能"，用J/m^2（焦耳／平方米）表示。$1J=1N \cdot m$，即物质的比表面能与表面张力数值上完全一样，量纲也一样，但物理意义有所不同，表面张力表示的是力的大小，比表面能表示的是能量的大小，所用的单位也不同。表面张力或表面过剩自由能的值与物质的种类、共存另一相的性质以及温度、压力等因素有关。对于某一种液体，在一定压力下，随着温度的升高，液体分子间的引力减少，共存的气相蒸汽密度加大，表面张力降低。印刷中常用液体在常温20℃时的表面张力值如表2-9所示。

表2-9　印刷常用液体的表面张力（20℃）　　　　　　　单位：10^{-2}N/m

液体名称	表面张力	液体名称	表面张力
水	7.275	甲苯	2.845
甘油	6.340	醋酸	2.763
油酸	2.250	辛烷	2.180
苯	2.888	蓖麻油	3.900

固体表面与其内部分子之间的关系和液体的完全相似，只是固体表面的形状是一定的，其表面不能收缩，因此固体表面通常用表面过剩自由能表示。

二、水和油的表面张力

水分子为强极性分子，水分子之间的作用力为范德华力和氢键，水分子之间的作用力较大，故水的表面张力较大，为7.2×10^{-2}N/m。

油为有机化合物的总称，一般说来基本为非极性分子，但若引入了羟基—OH、羧基—COOH、亚甲基—NH$_2$等，便存在一定的极性。非极性分子之间只存在色散力，分子之间的作用力很小。印刷油墨中连结料的分子结构很像油的分子结构，如油墨中的树脂、植物油等。因此，油墨是一种带有弱极性的非极性分子。油墨分子之间的作用力较小，故其表面张力也较小，大多数油墨的表面张力为（3.0×10^{-2}）~（3.6×10^{-2}）N/m。

三、润湿机理

1. 润湿的概念

表面上的一种流体被另一种流体取代的过程即是润湿。在一般的生产实践中，润湿是指固体表面上的气体被液体取代（有时一种液体被另一种液体所取代）的过程。固体表面被液体润湿后，便形成了"气–液""气–固""液–固"三个界面，通常把有气相组成的界面叫做表面，即把"气–液"界面叫做液体表面，"气–固"界面叫做固体表面。

2. 润湿的类型

当一滴液体滴在固体表面时可以有三种情况：①液滴在固体表面完全铺展开——固体被液体润湿，也称铺展润湿。②液滴缩聚成球状不展开——固体不被液体润湿。③液滴展开成不同直径的球冠状——固体被液体部分润湿。

3. 接触角

接触角指气液表面和固液界面（或液液界面）在三相接点处的切线的夹角，接触角可用来表示润湿的程度。表2–10为接触角与润湿的关系。如图2–35所示，接触角越小，液体在固体的表面润湿程度越高。

表2–10 接触角与润湿的关系

接触角 θ	固体表面润湿状况
$\theta=180°$	完全不润湿
$\theta>90°$	不为液体所润湿
$\theta<90°$	可为液体所润湿
$\theta=0°$	完全被润湿

通常把$\theta=90^0$，作为润湿与否的界限，当$\theta>90°$时，固体不被润湿，当$\theta<90°$，固体可被液体润湿，接触角越小，润湿性能越好；当接触角等于零时，液体在固体表面上铺展，固体被完全润湿。若把干净的玻璃板浸入水中，取出后玻璃表面全沾上了水，而将石蜡浸入水中取出后却不沾水。通常称接触角$\theta<90°$的固体为亲液固体，接触角$\theta>90°$的固体为憎液固体。

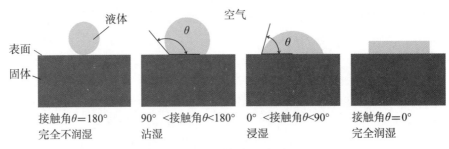

图2-35　接触角示意图

4. 润湿方程

1805年，T·Young提出润湿方程：

$$\gamma_S - \gamma_{SL} = \gamma_L \cdot \cos\theta$$

式中，θ为接触角，γ_S表示固体表面自由能，γ_{SL}表示"固-液"界面表面张力，γ_L表示液体表面张力。

接触角越小，润湿性能越好，从润湿方程中可得到减小接触角的途径有以下三点：①减小液体的表面张力。②加大固体的表面张力。③减小液体和固体的界面张力。

四、吸附机理

1. 吸附的概念

在一定条件下，一种物质分子、原子或离子能自动地附着在具有过剩自由能量的表面上的现象，或者某物质在界面层中浓度自动地发生变化的现象，均称为吸附。

具有吸附作用的物质称为吸附剂，被吸附的物质称为吸附质。

在气-固、液-固、气-液和液-液界面上均可发生吸附作用。

2. 产生吸附的机理

①表面张力的作用。每一个存在于空气中的物体都具有表面张力或表面过剩自由能，一种物质被另一种物质吸附的条件是前者表面张力必须小于后者的表面张力。

②化学键的作用。一种物质和另一种物质相接触时，有时会发生电子的转移、原子的重排、化学键的破坏与生成等，从而产生强烈的吸附。这种吸附较稳定，不易解析，属单分子层吸附。

③相似相溶作用。化学性能相近的物质易于相互吸附，如塑料薄膜与树脂油墨之间。

3. 吸附的类型

吸附按作用力的性质可分为两类：物理吸附和化学吸附。

①物理吸附。由表面张力产生的吸附。它的特点：无化学反应及化学物的生成；吸附作用力较弱，这种吸附是可逆的、不稳定的；解析容易；吸附速度快，易于达到吸附平衡；吸附后可形成单或多分子层，吸附选择性不明显。

②化学吸附。由化学键产生的吸附。特点：在化学吸附过程中可以发生电子的转移、原子的重排、化学键的破坏与形成等，它具有明显的选择性；吸附后它只能形成单层分子，且吸附速度取决于化学反应速度，它所形成的吸附层稳定，不易脱附，是一种不可逆的吸附形式；这类吸附一般速度较慢，而且随着温度的提高而加快。

平版胶印依据油水不相溶的原理让油墨和润版液存在于同一块印刷版的表面，这就要求印刷版的空白部分能吸附润版液，图文部分能吸附油墨，也就是说润版液能润湿印版的空白部位，油墨能润湿图文部分。只有当印刷版空白部分的表面张力大于润版液的表面张力，印版图文部分的表面张力大于油墨的表面张力，才能实现润版液在印版空白部分铺展，油墨在印版图文部分铺展。

知识点3　印刷表面的润湿与吸附

印刷表面指的是印刷过程中油墨或润湿液的传递与作用的表面，包括印版、橡皮布、墨辊、水辊、承印物等的表面。印刷过程中我们能接触到的液相主要是润版液和油墨，它们的化学结构和表面张力对印刷的润湿起到了重要作用。

印刷表面的润湿与吸附是指印刷表面的空气被油墨或润版液取代并附着的过程，即油墨对印刷表面的润湿与附着或润湿液对印刷表面的润湿与附着。印刷中表面的吸附大都是物理吸附。

一、印版表面的润湿与吸附

1. 平版印刷版表面的选择性润湿和吸附

平版印刷印版的结构特点是图文部分和非图文的空白部分几乎同处在一平面上。印刷时，先用润湿液润湿印版非图文部分，形成一定厚度的均匀的水膜，再用油墨润湿印版的图文部分，形成有一定厚度的均匀的墨膜，利用油、水不相溶的原理，非图文部分和图文部分分别依赖水膜和墨膜来抗拒彼此的浸润。因此平版印刷印版所用金属版材，在工艺技术上必须具有两亲性：既能被液体水所润湿（亲水性），以适应空白部分的建立；同时又必须被液态油墨所润湿（亲油性），以适应图文部分的建立。

把常用的金属铜、铁、锌、铝、镍、铬做成光滑的平板，把表面处理洁净，滴一滴水，测定它们表面上的接触角。测得的接触角从大到小顺序如下：铜、铁、锌、铝、镍、铬。如改用油做上述试验，测得的接触角从小到大顺序如下：铜、铁、锌、铝、镍、铬。

由此可看出：在常用的几种金属中，铜的亲油性最好，但亲水性最差；铬的亲水性最好，但亲油性最差；锌和铝的亲水性和亲油性都居中。要使同一块版材上即有高度的亲水性，又有高度的亲油性，这样的金属无法找到。要使同一块版材上即有亲油性能良好的图文部分，又有亲水性能良好的空白部分，只能改变金属版材表面的性质。铝和锌的亲水性和亲油性都是中等程度，润湿性能容易改变，因此胶印的印版选择铝板或锌板做版材。

同一块版材上实现油和水润湿平衡方法有两种：

（1）选择两种金属，一种亲油的金属（如铜）作图文的基础，另一种亲水金属（如铬）作空白部分的基础，以实现润湿平衡。如早期平版胶印所使用的多层金属版，图文部分为亲油性好的金属铜，空白部分为亲水性好的金属铬，这样便在同一块印版上形成了亲水和亲油两个区域，分别选择性地吸附润湿液和油墨。由于多层金属版成本高，且印刷质量差，现在很少使用。

（2）通过表面化学处理的方法使图文部分亲油，空白部分亲水，实现同一版材表面的油水润湿平衡。如PS版、平凹版。平版印刷现在用的最多的是PS版，PS版是预涂感光版的简称，是在经过阳极氧化处理的铝版基上，预先涂布好感光液，干燥后贮存起来，需用时取出，经过曝光和显影等处理即成印版。PS版以铝板做版材，亲水的非图文部分是氧化铝Al_2O_3，砂目细密，含藏水分的能力较强，水能够均匀润湿在其表面上。亲油的图文部分是硬化的重氮感光树脂。硬化的氮感光树脂具有亲油疏水性能，油墨很易在其上铺展，从而建立稳固的亲油基础。

PS版材的底基处理分三步：①粗化处理，经粗化处理后在版面上产生不同深度和粗度的砂目，使其单位面积内接触表面增大，一方面使感光树脂对金属版面的吸附性能增强，提高的稳定性，使之不容易发生脱落，另一方面空白部分因为有砂目，使水能够均匀地在其表面上铺展。②氧化处理，为了使砂目的耐磨性更好，全面提高版材的硬度，采用阳极氧化，使表面生成一层有微孔性、有硬度、良好耐磨性和高稳定性的三氧化二铝膜层。由于氧化膜具有微孔性，油性树脂和含有电解质的亲水胶体或水溶液均能被其表面的气孔吸附，形成稳定的亲油和亲水基，这对印版的图文部分感光膜的吸附和耐磨、空白部分的排油更为有利。③封孔，经过氧化处理的版基表面形成一层多孔性的氧化膜，它大大提高了版面的吸附性，从而使版面容易污染，造成制版和印刷困难，容易上脏。封孔的目的就是封去一些氧化膜上极小的微孔，降低吸附能力，经封孔后的版基表面仍呈微孔性，既有一定的亲水性能，又有对感光层有吸附作用，增加感光层的分辨率。平版印刷现用的计算机直接制版版材（CTP版）底基处理与PS版材相似。

需要注意的是：由于油墨的表面张力很低，约为印版非图文部分表面张力的1/20，所以，尽管在化学结构上，油墨和非图文部分的物质并不相似，但是油墨能够在非图文部分铺展。因为油墨的铺展能使非图文部分表面过剩自由能下降，所以印版的非图文部分，既能被润版液所润湿，也能被油墨所润湿。可见，印版的非图文部分对于润版液和油墨在润湿性上并无选择性。而印版的图文部分，是表面能较低的非极性有机化合物，属于低能表面，其表面张力与油墨的表面张力值相近。因此，油墨能够在印版的图文部分铺展，而润版液则不能在印版的图文部分铺展。因为油墨的铺展会导致体系自由能的下降，而润版液若铺展则要导致体系自由能的上升，所以印版的图文部分，只能被油墨润湿，却不能被润版液润湿。可见，印版的图文部分对于润版液和油墨在润湿性上是有选择性的。

为使胶印版的非图文部分只被润版液所润湿，印刷中先供给印版润版液，待润版夜铺满非图文部分之后再给印版供墨。由于油水不相溶，油墨因非图文部分有润版液而不附着，便只润湿了印版的图文部分。这样，平版印版的非图文部分和图文部分，对润湿液和油墨就都有选择性了。印刷过程采用了先上水后上墨的工艺方法后，解决了印版空白部分对无水和墨选择性吸附问题。

平版胶印的印版表面在印刷中的选择性吸附主要借助于表面张力和物质的相似相溶性进行的。

2. 凹版印刷版表面的润湿和吸附

凹版表面的结构特点是：印版上的图文部分凹下，形成深浅不同的着墨孔，非图文部分凸起，并在同一平面或同一半径的柱面上。印刷时，印版滚筒的一部分浸渍在墨槽里，油墨润湿印版表面，并填充在着墨孔内，再用刮墨刀除去印版表面的油墨，着墨孔内的油墨在印刷压力的作用下，转移到承印物表面。要使油墨浸湿并充满着墨孔，必须满足印版的表面自由能大于等于印版与油墨的界面张力，故应采用表面自由能高的金属版材制作凹版。

制作凹版所用的金属为铜，为了提高耐印率，在印版表面镀上金属铬，金属铜和铬都是高能表面，对油墨有较好的润湿与吸附性能，加之凹陷的图文具有较强的蓄墨性，印刷中能较好的吸附油墨。

凹版表面在印刷中的吸附主要借助于表面张力和凹陷的图文部位对油墨的蓄积进行的。

3. 柔性印刷版表面的润湿和吸附

柔性版表面结构特点是：图文部分凸起在同一水平面上，非图文的空白部分凹下，且和图文部分有一定的高度差。印刷时，只在凸起的图文部分被油墨润湿，在轻印刷压力作用，油墨转移到承印物表面。柔性版的版材为高分子聚合材料，如氯酯共聚塑料、聚酚氧塑料、合成橡胶、硬化的感光树脂等。高分子聚合物的表面虽然不是高能表面，但其化学结构与油墨的化学结构相似，和油墨相接触时，能产生较强的亲和力。因此，印刷时，只要油墨与印版之间的黏附张力大于油墨的表面张力，油墨在墨辊的辊压作用下，图文部分很容易被油墨润湿。

柔性版表面在印刷中的吸附主要借助于版材与油墨相似性原理进行的。

4. 孔网印刷版的润湿和吸附

孔版（主要是丝网印版）是以丝网为支撑体，先在网上涂布一层感光胶，再将阳图底片密合在感光胶层上，经过曝光、显影制成。印版空白部分的感光胶层受光发生光学反应，形成固化的版膜将网孔封住；印版图文部分的感光胶层显影时被除去，网孔通透。印刷时，油墨透过网孔漏印到承印物上形成印刷品。

常用的丝网有不锈钢丝网、尼龙丝网、聚酯丝网等。不锈钢的比表面能最高，聚酯的比表面能最低（临界表面张力约为$4.3 \times 10^{-6}\,\text{N/m}$），尼龙的比表面能（临界表面张力约为$4.6 \times 10^{-2}\,\text{N/m}$），介于不锈钢和聚酯之间。因此，和感光胶的结合性以及透墨性最好的是不锈钢丝网，其次是尼龙丝网，最差的是聚酯丝网。用不锈钢丝网制成的孔版，常用来印刷质量要求高的精细产品。

二、橡皮布的润湿和吸附

橡皮布是胶印机油墨转移的中间体。印刷时，橡皮布与印版图文部分油墨接触的同时，也与印版空白部分的水相接触。因此，橡皮布主要由非极性材料橡胶构成，以保证橡皮布最大限度地吸附油墨并转移油墨，最小限度地吸附水分；还要求橡皮布具有最佳的耐油、耐酸、耐氧化和抗老化等性能。为使橡皮布具有良好的印刷性能，除选择适宜橡胶材料制作橡皮布以外，印刷过程中，在工艺操作上还必须尽量维护橡皮布的润湿性。

橡皮布由胶层和底布组成。胶层包括粘结底布的内胶层和用于转移油墨的表面胶层。胶层的主要组分是天然橡胶和合成橡胶。由于天然橡胶具有较大的粘结力，能把橡皮布的底布牢固地黏合在一起，一般作为橡皮布的内胶层使用。

目前，平版印刷普遍使用树脂型油墨，其树脂型连结料中含有一定量的高沸点煤油，就要求橡皮布的表面胶层耐油性相当好，故橡皮布的表面胶层一般采用耐油性能好的合成橡胶作原料。制作橡皮布表面层的合成橡胶有氯丁橡胶、丁腈橡胶等，其分子仍然以非极性为主，能够吸附油墨，被油墨很好地润湿。为了进一步增强橡皮布表面胶层亲油疏水的性能，有的橡皮布面胶层原料中加入一定量的醋酸乙烯-氯乙烯共聚体。

印刷过程中，由于物理吸附，在橡皮布的表面胶层上会形成掩盖层，这层掩盖层主要是由纸粉涂料粒子、植物纤维、油墨中的颜料颗粒等物质堆积而形成的。掩盖层中的物质大部分是极性的，故使橡皮布的非极性减弱、极性增加，亲油性下降、亲水性上升。这样，印版图文部分上的油墨，尤其是微小网点上的油墨，在高速压印时，不能正常地通过橡皮布转移到承印物上，造成印刷品的印迹发虚、网点丢失。另一方面，因为橡皮布的亲水性增加，它将从印版表面吸附较多的润版液传递给纸张，使纸张的含水量增加，造成尺寸伸长，套印不准，与此同时，纸张的表面强度下降，纸粉、纸毛堆积橡皮布的程度加剧，致使生产无法进行。因此在生产过程中橡皮布表面有掩盖层时，需要清洗橡皮布，恢复其原有的润湿性。

三、墨辊的润湿和吸附

墨辊在印刷机上主要是传输油墨。为了使油墨在墨辊间迅速地展布均匀，印刷机一般采用软质和硬质墨辊交替的方式配置，使相邻的墨辊产生良好的接触。具有良好亲油性的每一根墨辊都是从前一根墨辊接受油墨，然后把接受墨传递给下一根墨辊。在这个过程中，油墨先润湿墨辊表面，而后附着在墨辊上。

印刷机上使用的软质墨辊一般是用经过硫化处理的天然橡胶、合成橡胶、明胶以及聚氨酯等高聚物材料制作的。软质墨辊的辊面都是低能表面，均具有良好亲油性，所以油墨能很好地润湿辊面并附着在上面。

印刷机上使用的硬质墨辊一般用铁、铜等金属材料制作。金属墨辊的辊面为高能表面，显然油墨能很好地润湿辊面并附着在上面。

软质墨辊大多是由橡胶材料制作的，润湿性以及其他的性能基本上和橡皮布相同。但是，墨辊的直径比印版滚筒的直径小数倍，因此，墨辊的角速度约比印版滚筒的角速度大数倍，所以在频度很高的滚压摩擦状况下，发热升温的现象十分显著，热老化首先在墨辊表面发生，造成表面硬化、龟裂，甚至小块小块地脱落。只有磨掉已经形成的热老化层，才能恢复墨辊原来的亲油传墨性能。为了减缓橡胶的热老化速度，印刷机输墨装置中的串墨辊，配备有冷却降温的设施。印刷过程中，还要防止油墨在墨辊表面干结成膜和油墨在墨辊上的早期干燥，及时清除墨辊上残留的墨皮，印刷结束时，必须把墨辊清洗干净。

硬质墨辊由于制作材料的不同，在印刷过程中润湿性能的变化也不相同。某些胶印机的串墨辊是用金属铁制作的，铁本身的亲油性较差，当润版液的供应量较大，油墨乳化严重时，润版液中的电解质或亲水性的胶体，随同润版液以细小的微珠分散在油墨中被铁吸附，串墨辊上生成亲水薄膜，亲油能力下降，油墨难以附着在墨辊表面，常常出现"脱墨"现象，只有采用物理或化学方法去除亲水膜层，墨辊才能恢复原来吸附油墨、传递油墨的性能。在铁质墨辊表面镀上一层金属铜，制作成金属铜辊，代替铁质的串墨辊，显然传墨的性能优于铁质串墨辊。但是，铜是容易被氧化的金属，特别是在被乳化的油墨中，润版液的微滴中含有氧化剂，铜辊面会被氧化生成氧化铜。另一方面，印刷机传墨辊中的软质橡胶在传墨中会慢慢地脱硫，铜质墨辊与它长期接触，会在接触的部分生成黑色的条痕，这是铜与硫发生化学反应生成了硫化亚铜和硫化铜，被氧化铜、硫化亚铜和硫化铜覆盖的铜表面，亲油吸墨性下降，导致"脱墨"现象的发生，常用10%的稀硝酸来清除铜墨辊表面上的这一膜层。

四、水辊的润湿和吸附

胶印中传递润版液的水辊，表面必须具有良好的亲水性能。

水辊分软质水辊和硬质水辊。

软质水辊包括两类：一类是指表面包有绒布的水辊，利用绒布丰富的毛细孔来积聚大量的润版液。尽管水辊绒布是经过脱脂处理过的棉纤维织物，以削弱其原先的输水性质，但是在使用过程中，如果水辊绒布先接触油墨，或者水量不足，则水膜的阻隔作用不强，都会使绒布粘积油墨，必须及时清洗水辊绒布，恢复其原有的润湿性质。另一类软质水辊在与其他水辊接触时有明显的压缩变形存在，但不需要套水辊绒布，尽管由它传递的润版液量较少，但是由于这类水辊是和酒精润版液或者非离子表面活性剂润版液配合使用，即能满足正常的印刷要求。

硬质水辊一般采用化学性质稳定的金属辊，以免被具有腐蚀性的润版液腐蚀。用镀铬的硬质水辊作为水斗辊和串水辊，不仅亲水性好，而且镀铬的表面会形成细密的氧化膜而变为钝态，因此具有良好的抗腐蚀性。为了增强输水性能，镀铬之前，水辊应该先适当粗化，扩大其比表面，然后再镀铬，以利用毛细吸附作用，增强其吸附润版液的能力。在印刷生产过程中，清洁的铬层表面，能够良好地吸附润版液，使其充分铺展，足抵御油墨的再吸附。但是，如果镀铬水辊停止运转较长的时间，由于润版液的蒸发或量流失，使铬层表面失去水膜的遮盖，车间空气中的尘埃、油污就会在铬层表面积聚成膜；或者通过软质水辊把油墨传递给铬层表面，都会使铬层表面原有的良好的亲水性能失去或者削弱。只有把这些油垢、墨迹清除干净，才能恢复镀铬水辊原有的润湿性质。

五、承印物的润湿与吸附

油墨在纸张或其他承印材料上的附着，主要依靠所谓"机械投锚效应"和分子间的二次结合力。印刷方式不同，使用油墨不同，油墨附着的效果也有很大的差别。

纸张、高聚物、金属箔等承印材料的表面，都不同程度地存在着凸起和凹陷部分，有些承印材料，如纸张，表面还有明显的孔隙。转移到承印材料表面的油墨，部分填凹陷或孔隙当中，犹如投锚作用一样，使油墨附着在承印物表面，这就是所谓的"机械投锚效应"。

纸张、油墨的主要成分均为非对称型分子，当它们的分子相互靠近时，固有偶极之间因同性相斥、异性相吸使分子在空间按异极毗邻的状态取向，结果首先产生取向力，随后产生诱导力和色散力。分子间的二次结合力使油墨附着在纸张上，二次结合力越大，附着效果越好。另一方面，纸张由纤维交织而成，表面凹凸不平且有孔隙，油墨又具有较好的流动性能，所以，当油墨转移到纸张上以后，有明显的机械投锚效应，促使油墨在纸张上附着。

油墨在纸张上的附着，既靠分子间的二次结合力，也靠油墨在纸张上的机械投锚效应。对于平滑度较高的纸张，油墨的附着主要依赖于分子间的二次结合力；对于较为粗糙的纸张，油墨的附着则更多地借助于机械投锚效应。此外，纸张中所含的填料（氧化钙、氧化钛等）、涂料（白土、碳酸钙等），大部分为无机化合物，这些无机化合物大大地提高了纸张的比表面能，因而纸张为高能表面。低表面张力的油墨覆盖在纸张表面时，使纸张的表面自由能降低，形成稳定的体系，故油墨能牢固地附着在纸张表面。

金属箔是平滑度很高的承印材料，油墨的附着只能靠分子间的二次结合力，没有机械投锚效应。但是，金属表面是高能表面，比表面能比油墨的表面张力高得多，油墨附着时能大大降低金属的表面自由能，因而有较大的黏附力，使油墨的附着效果较好。

和金属箔一样，表面平滑度很高的聚合物薄膜材料，油墨的附着也只能靠分子间的二次结合力。但是，高聚物的表面却是低能表面。油墨能否很好地附着，很大程度上取决于高聚物表面的能量。像聚四氟乙烯、聚三氟乙烯、聚二氟乙烯、聚乙烯等的临界表面张力都小于油墨的表面张力，油墨不能润湿这些高聚物的表面。即使在印刷压力的作用下，油墨分子和高聚物分子间的距离减小了，分子间的二次结合力有所增加，但高聚物均属非极性物质，分子二次结合力很弱，油墨的附着仍很困难。为了提高油墨在高聚物表面的附着效果，要对高聚物表面进行处理。一般是采用电晕放电产生的游离基反应使高聚物发生交联，提高表面自由能，增加表面粗糙度，改善其对油墨的润湿性。

任务 印刷材料表面吸附性认知

训练目的

1. 通过实训了解印刷材料的主要组成成分。
2. 通过实训了解印刷材料的表面亲水性和亲油性能。
3. 通过实训了解印刷材料的吸附性能。
4. 通过实训理解不同性能材料在印刷中的应用。

训练条件（场地、设备、工具、材料等）

1. 场地：教室。
2. 设备：无。
3. 工具：计算机，工具书。
4. 材料：无。

方法与步骤

1. 查找表中印刷材料主要组成成分。
2. 分析印刷材料主要成分的亲水性和亲油性。
3. 分析印刷材料主要成分的吸附性能。
4. 将分析结果填写在表2–11中。

表2–11

印刷表面	主要成分	亲水性	亲油性	吸附性能
PS 版图文部分				
PS 版空白部分				
墨辊				
水辊				
橡皮布				
纸张				
塑料薄膜				
马口铁				
柔性版				
凹版滚筒				
丝网版				

考核基本要求

1. 能理解亲水性和亲油性的概念。
2. 能理解吸附性的概念。
3. 能根据分子的性质分析材料的亲水性或亲油性。
4. 能根据材料的组成材料分析其吸附性能。

职业拓展　自然界的色彩体验与吸附润湿机理体验

一、自然界的色彩体验

大自然是绚丽多彩的，色彩把一年四季打扮得漂漂亮亮的，每个季节都有各自的特点。

春天是五彩缤纷的。光秃秃的树枝丫上长出了嫩绿的小芽，小草刚钻出土地，路边、公园里、山野里开着各种颜色的鲜艳的花朵，有粉红色的桃花、红色的杜鹃花、黄色的迎春花……还有蝴蝶翩翩起舞。

夏天是红色的。火红的太阳悬挂在半空，烤得道路吱吱作响。火红的石榴开了，一朵朵石榴花挤在绿叶间，红得那么鲜艳，那么可爱，活像一张张绽开的笑脸。火红的鸡冠花，亭亭玉立的美人蕉，在绿叶的映衬下，显得格外美丽、迷人、千姿百态。

秋天是金黄色的。金灿灿的田野上，一阵阵稻谷的芳香扑鼻而至。羞羞答答的苹果，黄澄澄的香蕉，香脆可口的清枣……大树的叶子变成黄色，从树下落下来，像一只只枯叶蝶在空中翩翩起舞。

　　冬天是白色的。冬姑娘为大地披上了一件厚厚的纯白色棉衣，让他们舒舒服服地睡上一觉。鹅毛般的雪花飘飘扬扬，压断了枝头，覆盖了屋顶。

春天

夏天

秋天

冬天

二、自然界的吸附润湿机理体验

　　我们都见过雨水落在荷叶上后没有在荷叶上铺展开来，而是凝聚成水珠，荷叶在风中摇摆雨滴从荷叶上落下来的情境。这是因为荷叶的表面张力小于水的表面张力，荷叶不能被水润湿，水的表面张力使得落在荷叶上的水滴凝聚成近似球形的水珠，荷叶不能吸附水，所以风一吹水珠就从荷叶上滴下来。

　　而我们看屋檐上的水珠，它不是球形而是半球形，即水对屋檐上石板具有润湿性，水珠被吸附在石板上，当水珠自身的重量大于石板对它的吸附力时水珠下降。

　　雨后的石砖路面被水铺满，湿湿滑滑的，可见石砖能被水润湿，并且水在石砖表面是完全铺展的，即石砖表面完全被水润湿。

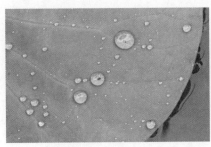

荷叶上的水珠　　　　　　　　　屋檐上的水珠　　　　　　　　雨后的路面

技能知识点考核

1．水基油墨和亲水溶剂型油墨可以用在有水胶印中吗？

2．人眼对于加网角度_____度的感觉最好，一般单色印刷的加网角度安排在_____度。

3．调幅网点是_____相同，_____不同；调频网点是_____相同，_____不同；平网是_____的网点区域。

4．在单位印刷面积内，若印刷油墨覆盖的面积多，该印刷范围内反射光线_____，吸收光线_____，呈现的颜色_____；油墨覆盖的面积少，该印刷范围内反射光线_____，吸收光线_____，呈现的颜色_____；因此，可以利用网点的覆盖面积大小变化来反映印刷品上的明亮、阴暗以及颜色的浓淡层次，实现阶调的再现。

5．每一个存在于空气中的物体都具有表面张力或表面过剩自由能，一种物质被另一种物质吸附的条件是前者表面张力必须_____后者的表面张力。

6．线数80线/cm的网点可转换为多少线/in的网点？

第三单元

印刷物料

作为印刷基本要素之一的印刷材料，在印刷技术不断发展的过程中起着非常关键的作用。一项新技术能得到广泛应用除了设备因素外，最重要的是所使用的各种材料。实践证明，影响印刷生产效率和产品质量的众多因素都与材料相关，并且随着科学技术的不断发展进步和人们环保意识的日益增强，印刷技术对材料的各方面要求也会日益增高。因此，了解和掌握印刷材料的基本组成、结构和性能，尤其是它们的印刷适性，对掌握印刷工艺，解决实际生产中所遇到的质量问题是至关重要的。

印刷材料的质量是保证印刷复制质量的基础，没有优质印刷包装材料的保障，想获得优质精美的印刷品是不可能的。印刷材料与印刷复制过程中的各种因素是相互交织而又相互制约的，各种印刷工艺的制定和操作要素的落实都需要基于所使用的材料来确定。

能力目标

1. 能够利用工具和仪器对纸张、油墨的基本性能进行测试。
2. 能够简单分析与纸张、油墨印刷适性相关的常见印刷故障。
3. 能够理解不同种类纸张的印刷质量表现，并在印刷工艺设计中加以应用。
4. 能够根据产品要求选择合适的材料，并计算其用量。

知识目标

1. 理解常用纸张的基本性能、印刷适性和使用常识。
2. 理解常用油墨的基本性能、质量要求和使用常识。
3. 了解印刷辅助材料的基本性能和使用常识。

项目一 纸张认知与应用

知识点1 纸张的基础知识

一、纸张的定义

纸张作为印刷行业应用最广泛的承印材料，在生活和工作中随处可见，成为人类生活不可或缺的材料之一。纸是纸张和纸板的统称。传统观念认为纸是以植物纤维为主要原料制成的薄片物质，但是随着科学技术的发展，现代纸的含义已经扩展到更大的范围。

纸张是一种具有独立结构的材料，它本身多数都不是用户所使用的最终成品。用于包装、印刷、书写等的纸张品种很多，它们的用途决定着纸张应该是一类具有坚固结构的材料。

国家标准GB/T 4687—2007《纸、纸板、纸浆及相关术语》规定：所谓纸是从悬浮液中将适当处理（如打浆）过的植物纤维、矿物纤维、动物纤维、化学纤维或这些纤维的混合物沉积到适当的成形设备上，经干燥制成的一页均匀的薄片（不包括纸板）。

纸张是以加工处理后的纤维为主要成分，结合使用目的而加入适量的填料、胶料和助剂，在网上或帘上交织形成纤维之间相互黏结的薄片物质。在电子扫描显微镜（SEM）下的未涂布纸的形态如图3-1所示。

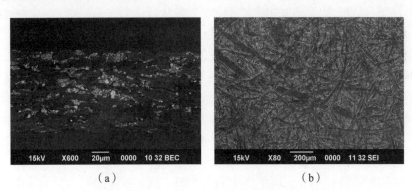

| (a) | (b) |

图3-1　电子扫描显微镜（SEM）下的未涂布纸（图片来源：UPM）

（a）剖面图　（b）表面图

二、纸张的组成与各组成成分的作用

传统的纸张由植物纤维、辅料（胶料、填料、色料等）和水分组成。随着科学技术的发展，合成纤维、化学纤维、金属纤维等纤维也可构成新的造纸原料。但对于印刷用纸，需要图文信息的载体——油墨能够顺利地转移到纸张表面，就要求其具有一定的吸收性能，所以纸张纤维更多的还是以植物纤维为主。

1. 植物纤维（Plant Fiber）

植物纤维是纸张最主要的成分，它占纸张质量的50%～80%，构成了纸张的主要质量基础，决定了纸张的强度、白度、厚度和保存性能，以及匀度、不透明度、挺度、平滑度和尺寸稳定性，其示意图如图3-2所示。

植物纤维是由植物细胞组成的，而植物细胞则是由细胞壁和原

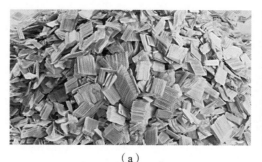

（a）　　　　　　　　　　　（b）

图3-2　植物纤维示意图（图片来源：UPM）
（a）植物纤维之一的木材原料图　（b）植物纤维放大示意图

生质组成。其化学成分主要由纤维素、半纤维素和木素构成，这三者成分占原料总质量的80%～97%。在自然界成百上千万种的植物中，能作为造纸原料的只有几十种。用于造纸的植物原料主要为木材植物纤维和非木材植物纤维，归纳如下：

$$
植物纤维
\begin{cases}
木材纤维
\begin{cases}
针叶木纤维：云杉、冷杉、柏木、松木纤维等 \\
阔叶木纤维：杨木、桦木、枫木、桉木纤维等
\end{cases} \\
非木材纤维
\begin{cases}
禾本纤维：竹子、芦苇、稻草、秸秆等 \\
韧皮纤维：麻类、檀皮等 \\
籽毛纤维：棉花、棉短绒等
\end{cases}
\end{cases}
$$

木材类纤维，针叶木原料的树叶多呈针状、条状或鳞形，其纤维是一种长纤维（长度1.8～5.0mm）；阔叶木原料的树叶多为宽阔状，其纤维是一种短纤维（长度0.7～2.0mm）。

禾本类纤维，麦秸、稻草主要用于草纸类（例如卫生纸）纸张制造；竹子用于书写纸、打字纸、胶版纸的生产；芦苇用于有光纸、凸版纸的生产。

韧皮类纤维，麻类植物以及某些树木枝条表皮等用于制造强度高的高级纸张。

籽毛类纤维，主要用于高级打字纸、书写纸等的生产。

植物纤维化学成分包括纤维素、半纤维素及木素，不同的植物原料其纤维素、半纤维素及木素的含量不同。

除了天然植物纤维原料外，废纸作为造纸原料（例如新闻报纸）的用量在逐年增长。从废纸中提取的纤维称为再生纤维，它是造纸原料中不可忽视的部分。对再生纤维的利用不仅可以节省天然纤维的使用，而且可以减少造纸的能源消耗和森林砍伐。在工业发达国家的废纸回收率在45%以上（有些国家甚至达58%以上），而我国仅有20%～30%。

2. 填料（Filler）

经过加工后的纤维交织在一起形成薄页状物质，其表面因纤维间存在微小空隙而呈现凹凸不平。为了使纸张表面平整，需要添加一种白色的细小固体颗粒，称为填料。它主要是滑石粉、瓷土、碳酸钙、钙镁白粉、钛白粉等不溶于水的白色矿物质。

填料的作用是可以增加纸张的平滑度、白度、不透明度和紧度；降低纸张的吸湿性；也可以减少纤维的使用量，提高纸张的定量和降低成本。填料在纸页中可形成更多细小的毛细孔，在毛细孔的虹吸作用下，可以改善纸张对油墨的吸墨性。在电子扫描显微镜

（SEM）下的造纸用碳酸钙填料颗粒如图3-3所示。

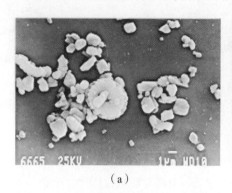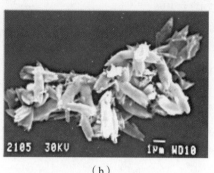

（a）　　　　　　　　　　　　　　　（b）

图3-3　电子扫描显微镜（SEM）下的造纸用碳酸钙填料颗粒图（图片来源：UPM）

（a）天然研磨法制作碳酸钙（物理方法）（b）化学沉淀法制作碳酸钙（化学方法）

填料在纸张中的用量不可过多，否则会对纸张的性能产生负面影响，一般控制在25%以内。

3．胶料（Binders）

用植物纤维生产的纸张，因纤维本身和纤维间存在大量的毛细微孔，而且由于构成纤维的纤维素、半纤维素含有大量亲水的羟基，所以极易吸收液体。纸张太大的吸湿性在印刷过程中会导致油墨过分浸透扩散而产生质量问题，因此在造纸过程中需添加抗液性的胶体物质或成膜物质来降低其吸液性，即所谓的胶料。

常用的胶料有动物胶、淀粉、石蜡胶、甲基纤维素、聚乙烯醇、合成树脂等。

经施胶后的纸张能有效防止水分的渗透和漫延，并提高纸张的表面强度，使纸张表面更加光泽和平滑，减少掉粉、掉毛现象。

施胶方法有内部施胶和表面施胶（Surface Sizing）两种：

①内部施胶是将胶料加入纸浆中，通过内部施胶剂改善纤维表面能，从而降低纤维的吸液性，控制其对水、墨等的渗透能力，还可以增加纸张的内部结合强度。

②表面施胶通常位于纸机的烘干部末端，是将一层成膜性胶料溶液喷涂于未完全干燥的纸页表面，从而在纸面形成部分连续的憎液性膜层。其作用一是提高纸和纸板的憎液性能和适印性能，二是提高纸和纸板的物理强度和表面性能。

表面施胶工序主要用于胶版纸、书写纸以及憎液性能要求高的包装纸和纸板的生产。

4．色料（Dyes）

对纸浆进行调色或增白等所用材料，统称为色料。

色料的作用是调整造纸浆料的颜色，以增加纸的白度或达到所要求的色泽（例如制造黄色、红色等彩色纸张），并增加纸的外观美感。上色的方法主要分为调色和染色两种。

（1）调色　生活中常见的纸张大都是白色。但造纸中纤维素呈现黄色至灰白色的性质，虽经漂白也很难彻底去除。所以在造纸过程中需加入微量的补色染料来纠正色偏。浅黄、灰白色纸浆可加入品蓝、湖蓝染料进行调色，对于一些白度要求较高的纸张，可加入荧光增白剂（荧光染料）来提高纸张的白度。

荧光增白剂吸收日光中不可见的紫外光，并将此能量以可见光的形式反射出来。因此纸张显得更白、更亮。荧光增白剂可增加纸张白度的原理示意图如图3-4所示。

（2）染色　当需要制造带颜色的彩色纸张时，可以往纸浆中加入染料，使纸张具有颜色。如广告纸、标语纸、彩色牛皮纸等。

色料可分为不溶于水的固体颗粒状颜料（天然矿物质颜料、人工合成颜料）和可溶于水的染料，其中合成染料是最为常用的色料。

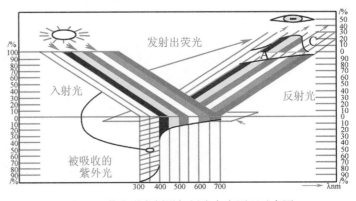

图3-4　荧光增白剂增加纸张白度原理示意图

（图片来源：UPM）

5. 水分（Water Content）

出厂后的纸张是含有水分的，其含量一般控制在4%～9%，感觉较干燥的纸张水分含量为5%左右。纸张过于干燥或湿润，对纸张的强度会有影响，如抗张强度、耐折度等，也同时影响纸张的印刷作业适性。

三、造纸工艺简介

造纸术是我国古代四大发明之一，公元105年，东汉汉和帝时期的蔡伦采用树皮、碎布（麻布）、麻头和渔网等为原料，抄制出质地优良、可供书写记录的纸张。古代手工造纸过程如图3-5所示。

图3-5（1）　古代手工造纸工艺

图3-5（2） 古代手工造纸工艺（续图）

　　造纸技术从我国先后传到朝鲜、日本，大约在公元751年传播到阿拉伯半岛的撒马尔罕，然后再辗转传到欧洲各国，从而推动了世界文明的发展。中国造纸术向国外传播线路图如图3-6所示。

图3-6　中国造纸术向国外传播线路图

　　今天的造纸技术虽有了较大的发展，但其基本原理仍然是根据蔡伦所总结完善的造纸术发展而来的，但造纸工艺和设备得到了天翻地覆的进化，纸张的质量也不断提高。现代造纸工艺主要流程如图3-7所示。

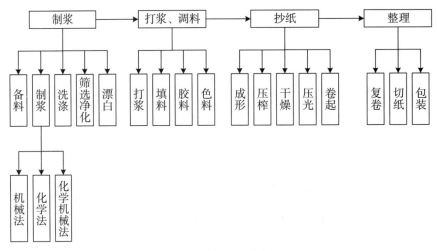

图3-7 造纸工业流程图

从木材到纸张的生产工艺流程示意图如图3-8所示。

纸张生产的主要工艺流程包括制浆和造纸（或称为抄纸）两大基本步骤。

制浆造纸过程是根据纸和纸板的用途要求，对所用原料的原始结构（自然结构形态）进行破坏、改造（解构过程），重新组合为人们所希望的新物质结构（即人为结构，重构过程）。所以，制浆就是按照要求对原料的原始自然结构形态进行破坏和改造的过程；造纸（也可称为抄纸）是把已破坏了的物质结构重新组合成为另一种人们所企求的人为物质结构，同时为满足各种应用的目的在其中添加各种各样的辅助材料，组成了新的结构——纸和纸板。在整个过程中，人们把不希望存在的性质进行减弱或消除，希望存在的性能得到改善和强化。

图3-8（1） 从木材到纸张的生产工艺流程示意图

（图片来源：UPM）

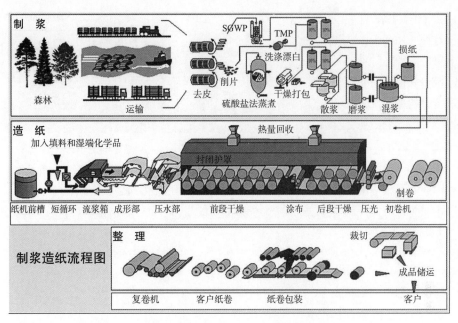

图3-8（2）　从木材到纸张的生产工艺流程示意图（续图）

（图片来源：UPM）

1. 制浆（Pulping）

制浆是指利用化学方法或机械（物理）方法或两者结合的方法，将植物纤维离解成纸浆的生产过程，工艺流程如图3-9所示。

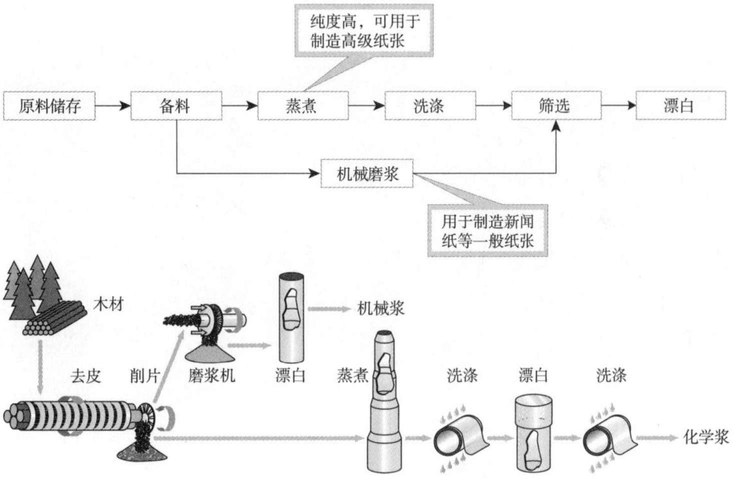

2. 造纸（Paper Making）

用一句话来高度总结纸浆造纸的过程，就是将原料（纸张纤维、填料、胶料等）均匀分散在水中，再进行脱水并干燥成形的过程，其工艺流程如图3-10所示。

图3-9　制浆工艺流程图

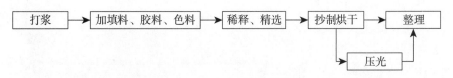

图3-10　造纸工艺流程图

造纸过程中纸张结构的基本形成过程可分为三个阶段：一是纸料在造纸机的网布上脱水形成湿纸幅，二是湿纸幅经过压榨进一步脱水，三是纸幅的加热烘干。

（1）纸料的制备（打浆、调料） 打浆（Refining）是指利用机械的方法，对经过筛选净化、漂白和稀释的纸浆纤维束进行充分的分散，适当切断、细纤维化、润胀等处理以满足纸张预期质量指标的过程。在电子显微镜下观察化学浆打浆前后的纤维形态变化如图3-11所示。

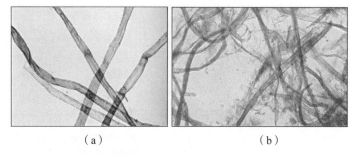

（a） （b）

图3-11 在电子扫描显微镜下观察的化学浆打浆前后的纤维形态变化
（a）打浆前 （b）打浆后

（图片来源：UPM）

调料是根据纸张不同的要求，在打浆时，往打浆机里加入填料、胶料、色料等添加材料。上机前处理还要进行以下步骤：

①稀释。将浓浆稀释成上网浆所需的浓度，固体含量只占1%左右，其余是水；

②去污。去除稀释浆料中非纤维杂质；

③脱气。通过机械真空处理去除浆料中的空气；

④筛选。进一步去除杂质，防止纤维絮凝，从而改善纸页成形等步骤。

（2）抄纸 纸页抄造是将纸张原料在网部脱水成形后抄造为湿纸幅，再进一步制成连续的成形纸张的过程。现代纸张生产都是在高速纸机（Paper Machine）上完成的，如图3-12所示。现代高速纸机是人类自动化制造机械上的一个奇迹，自动化程度极高，造价高昂（成本达几十亿元人民币），但纸张生产效率极高。例如UPM常熟纸厂的一号纸机生产纸张的幅宽为9.7m，生产的设计时速高达2000m/min。

（3）机外涂布生产涂布纸（Coated Paper，最常见的是印刷用铜版纸）涂

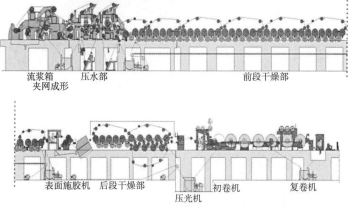

流浆箱 压水部 前段干燥部
夹网成形

表面施胶机 后段干燥部 初卷机 复卷机
压光机

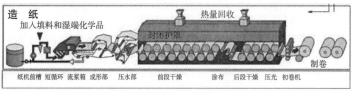

造　纸 热量回收
加入填料和湿端化学品 封闭护罩
制卷

纸机前槽 短循环 流浆箱 成形部 压水部 前段干燥 涂布 后段干燥 压光 初卷机

图3-12 现代全自动高速纸机

（图片来源：UPM）

布纸是在原纸（Base Paper）的基础上，使用胶黏剂将一层或多层颜料颗粒涂布在原纸表面，填平其表面凹陷，极大地改变原纸的亮度、不透明度、光泽度、平滑度等各项性能指标，更好地满足印刷品质的需要。

涂料（Coating）由多种成分组成，其中最主要的是颜料（Pigments），占涂料总比重的80%～95%。常用的颜料为高岭土（Clay，或称瓷土）、研磨碳酸钙（GCC）、沉淀碳酸钙（PCC）、滑石粉、二氧化钛、氢氧化铝等。

（4）整理（Finishing） 纸的完成整理工序包括复卷、切纸、选纸、数纸、打包和贮存等过程。纸产品有平板和卷筒之分，因而完成整理的具体内容也各不相同。

卷筒纸生产是根据客户需求的纸卷尺寸，把大纸卷裁切成小纸卷（Rolls），然后经过复卷、卸卷、包装、储存的过程，如图3-13所示。

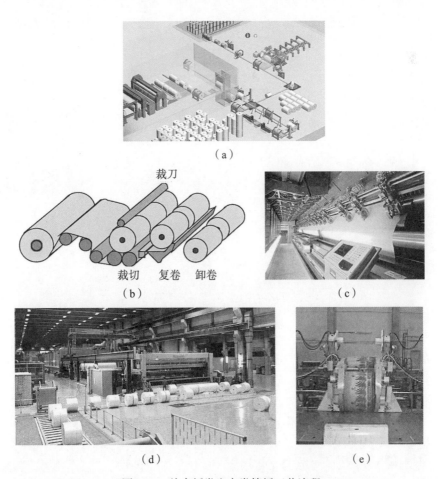

图3-13 从大纸卷生产卷筒纸工艺流程

（a）从大纸卷生产卷筒纸的工艺流程示意图 （b）大纸卷按需裁切成小纸卷、复卷、卸卷示意图

（c）裁刀工作（裁刀位置可调节）（d）复卷、卸卷工作 （e）卷筒纸包装工作

（图片来源：UPM）

　　平板纸生产是在小纸卷的基础上，再按市场或客户要求分切成平板纸。平板纸通常需要经过检查选出不合格的纸张，一般再按500张为一令进行数纸，低克重的纸每两令为一包、中等克重的纸每一令为一包、高克重纸每半令为一包用包装纸打包，贴纸令标签，集数令为一件，用木夹板与铁条在打包机上包装成件，贴上出厂检查合格证和商品名称批号，完成平板纸的生产。从小纸卷分切制作平板纸过程如图3-14所示。

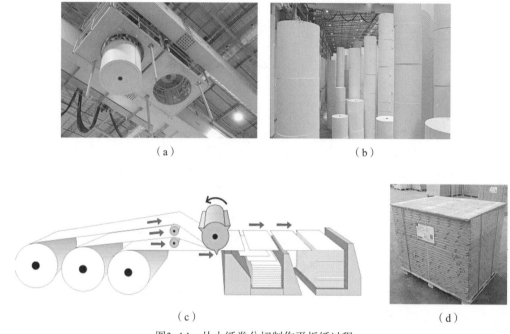

（a）　　　　　　　　　　　　　　　　（b）

（c）　　　　　　　　　　　　　　　　（d）

图3-14　从小纸卷分切制作平板纸过程

（a）小纸卷运输　（b）中央仓库储存的小纸卷　（c）小纸卷分切制作平板纸示意图　（d）栈板包装的平板纸

（图片来源：UPM）

四、纸张的分类

　　纸张的分类有很多的方法，根据不同的分类依据，一般将纸分类如下。

　　①根据纸张的包装形式分类：分为卷筒纸和平板纸两类。

　　②根据纸张的定量分类：200g/m^{2}以下，厚度500μm以下规格的，称之为纸，在此以上规格的称之为纸板。国际标准化组织中则规定一般超过250g/m^{2}的称为纸板。

　　③根据造纸纤维原料分类：分为植物纤维纸（普通纸张）和非植物纤维（特种纸张）两类。

　　④根据使用用途分类：可分为文化用纸（印刷、办公使用）、技术用纸、包装用纸和生活用纸等。

　　⑤根据加工工艺类型分类：分为未涂布纸（又称胶版纸，Uncoated Paper）和涂布纸（又称铜版纸，Coated Paper）。未涂布纸和涂布纸的比较如图3-15所示。

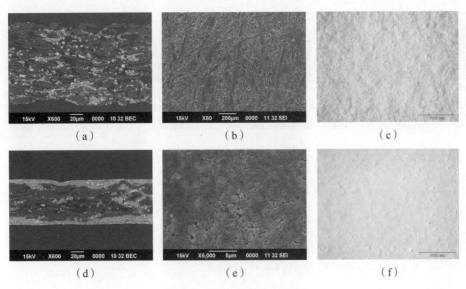

图3-15　未涂布纸vs.涂布纸

（a）、（b）电子扫描显微镜SEM下的未涂布纸剖面图和表面图　（c）光学显微镜下的未涂布纸表面图

（d）、（e）电子扫描显微镜SEM下的涂布纸剖面图和表面图　（f）光学显微镜下的涂布纸表面图

（图片来源：UPM）

（1）未涂布纸（胶版纸，Uncoated Paper）　未涂布纸一般按照克重分类，但有时为了提高纸张的平滑度，可以对普通胶版纸进行机外超级压光处理。100g未涂布纸超级压光前后电子扫描显微镜对比如图3-16所示。

（2）涂布纸（Coated Paper）

①涂布纸按光泽度分类，可分为亚光涂布纸（又称亚光铜版纸，Matte Coated Paper）和光泽涂布纸（有光铜版纸，Glossy Coated Paper）两类（造纸过程中的压光处理工艺有所不同）。

亚光涂布纸和光泽涂布纸唯一的区别在于后者经过机外超级压光而获得更为平滑的纸张表面，但损失了纸张的厚度。相同克重哑光、有光涂布纸的比较如图3-17所示，从图中对比可知二者的厚度差异。

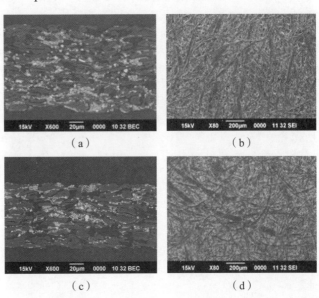

图3-16　100g未涂布纸超级压光前后电子扫描显微镜对比图

（a）、（b）压光前剖面图和表面图

（c）、（d）压光后剖面图和表面图

（图片来源：UPM）

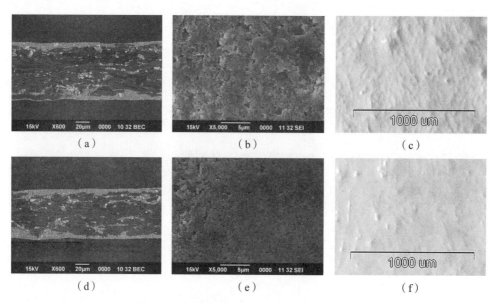

图3-17　相同克重亚光涂布纸vs.有光涂布纸

（a）、（b）电子扫描显微镜下的亚光涂布纸剖面图和表面图　（c）光学显微镜下的亚光涂布纸表面图
（d）、（e）电子扫描显微镜下的有光涂布纸剖面图和表面图　（f）光学显微镜下的有光涂布纸表面图
（图片来源：UPM）

②涂布纸按纸张表面涂布量进行分类，可分为低定量涂布纸、中定量涂布纸和高定量涂布纸。

低定量涂布纸（LWC，Low Weight Coating），涂布量为6~15g/m²；

中定量涂布纸（MWC，Middle Weight Coating），涂布量为12~30g/m²；

高定量涂布纸（HWC，High Weight Coating），涂布量高于30g/m²。

未涂布纸、涂布纸剖面结构示意图和表面SEM放大图如图3-18所示。

③涂布纸按纸张表面涂布量层数分类，可分为单层涂布纸、双层涂布纸和多层涂布纸。单层涂布纸和双层涂布纸剖面示意图如图3-19所示。

（3）未涂布纸和涂布纸的制造工艺

未涂布纸（胶版纸，Uncoated Paper）=原纸+表面施胶+联机压光；

超级压光未涂布纸=未涂布纸+机外超级压光=原纸+表面施胶+联机压光+机外超级压光；

单层亚光涂布纸=原纸+联机涂布+联机压光；

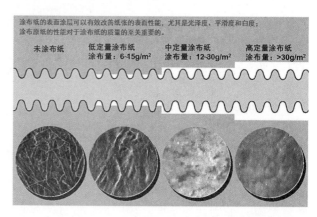

图3-18　未涂布纸、涂布纸剖面结构示意图和表面SEM放大图

（图片来源：UPM）

单层光泽涂布纸=单层亚光涂布纸+机外超级压光=原纸+联机涂布+联机压光+机外超级压光；

双层亚光涂布纸=单层亚光涂布纸+机外涂布=原纸+联机涂布+联机压光+机外涂布；

双层光泽涂布纸=单层亚光涂布纸+机外涂布+机外超级压光=原纸+联机涂布+联机压光+机外涂布+机外超级压光。

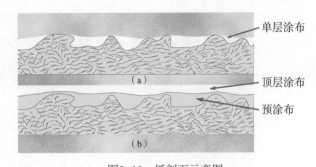

图3-19　纸剖面示意图

（a）单层涂布纸　（b）双层涂布纸

（图片来源：UPM）

五、纸张的等级

纸张的等级是与其使用材料、制作工艺、设备诸多方面相关联的，造纸浆原料中品质最优而价格最贵的是全化学木浆（Wood-free Pulp）。一般情况下纸张等级和与其价格成正比，例如UPM纸张的产品等级和定价如图3-20所示。

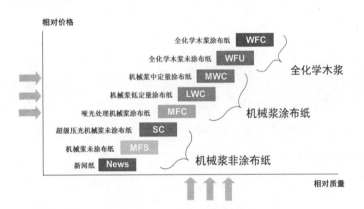

图3-20　UPM纸张的产品等级和定价

（资料来源：UPM）

知识点2　纸张的规格与计量

一、纸张的形式

纸张按照包装形式可分成平板纸和卷筒纸两类。

平板纸是裁成一定幅面的单张纸，平板纸的印刷生产如图3-21所示。

卷筒纸是具有一定幅宽的，卷在直径Φ75～85mm纸筒芯上的卷筒状纸带。卷筒纸的印刷生产如图3-22所示。

图3-21　平板纸的印刷生产

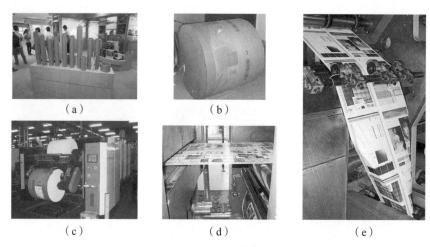

图3-22　卷筒纸的印刷生产

（a）卷筒纸纸筒芯　（b）牛皮纸包装的卷筒纸成品
（c）热固轮转胶印机的卷筒纸装纸　（d）、（e）卷筒纸在热固轮转胶印机中的走纸

二、纸张的规格尺寸

纸张的尺寸是指纸张的幅面大小。平板纸的尺寸以宽度和长度表示，卷筒纸的尺寸以宽度表示，长度因为纸张定量的差异，所以没有作统一规定。

在国家标准GB/T 147—1997《印刷、书写和绘画用原纸尺寸》中规定了纸张的裁切要求，内容如表3-1所示。

表3-1　纸张的幅面尺寸

包装形式	幅面尺寸／mm	备注
卷筒纸	787、880、1092、1230、1280、1400、1562、1575	宽度误差不超过 ±3mm，纸卷直径 750 ~ 850mm，纸芯直径 75~85mm，长度约 6000m
平板纸	787×1092、850×1168、787×960、690×960、880×1092、787×960、1000×1400、900×1280、890×1240	长、宽允许误差为 ±3mm
	880×1230、889×1194	国际通用尺寸

目前，印刷行业使用最多的四种平板纸尺寸如表3-2所示。

表3-2　印刷业最常用的平板纸尺寸

商业名称	俗称	幅面尺寸／mm	备注
正度	小规格（标准样张）	787×1092	
大度	大规格	850×1168	
	特规格	880×1230	国际通用尺寸
	超规格	889×1194	国际通用尺寸

国家标准平板纸规格需要遵循国家标准GB/T 788—1999《图书和杂志开本及其幅面尺寸》中的规定，它是DIN 476（德国工业标准），由ISO国际标准化组织推荐使用的。纸张的长边和短边的比例是$\sqrt{2}:1$。这种尺寸无论是对开、四开或八开，其长边与短边的比例始终保持一致。国家标准对平板纸的规定如表3-3所示。

表3-3 图书和杂志开本及其幅面尺寸

系列	未裁切单张纸尺寸／mm	已裁切成开本		
		开数	代号	公称尺寸／mm
A	890×1240M	16	A4	210×297
	890M×1240	32	A5	148×210
	890×1240M	64	A6	105×144
	900×1280M	16	A4	210×297
	900M×1280	32	A5	148×210
	900×1280M	64	A6	105×144
B	1000M×1400	32	B5	169×239
	1000×1400M	64	B6	119×165
	1000M×1400	128	B7	82×115

注：M表示纤维丝缕的方向。

三、纸张的计量

1. 纸张的定量（Basis Weight）和实际质量

纸张和纸板每平方米的质量称为纸张和纸板的定量，又称为克重，单位是g/m^2。

纸张的实际定量与标定定量之间会存在一定的误差，但误差需要控制在允许范围之内。

2. 平板纸的计量

平板纸在使用中常用"令"为计量单位，而业务结算时又常以质量为结算基础，如6500元／t，因此在进行成本预算的时候，需要把每令纸的实际质量计算出来。

专业术语：

令——定量相同、幅面一致的500张全张纸为1令纸。

令重——表示1令纸张的质量，单位是kg。

印张——印张是出版社计算出版物用纸的计量单位，一张全张纸印刷一面为1个印张，对开纸正反两面印刷即为1印张。

计算公式：

单张纸重（g）=纸张幅面面积（m^2）×定量（g/m^2）

令重（kg）=单张全张纸重（g）×500/1000

3. 卷筒纸的计量

卷筒纸的质量是由造纸厂的生产车间直接称重得出，再扣除纸芯质量就得出该卷筒纸的净质量，并标于卷筒纸的外包装上。

卷筒纸净质量（kg）=卷筒纸总面积（m²）×实际定量（g/m²）/1000

=卷筒纸的总长度（m）×幅宽（m）×实际定量（g/m²）/1000

对于包装印刷厂而言，使用卷筒纸最关心的问题是卷筒纸的使用面积，当卷筒纸的质量一定时，纸张定量的大小是影响其使用面积的唯一因素，当纸张的实际定量大于标定定量时，纸张的实际使用面积就会减少，这会造成印刷包装材料成本的升高。GB/T 1910—2006中规定，新闻纸的定量允许偏差为±5%。

为了保障企业的权益，应以"标定质量"作为结算依据，这种计算方法称为"定量换算法"。计算公式如下：

标定质量=卷筒纸净质量×（标定定量／实际定量）

例如：某新闻卷筒纸，净重为720kg，标准定量为49g/m²，测量得到的实际定量为50g/m²，求其标定质量。

标定质量=720kg×[（49g/m²）/（50g/m²）]=705.6kg

印刷厂购买此新闻纸原材料只需按照标定质量付费即可。

另外，还有一种计算标定质量的方法，卷筒纸在生产时由计算机控制并记录每个卷筒纸的总长度，再由总长度换算出卷筒纸的标定质量。计算公式如下：

标定质量=（卷筒纸的总长度×幅宽×标定定量）

四、纸张的开本与开切方法

1. 开本和开数

我国传统的尺寸幅面以开本计。将一张全张纸裁切或折叠成幅面相等的小张纸的份数，称为开本数，即全张纸的几分之一。

开本是表示书刊幅面大小（规格尺寸）的行业用语。开本以全张纸开切或折叠的数量来表示（即开数）。例如，把787mm×1092mm的纸张，开切成幅面相等的32小页，称为32开，余者类推。

2. 纸张的开切方法

同一开数的开本，由于全张纸幅面尺寸大小不同，其规格尺寸也会有所不同。例如16开本的书刊，分别用787mm×1092mm幅面的正度全张纸和850mm×1168mm幅面的大度全张纸裁切，得到的书刊开本大小分别称为正16开和大16开，在其书籍的版权页上，则分别用"787×1092 1/16"和"850×1168 1/16"表示。

（1）几何级数开切法　它是最常见的纸张开切法，以2、4、8、16、32、64、128…的几何级数来开切纸张，开切后开本的长度与宽度之比是$\sqrt{2}:1$。书页按横向对切，无论对切多少次，其幅面的长宽比例均保持不变。几何级数开切法又称两开法，其裁切示意图如图3-23所示。

这是一种合理、规范的开切法，纸张利用率高，不会产生多余的废纸边，非常适合于机器折页，印刷和装订都很便利。

（2）直线开切法　直线开切法，纸张有纵向和横向直线开切，也不浪费纸张，但开出的页数，双数、单数都有。例如，最常用的三开法（无理数开本，其长宽比为1.732：1，即$\sqrt{3}$：1）。纸张的三开法裁切示意图如图3-24所示。

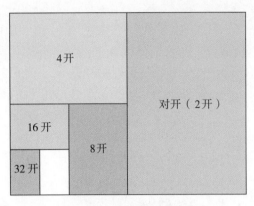

图3-23　两开法裁切示意图

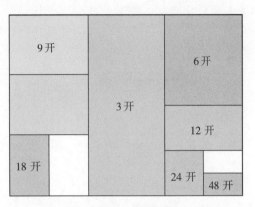

图3-24　纸张的三开法裁切示意图

（3）纵横混合开切法　纸张的纵向和横向不能沿直线开切，切下的纸页纵向、横向都有，不利于技术操作和印刷，易剩下纸边造成浪费。纵横混合开切法切示意图如图3-25所示。

不能被全开纸张或对开纸张开尽（留下剩余纸边）的开本被称为畸形开本。例如，787mm×1092mm的全开纸张开出的10、12、18、20、24、25、28、40、42、48、50、56等开本，这类开本的书籍都被称为畸形开本书籍。

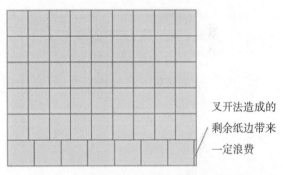

叉开法造成的剩余纸边带来一定浪费

图3-25　纸张的纵横混合开切法裁切示意图

书籍采用畸形开本主要是从适用性及美学角度考虑的。但畸形开本加工困难、工效低、成本高，易造成多余的纸头纸边浪费，且常常不得不采用横直搭版方式印刷，使一本书中纸张的横、直纹路混装，质量不易控制，一般无特殊要求应避免使用。

任务　纸张的计算

训练目的

纸张采购是以质量为结算单位，而印刷工艺设计和实施是以纸张数量为计算基础，因此要求掌握纸张质量和纸张数量之间的换算关系。

1. 通过计算掌握纸张的规格尺寸、定量和质量之间的换算关系。

2. 通过计算掌握纸张的质量、定量、幅面和纸张令数之间的换算关系。

3. 通过计算掌握书籍开本数、册数、每册页数和书籍用纸量（令数）之间的换算关系（暂时不考虑印刷和印后加工工艺的纸张加放量）。

训练条件（场地、设备、工具、材料等）

1. 场地：教室。
2. 设备：无。
3. 工具：计算器、书籍印刷成品样品。
4. 材料：全开平张纸样纸。

方法与步骤

1. 已知纸张令数、定量及幅面，求纸张质量。
计算公式：

$$纸张质量（kg）= \frac{令数×纸张面积（m^2）×定量（g/m^2）×500}{1000}$$

例如：纸幅为787mm×1092mm，定量为100g/m²的胶版纸，5令，质量是多少？
解：纸张质量=（5×0.787×1.092×100×500）/1000
　　　　　　=214.851（kg）=0.215（t）

2. 已知纸张质量、定量及幅面，求纸张的令数。
计算公式：

$$令数= \frac{纸张质量（kg）×1000}{纸张面积（m^2）×定量（g/m^2）×500}$$

例如：200g/m²的正度（787mm×1092mm）铜版纸172kg，有多少令？

解：令数= $\frac{172×1000}{（0.787×1.092×200×500）}$ =2（令）

3. 已知开本数、书本册数、每册页数，求用纸量（令数），（此题暂不考虑印刷和印后加工所需的纸张加放量）。

计算公式：（1）令数= $\frac{书本册数×每册页张数}{（开本数×500）}$

　　　　　　（2）令数＝千册数×印张数

例如：某书32开本，印刷装订10万册，每册书96页张数，问要用多少令纸？（32开本，96页张数，则每16页张数为一个印张，共6个印张）。

解1：令数=（100000×96）/（32×500）=600
解2：令数=100×6=600

考核基本要求

1. 能理解纸张规格、定量、令数、开本等概念。
2. 能明白纸张规格尺寸、定量和质量之间的换算关系。
3. 能独立完成纸张的数量与质量的计算。

知识点3 纸张的质量要求

一、纸张结构的基本特征

根据纸张的材料和制造工艺，可以得出纸张具有如下的基本结构特征：

（1）纸张是一种多相成分的复合体结构   在纸的结构中，主要成分有纤维、填料、胶料、染料等固相成分，也存在水分或其他液体等液相成分，同时含有空气等气相成分。由于所含成分的品种和数量的差异，造成其结构及性能的差异。

（2）纸张是非均态的结构   纸的主要成分是纤维、填料、水和空气等，由于纤维本身的差异以及采用的加工方法等原因，导致纤维之间的交织状况是非均态的，所以纸页结构也是非均态的。

（3）纸张是各向异性的结构   由于纸张中的各种成分在各个方向上的非均态分布和排列，导致纸张在纵向、横向和垂直向（或称竖向）上各自性能的差异，构成纸张在结构、性能等方面的各向异性。

（4）纸张是网目构造体   由于纸张是由纤维交织而成，在纸页中存在着许多空隙，在纵向、横向和垂直向（或称竖向）都有成分分布，因此决定了纸张是三维网目构造体结构。

二、纸张质量的构成

纸张能否满足印刷工艺的需要，取决于纸张的质量性能。纸张本身是一种多物质的混合体，因此影响和构成纸张质量的因素非常多，起决定作用的是纸张原材料性能、造纸工艺过程和造纸设备等。将纸张质量的性能指标进行分类，一般可以划分为四大类，分别是：表观性能、表面性能、光学性能和印刷适性。纸张质量性能的分类和构成框图如图3-26所示。

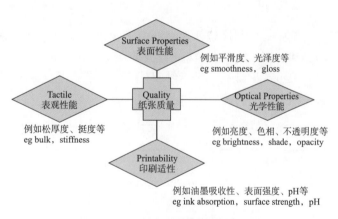

图3-26 纸张质量性能的分类和构成

三、纸张的表观性能（Tactile）

纸张的表观性能主要由直接观察到的纸张外观质量，如尺寸偏斜度、常见纸病等；由定量、厚度、紧度等基本性质组成的基本质量指标；可通过视觉、触觉或听觉等方法来判定的纸张两面性、方向性等一些基本性质；使用仪器测量的抗张强度、耐折度、撕裂度、挺度等机械强度的四方面质量共同构成。

1. 纸张的外观质量

主要包括纸张的规格（幅面大小）、偏斜度、平整度、洁净度、均匀度以及外观纸病等。它们可以凭借视觉，或借助一些简单工具如尺子、灯光等就可被感知。例如将一张白纸迎着灯光观察，就可以感知纸张的均匀程度。纸张匀度（太厚纸张和纸板不适用）的观察如图3-27所示。

图3-27　纸张匀度的观察（太厚纸张和纸板不适用）

（1）偏斜度　指平板纸的长边与短边构成矩形时，其直角的偏斜程度。偏差值用mm表示，测量精确至0.5mm（钢尺的测量精度）。对于较薄的纸张而言，可以采用对折测试法。纸张的偏斜度及其对折测试法如图3-28所示。

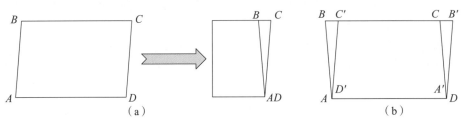

（a）　　　　　　　　　　　　　　　（b）

图3-28　纸张的偏斜度及其对折测试法

（a）对折测定　（b）重合测定

纸张的偏斜度应该控制在合理范围内，并且越小越好。太大的偏斜度会造成纸张在印刷和后加工的套准困难，增加产生废品的几率。

（2）常见纸病　是指纸张残存的不符合规定标准的缺陷，这些缺陷肉眼可见。纸张常见的外观纸病及特征如表3-4所示。

表3-4　纸张外观纸病及其一般特征

统一名称	曾用名称	一般特征
透光	纤维组织，云彩花，压花，水花，毛布花，露底，透帘	迎光照射时，纸面各部分出现纤维组织不良、厚薄不匀、有明有暗等程度不一的透光现象
折子	死折子，活折子，压光折子，油筋，筋道，胶口	纸面有粗或细条状的斜折，或有重叠和折叠的、能分开或不能分开的条痕现象
皱纹	泡泡沙，麻窝，麻蜂窝，鼓泡，起皱，油边	纸面有凹凸不平的曲绉现象
脏点	烘缸垃圾，泡沫斑，油边，油点	纸面有外加的或未除去的草节、树皮等颜色显著差异的污脏、杂质现象
尘埃		纸面有颜色不一的，大量密集的细小脏点
斑点	麻坑，汽斑，色斑，松香点，水滴，树脂点，玻璃花，水点，浆疙瘩，料疙瘩，平浆疙瘩	纸面有色泽明暗、反光不一的细点

续表

统一名称	曾用名称	一般特征
纤维束	浆疙瘩，浆团	纸面有未疏解的纤维束现象
疙瘩	浆疙瘩，浆团，浆点，木块，浆块	有高出纸面的纤维束团，或有小木块等未蒸解的纤维原料
透明点	半透明点，透帘，亮点	在光线照射下，纸面纤维较薄处出现透明的小点
窟窿	破洞，压破的玻璃花	在光线照射下，纸面有大的无纤维孔眼
孔眼	针眼．砂眼，真空眼，针孔	在光线照射下，纸面有小的无纤维孔眼
有光泽和无光泽条痕	亮条，道子，压痕，烘缸痕，压光痕，烘缸道子，压光道子	在光线照射下，有与纸面光泽不一的条痕
裂口	破口，破边	纸张的边部和中部被撕裂成裂缝
切边不整齐不洁净		切后的纸边有锯齿状或带毛的现象
硬质块		高出纸面的粗颗粒或块状物，如木屑、木节、草节、纤维疙瘩、砂粒、金属屑等
鱼鳞斑		纸面上类似于鱼鳞状的亮斑
翘曲		纸张大范围内出现四周凸起中间凹下，或者相反的现象，或者其他不规则的凹凸不平现象
色调不一		同一批纸张白度不一致，或彩色纸颜色深浅不一致
残缺		缺角、撕破、破烂等
接头		卷筒纸纸卷中断纸的粘合部位
静电		单张纸之间相互吸附，不易分开

存在严重纸病的纸张直接后果是造成印刷故障，并产生印刷废品。

2．纸张的基本质量指标

（1）纸张的定量（Basis Weight）　纸和纸板每平方米的质量称为纸张和纸板的定量，又称为克重，单位是g/m^2。纸张定量示意图如图3-29所示。

（2）厚度（Thickness）　是指纸张的厚薄程度。通常使纸张在一定面积上施加规定的压力，测定纸张上下表面之间的垂直距离，单位以mm或m表示。

值得注意的是，纸张是一种具有可压缩性的物质，当纸张施加的外部压力大时则表现出厚度变薄，所以纸张厚度的测定条件一定要在规定的压力下进行。一般测量薄纸的厚度时可以采用多张纸压紧后测量总厚度，再与张数相除，即为纸厚（可以有效分摊测量误差，提高测量精度），多测几组数据，取其平均值。纸张厚度示意图如图3-30所示。

纸张的厚度要求在整个纸张幅面上保持均匀一致。如果厚度不匀则会导致纸面上的印刷压力不均匀，有可能发生油墨向纸张表面转移时的不均匀而导致的印刷品图文深浅不一故障。

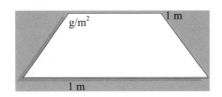

图3-29 纸张定量示意图

（图片来源：UPM）

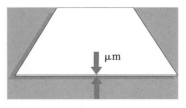

图3-30 纸张厚度示意图

（图片来源：UPM）

印刷过程中印刷压力的设定是通过纸张厚度来确定的，所以纸张厚度对印刷压力的影响非常大。

（3）紧度（Density） 是指每立方厘米纸张的质量，以g/cm³单位表示。该物理量与物质的密度单位相同，因此也称纸张的紧度为表观密度。

纸张的紧度由定量和厚度按下列公式给出：

$$D = \frac{W}{T \times 1000}$$

式中 D——纸张的紧度，g/cm³

W——纸张的定量，g/cm²

T——纸张的厚度，mm

紧度是衡量纸张结构疏密程度的物理量。紧度在相当程度上也反映出纸张的孔隙率、透气性、松厚度和吸附性能。纸张的紧度与它的松厚度（Bulk）物理量成反比关系，所以有时常以纸张的松厚度来表示其紧度。

相同重量但不同紧度纸张示意图如图3-31所示，左边的纸张紧度小于右边的纸张，但具有更大的松厚度。

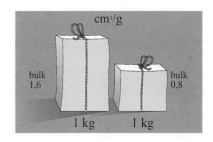

图3-31 相同重量但不同紧度纸张示意图

（图片来源：UPM）

3．纸张的两面性和方向性

（1）纸张的两面性（Two-Sideness） 在某些造纸过程中（例如采用长网机或圆网机抄造纸张），纸页的形成过程总是一面与网面接触，其纸面产生网纹的痕迹，而另一面与毛毯接触，从而造成两种不同的表面状态，即纸张存在正、反两面，正面为毛毯面，反面为网面。纸张两面性示意图如图3-32所示。

纸张具有两面性对于最终印刷品质量而言，意味着在相同印刷条件下正反面存在印刷质量差异，这是非常有害的。因此现代造纸企业在纸张制造过程中会采用新的工艺和设备（例如采用立式夹网成形工艺设备）最大限度地降低纸张的两面性差异。

（2）纸张的方向性（Fiber Direction） 纸张的方向性又称丝缕性，是指纸张中大部分纤维的走向。

纸张方向性的形成是由于纸张在抄造过程中纤维的排列方向受到铜网（或毛毯）的牵引力而与造纸机运转方向（即Machine Direction，简称MD方向；而与MD方向垂直的纸幅方向则称为Cross Direction，简称CD方向）相平行，所以造纸机铜网（或毛毯）的运动方向决定了纸张中大部分植物纤维的排列方向。纸张方向性的形成示意图如图3-33所示，大部分纸张纤维走向沿着纸机的MD方向排列。

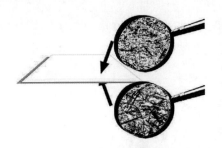

图3-32　纸张两面性示意图
（图片来源：UPM）

图3-33　纸张方向性的形成示意图
（图片来源：UPM）

确定纸张的方向，并在印刷工艺中加以应用是非常重要的。因为纸张方向如果设定不正确，有可能会带来生产困难或印刷故障。书籍生产中正确和错误的纸张方向对最终成品的影响如图3-34所示。

纸张的方向性与印刷的关系表现在：纸张的方向性主要影响着纸张在不同方向上的尺寸变形差异，进而影响着纸张在印刷或后加工时的套准精度。

纸张中植物纤维具有吸水膨胀的特点，一般来说植物纤维的横向（CD方向）膨胀要比纵向（MD方向）膨胀大得多，一般相差2～8倍。

另外，纸张的纵向（MD方向）和横向（CD方向）的挺度也存在差异。

印刷中还经常出现纵向纸、横向纸的概念。纵向纸，就是指纤维的排列方向与纸的长边平行的纸张；横向纸是指纤维的排列方向与纸的长边垂直（即与短边平行）的纸张。纵向纸和横向纸示意图如图3-35所示。

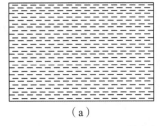
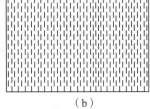

（a）　　　　　　　　　　（b）

图3-34　错误的纸张方向（左）和正确
的纸张方向（右）
（图片来源：UPM）

图3-35　纵向纸和横向纸示意图
（a）纵向纸　（b）横向纸

需要注意的是，纸张的纵横向与纵向纸、横向纸的概念不同，请勿混淆。纸张总存在纵、横向，但只有平张纸才有纵向纸、横向纸之分，而卷筒纸只能沿纵向（MD方向）进入轮转印刷机完成印刷。

4．纸张的机械强度

纸张的机械强度是指纸张开始受到整体性破坏或结构发生不可逆变化时的最大应力临界值。根据外力性质的不同，常用抗张强度、耐折度、撕裂度和挺度等指标来表示。

（1）抗张强度（Tensile Strength）　是指在一定条件下，一定宽度的纸张受拉力作用直到断裂瞬间所能承受的最大拉力。即单位截面积所能承受的张力大小，单位用kN/m²表示。

卷筒纸在印刷过程中会发生纸卷断裂的情况，导致印刷不能正常进行。这表明纸张的抗张强度偏低，进而受到牵引拉力的作用而发生断裂。纸张抗张强度示意图如图3-36所示。

（2）耐折度　是指纸张耐折叠的程度，用沿同一折缝往复作180°折叠，直至折断时的折叠次数来表示。纸张耐折度示意图和电子扫描镜下的纸张折叠破损剖面图如图3-37所示。

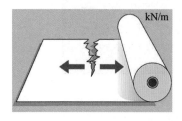  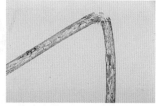

图3-36　纸张抗张强度示意图　　　图3-37　纸张耐折度示意图和电子扫描镜下的纸张折叠破损剖面图
（图片来源：UPM）　　　　　　　　　（图片来源：UPM）

耐折度是纸张的基本机械性质之一，一般将耐折度达到：100次以上的为坚固纸张；20～100次为欠坚固纸张；20次以下为不坚固纸张。

例如，纸钞用纸的耐折度要求达到1000次以上。

（3）耐破度　指在单位面积上纸张所能承受的均匀增大的最大压力，单位为kg/cm²。它是检测纸张纤维长度与结合力的一项重要指标。

（4）撕裂度（Tear Resistance）　是指撕裂一定距离纸页所需的力。纸张撕裂时所用的力包括把纤维拉开和把纤维拉断两个力。纸张撕裂度示意图如图3-38所示。

（5）挺度（Stiffness）　是表示纸和纸板的抗弯曲强度的性能，即刚性。挺度与纸的厚度的关系非常密切，理论上纸和纸板的挺度与厚度的三次方成正比。若定量保持一定，则挺度与厚度的二次方成正比。挺度还与纸张的方向有关。纸张挺度示意图如图3-39所示。

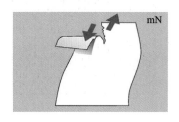 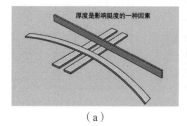 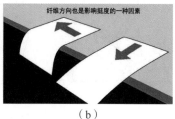

　　　　　　　　　　　　　　　　　（a）　　　　　　　　　　（b）

图3-38　纸张撕裂度示意图　　　　　图3-39　纸张挺度示意图
（图片来源：UPM）　　　　　　　　（a）厚度影响挺度　　（b）纸张方向影响挺度
　　　　　　　　　　　　　　　　　（图片来源：UPM）

四、纸张的表面性能（Surface Texture）

纸张的表面性能主要有平滑度和光泽度。

1. 纸张的平滑度（Smoothness）

平滑度是指纸张表面平整光滑的程度。

平滑度是评价纸张表面凹凸程度的一项重要指标。平滑度和粗糙度（Roughness）是相对的概念，纸张表面凹凸不平，即平滑度低则粗糙度高；反之亦然。因此，也常用粗糙度来表示纸张的平整程度。

平滑度取决于纸张表面的相貌，它描述了纸张的表面结构特性。平滑度是由纸张生产过程中的成形工艺所决定，它既取决于备料时纤维的形态和处理工艺，又取决于造纸机的抄造特性，同时还受到纸张表面整饰如机内、机外压光、涂布及涂布层数等工艺的影响。相同原纸经过不同表面涂布加工工艺后的表面平滑度电子扫描显微镜放大图如图3-40所示。

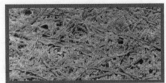
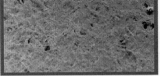

80g/m² 全化学木浆原纸（未涂布纸）　　原纸表面单层预涂布（涂布量10g/m²）

原纸双层涂布未压光（涂布量12g/m²）　　原纸双层涂布压光后（涂布量12g/m²）

图3-40　相同原纸经过不同表面涂布加工工艺后的表面平滑度电子扫描显微镜放大图

（图片来源：UPM）

未涂布纸和涂布纸表面粗糙度用形象图片比喻可如图3-41所示。

（a）　　　　　　　（b）　　　　　　　（c）

图3-41　未涂布纸和涂布纸表面粗糙度示意图

（a）未涂布纸（胶版纸），表面粗糙度如山岳地形

（b）亚光涂布纸（亚光铜版纸），表面粗糙度如丘陵地形

（c）有光涂布纸（有光铜版纸），表面粗糙度如平原地形

（图片来源：UPM）

平滑度决定着纸张与印版（或胶印橡皮布）接触的紧密和完满程度，因此它与印品质量有着密切关系。纸张平滑度还影响着印刷品的光泽度。高的纸张平滑度有利于在纸面形成均匀平滑的墨膜，利于形成光线的镜面反射，从而提高印品的光泽度。

2. 纸张的光泽度（Gloss）

纸张光泽度是指纸张表面对入射光进行反射能力方面与完全镜面反射能力的接近程度，以百分比表示。纸张光泽度测量示意图如图3-42所示。

纸张的光泽度衡量的是指纸张表面对光的反射情况。如果纸张表面对光的反射是镜面反射为主，则其表面是高光泽表面；如果纸张表面对光的反射是漫反射为主，则其表面是低光泽度表面。大部分的纸张是介于完全漫反射（光泽度0）和完全镜面反射（光泽度100%）之间。反射、光泽度与表面结构关系示意图如图3-43所示。

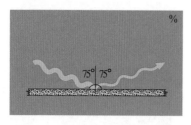

图3-42　纸张光泽度测量示意图

（图片来源：UPM）

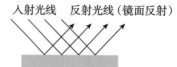

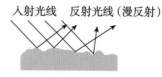

图3-43　反射、光泽度与表面结构关系示意图

　　用涂布纸（铜版纸）印刷的书籍图片颜色艳丽，但会反光刺眼（容易引起视觉疲劳，称为光污染），所以书籍常用光泽度不高的未涂布纸（胶版纸）来制作（另一种考虑因素是纸张成本），当需要印刷商业产品图片时，高光泽的涂布纸能够使印刷图片达到非常鲜艳饱和的色彩效果。纸张光泽度的应用如图3-44所示。

（a）　　　　　　　　　　（b）

图3-44　纸张光泽度的应用

（a）反光刺眼的铜版纸印刷书籍

（b）色彩效果良好的铜版纸印刷商业广告

（图片来源：UPM）

　　纸张光泽度受纸张平滑度的影响，并取决于纸张的制造工艺，即表面是否涂布、涂布层数（单层、双层还是多层）、压光程度与工艺（联机压光、离机超级压光）。

　　各种纸张印刷前后光泽度变化的对比如图3-45所示。从图中可以看到印刷前后光泽度变化最显著的是亚光涂布纸，最不显著的是未涂布纸。

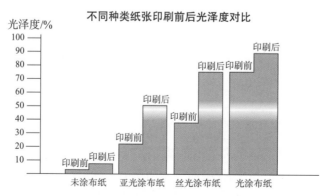

图3-45　各种纸张印刷前后光泽度变化的对比

（图片来源：UPM）

多层涂布和单层涂布纸张表面图片、结构差异导致光泽度不同的原理图如图3-46所示。

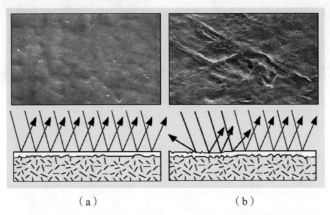

（a）　　　　　　　　　　（b）

图3-46　纸张表面图片、结构差异导致光泽度不同的原理图
（a）多层涂布纸张　（b）单层涂布纸张

（图片来源：UPM）

五、纸张的光学性能（Optical Properties）

纸张的光学性能直接影响着印刷品的视觉质量，是最有利于提高印刷品外观质量和感染力的质量因素。光学性能主要包括白度、纸色和不透明度等。这些性质决定了照射到纸张上的可见光被纸反射（包括镜面反射、漫反射和扩散反射）、透射和吸收的情况。照射到纸张表面的光线会受到吸收、透射和反射作用如图3-47所示。

1. 纸张的白度（Brightness）

纸张白度是指纸张受光照后对可见光波全面反射的能力。纸张白度示意图如图3-48所示。

纸张的白度对印刷在其表面的图像的质量影响非常大，白度大的纸张具有更好的印刷色彩表现。要想提高纸张的白度，最重要的是要选用白度比较高的纸浆原料。

2. 纸张的色相（Shade）

纸张的色相是指纸张本身的颜色表现。

纸张如果表现为偏色，则会使印刷品产生色偏。相同印刷条件下，高白度纸张和偏黄色纸张的印刷效果比较如图3-49所示。

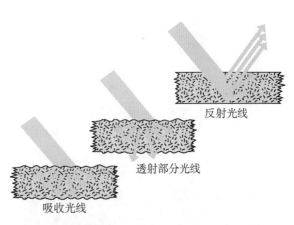

反射光线

透射部分光线

吸收光线

图3-47　照射到纸张表面的光线会受到吸收、透射和反射作用

（图片来源：UPM）

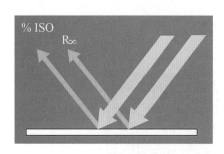

图3-48　纸张白度示意图

（图片来源：UPM）

图3-49　相同印刷条件下，高白度纸张（左）和
偏黄色纸张（右）的印刷效果比较

（图片来源：UPM）

3．纸张的不透明度（Opacity）

纸张的不透明度是指入射光照射纸张时的不透光程度，它是描述纸张阻光能力的一项指标。为了实现较好的印刷效果，要求纸张的不透明度越高越好，否则就会出现透背现象。不透明度好坏纸张的印刷效果比较如图3-50所示。

对于双面印刷，纸张的不透明度要求较高。不透明度差的纸张发生透背现象如图3-51所示。

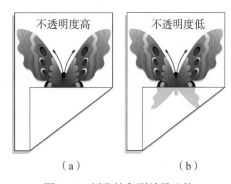

图3-50　纸张的印刷效果比较

（a）不透明度好纸张　（b）不透明度差纸张

（图片来源：UPM）

图3-51　不透明度差的纸张发生透背现象

（图片来源：UPM）

一般来说，纸张的克重越高，不透明度越好，低克重纸张要克服不透明度低的缺陷，对造纸工艺和技术提出了很大的挑战。

另外，在印刷时，油墨中溶剂在纸张内部渗透也会导致纸张的不透明度降低，如图3-52所示。

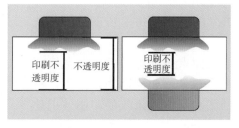

图3-52　印刷时油墨中溶剂在纸张内部渗透所导致的纸张不透明度降低

（图片来源：UPM）

知识点4　纸张的印刷适性

纸张的印刷适性（Printability）是指纸和纸板与印刷条件相匹配并适应于印刷作业和质量要求的总性能，可分为纸张的印刷作业适性（Printing Runnability）和纸张的印刷质量适性（Printability for Printing Quality）。

纸张的印刷作业适性是指纸和纸板与印刷条件相匹配并适应于印刷生产顺利进行的总性能。

纸张的印刷质量适性是指纸和纸板与印刷条件相匹配并适应于印刷品质要求的总性能。

一、纸张的印刷作业适性（Printing Runnability）

1. 纸张的吸湿性

纸张中的水分在出厂时一般控制在4%～9%（因纸张的种类不同而有差异，例如未涂布纸一般在6%左右，涂布纸一般在5%左右）。但纸张暴露在空气时，纸张中的水分会随着周围空气温度和相对湿度的变化而变化。

相对湿度的概念是指单位体积空气内所含水蒸气的量（绝对湿度）与同温度下同体积的饱和水蒸气内所含水蒸气的量之比，用百分数表示。

纸张中含有水分的原因是纤维素、半纤维素等都是极性很强的亲水物质，对水有很强的极性吸附作用，此外纸张内部含有大量的细微空隙，在毛细管的吸附作用下可以吸收水分。

纸张从一定温度、一定相对湿度的环境中放到另一种温度和相对湿度环境下，会吸收或者释放水分，直至达到恒定重量为止，即达到空气中水蒸气气压和纸中水分的水蒸气气压的平衡状态，此时纸张中的水分含量为该温、湿度条件下的平衡水分。

环境温度一定时，纸张由低湿环境到高湿环境时会吸收水分，再从高湿环境回到低湿环境时会脱去水分，但在这个过程中，两者间纸张的平衡水分曲线是不重合的，而且与空气中的相对湿度之间也不呈直线关系，它表现为一条S形曲线的走势，这就是纸张的吸湿滞后效应，如图3-53所示。

纸张从潮湿的空气中吸收水分称为吸湿现象。吸湿过程中，纤维润胀，导致纸张尺寸的伸长。纸张中植物纤维吸水膨胀的程度在不同方向上差异极大，一般来说植物纤维的横向膨胀要比纵向膨胀大得多，相差可达2～8倍。纸张中的纤维吸湿膨胀变形示意图如图3-54所示。

纸张在吸湿时在长边和短边的尺寸变化程度不同，纸张含水量变化的结果直接影响着纸张尺寸的稳定性，容易造成印刷故障。常见的纸张吸湿后的尺寸变化如图3-55所示。

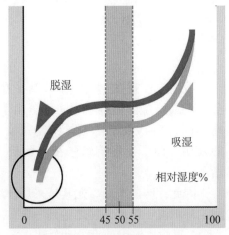

图3-53　纸张平衡水分与相对湿度的关系

（图片来源：UPM）

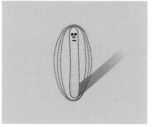

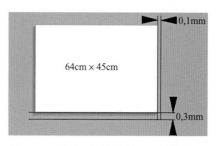

图3-54　纸张中的纤维吸湿膨胀变形示意图

（图片来源：UPM）

图3-55　纸张吸湿后的尺寸变化图

（CD方向是MD方向的3倍多）

（图片来源：UPM）

空气干燥时，纸张向干燥空气脱水称为脱湿现象。脱湿过程中会发生纸张收缩。纸张脱水后纤维发生收缩的显微镜放大图如图3-56所示。

纸张收缩时在MD方向和CD方向变化量也是不同的，因此容易导致纸张翘曲的发生。纸张变干时发生的翘曲示意图如图3-57所示。

例如，在热固轮转胶印机印刷杂志时，完成印刷的纸张经过印刷机的热风干燥部分烘干后（温度≈135℃），纸张的含水量会从7%下降到1%而变得"过"干，会造成杂志纸张起波浪，如图3-58所示。

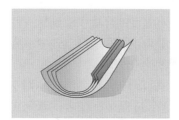

图3-56　纸张脱水后纤维发生收缩的显微镜放大图

（图片来源：UPM）

图3-57　纸张变干时发生的翘曲示意图

（图片来源：UPM）

图3-58　热固轮转胶印机印刷杂志经过热风干燥烘干后起波浪的现象

（图片来源：UPM）

当纸垛裸露在空气中，若其平衡水分的温、湿度和环境温、湿度不同时，纸张就会吸湿或脱湿。但纸垛中间部分由于处于紧压状态，其吸湿或脱湿程度与纸垛外部四周不同，会导致二者不同程度的尺寸变化，从而导致"荷叶边、紧边、翘曲"现象的发生，会严重影响纸张在印刷机上的输纸，情况严重时可使纸张报废，如图3-59所示。

因此，印刷车间（尤其是采用薄纸进行印刷的车间）普遍需要安装空调，来调节车间的环境温、湿度并使之达到一定的标准，同时纸张在印刷前需要进行调湿处理来平衡水分。其根本原因是为了减少温、湿度变化所导致的纸张变形情况的发生。

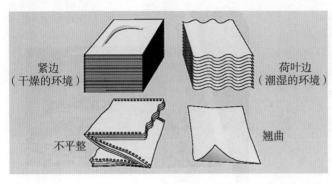

紧边
（干燥的环境）

荷叶边
（潮湿的环境）

不平整

翘曲

图3-59 纸张的含水量变化所导致的形态变化

（图片来源：UPM）

2. 纸张的静电

纸张含有静电会使平板纸纸张之间发生粘连而不易分开，容易引起印刷双张、歪张等输纸故障，如图3-60所示。

静电问题与环境的相对湿度及纸张的吸湿性也有很大关系。研究表明，印刷时纸张的含水量低于3.5%，车间的相对湿度低于40%，则容易出现静电现象。当纸张的湿度低于印刷车间的湿度时，静电现象会加剧。如果纸张的导电性高，静电会减少。

图3-60 纸张静电导致的粘连，易发生印刷双张、歪张等输纸故障

（图片来源：Heidelberg）

二、纸张的印刷质量适性（Printability for Printing Quality）

1. 纸张的Z向强度（又称内结合强度，Bonding Strength）

把纸张平面定义为X-Y平面，即纸张的纵向为X向，横向为Y向，而厚度方向为Z向。Z向强度指单位纸页面积上，垂直于纸页平面的抵抗分层、抵抗撕裂的能力。纸张的Z向强度及测试示意图如图3-61所示。

在热固轮转胶印过程中对纸张的Z向强度有一定的要求，否则会引起如图3-62所示的起泡（Blistering）故障。

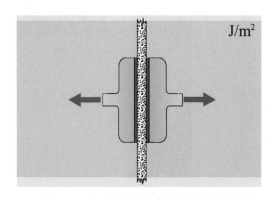

图3-61　纸张的Z向强度及测试示意图　　　图3-62　在热固轮转胶印过程中纸张的Z向
（图片来源：UPM）　　　　　　　　　　　　　　　　强度不足所导致的起泡故障

　　纸张在热固轮转胶印过程中起泡的原因在于：完成印刷的纸张经过印刷机的热风干燥部分烘干，纸张中的水分在高温（温度≈135℃）下汽化，如果纸张表面的印刷油墨堆积比较厚实，则水蒸气不容易从其表面逸出，如果此时纸张的Z向强度不高，则水蒸气会顶起纸张而产生分层，形成鼓泡现象。纸张在热固轮转胶印过程中起泡的原理示意图如图3-63所示。

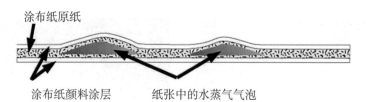

图3-63　纸张在热固轮转胶印过程中起泡的原理示意图
（图片来源：UPM）

　　2. 纸张的表面强度（Surface Strength）
　　纸张的表面强度是指纸张的纤维、填料和颜料等与纸张结合连接牢靠的结实程度，即纸张表层物质互相结合的强度。
　　表面强度是纸张表面抵抗外力作用的一项重要技术指标。
　　在印刷过程中，油墨通过压力的作用向纸张表面进行转移，在油墨黏附和印刷速度作用下，油墨会在纸张表面产生一个剥离力，如果这种外力大于纸张的表面强度时，会造成纸张表面的破坏，纤维或者其他粒子会从其表面脱落下来，产生拉毛（Picking）现象，严重时还会产生剥纸现象，即纸张表面被成片剥离或分层破坏。
　　拉毛现象按照粒子的类型可分为纤维拉毛（Fiber Picking，多发生在非涂布纸表面，当涂布纸表面涂层破坏严重时也会少量出现）和涂料拉毛（Coating Picking，多发生在涂布纸表面）；按照拉毛的成因可分为干拉毛（Dry Picking，即拉毛是在没有水的情况下发生）和湿拉毛（Wet Picking or Piling，即拉毛是在有水的影响下发生的现象，水的润湿作用会降低纸张的表面强度）。
　　纸张拉毛示意图如图3-64所示。

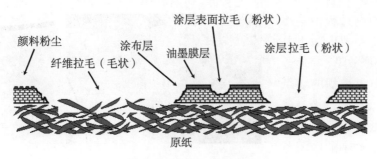

图3-64 纸张拉毛示意图

（图片来源：KCL）

在印刷中还常遇见掉粉（Dusting）和掉毛（Linting）现象。掉粉、掉毛是指纸张表面松散的粒子或纤维物质脱落而进入印刷系统的现象。与拉毛现象不同，掉粉、掉毛是指单纯由于润湿液的润湿或机械摩擦作用就能导致纸张表面松散粒子的脱落，而拉毛则必须在油墨的剥离力大于纸张表面粒子之间的结合力时才发生。但掉粉、掉毛和拉毛对印刷质量的影响非常类似。

印刷品上观察到的纸张纤维拉毛（Fiber Picking）或掉毛（Linting）现象如图3-65所示。

印刷品上的纸张颜料拉毛（Coating Picking）或掉粉（Dusting）现象如图3-66所示。

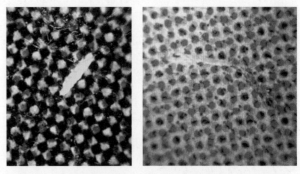

图3-65 印刷品上观察到的纸张纤维拉毛或掉毛现象

（a）　　　　　　　　　　（b）

图3-66 印刷品上的纸张拉毛或掉粉现象

（a）正常印刷品　（b）故障印刷品

3. 纸张的表面疏松物（Fluff on Paper Surface）

纸张的表面疏松物是指纸和纸板在压光、分切、包装过程中附着在纸面上的粉尘或纸屑。

纸张的表面疏松物主要来源有压光纸粉、分切纸粉、游离纤维或微粒、造纸毯毛等，他们在印刷过程中会逐步堆积到橡皮布或印版上并造成相应的印刷故障。

在橡皮布上堆积的切纸纸粉和涂料沉积物如图3-67所示。切纸纸粉主要堆积在橡皮布中纸张大小的区域范围边缘处，而其他表面疏松物出现的位置是随机的。

4. 纸张的吸墨性

纸张是由交织的纤维网络结构组成，结构中存在

（a）　　　　　　　　　　　　　（b）

图3-67　在橡皮布上堆积的切纸纸粉和涂料沉积物

（a）切纸纸粉　　（b）涂料沉积物

（图片来源：UPM）

孔隙和许多更细小的粉末和填料。纸张的这种多孔性的结构带来了大量细小的毛孔和管道，在毛细管的吸附作用力下，会促使液体渗透进入这些管道和毛孔中，表现为非常强的吸水性和吸墨性，因而对油墨的吸收能力便成为印刷用纸的一个重要质量指标。它决定着油墨印刷到纸张表面后的渗透量和渗透速度。

许多印刷故障往往是由于纸张对油墨的吸收能力与所采用的印刷条件不相匹配所造成的，例如对油墨吸收能力过大，则导致印迹无光泽，甚至产生透印或粉化现象；油墨吸收能力过小，则油墨的干燥速度慢，容易导致背面蹭脏等故障。

纸张吸墨性的大小不仅取决于纸张本身的结构特征，而且与油墨的组成和特性、印刷方式以及印刷压力相关。

纸张的吸墨性对印刷质量的影响表现为两个方面：一是油墨被纸张毛细微孔吸入纸张内部，以及在印刷压力的作用下油墨在纸张表面的铺展程度；二是油墨被纸张吸收的均匀程度（表现为纸张的印刷均匀性）。例如，在相同印刷条件下，印有相同图像的未涂布纸和涂布纸印刷品，可以明显感觉到未涂布纸印刷品图像的色彩不够鲜艳、饱和，如图3-68所示。

（a）　　　　　　　　　　　　　（b）

图3-68　印有相同图像的不同印刷品宏观效果比较

（a）未涂布纸　　（b）光泽涂布纸

（图片来源：UPM）

图3-69显示的是妇女脸部相同区域在两种纸张上的网点还原情况比较。

这是由未涂布纸和涂布纸之间表面结构差异所决定的。

未涂布纸的吸墨性受到其结构特征的影响，纸张表面因为没有涂层作为覆盖，表面含有孔径不一的毛细微孔，所以未涂布纸比涂布纸有更强的吸墨性和吸墨不均匀性。当油墨转移到未涂布纸表面时，更多的油墨进入到纸张内部而不是停留在表面，导致印刷品的光学密度和印刷品质量下降。

涂布纸是在原纸（表面性质和未涂布纸相当）的基础上，表面涂布了一层或多层涂层颜料，掩盖了原纸表面不均匀的空隙和空洞，代之以颜料涂层本身构成的更细腻、均匀的微孔，从而极大改善了纸张表面的平滑度、白度、表面强度、油墨吸收性和图像再现性等性能，干燥后的油墨膜层在涂布纸张表面较易形成平滑表面，有利于增加光线的镜面反射效果，因而涂布纸的印刷适性更好，产品附加值更高。

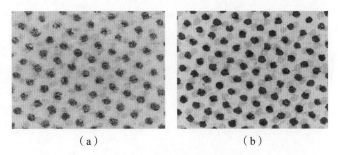

图3-69　妇女脸部相同区域在不同纸张的微观网点还原情况比较

（a）未涂布纸　（b）光泽涂布纸

图3-70　未涂布纸和涂布纸印刷相同百分比网点时的印刷均匀性效果

（a）未涂布纸　（b）涂布纸

（图片来源：UPM）

未涂布纸和涂布纸印刷相同百分比网点时的印刷均匀性效果比较如图3-70所示。

未涂布纸和涂布纸印刷单色及叠色实地色块时的效果比较如图3-71所示。

纸张的表面粗糙度和渗透性越高，油墨的使用量也越大，同时由于纸张的渗透性和吸收性大，导致印刷网点的扩大值也越大。在供墨量一定的前提下，如果纸张的粗糙性和渗透性越高，结果会造成印刷密度越低。

未涂布纸和涂布纸在实地印刷效果差异的原理如图3-72所示。

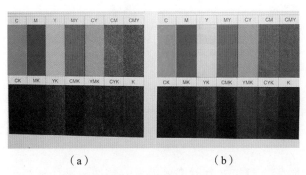

图3-71　未涂布纸和涂布纸单色及叠色实地色块时的效果比较

（a）未涂布纸　（b）涂布纸

（图片来源：UPM）

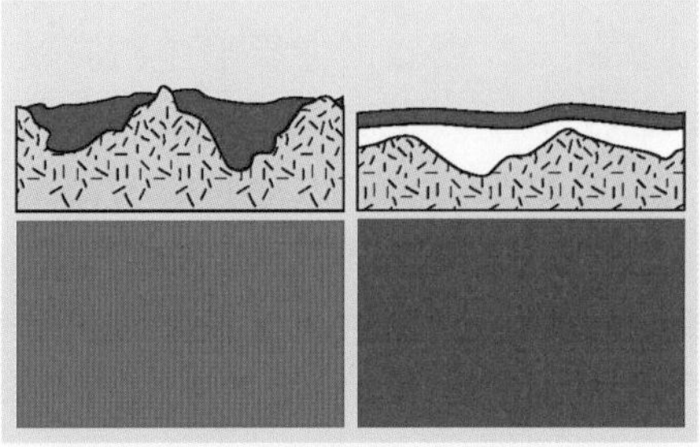

图3-72　未涂布纸和涂布纸实地印刷效果差异原理图

（a）未涂布纸　（b）涂布纸

（图片来源：UPM）

压光工艺因为改善了纸张表面的平滑度，因而同样对纸张的吸墨性有影响。普通未涂布纸经过超级压光工艺前后的印刷效果对比如图3-73所示。

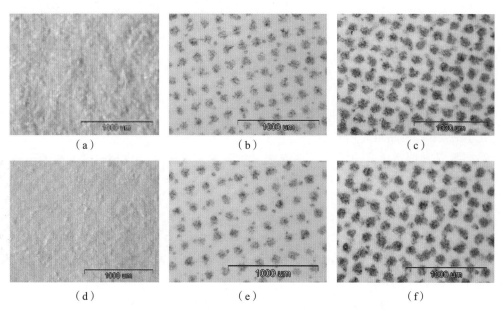

图3-73　光学显微镜下的超级压光工艺前后未涂布纸的印刷效果对比

（a）普通未涂布纸表面图　（b）、（c）普通未涂布纸网点印刷效果

（d）超级压光未涂布纸表面图　（e）、（f）超级压光未涂布纸网点印刷效果

对于未涂布纸，纸张的吸墨均匀性和纸张的匀度关系非常密切。匀度好坏不同的未涂布纸对印刷质量的影响示意图如图3-74所示。左边一列图片是匀度好的未涂布纸，经过压光后纸张的匀度基本不变，从而在印刷平网时网点的扩大比较均匀，印刷质量好；右边一列图片是匀度不好的未涂布纸，经压光后纸张的厚度基本一致但内部纤维结构均匀度不同，导致纸张印刷平网时的网点扩大不一，严重的会影响印刷质量，可出现如图3-75所示的色斑（Mottling）质量故障：

不同种类纸张因为它们的吸墨性不同，会导致印刷时的网点扩大程度不一。涂布纸、超级压光未涂布纸和普通未涂布纸在印刷时的油墨吸附示意图如图3-76所示。

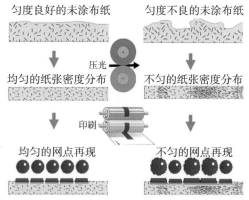

图3-74　匀度好坏不同的未涂布纸对印刷质量的影响示意图

（图片来源：UPM）

5. 纸张的酸碱性（pH Value）

一般情况下，纸张应是中性的，但随着造纸工艺和材料的差异，制造出来的纸张可能具有酸性或碱性。纸张的酸碱性是指纸张具有的酸性或碱性的性质，以纸张浸泡水溶液测试出的pH来表示。纸张放置于蒸馏水中浸泡，在95～105℃下保温1h，然后测定其所

抽出液的pH。

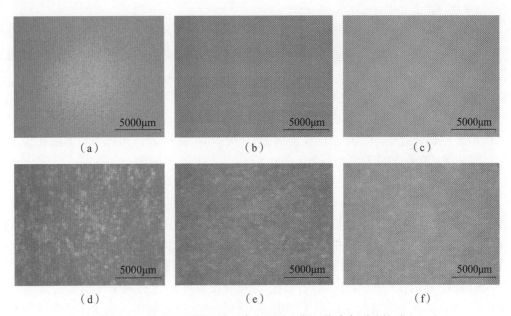

图3-75 光学显微镜下的正常印刷品和色斑故障印刷品的对比

（a）正常印刷品的青实地处 （b）正常印刷品的青80%处 （c）正常印刷品的青40%处

（d）色斑印刷品的青实地处 （e）色斑印刷品的青80%处 （f）色斑印刷品的青40%处

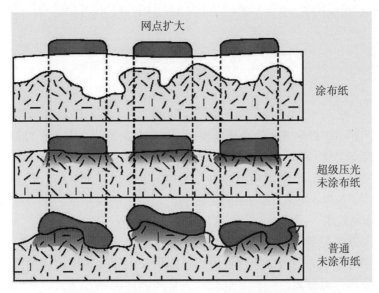

图3-76 不同种类纸张在印刷时的油墨吸附示意图

（图片来源：UPM）

纸张的酸碱性主要影响纸张的保存性能。研究证明酸性越强的纸张颜色及强度衰退越快，也就是耐久性越差。酸碱性还影响纸面墨层的干燥速度，一般情况下，酸性纸张对油墨有抑制固化和干燥的作用，而弱碱性纸张对油墨有一定的催干作用。纸张的酸碱性在胶版印刷时还会传递到润湿液中，从而改变润湿液的酸碱性而产生工艺问题。

三、胶版印刷对纸张的质量要求

1. 平张纸胶印工艺（SFO，Sheet–fed Offset Printing）对纸张性能的要求

①表面强度高，不易掉粉、掉毛；②纸张表面平滑度良好；③均匀的纸张厚度和匀度，保证良好、一致的油墨转移；④纸张的光泽度高，良好的印后光泽度；⑤纸张上油墨良好的固着和干燥性能，抗摩擦、抗背面蹭脏；⑥纸张表面尽量少松散颗粒和灰尘；⑦尺寸稳定性好，不易受水的影响，保证良好的套准精度；⑧适当的纸张挺度，有利于纸张的传递过程及降低印后样张的波浪弯曲；⑨涂布纸涂层表面相对均匀的微孔尺寸与分布，对油墨的吸附和固着影响巨大。

2. 热固轮转胶印工艺（HSWO，Heatset Web Offset Printing）对纸张性能的要求

①表面强度高，不易掉粉、掉毛；②纸张表面平滑度良好；③均匀的纸张厚度和匀度，保证良好、一致的油墨转移；④纸张的光泽度高，良好的印后光泽度；⑤良好的抗撕裂度、抗张性能、抗折性能，印刷过程中不易产生断裂、折页时折缝处不容易发生断裂；⑥纸张表面尽量少松散颗粒和灰尘；⑦良好的Z向强度，干燥过程中不起泡、不分层，合理控制纸张中的水分含量；⑧适当的纸张挺度，特别对于使用低定量涂布纸（LWC），在高的油墨覆盖率、高的干燥温度下容易产生纸张翘曲；⑨涂布纸涂层表面相对均匀的微孔尺寸与分布，对油墨的吸附和固着影响巨大。

3. 冷固轮转胶印工艺（CSWO，Coldset Web Offset Printing）对新闻纸纸张性能的要求

①良好的印刷运行性，印刷过程中不易产生断裂；②快速的油墨吸收性能，油墨快干、固着；③较好的粗糙度控制，保证较好的色彩复制；④较好的尺寸稳定性，保证套准精度。

任务　纸张印刷适性的测定

训练目的

通过实训，进一步理解纸张的油墨吸收性、纸张的表面强度等相关印刷适性。

油墨吸收性能是评价印刷纸和纸板的重要质量指标之一。油墨吸收性过强或过弱都会导致印刷品质量下降。纸和纸板油墨吸收性的测定方法多种多样，但当今世界造纸工业中应用比较广泛的是利用K&N油墨测定纸和纸板的油墨吸收性。这一方法的测试结果更接近于实际印刷效果。

纸张的表面强度是最重要的印刷适性，它是指纸张表面细小纤维、填料、胶料间，涂层粒子间涂层与原纸间结合的牢固程度，可以用拉毛阻力来表示。测试原理是利用流体在平面间的分离力与分离时的速度成正比，采用加速印刷方法，测量纸张表面不能承受油墨剥离力而产生起毛的最小印刷速度，用"cm/s"表示。

1. 掌握纸和纸板的K&N油墨吸收性的测量方法。

2. 掌握使用印刷适性仪进行加速印刷方法测试纸张干拉毛的表面强度测试法。

训练条件（场地、设备、工具、材料等）

1. 场地：纸张测试实训室。

2．设备：K&N油墨吸收性测定仪、反射光度计、IGT印刷适性仪及其配套设备。

3．工具：具备45cm×45cm孔的0.1mm厚的铝片或不锈钢片、特制专用刮墨刀、计时器。

4．材料：

①待测试纸张试样若干。

②K&N测试油墨。

③不同黏度的标准拉毛测试油墨。

方法与步骤

1．纸张K&N油墨吸收性的测定

（1）检查、预热和校准仪器

（2）测蓝光反射因数　用反射光度计测定试样表面涂布K&N油墨前的蓝光（457nm）反射因数R_∞，被测试试样背衬应使用相同材料的试样若干张使其不透明。依次测试不得少于5张试样。

（3）涂K&N油墨　在已知反射因数R_∞的试样上用K&N油墨吸收性测定仪（或用手）涂上K&N油墨。

①放试片。取一张试样放在0.1mm厚的铝片或不锈钢片的涂墨压板下。试样被测面朝上，长边平行于仪器前后方向。

②涂墨。把K&N油墨搅拌均匀，取适量放在金属涂墨板上，用刮墨刀刮匀，使油墨均匀分布在试样上，使其形成面积为20mm²、厚度为0.1mm的正方形或圆形油墨膜。

③吸墨。吸墨时间到2min时，用未使用过的擦墨装置将试样上的K&N油墨擦掉，此时试片上留下20mm²的墨迹。

注：油墨吸收时间可按需要选择，但必须在实验报告中注明，必须以2min作为标准油墨吸收时间。

④重复以上步骤①～③，依次测试不少于5张试样，并观察试样吸收K&N油墨的均匀程度。

（4）测试试样　用反射光度计测试样片墨迹中心区域蓝光反射因数R_F。操作及要求同实验步骤2。背衬材料为未涂K&N油墨的相同材料的试样。

（5）K&N值实验结果的计算

$$K\&N值 = \frac{R_\infty - R_F}{R_\infty} \times 100\% + R_r$$

式中　　R_∞——涂油墨前试片表面蓝光反射因数R

　　　　R_F——涂油墨后试片表面墨迹中心区域光反射因数

　　　　R_r——每批墨样校正值

根据上面公式分别计算每个试片的K&N值，然后算出5个结果的算术平均值。

（6）结果分析　测试不同种类的纸张的K&N值，并得出一般规律。

常用纸张的K&N值范围见表3-5所示。

表3-5　常用纸张的K&N值范围

纸张种类	新闻纸	凸版和胶印书刊纸	胶版印刷纸	胶版印刷涂料纸	铸涂纸板
油墨吸收值范围	42～35	47～60	36～65	16～43	12～40

2. 纸张干拉毛的表面强度测定

纸张表面强度是指纸张抵抗黏力对纸张表面的剥离、分层作用的能力。在印刷过程中，纸张的表面强度被描述为纸张表面在一定剥离张力作用下抵抗被拉毛、掉粉、剥纸现象的能力。

加速印刷法的原理是基于流体在平面之间分离时的分离力与分离的速度成正比关系的理论而设计的，即分离速度越快，分离力越大。对于一定的印刷油墨，当油墨的分离力大于纸张的拉毛阻力时，纸面便发生所谓的拉毛现象，因此发生拉毛时印刷速度便间接表示了纸张拉毛阻力的大小，该印刷速度称为临界拉毛速度或拉毛速度。利用印刷适性仪测量纸张的表面强度已经成为国际标准方法和我国国家标准方法。测试纸张拉毛表面强度的IGT印刷适性仪及纸张干拉毛测试结果如图3-77所示。

（1）试样按GB/T 450—2008中的规定切取和处理。切取宽22mm、长250～270mm的纸条，试样为纵向正面、纵向反面、横向正面、横向反面，每一方向每一面各取5条。并在恒温恒湿的条件下进行测定。

（2）按照基本操作规程开机。

（3）按照基本操作规程，安装纸带背衬，待印纸带。

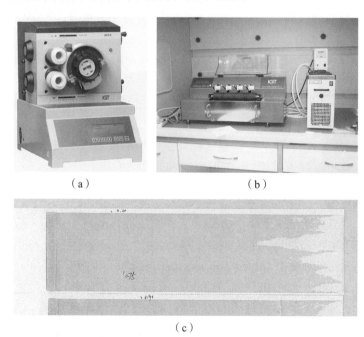

（a）　　　　　　　　　　　（b）

（c）

图 3-77　测试纸张拉毛表面强度的IGT印刷适性仪及纸张干拉毛测试结果

（a）IGT AIC2-5T2000型印刷适性仪主机　（b）IGT印刷适性仪配套匀墨装置（带恒温水浴）

（c）纸张干拉毛测试结果

（4）按照基本操作规程，采用表3-6所示参数来设置印刷适性测试仪，并检查反冲。

表3-6 印刷适性测试仪参数设置

印刷压力	速度模式	印刷末速率
350N	加速	任选

（5）按照基本操作规程，采用表3-7所示参数来设置高速匀墨单元。

表3-7 印刷适性测试仪的高速匀墨单元参数设置

水浴温度 /℃	模式	预热时间 /s	第一次 匀墨时间 /s	第一次 匀墨速度 / (m/s)	第二次 匀墨时间 /s	第二次 匀墨速度 / (m/s)	印刷盘 上墨时间 /s
23.0	3	10	30	0.5	10	0.3	30

（6）按照注墨器的操作规程，向注墨器中加入标准拉毛测试油墨：初次加墨量为 $0.28cm^3$（即8.0μm厚的墨层），再次加墨量为 $0.02cm^3$，累计加墨次数不能超过5次。

（7）按照基本操作规程进行匀墨，并在印刷盘上均匀上墨。

（8）取下已经上墨的印刷盘，放在印刷适性测试仪的印刷盘支架上，按照基本操作规程进行拉毛油墨印刷。

（9）取下测试纸带，测量并记录此时的温度，精确到0.1℃。

（10）多次测试（至少测五次），重复步骤（6）~（9）。

（11）所有测试完毕后，按照清洗操作规程清洗设备和配件，按照基本操作规程贮存配件。

（12）测试结果评估。

①若印刷后发生干拉毛：在拉毛起始点观察灯下，从正上方俯视观察，确定拉毛起始点并标记；若印刷后发生分层：沿测试方向将纸带弯成一个直径为80mm的圆环，确定分层起始点。

②对照拉毛速度-压力曲线表，根据印刷起始点（印刷初始位置两条接触压痕的中线），拉毛或分层起始点和印刷末速率查出拉毛或分层起始点对应的该试样的拉毛速度（如果拉毛或分层起始点出现在距离印刷起始点20mm内，此时需要降低印刷末速率重复试验，必要时更换成较低黏度的油墨；如果拉毛只发生在纸带的末端，此时需要提高印刷末速率重复试验，必要时更换成较高黏度的拉毛油墨）。不同黏度的拉毛油墨适应不同的印刷速度范围。

③计算平均值，如有需要，注明每种样品测试的最大/最小值及标准偏差。

④描述拉毛的外观形态。

考核基本要求

能掌握纸和纸板的K&N油墨吸收性的测量方法并计算纸张的K&N值。

能使用IGT印刷适性仪进行纸张干拉毛的表面强度测定。

知识点5　常用纸张种类及其应用

一、新闻纸（Newsprint Paper）

1. 新闻纸的组成和结构特征

新闻纸采用机械木浆（尤其是磨石磨木浆）为主要原料，加入10%左右的漂白化学木浆抄造而成，主要原料是针叶木材。现代新闻纸加入了大量非木浆来替代木浆以减少其用量，同时回收再生浆也经过脱墨处理后被应用于新闻纸的制造中。

新闻纸不进行表面施胶，所以具有较强的吸墨性和吸水性。添加的化学木浆的作用是增加其机械强度。由于机械木浆本身具有较高的不透明性，加上新闻纸紧度较低，结构疏松，从而满足其不透明度较高的要求。新闻纸因为机械木浆中的短纤维较多，所以添加的填料较少，一般不超过6%。

2. 新闻纸的印刷适性

新闻纸是在高速冷固轮转胶印机上完成印刷的，油墨在室温下靠纸张的渗透方式为主完成干燥固着。因此对新闻纸性能的首要要求是对油墨的吸收性好，其次是抗张强度要高，以保证印刷过程中在轮转机上不发生断纸，最后报纸是双面印刷的，要求新闻纸应有较高的不透明度以免透印现象。

3. 新闻纸的特点和应用

①新闻纸表面不施胶，所以吸收性好；②新闻纸表面不施胶，填料少，紧度低，所以纸质松软；③纸张中存在着大量的机械木浆，并以短小纤维代替填料，所以纸质松软、空隙率高、压缩性好；④没有进行表面施胶，所以易吸水变形、抗水性差、尺寸不稳定；⑤不同的纸浆纤维搭配比例使其具备一定的机械抗张强度；⑥其所用原材料以机械木浆为主，含有木质素和杂质，所以纸张白度不高，容易变黄变脆，不宜长期保存；⑦表面强度相对较低，容易发生掉毛故障；⑧表面平滑度低，印刷图文信息的质量相对较差；⑨一般以卷筒纸形式供应，以满足高速生产的需要。

主要用于印刷黑白或彩色报纸，以及一些质量要求低的期刊、少儿读物、书籍等。

4. 新闻纸的规格

一般为卷筒纸，幅宽有：1575、1562、787、781等常见规格，宽度偏差要求不超过±3mm，卷筒直径一般为800~900mm。

也有少量新闻纸是平板形式的，规格有：787mm×1092mm、781mm×1092mm、850mm×1168mm、880mm×1230mm，等常见规格，尺寸偏差不超过±3mm，偏斜度不超过3mm。

定量有：45、47、49、51g/m²。

二、胶印书刊纸

胶印书刊纸，是在凸版印刷纸的基础上开发出来的替代产品（书刊印刷已由凸版印刷方式全面转移至胶版印刷方式）。这种纸张在轮转或平张胶印机上印刷单色或双色书刊、文献使用，其用量优于凸版纸。

（1）胶印书刊纸的组成和结构特征　以草类纤维为主要原料，一般需配加20%～25%的漂白化学木浆。纸张制造过程中采用高浓度打浆，并适量添加填料和化学助剂，同时表面采用施胶等工艺。

（2）胶印书刊纸的印刷适性　胶印书刊纸与新闻纸相比，具有较高的抗张强度、表面强度和白度，其抗水性也要比新闻纸高（由于表面施胶的原因），印刷质量优于新闻纸。

（3）胶印书刊纸的特点和应用　主要为单色或彩色书籍、报刊、课本印刷用纸。

（4）胶印书刊纸的规格　卷筒纸规格有：880、787、850mm，宽度偏差要求不超过±3mm，卷筒直径为（800±50）mm。平板纸规格有：880mm×1230mm，787mm×1092mm，850mm×1168mm，尺寸偏差不超过±3mm，偏斜度不超过3mm。定量有：52、60g/m²等。

三、未涂布印刷纸（Uncoated Paper）

未涂布印刷纸俗称胶版纸。未涂布印刷纸是一种较为高级的纸张。这种纸可供双面印刷，所以通常也称为"双面胶版纸"或"双胶纸"。

还有单面胶版纸，简称单胶纸，它是供胶印机进行单面印刷使用的。

1. 未涂布印刷纸的组成和结构特征

胶版印刷纸分为A级、B级、C级三个等级。A级和B级供高级彩色印刷之用，C级胶版纸供普通彩色印刷使用。A级、B级、C级胶版纸主要由其所使用浆料中的漂白化学木浆配比不同而加以区分（100%、80%左右和50%）。胶版印刷纸所用浆料要经过适当打浆，填料含量为20%～30%。胶版印刷纸要进行表面施胶处理，以提高纸张的表面强度和抗水性。造纸时的打浆度不高，使用的短小纤维含量减少，有利于提高纸张的抗水性和尺寸稳定性、减少纸张拉毛现象的产生。另外，为了提高纸张的白度，在纸浆中还加入适量的染料和荧光增白剂等。纸张中填料用量较大，经压光、超级压光或表面施胶后，纸张的平滑度、表面强度较高，紧度大，不透明度也较高。

2. 未涂布印刷纸的印刷适性

不同等级的胶版纸外观与内在质量都相差甚远。优良的胶版纸不透明度好，表面光洁、平整，白度也相当好，印刷时纸张的挺度、表面强度都达到较高的标准。中低档胶版纸的印刷适性比较差，表现在纸张的平整度、挺度、表面强度、白度与光泽度等性能指标上，印刷时网点转移损失较大，彩色印刷时图像的层次不够完整，色彩的鲜艳度与明度不足。

3. 未涂布印刷纸的特点和应用

未涂布印刷纸的用途广泛，可供胶印机或凸版印刷机印刷高级书刊、彩色画报、画册、图片、插图、商标、宣传画、书刊封面等使用，还常用于信封、信笺的制作。

高档的胶版纸设计时，可应用于印刷层次比较丰富的彩色图像，墨量也可以比较大。

胶版纸在应用于高档信封、信笺时，有一点强于铜版纸的优点就是书写时的手感明显优于铜版纸，而且墨迹易干。

中档胶版纸用于印制书刊的正文是一种不错的选择（性价比高），尤其在印制一些家电产品说明书的情况下。

4. 未涂布印刷纸的规格

卷筒纸规格有：787mm、850mm、1092mm，宽度偏差要求不超过 ± 3mm。

平板纸规格有：787mm × 1092mm，850mm × 1168mm，889mm × 1194mm等，尺寸偏差不超过 ± 3mm，偏斜度不超过3mm。

定量一般为：60、70、80、100、120、150、200g/m²等，其中70、80g/m²两种未涂布印刷纸用量最多。

四、涂布印刷纸（又称铜版纸，Coated Paper）

涂布印刷纸俗称铜版纸，属涂布加工类纸。它是将颜料（一般$CaCO_3$等）、黏合剂和辅助材料制成的白色涂料涂布在原纸上，经干燥、压光后形成表面光洁致密的纸张。其表面性能和印刷性能比较良好，是一种高级包装装潢及印刷用纸。

涂布印刷纸根据机外超级压光与否，又可分为光泽涂布纸（又称有光铜版纸Glossy Coated Paper）和亚光涂布纸（又称亚光铜版纸，Matte Coated Paper）两种。亚光涂布纸因为未经过机外超级压光工艺处理，所以表面平滑度差于光泽涂布纸，但厚度大于同等克重的光泽涂布纸。

1. 涂布印刷纸的组成和结构特征

涂布印刷纸的主要成分是涂布原纸和涂料层，其质量主要取决于原纸质量、涂料性质和涂布加工的方式。铜版纸分为A、B、C三个等级，主要由涂布原纸所使用浆料中的漂白化学木浆配比不同而加以区分（100%、70%左右、更低比例漂白化学木浆加20%左右漂白草浆）。铜版纸原纸中的填料、胶料都低于胶版印刷纸的含量，填料含量为5% ~ 15%，只进行轻度施胶。

涂料的涂布工艺也是影响铜版纸质量的关键。首先是涂布的量，按照涂布量可将涂布纸分成：低定量涂布纸（LWC，涂布量6 ~ 15g/m²）、中定量涂布纸（MWC，涂布量12 ~ 30g/m²）、高定量涂布纸（HWC，涂布量高于30g/m²）；按照涂布层数可分为单层涂布、双层涂布和多层涂布。其次是涂布的均匀性，分为横向均匀性和纵向均匀性。再次是压光工艺的采用。

2. 涂布印刷纸的印刷适性

由于铜版纸表面的涂料填充了原纸表面凹凸不平的纤维空隙，因此，这种纸具有较高的白度与平滑度，纸的质地密实，伸缩性小，表面强度、抗张强度、挺度都比较好，是印刷适性最好的纸张之一。

良好的白度使铜版纸色彩的再现效果极佳，图文颜色表现鲜艳、饱满。极高的平滑度使铜版纸对非常细的线条、文字都能清晰再现，网点印刷时网点的边缘整齐，网点饱满，图像从高调到低调都能完整地表现出来。铜版纸的另一个特点是网点扩大值较小。

3. 涂布印刷纸的特点和应用

由于铜版纸良好的印刷适性及物理性能，因此可以采用高精度网线来再现图像，印刷加网线数可达175线及以上。除正常四色印刷外，若使用金、银油墨及珠光油墨印刷则能体现出非凡的视觉效果。

铜版纸用途非常广泛，可用于胶印、凹印中的细网线图文的印刷，如印刷单色或多色美术图片、插图、画报、画册、挂历、商品商标、烟盒、纸盒等。

有光铜版纸比较适宜表现要求色彩艳丽、明快的图像；而无光铜版纸由于光泽柔和，比较适宜用于表现高贵典雅或手感厚实的样本。

4. 涂布印刷纸的规格

卷筒纸规格有：787mm、850mm、1092mm，宽度偏差要求不超过 ±3mm。

平板纸规格有：787mm×1092mm，850mm×1168mm，889mm×1194mm，880×1230mm等，尺寸偏差不超过 ±3mm，偏斜度不超过3mm。

定量一般为：80、105、128、157、200g/m²等。

五、铸涂纸（Cast Paper）

铸涂纸又称高光泽铜版纸或玻璃卡纸。它是以不同定量的铜版原纸或卡纸为原纸，采用铸涂加工方式，即原纸经涂布涂料层后，在压力的作用下，紧贴于光洁度很高的镀铬烘缸，涂层中的颜料粒子经吸热收缩、干燥成膜，从缸面上剥落下来，形成的单面高光泽纸。

铸涂纸的纸面具有极高的平滑度和光泽度，具有良好的印刷适性。适于印刷最细的网线印刷品，图像清晰，色彩鲜艳，立体感强，印刷效果极佳。一般用于印刷美术卡片、广告画、贺年卡、请柬、精致工艺包装袋等，也可用来印刷高档商品的商标、包装盒等。

铸涂纸的加工原料与A级铜版纸相同，采用铸涂加工方式使纸张表面产生镜面反射一样的光泽整饰效果。在电子扫描显微镜（SEM）下，光泽铜版纸与铸涂纸表面结构对比图如图3-78所示。

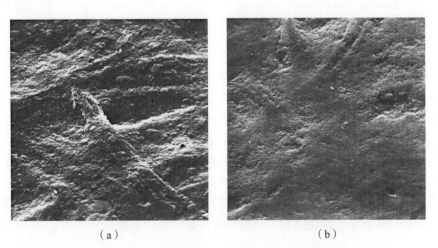

（a）　　　　　　　　　　　（b）

图3-78　电子扫描显微镜（SEM）下纸表面结构对比图

（a）光泽铜版纸　（b）铸涂纸

（图片来源：Heidelberg）

六、卡纸纸板（Paper Board）

卡纸纸板中最为常用的是白板纸，它是一种层合结构的纸板，由面层、衬层、芯层与底层构成，各层浆料的作用不同，选择的材料也不同。由于白板纸的面层需具备为现代印刷技术提供高质量的印刷表面并且需要具有一定的表面强度，可以采用漂白木浆为原料；白板纸的衬层（第二层）起着隔离层的作用，有利于面层的白度、松紧度和表面平整，可以用100%机械木浆为原料；白板纸的芯层（第三层）主要起填充作用，增加白板纸的厚度，从而提高白板纸的挺度，可以采用成本较低的废纸原料；白板纸的底层应具有改善白板纸的外观、提高强度、防止卷曲的功能，通常采用100%废旧新闻纸为原料或采用半化学木机械木浆为底层浆的原料。

白板纸是最为常用的包装用纸张印刷材料，分为单面涂布白板纸和铸涂白板纸等。

1. 单面涂布白板纸

单面白板纸按照其底层的颜色，还可进一步细分为灰底白板纸和白底白板纸两种，前者由于价格低廉，只要用于中、低档商品包装，后者主要用于中、高档的商品包装。应用范围包括烟草、药品、化妆品、文具、食品等商品的外包装盒使用。单面白板纸根据质量分为优等品、一等品和合格品三等，一般为平板纸形式，主要尺寸为787mm×1092mm，但也可根据用户需求做成卷筒形式。

定量一般为200、220、250、270、300、350、400、450g/m^2。

2. 铸涂白板纸（俗称玻璃卡）

铸涂白板纸是以单面涂布白板纸为原纸，经过铸涂加工而制成。它比单面白板纸及单面涂布白板纸的质量更胜一筹，是最为高档的包装用纸板，也适用于化妆品及食品的包装。其尺寸有787mm×1092mm、850mm×1168mm、880mm×1230mm。

定量一般为220、250、280、310、350g/m^2。

七、纸张的保管和使用常识

①尽量避免露天存放，如要露天周转存放，也需尽快入室；②进库的卷筒纸如果要存放时间较长，最好竖直码垛，即立码。平板纸以平放为宜，每摞平板纸要叠放为一条直线，纸垛侧面成一个平面；③无论卷筒纸还是平板纸，垛与垛之间都要留有空间，以便查看和装运；④库房内的温度以18～25℃为宜，相对湿度以50%～65%为宜；⑤防潮、防晒、防热、防火、防折、防不均匀受压；⑥纸张在使用前才进行拆包，以防止纸张受潮。包装纸和纸张产品标签要保留好，以便出现纸张故障时可与纸张供应商沟通；⑦纸张在印刷前有时需要在印刷车间作调湿处理，使纸张的含水量保持稳定，尤其是对于薄纸印刷而言；⑧建立完善的纸张物料进出及库存登记管理制度。

任务 纸张种类判定及印刷效果认知

训练目的

不同种类的纸张具有不同的印刷适性，从而很大程度上决定着印刷品的质量。因此正确判定纸张的种类，以及对不同种类纸张的印刷效果的认知，是印刷工艺设计和印刷业务流程顺畅完成的基础。

1. 通过实训掌握纸张种类的判定与鉴别。

2. 通过实训认知不同种类纸张的印刷质量效果及其差异。

训练条件（场地、设备、工具、材料等）

1. 场地：教室。

2. 设备：无。

3. 工具：8倍放大镜、高倍放大镜（40倍以上）、全开平张纸样纸、书籍印刷成品样品、密度计。

4. 材料：不同种类纸张空白纸样、印刷有相同测试导表（Testform，例如GATF 4.1）内容不同种类纸张。

方法与步骤

1. 用手、眼触摸、感觉、观察不同种类纸张的表面粗糙度、匀度、松厚度等外观感受。

2. 按照纸张的分类原则对给定纸样进行分类。

3. 观察不同纸样上面印刷的相同测试导表内容，尤其是CMYK实地色块和RGB叠印色块的颜色表现，并用密度计测量CMYK实地色块的密度值。用放大镜观察CMYK实地色块上油墨在纸张表面的固着情况。比较它们的差异并从纸张制造工艺以及结构特征上进行原因分析。

4. 观察不同纸样上面印刷的相同测试导表中C、M、Y、K的40%、80%等平网区域的均匀程度表现。用放大镜观察测试导表中平网区域中网点的微观表现。比较它们的差异并从纸张制造工艺以及结构特征上进行原因分析。

考核基本要求

1. 能够正确区分常用给定纸张的类别；

2. 能够理解不同种类纸张的印刷质量效果的差异，并从纸张制造工艺以及结构特征上进行原因分析。

项目二　油墨认知与应用

知识点1　油墨的基础知识

一、油墨（Ink）的定义

油墨是由色料、连结料、填充料及各种助剂组成的稳定均匀分散体。

不同色料、不同连结料可组合成各种表观不同的流体，有的很黏稠，如胶印油墨、商业轮转油墨，有的很稀软，如凹印油墨、柔印油墨，但它们都具有相似的结构，都是胶状的均匀分散体。

二、油墨的组成及作用

油墨的成分是由主料和辅助剂组成，其中主料又包括色料和连结料。如图3-79所示。

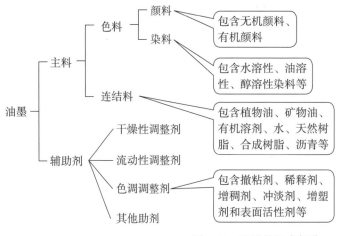

图3-79　油墨的组成部分

1. 色料（Colorants）

色料是油墨最重要的组成部分，它赋予油墨以颜色，起着色作用，决定了油墨的颜色性能。

色料又可分成两类：可溶于水、油和有机溶剂的，呈现液体状的染料［Dye，图3-80（a）］和不溶于水、油和有机溶剂，呈现固体微粒状的颜料［Pigment，图3-80（b）］。

常用的染料和颜料如图3-81所示。

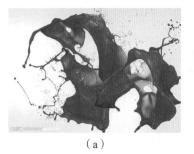

（a）　　　　　　　（b）

图3-80　用于油墨色料制造的染料和颜料

（a）染料　（b）颜料

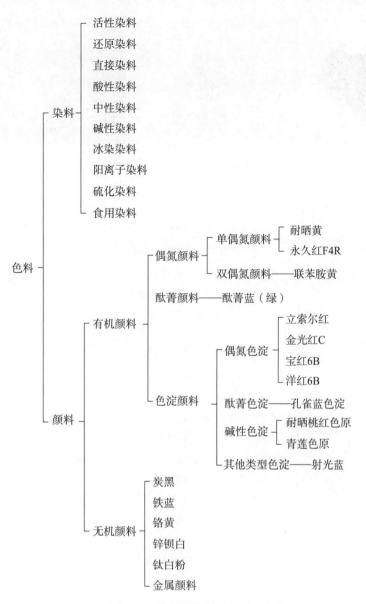

图3-81　常用的染料和颜料一览表

2. 连结料（Vehicle）

连结料是油墨的主要成分之一，也是油墨非常重要的部分。作为油墨中的液体部分，它是颜料、填充料等固体粉末的载体，同时也是油墨在承印材料表面固着干燥后的成膜物质。

连结料的作用：一是承载，将色料和填充料均匀分散其中，使之具有适当的流变性能和干燥性能；二是结膜，颜料要依靠连结料的干燥成膜性来牢固地附着于承印物表面，并使墨膜具有光泽和耐摩擦。因此连结料决定着油墨的黏度、流动性、黏着性、干燥性、干燥方式、成膜性、光泽度等性能。

连结料主要包括油、有机溶剂、树脂和辅助材料，如图3-82所示。

图3-82　用于油墨连结料制造的树脂、油和有机溶剂

油墨中连结料的组成如图3-83所示。

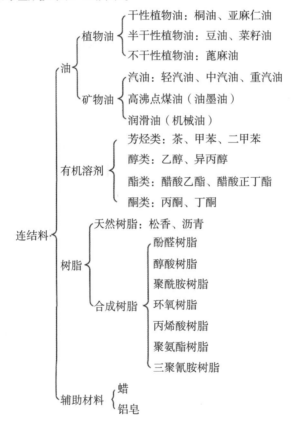

图3-83　连结料油墨中连结料的组成

3．辅助剂（Additives）

辅助剂是指在制造或使用油墨时，加入少量可以调整或改善油墨性能的一种材料，以适应不同的印刷工艺和条件要求。

常用的油墨辅助剂包括干燥剂、防干燥剂、减黏剂、稀释剂、补色剂（提色剂）、冲淡剂和防脏剂等。它们的作用是调节油墨的干燥速度、黏度、色相等性能。用于油墨制造的辅助剂如图3-84所示。

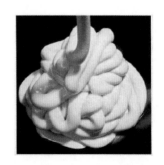

图3-84　用于油墨制造的辅助剂

三、油墨制造工艺简介

油墨的制造过程是把颜料颗粒均匀分散到连结料之中，同时加入填料、助剂，使之成为均匀稳定的混合物，其工艺流程如图3-85所示。

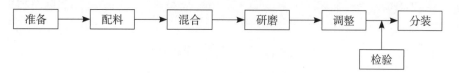

图3-85 油墨制造的工艺流程图

（1）准备 将所需的油墨原料按照油墨制造的要求进行预加工。

（2）配料 按照油墨配方科学地配比生产油墨所需的原料。

（3）混合 按确定好的配方及加料顺序依次将连结料、颜料等材料加入料桶中搅拌。需要使用高扭矩混合机设备，如图3-86所示。

（4）研磨 把从搅拌机或捏合机中放出的墨料进一步分散和磨细，使之进一步润湿。需要使用垂直式球式研磨机或三辊机设备，如图3-87所示。

（5）调整 将研磨后的墨料加入助剂放入搅拌机中，使之混合均匀，并调整到适合的黏度。

（6）检验与分装 将调整好的油墨进行检验，检验合格后，用分装机分装。

（a） （b）

图3-86 高扭矩混合机　　　图3-87 用于颜料的研磨和分散的设备

（图片来源：Flint集团）　　　（a）垂直式球式研磨机 （b）三辊机

（图片来源：Flint集团）

四、油墨的分类

油墨分类方法很多，从实际生产和应用来考虑，主要按照印刷工艺方法、连结料组分、干燥形式和承印材料四种方式分类。

（1）按照印刷工艺方法分类 可分为平版印刷油墨、凸版印刷油墨、凹版印刷油墨、网孔版印刷油墨和特种油墨。

（2）按照连结料组分分类 可分为油脂型油墨、不干性矿物油型油墨、树脂型油墨、溶剂型油墨、水型油墨、热固型油墨、紫外光固化（UV）油墨和电子束固化（EB）

油墨等。

（3）按照干燥形式分类　可分为氧化结膜干燥型油墨、渗透干燥型油墨、挥发干燥型油墨以及能量固化干燥型油墨等。

（4）按照承印材料分类　可分为纸张油墨、金属油墨、塑料油墨、布料油墨和玻璃油墨等。还有一些功能性油墨，如光敏油墨、磁性油墨等、新型数字印刷油墨等。

知识点2　油墨的性能

油墨的性能直接影响印刷品的质量。性能优良的油墨应具有适当的黏度和黏着性、良好的流动性能、较好的着色力和透明度、较强的耐抗性和承印物表面附着力，以及印刷在承印物上能快速干燥并形成高光泽的油墨膜层。

油墨的性能包括基本性能、颜色性能、流变性能和干燥性能。

一、油墨的基本性能

包括密度、细度、着色力、透明度、光泽度、耐抗性等。它们体现了油墨的结构特征、显色能力、光学特征和化学特征。

（1）密度　密度是指20℃时单位体积油墨的质量，用g/cm^3表示。

（2）细度　细度是指油墨中颜料、填充料等固体粉末在连结料中分散的程度，又称分散度。单位为μm。

油墨的细度是衡量油墨质量的一个重要指标。印刷油墨的细度一般为15～20μm。各种油墨辅助剂的细度一般为20～35μm。油墨颗粒太粗会引起许多印刷故障，如磨损印版、堆橡皮布、糊版、水墨平衡不良等。

通常用刮板细度计来测量油墨的细度。刮板细度计又名细度计，如图3-88所示。

（3）着色力　油墨的着色力是指油墨的色浓度或色强度。它表明了油墨显示颜色能力的强弱。

图3-88　测量油墨细度的刮板细度计

油墨的着色力通常用白墨将被测油墨进行冲淡后得到测试样，再与标准样进行对比来测试。

油墨的着色力大小影响油墨的呈色能力以及油墨的用量。着色力大的油墨通常只需要印刷较薄的油墨膜层就能达到良好的印刷效果。

（4）透明度和遮盖力　透明度是指油墨对入射光线产生折射（透射）的程度。

印刷过程中油墨转移到承印材料表面形成油墨膜层，它所能显现承印材料表面底色的能力即为油墨的透明度。相对的，它能遮盖承印材料表面底色的能力即为油墨的遮盖力，反映的是油墨的不透明度。

油墨透明度的测定可以通过刮样对比法进行。这种方法常用于不同油墨透明度大小的比较。

　　不同的印刷工艺对油墨的透明度要求是不一致的，不同种类油墨的透明度也不相同。例如要实现四色印刷时要求油墨的透明度尽可能高，这样在叠色印刷时才能正常反映油墨层颜色的混合现象。如图3-104所示，品红油墨叠印在青油墨色块上方，理想状况下它们中间的叠色颜色是显示蓝紫色［即理想状态下上层的品红油墨透明度为100%，如图3-89（a）所示］，当品红油墨透明度不好时，它们中间的叠色颜色显示偏红的红紫色［如图3-89（b）所示］，当品红油墨完全不透明时，品红油墨会完全遮盖底层的青色［如图3-89（c）所示］。

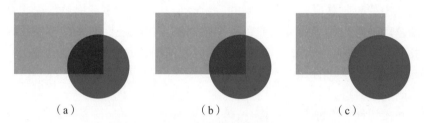

（a）　　　　　　　　　（b）　　　　　　　　　（c）

图3-89　四色印刷时油墨透明度的影响

（a）上层品红油墨100%透明　（b）上层品红油墨部分透明　（c）上层品红油墨完全不透明

　　（5）光泽度　光泽度是指油墨转印到承印物表面并干燥后，对入射的可见光在同一角度反射光线的能力。

　　油墨的光泽度表明了油墨在承印物表面形成墨膜后的光亮程度。

　　印刷品质量一般要求油墨的光泽度越高越好。

　　（6）耐抗性　油墨膜层的耐抗性是指油墨形成固态膜层后，膜层受到外界因素侵袭时，保持膜层颜色及其他品质不变的性能，又称为稳定性。

　　油墨膜层的耐抗性主要有耐光性、耐热性和耐化学品性能等。

二、油墨的颜色性能

　　油墨是作为信息源图文信息的复制载体，因此它的颜色显色性就是最重要的性能。在承印物表面固着干燥的油墨墨膜对入射光线作选择性的吸收和反射，从而使读者感受到信息源图文信息的复制信息。

　　油墨呈现颜色应用的光学原理是色料的减色法。油墨色料的减色法如图3-90所示。

　　油墨的颜色性能是由其结构组成中的色料所决定的，随着色料颜色的不同，理论上人们可以制造出各种各样颜色的油墨。但印刷工业最基本、最常用的油墨是标准的四色（黄、品红、青色和黑色）油墨，因为用这四种油墨所组成的最经济方法就可以复制出自然界大多数的颜色。但在一些特殊的情况下，人们需要用到除了这四种颜色以外的其他颜色油墨，它们统称为专色油墨。

图3-90　油墨色料的减色法

1. 标准四色油墨（Process Color Ink）

标准四色油墨指的是构成四色印刷工艺中的三个原色油墨：黄、品红、青色油墨，外加黑色油墨。按照减色法原理，实现彩色印刷时理论上使用黄、品红、青三种原色油墨就可再现自然界的色彩，但在实际应用中，黑色油墨是不可或缺的，它和黄、品红、青色油墨一起共同构成了四色印刷工艺的基础。

印刷工艺中使用黑色油墨的基本原因在于：

（1）物理原因　由于三原色油墨的色相偏差，黄、品、青在其各自吸收其互补色光时不能达到理想的吸收状况，三色油墨的等量叠加并不能产生纯黑色，因此在实际工艺中在分色及叠印过程中为了弥补三原色油墨在高密度区域还原时密度不足的缺陷，需要加上黑墨来平衡偏色现象，以及在图像的暗调区域使用黑墨来增强其轮廓感。

决定油墨颜色质量的是油墨对光谱的吸收反射特性，简称为光谱特性。三原色油墨黄、品红、青的光谱反射率曲线如图3-91所示，虚线为理想油墨曲线，粗实线为实际油墨曲线。从图中可以看出三原色油墨的实际反射率和理论值是有差距的，这就是油墨本身的物理缺陷。

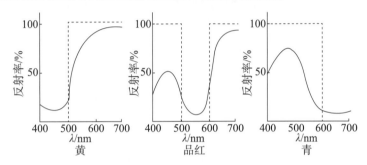

图3-91　理想油墨与实际油墨的反射率曲线图

（2）工艺原因　印刷品的文字、线条大部分是黑色或灰色，如果没有黑墨，必须用等量的黄、品、青墨来合成黑色或灰色。当这些元素较小时，容易产生套印困难等工艺问题；而且在制版时黑（灰）文字若有修改则需要同时在三块版上同时进行，相对而言，在黑色一块版上作修改则更为方便；再者使用黑墨还可以进行底色去除或灰成分替代（GCR/UCR）工艺以减少彩色油墨使用量，减少四色印刷时的最大油墨实地叠印量（TAC，Tatal Area Coverage）。

（3）经济原因　黑墨在四色墨中是最廉价的油墨。

2. 专色油墨（Spot Color Ink）

专色油墨在商品的包装领域得到广泛的应用。

印刷实例，这是一份广州东站长途汽车客运站的宣传折页，如图3-92所示。

图3-92　广州东站长途汽车客运站的宣传折页

设计师为了美观，选择了一种暗红色作为画面颜色，如果用标准四色油墨来印刷此暗红色，则至少需要青色、品红色和黄色油墨三色印刷来完成，需要三块印刷版、三种油墨进行三色印刷完成，有没有可能用单色油墨完成此印刷品？答案是肯定的，这就需要利用专色调配工艺和专色印刷，即先用青色、品红色和黄

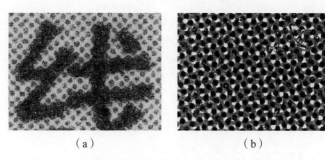

（a）　　　　　　　　　　　　（b）

图3-93　相同色相的专色印刷与四色叠印印刷微观对比
（a）广州东站长途汽车客运站的宣传折页中的专色
（b）相同色相的四色叠印印刷

色油墨三色油墨按一定比例调配出所需的红专色，然后用此专色在单色机上便可完成印刷品的生产，如果印刷品数量较多，则可极大降低生产成本、提高产品质量和生产效率。相同色相的专色印刷与四色叠印印刷微观对比如图3-93所示。

在下列情况中，需要使用专色印刷工艺：

（1）成本因素，如上述印刷实例所述。

（2）质量因素，专色不需要套色，颜色还原稳定。在上例中，如果使用青色、品红色和黄色油墨三色套色印刷完成印刷品的生产，还要考虑三色套印问题和油墨在印刷过程中网点百分比的稳定性问题，而用专色印刷，这两个问题可迎刃而解，质量也可以得到保障。另外在一些情况下，尤其是涉及公司标志的包装印刷品或公司形象宣传册印刷时，往往客户对自身标志的标准色复制质量要求非常严格，所允许的复制色差范围非常小，这时就需要考虑采用专色印刷。

（3）在一些需要复制标准四色油墨色域之外的颜色情况下。四色油墨的色域空间是有限的，因此可以考虑使用专色油墨来完成，例如荧光墨等。

（4）一些特殊用途的印刷，例如金、银墨印刷等。

世界知名的油墨厂商都有自己的专色油墨系列。最常用的专色油墨色系有美国的潘通（Pantone）色系和日本的DIC色系等。

油墨调配包括油墨的印刷适性调配和油墨的颜色调配。例如对于黏着性太大的油墨加撤淡剂、油墨干燥太慢时加催干剂等都属于油墨的适性调配；用现有的常见油墨调配专色油墨则属于油墨的颜色调配。油墨调配是印刷操作员的基本技能之一，还有一些包装印刷企业专门设有调墨这一工作岗位。

在专用测量软件、展色仪和专业油墨调配软件（例如，美国爱色丽公司的InkFormulation）的帮助下，可以实现专色油墨的计算机调配，可极大提升专色油墨调配的效率和质量。

三、油墨的流变性能

油墨具有固体和液体两种特征，在印刷过程中，会发生变形及相应的流动和断裂行为。油墨要在印刷机上经过墨路（Ink Train，由墨斗、墨斗辊、窜墨辊、匀墨辊等一系列

油墨经过路线所构成）的转移、匀墨、分配和传导到印版上，最后转移到承印材料表面，因此需要油墨具有合适的流变性能。如果油墨的流变性能不好，在印刷中可能会出现一系列的工艺问题，如不下墨、飞墨、堆墨辊、堆版、拉毛、网点变形、印迹暗淡无光等。

油墨基本上属于流体（固体状油墨除外），可分为两大类型，即液状（如溶剂型、水型）油墨和浆状（如胶印、凸印）油墨，因此油墨在制造和使用过程中必须都有符合要求的流变性能。

1. 黏度（Viscosity）

黏度是流体抗拒流动的一种阻力，是流体分子间相互吸引而产生的阻碍分子间相对运动能力的量度。

黏度表现了油墨阻止其自身流动的一种内部摩擦阻力，也称为流动阻力。

油墨的黏度和它的流动度是成反比的，下面的实验可以非常形象地反映油墨的黏度。在垂直的流动性测试玻璃板上等量放置不同种类的测试油墨，并在15min后比较两种油墨流坠距离，如图3-94所示。

实验很明显表明左边的黄色墨的黏度更高（流动距离更短、流动阻力更大）。用墨刀挑起两种油墨，观察它们的流动距离，也可以比较它们黏度的大小，如图3-95所示。

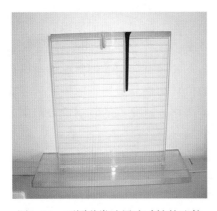

图3-94　不同种类油墨流动性的比较

图3-95　生产实践中观察两种油墨的黏度对比
（观察结果：黄墨黏度小）

（图片来源：Heidelberg）

2. 黏着性（Tack）

黏着性是指油墨层被外力分离时其内部抗拒被破坏的内聚力。

在印刷过程中，随着墨辊的转动，以及油墨从印版（或橡皮布）转移到承印物表面时，油墨层被挤压和分裂，其内部产生一个抵抗墨层分离的力或者阻止墨层分裂的力。

黏着性和黏度是油墨内聚力的两种不同的表现形式，黏着性是由油墨内聚力所产生的阻止油墨分裂的力的量度，而黏度是由油墨内聚力所产生的阻止油墨相对移动的力的量度。

控制油墨的黏着性对于印刷工艺是非常重要的，例如印刷过程中常见的拉毛、掉粉等纸张表面强度的故障的根源就在于：印刷时油墨在速度和压力作用下转移到纸张表面，在油墨墨层发生剥离时，油墨本身的黏着性大于纸张的表面强度，把纸张表面的物质拉扯下来所造成的。用高速相机拍摄的在印刷压区中油墨转移到承印物表面时发生墨层分裂的瞬间照片（油墨膜层开始拉丝→伸长→彻底断裂分离），如图3-96所示。

3．触变性

油墨的触变性是指在一定温度下，油墨搅动时会变得稀薄一点，放置一段时间后，又恢复到原来黏稠状态的性质。

油墨的触变性对于印刷工艺有着非常重要的意义。油墨在从印版转移到承印物的过程中，油墨的黏度由于触变性的作用而下降，从而保证了油墨能够顺利下墨和转移。油墨

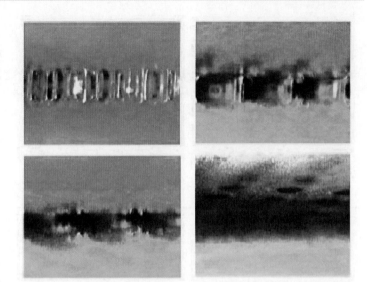

图3-96　用高速相机拍摄的在印刷压区中油墨转移到承印物表面时发生墨层分裂的瞬间照片（油墨膜层开始拉丝→伸长→彻底断裂分离）

（图片来源：Heidelberg）

转移到承印物表面之后，外界的机械作用撤去，油墨的表观黏度又回升，有利于油墨在承印物表面的固着，保证油墨不向四周流溢，使印刷的网点清晰、印品墨色鲜艳饱和。

四、油墨的干燥性能

油墨的干燥是指油墨转移到承印物表面形成液态的墨膜，膜层经一系列物理、化学变化而成为固态或准固态膜层的过程。

油墨的固着干燥是一个非常复杂的物理-化学过程，影响此过程的因素非常多，它是多种因素相互作用、相互影响的结果，如图3-97所示。

油墨在纸张表面印刷后被吸收、固着并干燥结膜的示意图如图3-98所示。

图3-97　影响油墨固着干燥的因素

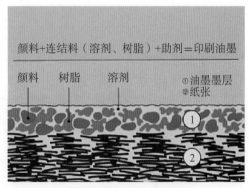

图3-98　油墨在纸张表面印刷后吸收、固着并干燥结膜的示意图

（图片来源：Heidelberg）

　　油墨的干燥过程可分为两个阶段：第一阶段是油墨"固着"阶段，油墨转移到承印物表面后，由液态变为半固态，不再流动，这是油墨的初期干燥，可用"初干性"表示；第二阶段是彻底干燥阶段，半固态的油墨中的连结料发生一定的物理、化学变化，使油墨完全干固结膜，是油墨的彻底干燥阶段，用"彻干性"表示。

　　油墨的干燥速度与油墨的干燥方式有关，油墨的干燥方式又取决于油墨中连结料的组分，因为连结料尤其是其中的树脂和植物油是油墨中的主要成膜物质，如表3-8所示。

表3-8　常用连结料的干燥形式及成膜性

连结料		干燥形式	是否结膜	能否单独作连结料
油	植物油	氧化结膜	是	可以
	矿物油	渗透、挥发（加热）	否	不可以
有机溶剂		挥发	否	不可以
树脂		无（不能单独干燥）	是	不可以

　　油墨的干燥形式是多种多样的，不同的干燥形式适用于不同的印刷方式和承印物。

　　为了适应不同的干燥方式，油墨中连结料的配方需要根据不同材料的性能进行调整和组合，连结料的不同组合以适应不同的干燥方式如表3-9所示。

表3-9　连结料的不同组合以适应不同的干燥方式

连结料组成	干燥形式	连结料名称	是否特殊
干性植物油	氧化结膜干燥	油脂型连结料	常规
矿物油 + 树脂	渗透干燥	不干性矿物油连结料	
溶剂 + 树脂	挥发干燥	溶剂型连结料	
干性植物油 + 矿物油 + 树脂	渗透氧化结膜干燥	树脂型油墨	
干性植物油（少）+ 矿物油（多）+ 树脂	热固干燥	热固型连结料	特殊
水 + 树脂	挥发干燥	水型连结料	
光固树脂 + 交联剂 + 光敏剂	UV 干燥	UV 型连结料	

1. 渗透干燥

　　渗透干燥型油墨的连结料由矿物油、树脂组成，称为不干性矿物油连结料。

　　它的干燥机理是依靠矿物油的渗透作用和纸张的吸收作用共同完成干燥。其干燥过程为：油墨转移到纸张上以后，连结料中的矿物油渗入到纸张内部，留在纸面的颜料与树脂迅速地固着，完成干燥过程。

　　渗透干燥的油墨主要是冷固胶印轮转（CSWO）油墨，用来印刷新闻纸、书写纸等结构较疏松的纸张。

　　渗透干燥的优点是干燥速度快，缺点是干燥后的墨膜不牢固、不耐磨，因为其成膜性不好，油墨被大量地吸收到纸张的结构内部，所以印刷品的图文质量不高。

2. 氧化结膜干燥

氧化结膜干燥型油墨的连结料由干性植物油组成，称为油脂型连结料。

它的干燥机理是利用氧化聚合反应使油墨层由液态变为固态。其干燥过程为：油墨转移到承印物上以后，油墨中的连结料即干性植物油吸收空气中的氧气发生氧化聚合反应，使呈三维空间分布的干性油分子变成立体网状结构的巨大分子，干固在承印物表面。胶印油墨氧化结膜干燥示意图如图3-99所示。

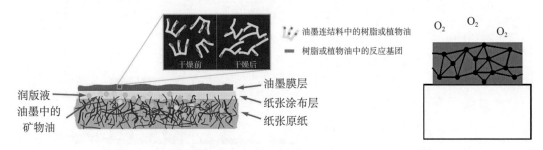

图3-99　胶印油墨氧化结膜干燥示意图

（图片来源：UPM）

氧化结膜干燥的缺点是干燥速度很慢，一般要十几个小时才能使膜层完全硬化，但优点是形成的墨膜光泽好，与纸张结合牢固，耐摩擦性好，并具有一定的弹性。是平张胶印（SFO）油墨的主要干燥方式。

3. 挥发干燥

挥发干燥型油墨的连结料由有机溶剂加树脂或由水加树脂组成。前者是传统的挥发干燥油墨，广泛用于凹版印刷。后者是新型环保油墨的代表，是柔性版印刷油墨的首选，是今后用于包装印刷的油墨的发展方向。

它的干燥机理是依靠油墨中的溶剂向空间挥发来完成干燥。其干燥过程为：油墨转移到承印物表面以后，连结料中的溶剂在空气中挥发，剩余的连结料（主要是树脂）与颜料一起形成固体膜层，固化在承印物表面。

干燥速度取决于溶剂或水的挥发速度。溶剂型挥发性油墨最大缺点在于有挥发性有机物（VOCs）排放，影响环境。

4. 热固干燥

热固干燥型油墨的连结料由少量的干性植物油、较多的矿物油（主要是窄馏程的高沸点煤油）和树脂组成，称为热固型连结料。

它的干燥机理是利用加热烘干装置加快高沸点煤油的挥发干燥速度。其干燥过程为：油墨转移到承印物上以后，通过加热装置使墨层中的高沸点煤油迅速挥发，同时油墨内的树脂被加热软化，固体颜料颗粒渗入半流动状态的树脂中，经冷却后一起固化在承印物表面。

热固干燥型油墨的干燥速度快，但干燥时消耗大量能量。

热固干燥型油墨主要应用于热固轮转胶印机（HSWO）对涂料纸的印刷，它能满足在高平滑度纸张上进行快速印刷的要求。热固轮转胶印机如图3-100所示。

图3-100　热固轮转胶印机使用热固干燥型胶印油墨进行印刷

　　油墨热固干燥的原理示意图如图3-101所示。

　　5. 光固化（主要用紫外线，UV）干燥

　　光固化干燥型油墨的连结料由光固化树脂、交联剂、光敏剂组成，称为光固化（UV）型连结料。

　　它的干燥机理是利用紫外线照射使光敏剂分解形成自由基，这些自由基使光固树脂与交联剂瞬间产生交联，形成类似于塑料膜的固体墨膜并固化在承印物表面。其干燥

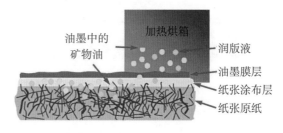

图3-101　油墨热固干燥的原理示意图

（图片来源：UPM）

过程为：油墨转移到承印物上以后，光敏剂受到紫外线的照射被激发形成自由基，自由基使光固树脂和交联剂交联共聚，从而完成干燥过程。紫外线固化干燥示意图如图3-102所示。

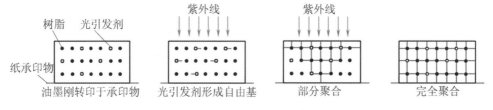

图3-102　紫外线固化干燥示意图

　　UV干燥的最大优点是干燥速度极快，可以实现瞬间干燥，不会产生使用一般油墨时常出现的干燥问题。因此在UV干燥油墨的帮助下，可在非吸收性材料（如塑料、胶片、镀铝纸等）上实现传统胶印印刷；而且UV油墨比溶剂型油墨环保，油墨中不含有溶剂、稀释剂，故无溶剂挥发和吸收，因此所印的油墨全部都会保留在干燥后的墨膜中。缺点是UV油墨使用成本高（油墨成本和UV印刷的设备投资）、干燥时会由于氧化作用产生臭氧以及在高速卷筒纸上的适印性问题。

　　需要指出的是，很少有印刷过程是靠单一的油墨干燥方式实现的，一般都是两种或以上的干燥方式共同实现，只是以其中一种干燥方式为主而已。例如以胶印的三种工艺方式（SFO、HSWO和CSWO）为例，不同类型胶版印刷油墨的干燥方式如图3-103所示。

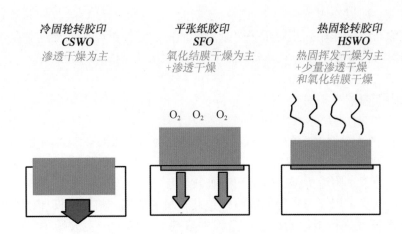

冷固轮转胶印   平张纸胶印   热固轮转胶印
CSWO   SFO   HSWO
渗透干燥为主   氧化结膜干燥为主   热固挥发干燥为主
+渗透干燥   +少量渗透干燥
和氧化结膜干燥

图3-103　不同类型胶版印刷油墨的干燥方式

知识点3　常用印刷油墨种类及其应用

不同印刷工艺对油墨的要求各不相同，需求的多样性导致油墨种类的多样性，不同类型的油墨为了达到不同的性质，其配方各异。

一、平版印刷油墨

平版印刷需要用到润湿液（水），所以在油墨的配方设计原则上，油墨要具有较强的抗水性，防止油墨的过度乳化。油墨中的颜料和连结料应该具有良好的抗水性。平版印刷的墨层较薄，一般在1μm左右，因此要求油墨中颜料的着色力要高。

（1）平张纸胶印（SFO）油墨　平张纸胶印油墨主要为树脂型油墨，连结料由干性植物油、高沸点煤油和树脂组成。它分为普通型、亮光型、快干型和快固亮光型。干燥方式以氧化结膜干燥为主、渗透干燥为辅。

标准的单张纸油墨的氧化干燥一般在2～6h，要求印刷过程中油墨在墨斗和墨辊中保鲜（即在墨斗内6～16h不结皮、墨辊上12～48h不结皮）。

（2）热固轮转胶印（HSWO）油墨　热固轮转胶印的印刷效率和速度是平张纸胶印的3倍以上，印刷完毕的纸张依靠轮转胶印机中的三组热风烘干炉装置烘干，所以油墨的干燥方式是以热固干燥为主、渗透和氧化结膜干燥为辅。热固型卷筒纸胶印油墨的组分类似于快干性平张纸胶印油墨，只是连结料中的干性植物油的含量更少，高沸点煤油的含量更高。因为由于热固轮转胶印的印刷速度快，相比平张纸胶印油墨而言，要求油墨的黏度更低、流动性更好，同时因为热固轮转胶印的高速度，对承印纸张的表面强度提出更大挑战，为了减少拉毛现象的发生几率，要求油墨的黏着性（Tack）更低。

（3）冷固轮转胶印（CSWO）油墨（新闻纸胶印油墨）　冷固轮转胶印也是采用卷筒纸方式印刷，油墨的干燥主要为渗透干燥为主。卷筒纸胶印油墨与平张纸胶印油墨不同之处是连结料的组成，它是以矿物油和树脂为主，利用矿物油的渗透作用和纸张的吸收作用共同完成。所以冷固轮转胶印只适合于新闻纸、未涂布纸等吸收性非常好的纸张印刷，不适宜涂布纸的印刷。相对于平张纸胶印油墨，卷筒纸胶印油墨的黏度小、流动性高，同时油墨的黏着性（Tack）要求更低（因为所用纸张的表面强度低）。

二、凹版印刷油墨

凹印刷油墨按照溶剂类型可分为溶剂型凹版油墨、水性凹版油墨和UV固化凹版油墨三类。

（1）溶剂型凹版油墨　溶剂型凹版油墨中含有大量的有机溶剂，黏度较低、流动性好、表面张力低、附着力强，既适用于吸收性承印物的印刷，也适用于非吸收性承印物的印刷，因此大量用于塑料等非吸收性包装材料的印刷。溶剂型凹印油墨的干燥是靠油墨中的溶剂挥发进行干燥的，干燥过程中溶剂的挥发会产生大量挥发性有机化合物（VOCs），给环境和人体健康带来许多不利影响。

（2）水性凹版油墨　水性凹版油墨是一种无毒、无污染、无刺激性气味、无燃烧危险的环保、安全的新型油墨，最适合于印刷食品包装产品。水性凹版油墨除了符合安全、环保的要求外，在墨性上，具有油墨浓度高、性能稳定、印刷适性好、印迹附着性好等特点，适用于多种材料印刷品的印刷。

水性凹版油墨干燥时依靠热能将油墨中的水分蒸发后产生干燥。

水性凹版油墨的缺点在于不耐碱、不抗乙醇和水，光泽度差，在印刷时容易引起纸张的吸湿产生伸缩变形。

（3）UV固化凹版油墨　UV固化凹版油墨利用紫外线（UV）照射后能在瞬间完成固化干燥，非常适合于在非渗透吸收性材料（例如塑料复合纸、镀膜纸、塑料、薄膜等）表面完成凹版印刷。

三、柔性凸版印刷油墨

用于柔性版印刷的柔性版油墨黏度低，干燥速度快，类似于照相凹版油墨，同样属于牛顿流体。

柔性版油墨的种类很多，目前以水性（环保型油墨）、溶剂型（非环保型油墨，正在被环保型的水性油墨全面替代）两种挥发干燥的油墨为主，其连结料以溶剂或水、树脂组成，同时也有紫外线固化型油墨，采用紫外光光照完成瞬间固化干燥。

采用水性油墨的柔性版印刷在近年来发展十分迅猛，尤其是在商品包装印刷领域。原因之一是采用水性油墨进行印刷，具有先天的环保优势，可广泛用在食品、药品等的包装材料上；二是水性油墨柔性版印刷的技术和产品质量得到很大提高，已能满足精细产品的印刷要求。

四、丝网印刷油墨

丝网印刷的承印物非常广泛，纸张、织物、玻璃、金属、陶瓷、塑料、电路板等平面或曲面都可以采用丝网进行印刷。因为承印物的跨度很广，性能差异大，所以丝网油墨根据承印物种类的不同其配方、成分和干燥方式各不相同。

每种丝网印刷油墨必须要与其承印材料的种类相匹配，使其能较好地在承印材料的表面完成固着和干燥。油墨必须有良好的透过性能，流动性大、黏度低，印刷后渗透快和干燥性能及附着性能好。丝网印刷油墨印刷之后，从色相、光泽到各种耐抗性能，如耐光性、附着性、耐药品性、耐摩擦性等都要符合印刷质量的要求。

五、特种油墨

随着印刷科技和材料科学的发展，人们对油墨提出了新的功能要求和应用要求，因此出现了大量的新型高科技油墨，它们或者具有特殊的功能，例如防伪油墨；或者满足特殊的干燥方式，例如UV干燥、电子束固化干燥；或者对外界环境因素的影响比较敏感，例如光敏油墨、热敏油墨；或者本身具有特殊的性能，例如金银油墨、珠光油墨和香味油墨。这些油墨统称为特种油墨。

特种油墨的概念，主要包括两方面的含义。一是从印刷方式上区别于传统印刷方式；二是在油墨的功能上区别于传统油墨。特种印刷油墨种类繁多，常用的有数字印刷油墨、UV油墨、金属油墨、防伪油墨、导电油墨、光敏油墨、热敏油墨等。特种印刷油墨的种类及其基本含义如表3-10所示。

表3-10　特种印刷油墨种类

序号	名称	基本含义
1	红外线固着油墨	用红外线照射能使墨层迅速固着的油墨
2	热熔油墨	室温下呈固态，印刷机墨斗加热使之熔化后印刷的油墨。印件受冷时油墨即凝固，故又称冷固着油墨
3	湿固着油墨	印件墨层吸收水分到一定程度时油墨中的树脂即析出凝固而干燥的油墨
	蒸汽固着油墨	是湿固油墨的一种，用水蒸气处理能迅速固着而干燥
4	蜡固着油墨	这种油墨印刷的印刷品，刚印好立即浸入熔融的蜡液中，墨层能立即固着。又称蜡凝固油墨
5	热固化油墨	受热能迅速反应生成不溶、不熔固体墨膜的油墨
6	UV固化油墨	印件上的墨层用紫外线（UV）照射后能在瞬间即完全固化的油墨
7	电子束固化油墨	用电子束（EB）照射，在瞬间即能固化的油墨
8	热转移油墨	在特制纸张上印刷好的图案文字，经过接触加热方法转移到其他材料上去的油墨
9	贴花油墨	在特制的易剥离，并可水湿贴附转移的贴花纸上印制图像的油墨
	陶瓷贴花油墨	由专用于陶瓷的颜料和连结料制成的油墨，印制成陶瓷贴花纸后，贴附转移在陶瓷上，再经烧结而显色
10	导电油墨	用导电材料制成的油墨，具有一定程度导电性质，可作为印刷导电点或导电线路之用，尤其在射频（RFID）标签的印刷上得到广泛应用
11	磁性油墨	用磁材料制成的油墨，在某种底基上印好字码后可用电子阅读装置判读
12	光学记号判读油墨/光学字符判读油墨	由炭黑等颜料制成的油墨，其印件对光学扫描阅读机能表现出一定的反射对比度，借此对所印的线路标志用光学扫描阅读机判读

续表

序号	名称	基本含义
13	安全油墨	油墨的印迹与退色灵或水接触会变色或退色，也极易被橡皮擦去，用以印有价证券底纹可防止涂改
14	隐显油墨	一般情况下油墨印迹不可见，紫外光照射可见，化学品处理可见
15	防伪油墨	特殊条件下发生一定变化的油墨，印刷可见或不可见的标志，便于查证和防止伪造
16	发泡油墨	油墨中含有发泡材料。印件加热处理，即发泡隆起，成为凸起一定高度的印刷品
17	盲文印刷油墨	盲文读物要求字迹凸起较高，以便手读，所用油墨为发泡油墨中的一种
18	隆凸油墨	能使印迹凸起以求醒目的油墨
19	防霉油墨	能在一定程度上防止霉菌生长的油墨
20	芳香油墨	具有芳香气味的油墨
21	耐油脂油墨	印刷奶油及其他油脂制品包装的油墨，与油脂接触不渗色不脱落
22	耐洗烫油墨	印件墨层吸收水分到一定程度时油墨中的树脂即析出凝固而干燥的油墨
23	可洗去油墨	湿固油墨的一种，用水蒸气处理能迅速固着而干燥
24	金属油墨	指用金属颜料制成的油墨，如金墨、银墨
25	金墨	印刷后呈金黄光泽的油墨，系由铜粉为颜料所制成
26	银墨	印刷后呈白银光泽的油墨，系由铝粉为颜料所制成
27	珠光墨	用珠光粉作为颜料制作的油墨，能够反射强光
28	荧光油墨	荧光颜料油墨，具有将紫外线短波转换为较长的可见光而反射出更耀目色彩的性质
29	平光油墨（无光油墨）	印迹反射率极低或完全无反射光泽的油墨，又称亚光油墨
30	发光／磷光／夜光油墨	用发光颜料制成的油墨，受日光或其他光源照射激发后，发出淡绿色磷光
31	双色调油墨	在连结料中含有可溶性染料的油墨，印迹边缘会因可溶性染料渗出的色晕，而呈双重色调
32	二片罐油墨	铝制二片罐生产线印刷油墨。用可磁化的材料制成的油墨，在某种底基上印好字码后可用电子阅读装置来判读
33	三色版油墨	适用于三色版印刷的黄、品红、青三原色成套油墨
34	玻璃油墨	在玻璃上进行印刷并能牢固附着的油墨
35	玻璃纸油墨	可在玻璃纸上进行印刷并能牢固附着的油墨
36	金属箔油墨	可在金属箔上进行印刷并牢固附着的油墨
37	软管油墨	适用于金属软管印刷工艺的油墨。
38	软管滚涂油墨	适用于金属软管滚涂底色的油墨
39	印铁滚涂油墨	适用于涂锡薄铁皮辊涂底色的油墨
40	复写纸油墨	专用于制造复写纸的油墨
41	圆珠笔油墨	专用于制造圆珠笔芯的油墨
42	盖销油墨	专用于邮票等盖印注销的油墨
43	号码机油墨	适用于号码机盖号码的油墨
44	涂盖墨	打字或制版改错涂盖用油墨，为白色后者为黑色用于织物印刷，耐洗烫，不渗色、变色、脱落

续表

序号	名称	基本含义
45	无水胶印油墨	不用润湿水系统来进行印刷的胶版油墨
46	凸版转印油墨	凸版沾墨印在橡皮布上再转引到承印物上的油墨。俗称干胶印油墨
47	静电复印油墨	适宜于静电复印工艺的具有特殊静电性质的干式粉末状态和悬浮液状态油墨
48	干法静电复印色调剂	适宜于干法静电复印机用的，极易由于摩擦或感应带静电的有色粉末，有单组分和双组分之别
49	湿法静电复印油墨液	带静电色素颗粒悬浮在某种相对绝缘介质中的液态胶体体系，适宜于湿法静电显影之用
50	喷墨印刷油墨	通过喷墨印刷机，按要求喷射到承印物表面产生图像文字的油墨
51	石印制油墨	又称石印描版墨、汽水墨、转写墨，对人造大理石板材具有特殊的附着力，可制成石印版
52	落石墨	晒版显影墨。适用于制好图文的石印版或胶印版上，增加印版上图文部分的牢度
53	电子元件标记油墨	在各种塑封后的电子元件上，用以打印标志的油墨
54	导线油墨	在导线的绝缘包裹层上打印标志，不易脱落的油墨

任务　综合分析比较各类印刷油墨的性能及应用特点

训练目的

1. 通过实训认知常用的平版、凹版、柔性凸版和孔版印刷油墨的基本特点。
2. 通过实训认知四色胶印油墨和专色胶印油墨（如金、银墨、Pantone专色墨等）。

训练条件（场地、设备、工具、材料等）

1. 场地：教室。
2. 设备：IGT迷你UV干燥机，如图3-104所示。
3. 工具：8倍放大镜、高倍放大镜（40倍以上）、刮墨刀、玻璃板（或不锈钢板）、电吹风、专色和四色的胶印印刷样品。
4. 材料：A4平张纸样纸若干、塑料薄膜片基、不同种类四种传统印刷用油墨、四色和专色胶印油墨、金银色等金属油墨、印刷光油油墨、UV印刷油墨。

图3-104　IGT迷你UV干燥机

方法与步骤

1. 分别用刮墨刀挑起平版、凹版、柔性凸版和孔版印刷油墨，观察和感觉比较它们的流变性、黏度等物理性能，并用嗅觉感知各种印刷油墨的气味。
2. 分别用刮墨刀将平版、凹版、柔性凸版和孔版印刷油墨薄而均匀地涂布在纸张和塑料薄膜片基表面，观察它们在这两种表面的吸收和固着干燥过程（比较干燥速度和干燥程度，干燥时的挥发气味），在干燥过程中不断用手指感觉油墨表面的膜层黏性变化，必要时可以使用电吹风的热风档或冷风档进行辅助干燥。

3．用刮墨刀将UV印刷油墨薄而均匀地涂布在纸张和塑料薄膜片基表面，再通过IGT迷你UV干燥机进行UV照射干燥，比较它们与传统热风、渗透、挥发和氧化固着等方式的干燥速度差异。

4．用放大镜观察四色油墨印刷品和专色油墨印刷品在叠印实地、叠印网点区域的表现，并总结它们的特征。

5．观察和认知四色印刷油墨和专色油墨、金银色等金属油墨、印刷光油油墨各自的颜色表现，必要时可以采用将他们薄而均匀地涂布在纸张表面的方法进行观察。

考核基本要求

1．能够理解常用的平版、凹版、柔性凸版和孔版印刷油墨的基本性能和应用特点，尤其是它们的干燥方式。

2．能够理解UV油墨干燥方式比较传统干燥方式的优点。

3．能够理解四色印刷油墨和专色印刷油墨在印刷品颜色表现时的特征（实地、网目调区域）。

项目三　印刷辅助材料认知

知识点1　润湿溶液

一、润湿溶液（Dampening Solution）的作用

在有水参与的平版印刷过程中（无水胶印印刷方式除外），印版上不上墨的空白部分和上墨的图文部分几乎处于同一个平面（相差仅几个微米——亲油性感光膜层的厚度），因此无法利用印版上图文部分和空白部分之间的高度差来选择性吸附油墨，而只能利用油水不相溶的原理，在水的帮助下实现图文部分对油墨的选择性吸附。

平版印刷工艺使用的水并非纯水，而是由各种弱酸、盐、氧化剂、胶体、表面活性剂等物质溶于水中所组成的具有特定性能的混合溶液。它的作用在于：①使印版的空白部分形成均匀的水膜而润湿，并在印刷过程中抵制油墨向空白部分的浸润，保持其亲水斥油的性能，防止脏版故障；②由于橡皮滚筒、靠版水辊、靠版墨辊与印版之间相互摩擦，造成印版的磨损，而且纸张上脱落的纸粉、纸毛还会加剧这一过程，所以，随着印刷数量的增加，版面上的亲水层便遭到了破坏。此时就需要利用润湿溶液中的电解质与因磨损而裸露出来的版基金属铝或金属锌发生化学反应，以形成新的亲水层，维持印版空白部分的亲水性能；③降低版面因摩擦而产生的热量，控制版面油墨的温度。一般油墨的黏度，会随温度的微小变化会发生急骤的变化。实验表明，温度若从25℃上升到35℃，油墨的黏度便从50Pa·s下降到25Pa·s，油墨的流动度可增加一倍；④润湿液能有

效清除印版表面堆积的纸粉纸毛等杂质，对版面起着清洗作用。

二、润湿溶液的分类、组成和作用

根据润湿液的成分不同，目前使用的润湿液主要有普通润湿液、酒精润湿液和含非离子表面活性剂的润湿液等几种类型。各种不同类型的润湿液都是在水中加入某些化学成分，配制成浓度较高的原液或制成粉末状固体，使用时再按照比例要求用水稀释成润湿溶液。

1. 普通润湿液

普通润湿液是一种最早使用的润湿液。普通润湿液的配方很多，主要成分有弱酸、弱酸盐、氧化剂、水溶性胶体及一些有机酸，如磷酸等，因此又称酸性润湿液。它可以根据胶印机或印刷材料不同对以上组分进行组合，形成在性能上略有区别的普通润湿液。

其主要成分为：磷酸（H_3PO_4）、硝酸铵（NH_4NO_3）、磷酸二氢铵（$NH_4H_2PO_4$）、重铬酸铵[（NH_4）$_2Cr_2O_7$]、亲水胶体（阿拉伯树胶）或羧甲基纤维素钠（CMC）、水。常用配方如表3–11所示。

表3–11　润湿液的常用配方

组分	润湿液				
	1	2	3	4	5
磷酸（H_3PO_4）	50mL	200mL	25mL	9mL	200mL
硝酸铵（NH_4NO_3）	150g		250g		
磷酸二氢铵（$NH_4H_2PO_4$）	75g	150g	200g		210g
重铬酸铵[（NH_4）$_2Cr_2O_7$]	10g	300g			
柠檬酸					250g
阿拉伯树胶或CMC	200mL				120g
水	3000mL	3000mL	3000mL	3000mL	3000mL

普通润湿液的润版原理在于：

PS版的空白部分覆盖着亲水的氧化铝薄层，在印刷过程中，由于靠版水辊、靠版墨辊、橡皮滚筒对印版的挤压和摩擦作用，亲水层会被磨损，如果得不到及时修补，版面空白部分的润湿性能将受到破坏。润湿液中的磷酸能和印版空白部分裸露出来的金属发生化学反应，重新生成磷酸铝，这样便保持了印版空白部分的亲水性能，化学反应如下：

$$2Al+2H_3PO_4 \rightarrow 2AlPO_4（无机盐）+3H_2\uparrow$$

磷酸属于中强酸，除了具有维持印版空白部分亲水性的作用外，还具有清除版面油污的作用。

从上述反应式可以看出，当磷酸和金属版材上的铝发生化学反应时会伴有氢气生成，微小的氢气泡被版面空白部分吸附后，会逐渐聚成较大气泡，如果得不到及时清除，会影响润湿液对印版的润湿效果。因此需要用到润湿液中的氧化剂（常用重铬酸盐或硝酸铵）将反应中释放出来的氢离子氧化成水，消除了印版上的气泡，离子反应式如下：

$$Cr_2O_7^{2-}+2H^+ \rightarrow H_2Cr_2O_7$$

$$NO_3^-+H^+ \rightarrow HNO_3$$

在润湿液中，为了维持一定的酸碱度，一般在加入弱酸的同时还需要加入弱酸盐，例如磷酸二氢铵（$NH_4H_2PO_4$），以构成缓冲溶液，达到控制润湿液酸碱度的目的。

润湿液中的胶体，如阿拉伯树胶或羧甲基纤维素钠（CMC），是一种亲水性可逆胶体，不仅对印版空白部分有保护作用，而且改善了润湿液对印版的润湿性能。

2. 酒精润湿液

为了提高润湿液对印版空白部分的润湿性能，必须设法降低润湿溶液的表面张力，在普通润湿液中加入乙醇、异丙醇等低碳链的醇，可以有效降低润湿溶液的表面张力。

酒精润湿液一般是在普通润湿液中加入乙醇或异丙醇构成的，添加浓度一般控制在8%~10%。常用配方见表3-12。

表3-12 酒精润湿液的常用配方

组分	润湿液			
	1	2	3	4
磷酸（H_3PO_4）	22mL	5mL	15mL	10mL
乙醇（C_2H_5OH）	340mL	340mL	250mL	
磷酸二氢铵（$NH_4H_2PO_4$）			25g	
重铬酸铵 [（NH_4）$_2Cr_2O_7$]		30g		
异丙醇 [$CH_3CH（OH）CH_3$]				300mL
柠檬酸			30g	
阿拉伯树胶或CMC	40mL	15mL	10g	5g
水	1000mL	1000mL	1000mL	1000mL

使用酒精润湿液的优点：①能显著降低水的表面张力，减少供水量，保持润湿的稳定性；②可减少润湿液的惰性，迅速调节版面的水墨平衡，提高生产效率；③在正常的油墨乳化中，易挥发的酒精在挥发时能带走大量的热量，可有效降低版面温度、保持油墨黏度稳定性、降低了油墨的乳化值，可使印品墨色鲜艳、具有光泽；④由于酒精润湿液可采用无绒水辊，可避免因水辊绒布老化而影响质量；⑤无电解质，不易在窜墨辊上形成亲水层而脱墨。

但是，使用酒精润湿液也有缺点：①醇类易挥发，如果控制不当补充不及时，会使醇类浓度降低，润湿液表面张力升高，润湿效果减弱。为了降低醇类的挥发速度，需要降低润湿液的温度，一般应控制在10℃以下；②醇类的挥发对环境和安全不利，同时也存在着VOCs的排放影响环境。现代印刷工业正在开发低含量酒精或无酒精的润湿液，例如使用碳酸氢盐作为酒精的替代品；③酒精润湿液的使用成本高。

3. 非离子表面活性剂润湿液

为了有效地降低润湿液的表面张力，同时又不产生对环境的不利影响，近些年将非离子表面活性剂加入到润湿液中，替代酒精来降低润湿液的表面张力。表面活性剂分子具有特殊的两亲结构，加入到体系中，可以明显降低水溶液的表面张力或界面张力。

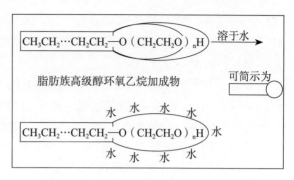

图3-105　非离子表面活性剂溶于水示意图

非离子表面活性剂是指溶于水时，不能电离生成离子的一类表面活性剂，其溶于水时的状态如图3-105所示。

非离子表面活性剂由于无离子性，故不怕硬水也不受pH的限制，分子中亲水及憎水部分的效能，常常可以用化学方法加以改变，是用途最广的一种表面活性剂。

非离子表面活性剂能大大降低水的表面张力，提高润湿液的润湿、乳化、清洁等性能。

三、润湿溶液的参数及其控制

润湿液的浓度、pH、表面张力及电导率等对平版胶印印刷过程有重要影响，不仅润湿液的组分不同、含量不同会影响润湿液的性质，而且配制润湿液所使用的水的品质不同也会对润湿液的性能造成影响，进而影响油墨的流变性质和乳化。

正确使用润湿溶液的目的在于：①使产品墨色鲜艳，色泽好；②使图文墨迹迅速氧化结膜而干燥；③使油墨在印刷中保持最小的乳化值并保持稳定；④使图文和空白基础层相对稳定，保持印版的图文层次分明，网点清晰、光洁。

1. 润湿液的浓度

润湿液的浓度指润湿原液（或润湿粉）与水的配比，常以百分数来表示。

（1）润湿液浓度对印刷工艺的影响

①浓度过大。润湿液pH偏高，油墨干燥慢，印版耐印力降低，图文和空白基础受到破坏；

②浓度过小。润湿性不好，空白部位版面起脏、糊版，用水量加大。

（2）决定润湿液浓度大小的因素

①油墨的性质。不同的油墨因颜料，含油量、油性、黏度、流动性、耐酸性等性质存在差异，对原液的用量的要求也不同。一般的规律是：品红>黑>青>黄，深色>浅色。

②油墨的黏度和流动性。油墨的黏度和流动性不一样，润湿液原液的加放量也不同。一般黏度与流动性成反比，油墨黏度大，则流动性小，油墨的内聚力大，在版面不易铺展，因此可适当减少原液的加放量。反之，油墨黏度小，则流动性大，内聚力小，在版面铺展的可能性就大，使版面上脏，故润湿液的用量应适当加大。

③印版图文的载墨量。图文部分的油墨在压力作用下，有向空白部分铺展并占领空

白面积的趋势，墨层越厚，铺展越严重。因为版面图文基础载墨量有限，所以图文基础载墨量的大小，是决定润湿原液用量的重要条件。一般规律是：图文墨层厚，原液用量大；图文墨层薄，原液用量小。

④催干剂用量。催干剂的用量大，油墨的干燥速度快，使油墨的颗粒变粗、黏度提高，对版面空白部分的感脂性增强，易产生糊版，因此，原液的用量可适当增加，但应避免形成水大墨大的恶性循环。

⑤版面图文结构和分布情况。版面的图文一般都是由实地、网点、线条和文字等组成。根据它们的结构和分布状态，原液用量要有所变化。如果是满版的文字或线条的印版，则原液的加放量要增加；若全部是网点的印版应减少原液的用量；较困难的是实地、网点、线条兼顾的印版，原液的用量应兼顾多方因素，使之有利于空白和图文部分的稳定。

⑥环境温度。温度升高，油墨的流动性增大，同时能分解出更多的游离脂肪酸，易使版面上脏、糊版。所以，温度升提高，原液用量增加；温度降低，原液用量减少。

⑦纸张性质。纸张性质主要是指纸张的表面强度和酸碱度。使用质地疏松并含有杂质的纸张印刷时，由于油墨黏度的影响、使纸毛和杂质堆积在橡皮布上，增加对印版的磨损而起脏。故应适当增加原液的用量来补充无机盐层和清洗油脏。洁白而坚韧纸张的印刷，则原液的加放量可相应地减少，尤其是印刷涂料纸时，更应减少原液的用量，以防纸面泛黄而影响产品质量。另外，印刷酸性纸张时，原液用量要减少，印刷碱性纸张时，原液用量要增加。

⑧机器速度。印刷速度快，印刷压力大，橡皮布及衬垫硬度高等因素，原液的用量可适当增加。

（3）润湿液浓度的正确选择与控制

①印刷中原液的增减。由于各种理化因素的影响，"事先估量"的原液加放量往往不够准确，还要根据印刷过程中版面、橡皮布及印刷品上的具体情况，作"事后调整"。

需要增加原液用量的场合：网点扩张，印迹模糊，层次合并不清晰；空白部分上脏掉油腻，表现在咬口边的空白区有脏迹反映。

需要减少原液用量的场合：网点面积消瘦；网点缩小或丢失而花版，层次不匀；金属窜墨辊脱墨，版面严重泛黄。

这里要特别指出的是：润湿液的酸性浓度大小与上述所提到的"花版"、"糊版"之间的关系是不可逆的，润湿液浓度掌握不理想就能造成"花版"、"糊版"的弊病，但反之则不一定成立。因为除了润湿液浓度之外，还有许多其他因素（诸如墨辊上容墨量过多，油墨流动性过大，燥油过多、压力过大……引起"糊版"现象；剩余墨层不足，版面水分过大，油墨附着力差、版面摩擦量大……引起"花版"现象）都能造成印版的"花"、"糊"。同时，也应该知道不能以增减润湿液浓度作为控制及解决"花版"、"糊版"的唯一办法，尤其是不能无限制地增加浓度。这是因为增减浓度的主要作用是使印版图文部分和空白部分的性能相对稳定，并尽可能遵循"在保证印版不起脏的前提条件下，润湿液的使用量越少越好"的使用原则。

②使用润湿液的注意事项。配方不宜经常变动，否则会使操作人员不易掌握规律；稀释时应使用量杯或天平，准确度量配比成分，注意清水纯度；稀释时应先放原液，后

放清水，使之充分混合，因为相对密度不同，否则电解质可能发生沉淀；润湿原液尽量避免与印版直接接触，防止酸性过大损坏印版。尤其是含铬酸药水要绝对禁止入口，也尽量避免接触皮肤；机台换色印刷时，应在这一印件（色）还剩500～700张时，将水斗中的润湿液调整为下一印件（色）所需要的浓度；防止润湿液的蒸发和挥发，保持润湿液的浓度恒定。

2. 润湿液的pH

润湿液保持一定的pH，是印版空白部位生成无机亲水盐层的必要条件，润湿液的pH对印版的耐印力、油墨的转移、润湿液的表面张力等都有影响，因此，应定时测定润湿液的pH，并控制在印刷工艺所要求的范围内。

（1）润湿液pH对印刷的影响

①弱酸性润湿液是版面空白部位生成亲水无机盐层、保持亲水性的有利条件。平版印版中的金属铝在强酸和强碱中很不稳定，易发生化学腐蚀作用，而在弱酸介质中，铝版表面会被轻度腐蚀，生成一层亲水盐层，有利于保持版面的亲水性。

② pH过低，酸性过大，会严重腐蚀金属版基，破坏图文和空白基础，并减缓油墨的干燥速度。当润湿液的酸性过大时，空白部位会被深度腐蚀，使印版空白部位出现砂眼，这些砂眼会使润湿液过多地留在空白部位，影响油墨的正常转移，随着腐蚀的进一步发展，图文部位和版基间的结合也遭到破坏，造成网点损伤甚至完全脱落。

胶印油墨中一般都加有促进干燥的干燥剂，它们是铅、钴、锰等金属的有机酸盐，遇强酸后这些金属离子会与之发生反应，从而大大降低了油墨的干燥时间。实践证明，当润湿液pH从5.6降到2.5时，油墨的干燥时间由原来的6h延长到24h；用非离子表面活性剂润湿液印刷，当pH从6.5下降到4.0时，油墨的干燥时间由3h延长到40h。

③pH过高，会破坏PS版的图文亲油层，并引起油墨的严重乳化。碱性过大会使图文基础溶解，造成印刷图像残缺不全，印刷质量下降。且碱性物质会中和油墨中的脂肪酸，破坏油墨的抗水性，使油墨变得亲水，从而造成油墨和润湿液相混合，即油墨的乳化。

（2）影响润湿液pH大小的因素

①印版图文面积。面积小，pH稍高；反之，稍低。

②印刷温度。温度高，pH稍低；反之，稍高。

③干燥剂的用量。用量大，pH稍低；反之，稍高。

④墨量大小。墨量大，pH稍低；反之，稍高。

⑤油墨的酸性。酸性大，pH稍高；反之，稍低。

（3）润湿液pH的正确选择与控制

润湿液最佳pH：4.2～6.0。

控制方法：定时检查，及时调整。

调整方法：润湿液pH偏高时，加原液；偏低时，加水。

3. 润湿液的电导率

电导率是电阻的倒数，用μs/cm表示，其高低可以间接表示溶液中各种离子浓度的高低。决定润湿液电导率主要由润湿液原液中的各种电解质和其他成分，以及稀释用水的硬度来决定的。

　　实验表明，用不同硬度的水稀释润湿原液，由于润湿液缓冲体系的存在，使得润湿液的pH不会发生明显变化，但是润湿液的电导率则变化明显。

　　润湿液中钙、镁离子增多，长期使用会沉积水垢，不仅影响输水系统循环，还影响水辊、墨辊、橡皮布表面的润湿性能，并阻碍油墨的传递。此外，钙、镁离子增多还可能引起油墨过度乳化，从而影响印刷的质量。实验证明，通过简单的快捷电导率检测方法可以准确监测润湿液中各种离子浓度的变化，直接反映出水硬度变化对润湿液性能的影响，同时也可以监测润湿液原液的含量变化。

四、常见PS版的润湿液

　　①润湿粉（国产立德粉）：0.1%粉+99.9%水（一般用在国产胶印机上）。

　　②水+2%磷酸+少量阿拉伯树胶。

　　③水斗原液+水。

　　④10% ~ 25%酒精+水。

　　⑤水斗原液+酒精+水。

　　⑥水+草酸（或柠檬酸）。

知识点2　橡皮布

　　平版胶印是四大传统印刷中唯一的间接方式印刷，必须依靠橡皮布来转移组成印刷图文的油墨。具有良好弹性的橡皮布能在较小的压力下使滚筒处于完全接触的滚压状态，从而使印刷出的网点清晰度高，阶调、色彩再现性好。橡皮布的好坏直接关系到印刷品质量的高低及印刷生产任务能否顺利完成。

一、橡皮布（Blanket）的结构特征

　　在平版胶印中，常用的橡皮布主要有两类：普通型橡皮布和气垫型橡皮布。

　　普通型橡皮布由表面胶层、织布层和弹性胶层（布层胶）组成，其厚度一般在1.80 ~ 1.95mm，分为三层结构和四层结构等品种，其结构示意图如图3-106所示。

　　气垫型橡皮布由表面胶层、气垫层、弹性胶层和纤维织布层组成，其厚度一般在1.65 ~ 1.95mm，也分为三层结构和四层结构等品种。其结构如图3-107所示。

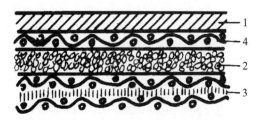

图3-106　普通型橡皮布结构示意图　　　　图3-107　气垫型橡皮布结构示意图

1—表面胶层　2—织布层　3—布层胶　　　1—表面胶　2—气垫层　3—布层胶　4—织物层

气垫型橡皮布与普通型橡皮布的区别在于气垫型橡皮布的表面胶层与第二层织布之间有一层厚度度为0.40～0.60mm的微球体（孔径为5～10μm）组成的微孔状气垫层，该气垫层使气垫型橡布具有了可压缩性。其实物剖面放大图如图3-108所示。

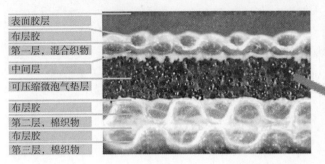
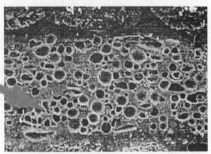

| 表面胶层 |
| 布层胶 |
| 第一层，混合织物 |
| 中间层 |
| 可压缩微泡气垫层 |
| 布层胶 |
| 第二层，棉织物 |
| 布层胶 |
| 第三层，棉织物 |

图3-108　气垫型橡皮布实物剖面放大图

（图片来源：Heidelberg）

气垫橡皮布的厚度如图3-109所示。表面胶层厚0.35～0.40mm；可压缩微孔状气垫层厚0.35～0.40mm；表面胶层与可压缩微孔状气垫层之间的混合织物层厚0.25～0.30mm；三个布层胶加棉织物层每层厚0.25～0.30mm。

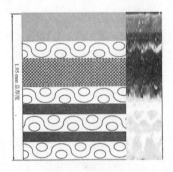

图3-109　气垫型橡皮布各层厚度示意图

（图片来源：Heidelberg）

1. 表面胶层

表面胶层应选择耐油性强的丁腈橡胶（人工合成橡胶），因为在印刷过程中橡皮布始终担负着转印任务，表面胶层起着重要作用，它不断地与印版上的油墨、润湿液、油墨等接触，同时还要承受动态压缩力和弹性恢复力的作用，因此表面胶层应具有良好的油墨吸附性、传递性以及耐酸碱和耐溶剂性能，同时还应具有较高的弹性、强度和硬度。在该层中添加的填充剂和增塑剂，就是为了改善和调节上述诸多性能。表面胶层的厚度要根据不同类型橡皮布的结构厚度来确定，一般在0.6～0.7mm。过厚会使印刷品网点变形，影响套印质量；过薄则硬度偏高，弹性不足，使网点转移不实，并可能出现墨杠，影响印版的耐印力和印刷品的质量。

为了提高表面胶层的机械性能，一般要对橡胶进行硫化处理。因为橡胶是由单体聚合而成的高分子化合物，未硫化的橡胶分子是一种线型结构，经过硫化后交联成体型的网状结构，其塑性降低，弹性增加，强度得到提高。橡胶硫化后的网状结构模型如图3-110所示。

表面胶层的表面结构决定着橡皮布的表面结构，它可由多种工艺方法来创建（压凹凸花纹、研磨、精细研磨）。表面结构极大地影响着印刷品的质量，也影响着橡皮布的拉伸变形性和快速回弹性。三种方法制成的橡皮布的表面结构如图3-111所示。

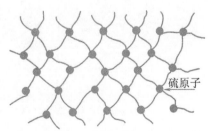

硫原子

图3-110　橡胶硫化后的网状结构模型

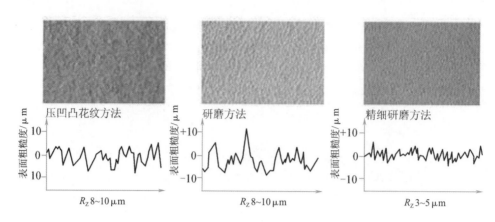

图3-111　三种方法制成的橡皮布的表面结构

（图片来源：Heidelberg）

橡皮布表面研磨质量对比图如图3-112所示。

2. 弹性胶层

在整体结构中，弹性胶层的主要作用是使织布层之间能牢固地黏

图3-112　橡皮布表面研磨质量对比图

（图片来源：Heidelberg）

合成为骨架，并使其具有适当的硬度与弹性，因此要求具有良好的弹性、压缩变形和复原性，并具有很好的黏附性。

一般采用黏结力好、但耐油性差、易老化的天然橡胶作为弹性胶层的原料。

弹性胶层在橡皮布的各纤维织布层间的厚度是不同的，这是为了适应印刷表面胶层的可压缩性、回弹性和柔软性。弹性胶层的总厚度一般控制在1.1～1.2mm。

对于气垫橡皮布而言，弹性胶层包括织布、充气层和布层胶。充气层是具有微孔结构的海绵橡胶层，孔径一般为5～10μm，它使气垫橡皮布具有可压缩性。气垫层可分为三大类：微球体形处理密封式气垫、吹气形处理密封式气垫和盐滤形处理开放式气垫。现今微球体型式气垫橡皮较普遍。据专家介绍，盐滤式气垫具有较佳印刷效果。气垫橡皮布三种类型的气垫层如图3-113所示。

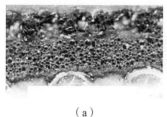 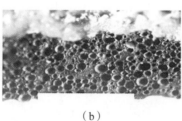 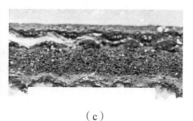

　　　（a）　　　　　　　　　　（b）　　　　　　　　　　（c）

图3-113　气垫橡皮布三种类型的气垫层

（a）微星形处理密封式气垫　（b）吹气形处理密封式气垫　（c）盐滤形处理开放式气垫

（图片来源：Heidelberg）

3. 织布层

织布层是橡皮布的基础支撑层，要承受较大的挤压和拉伸作用，因此常选用高强度的长绒棉布作为骨架材料，它能使橡皮布在印刷中具有较高的抗张强度和最小的伸长率。整个织布层一般有三层或四层织布，依靠弹性布层胶牢固黏接在一起，形成橡皮布的骨架结构。

二、橡皮布的性能与特点

胶印橡皮布不同于一般的橡胶制品，它担负着将印版上的油墨传递到纸张上的作用，因此有一些重要的性能要求。

（1）硬度　是指橡胶抵抗其他物质压入其表面的能力。从印刷工艺要求来说，橡皮布的硬度应该适中。硬度过高，容易磨损印版，且要求纸张的表面平滑度也较高；而硬度过低，网点在转移过程中会产生变形，一般硬度（邵氏硬度）控制在65～70。

（2）弹性　是指橡皮布在除去其变形的外力作用后立刻恢复原状的能力。橡皮布必须具备很高的弹性。否则，来不及回弹的橡皮布接触不到印版上的油墨或接触不充分，就会造成转移的网点不实或丢失。

（3）压缩变形　是指橡皮布经多次压缩后橡胶变形的程度。印刷中橡皮布经过无数次的压缩回复过程，便会产生压缩疲劳而带来永久变形，厚度和弹性会减小，硬度增大，致使橡皮布不能继续使用。因此需要橡皮布耐压抗疲劳，压缩变形越小越好。

（4）扯断力　是指橡皮布被扯断时所用的力。橡皮布在印刷时受到的拉力将近1000kg，所以在考虑骨架材料时，底布织物要具有相当高的强度，橡胶面层也必须有一定的强度。

（5）油墨的传递性　是指橡皮布转移油墨的能力。橡皮布需要具备较强的接受油墨的能力（即吸附能力）、良好的转移油墨的能力和较强的疏水能力。橡皮布的表面胶层由合成橡胶（如氯丁橡胶、丁腈橡胶）组成，它含有一些极性基团，但仍以非极性为主，故能够很好的被油墨所润湿。

（6）表面胶层的耐油、耐溶剂性　是指橡皮布表面胶层抵抗油或某些溶剂渗入的能力。此性能越高越好。

（7）外观质量　是指橡皮布的表面应像印版一样需要经过表面处理，使其表面均匀分布无数细小的砂目，并达到表面细洁滑爽，无细小杂质的目的。厚度要均匀，平整度误差控制在±0.04mm之内。

普通型橡皮布具有良好的弹性和瞬间复原性，吸墨传墨性能好，有一定的抗酸性。但在动态压印状态下，因为其不可压缩的性质，被压缩部分橡皮布的表面胶层会向两端伸展，产生挤压变形而出现"凸包"现象，容易导致此处的图文印迹或网点位移及变形。普通型橡皮布在压印时产生"凸包"现象如图3–114所示。

气垫型橡皮布具有优良的吸墨、传墨和抗酸性能，对印版磨损小，耐印力高，剥离性好。其可压缩性或瞬间复原性良好，特别是在动态受压过程中，微球体中的气体会被压缩，微球体体积缩小，使气垫橡皮布在压印中产生正向压缩变形而不会向两端扩张，故不会出现"凸包"现象，如图3–115所示。

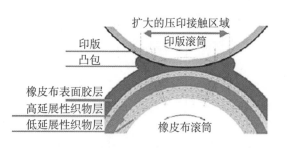

图3-114　普通型橡皮布在压印时产生"凸包"现象
（图片来源：Heidelberg）

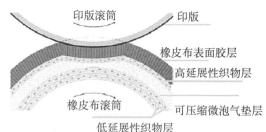

图3-115　气垫型橡皮布在压印时因压缩变形而
不会产生"凸包"现象

（图片来源：Heidelberg）

因此，气垫型橡皮布在压印区域内的受力得到均匀分布，在印刷图文复制过程中不易出现网点变形和重影等故障，能适应多种规格产品的印刷。气垫橡皮布的可压缩量为0.15~0.25mm。在印刷过程中，可在规定范围内任意调整印刷压力，气垫橡皮布均能保持良好的工作状态，并获得最佳的印刷效果。另外，气垫橡皮布良好的可压缩性对印刷机容易出现的"墨杠"、"条痕"等故障也能起到很好的缓解作用。

三、橡皮布的印刷适性

橡皮布良好的印刷适性可使网点再现性好、墨色均匀、印迹清晰度高、套印准确。橡皮布的印刷适性主要包括压缩变形性、拉伸变形性、回弹性、吸墨性、传墨性和剥离性等。

（1）拉伸变形性　拉伸变形性是指橡皮布在拉力作用下产生形变的能力。橡皮布的拉伸变形性表现在三个方面：即在拉力作用下，橡皮布在受力方向上的长度增加、横向尺寸缩短、厚度减小。

安装橡皮布时，应在橡皮布的咬口和拖梢部位两端都施加均匀拉力，同时还要严格掌握拉力的大小，这样才能使橡皮布在滚筒上具有足够的、均匀的拉紧程度，从而保证橡皮布在高速运转中不发生相对位置的移动。

（2）回弹性　回弹性是指橡皮布在外力作用去除后能否瞬间回复到原来状态的能力，又称瞬时复原性。胶印的转印过程就是利用橡皮布所具有的高弹性能，以最小的压力和摩擦因数，便可完成图文墨膜的传递，达到图文清晰、层次丰富、墨色饱满的印刷效果。

橡皮布的回弹性与橡胶分子的结构形状以及橡胶中硫化剂、填料、软化剂的品种和质量有关。橡皮布的回弹性随印刷压力及橡胶老化程度的增加而逐渐降低。

（3）吸墨性　吸墨性是指橡皮布在印刷压力的作用下，其表面吸附油墨的能力，此性能要求越大越好。

（4）传墨性　传墨性是指橡皮布在印刷压力的作用下，把油墨转移到承印物表面上的能力。在胶印过程中，橡皮布从印版上所吸附的油墨的转移率约为50%，从橡皮布转移到纸张上的油墨转移率约为75%左右，因此实际上从印版转移至纸张上的油墨转移率只有38%左右。橡皮布的传墨性与印刷压力、印刷速度、纸面平滑度、橡皮布表面胶的品种与质量、橡皮布的表面状态以及橡皮布的硬度、弹性和老化程度等都有关。

（5）剥离性　剥离性是指在压印力作用下，橡皮布与印张的剥离能力。现在已出现一种快速剥离的橡皮布，其组成结构中具有快速剥离纸张的表面胶层，能适应黏性较高的油墨，减少引起拉毛或剥纸故障发生的概率。

四、橡皮布的使用和维护

1．橡皮布厚度的测量

测定橡皮布的厚度有两种方法：

一种方法是：把橡皮布绷紧在滚筒上，用滑动的千分卡尺，测量橡皮布表面与印刷滚筒滚枕表面的差值，以确定其厚度。

另一种方法是：将被测橡皮布表面施加一个固定的压力，使橡皮布产生压缩变形（此压缩变形量的大小与橡皮布的强度、硬度和弹性有关），从橡皮布的压缩变形量可获知橡皮布的厚度。橡皮布厚度的测量方法如图3-116所示。

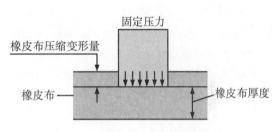

图3-116　橡皮布厚度的测量方法

2．橡皮布的老化现象

橡皮布的橡胶层在工作中会受到光照、溶剂或油墨侵蚀、周期性印刷压力作用、温度变化的热效应以及各种氧化作用均会导致橡胶表面产生变硬、发黏、裂纹等变化，称为老化现象。

防止橡皮布老化的措施：①控制车间温湿度变化；②采用适宜的印刷压力；③注意及时清洗弄脏的橡皮布表面；④在高速机上增加冷却装置。

3．橡皮布的使用和保养

①勤清洗橡皮布，去除其表面的纸粉、纸毛等脏物，注意选用合适的清洗剂，清洗完毕立即将清洗剂擦干，不使其渗透入橡皮布中。由于橡皮布表面的物理吸附作用，易吸附纸粉、纤维、颜料颗粒等的堆积物形成极性的掩盖层。导致亲水性增加、亲墨性下降，应及时清洗橡皮布表面。

②若停机时间较长，必须松开橡皮布，使其处于松弛状态，并在表面涂抹滑石粉，这样有利于橡皮布恢复内应力。

③橡皮布的衬垫物要平整，厚度要符合要求。

知识点3　印刷版材

印版是印刷品再现原稿图像、文字和色彩的基础。因此，印版质量将直接关系到印刷品质量和印刷效果。按照印刷类型和印刷方式，印版可分为平印版、凸印版、凹印版印版和孔印版。

一、印版的结构与组成

印刷版根据其结构可分为图文部分和非图文部分，所用版材的基本结构可分为版基、结合层和感光（成像）层，如图3-117所示，但有时结合层和感光（成像）层和版基属于同种物质，例如凸版、凹版。

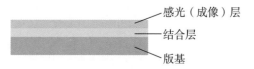

图3-117　印刷版材的基本结构示意图

平版印刷版材上的印刷图文部分和非图文部分由不同物质构成，版基构成了非图文部分基础，而图文部位则由附着在版基表面的亲油物质构成。

凸版印刷（包括柔性凸版）、凹版印刷的图文部分和非图文部分都是由相同的亲油版基物质构成，不同之处仅在于图文部分和非图文部分在版材上存在着高度差。

孔版印刷版材上的非图文部分由网状版基表面涂布封孔物质所组成，而图文部分则由网状版基表面的无数个网孔所组成，印刷时油墨通过漏印的方式来完成图文信息的转移复制。

（1）印刷图文部分　根据版面结构要求涂布感光液（由感光胶与树脂胶体组成），经晒版、显影、定影、冲洗后形成，如平版印版、柔性版、感光树脂版、丝网印版等。也可通过电子雕刻或模型压铸形成。

（2）版基　版基是印版的载体，起着支撑印刷图文基础的作用。

印版的版基根据印刷的要求，所用的材料是不同的。常用的印版版基材料如下：

①金属版基。使用金属版基（如铝、锌、钢板等），经过金属表面处理后作为印版的版基材料，如预涂感光树脂版（PS版）、平凹版、多层金属版等。

②聚合物版基。使用高分子材料（如天然橡胶、合成橡胶、固体感光性树脂等）制成印版，使上面部分形成图文部分，下面部分形成版基。

③纸质版基。对于一些印刷数量较少的产品，为降低成本，可使用纸质材料来作为版基。最常用的办公自动化小胶印印版、静电制作印版等，都属于这种类型。

印刷版材按版基材料分类如图3-118所示。

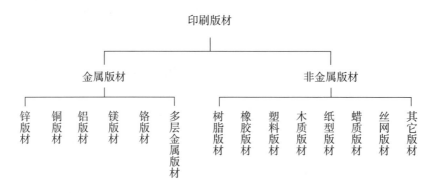

图3-118　印刷版材按版基材料分类

二、印版的分类与规格

（1）版材的分类　根据印版的使用与制版成像方式有以下几种。

①按所用材料分类有金属版材和非金属版材两大类。金属版材有钢、锌、铝、铬等；非金属版材有橡胶、纸质、感光性树脂、尼龙网等。

②按制版类型分类有模具压铸和感光成像两大类。模具压铸法用于制作橡胶凸版；感光成像法用于制作各种涂布感光材料的印版。

③按其成像类型分类有阴图型版材、阳图型版材和阴图与阳图兼用型版材三大类。

④按涂层的感光机理分类有光聚合型感光板材、光分解型感光版材和光交联型感光版材。

⑤按版材用途分类有打样用版材、印刷用版材和包装涂刷用版材等。

（2）版材的规格　印刷版材的规格，以能满足其在印版滚筒上实际安装的长、宽和厚度度尺寸而设定，因此，印版的规格一般应包括以下两项内容。

①幅面。是指版材幅面的长度和宽度。它主要根据印刷机上印版滚筒的印刷幅面来分，习惯上称为全开、对开、四开等各种规格。

②厚度。是指版材的正表面与反表面间的垂直距离。以平版胶印机为例，胶印机所用材的厚度，是根据印版滚筒的缩径量及其衬垫量而决定的。金属版材的厚度通常在0.1～0.8mm的范围内，其误差应低于0.04mm；版材的厚度应均匀一致，以保证印刷压力的均匀。

三、印版的使用与管理

印版的使用与管理，是指对所使用的印版包括从采购到制版、印刷完成，再到回收再生使用，直至失效的全生命周期过程的管理。

（1）印版的使用　包括选购、制版、印刷、再生处理。

①选购。按工艺设计规定的工艺操作技术条件、印刷机设备要求和印刷品质来选择相应的印刷版材，以获得制版速度快、耐印力高、成本低、印刷质量好的印版。

②制版。按工艺要求进行印版制作，经曝光、显影、定影等处理后，制成可供打样或印刷的印版。

③印刷。将印版安装在打样机或印刷机上，经调整印版位置和印刷压力后，就可进行印刷。印刷完成以后，从印刷机上拆下印版，要妥善放置，进行再生处理后可再使用。

④再生处理。印版经过使用之后，根据版基结构状况，一般均可进行再生处理后重新制版使用。方法是先将印版表面上的图文感光层部分去除或剥离，然后进行脱脂、粗化、除污等表面处理，再将感光液均匀地涂布到版基表面，制成即涂或预涂感光树脂版，就可以再进行晒版了。或者将废印版交与废版回收厂家进行回收统一处理。

（2）印版的管理包括印版的储存、保管等方面。

①储存。印版要避光保存在通风、阴凉、干燥的库房内，并将印版平放于搁架上，避免与酸、碱及有机溶剂等化学物品接触。

②保管。对于存放在库房内的印版，要轻取轻放，避免碰撞、重压和擦伤，以防版面损伤。对于预涂感光版或即涂感光版，还要防止日光和紫外线的照射，以免引起暗反

应而影响晒版质量。

在制版或印刷过程中，应防止印版变形和版面结构的变化，尤其是在涂布感光液或加温烘烤时，应根据所用版基的使用特性，严格控制工艺温度和使用溶剂的浓度与酸碱性。在印版操作中，应避免用力过猛，防止印版裂口或断裂。

知识点4　其他印刷辅助材料

印刷中所用到的材料除了上述的材料以外，还有许多其他印刷辅助材料，例如喷粉、洗车水、衬垫、阿拉伯树胶等，它们的性能也直接或间接影响着印刷生产的质量或印刷生产效率。

一、喷粉

1. 喷粉的作用

在平张纸胶印过程中，油墨在纸张表面的干燥以氧化结膜方式为主、渗透吸收干燥为辅，因此在胶印生产的收纸端，刚印刷完毕的印张不能立即干燥，需要借助氧气的作用在一

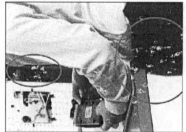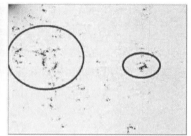

图3-119　印刷样张因表面油墨墨迹未干而发生的"背面蹭脏"故障
（图片来源：Heidelberg）

段时间后才能干燥。当印刷样张之间没有间隔时，容易引起"背面蹭脏"的印刷故障，即收纸纸堆的下层印张表面未干燥的油墨印迹转移到上层印张背面的故障，一般容易出现在印张表面墨色浓厚、油墨叠印率较高的部位，如图3-119所示。

因此，在平张纸胶印过程中，收纸时在印张表面均匀喷洒喷粉，能够增加纸张之间的间隔，使氧气容易扩散到纸堆内部，有利于纸堆中纸张表面印刷油墨的干燥，因而有效避免了印张正面的印刷油墨转移蹭脏到上层印张的背面。喷粉阻隔印刷样张效果示意图如图3-120所示。

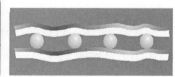

图3-120　喷粉及阻隔印刷样张效果示意图

（图片来源：Heidelberg）

2. 喷粉的组成及特点

喷粉主要由白色的碳酸钙颗粒、植物淀粉颗粒和蔗糖基物质颗粒三类组成，颗粒尺寸在15～75μm。组成喷粉的三类白色颗粒如图3-121所示。

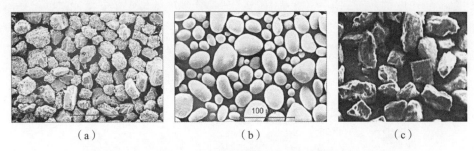

（a）　　　　　　　　　（b）　　　　　　　　　（c）

图3-121　组成喷粉的三类白色颗粒

（a）碳酸钙颗粒　（b）植物淀粉颗粒　（c）蔗糖基物质颗粒

（图片来源：Heidelberg）

三类喷粉的构成及优缺点如表3-13所示。

表3-13　三类喷粉的构成及优缺点

喷粉种类	成分、制造方法	优点	缺点
碳酸钙	天然的无机矿物质	①颗粒质量较大、不易飞扬，操作简单又经济；②不溶于水，对湿气和静电不敏感。	①碳酸钙结晶颗粒尖锐，易划伤印品表面；②会降低印版使用寿命（特别是多次喷粉走纸时）
天然淀粉	由马铃薯、玉米或稻米等加工而成，通常分亲水性和非亲水性两种	①颗粒结构呈圆形且柔软。具有极佳的流动特性，非常适合喷粉工艺；②适用范围广泛	可能会带静电
蔗糖基	较特殊的喷粉，干而可溶于水，晶体结构	颗粒柔软，多用于需多次过纸的印刷场合，因可溶于水而很少在橡皮布上集聚，溶解后进入循环的润湿液中	①由于对水的敏感性，不能用于红外线干燥场合；②容易堵塞喷粉设备，保养维护成本高

喷粉最重要的性能是要求它的颗粒尺寸均匀、大小一致性好，如图3-122所示。

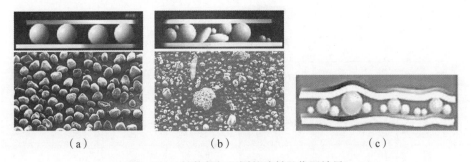

（a）　　　　　　　　　（b）　　　　　　　　　（c）

图3-122　性能好坏不同的喷粉及作用效果

（a）性能优良的喷粉　（b）、（c）性能不良的喷粉及作用效果

（图片来源：Heidelberg）

3．使用喷粉的不良影响

使用喷粉会对印刷品产生一定的不良影响，尤其是使用方法不正确时更甚。①在印刷品表面喷粉会影响印刷品的光泽度；②当样张翻面上机印刷背面图文时，正面的喷粉会沉积在印刷机的橡皮布表面，并进而磨损印版、传导到供墨、供水单元造成污染，从而影响印刷的正常进行；③印刷样张表面的喷粉会影响后续印后加工质量，尤其是印刷品要进行覆膜加工时，会造成覆膜不实、易脱落、印张表面与薄膜之间存在空隙而导致图文不实、颜色不鲜艳。④多余喷粉会飘出，污染生产环境、污染印刷设备，如图3-123所示。

图3-123　多余喷粉对印刷车间环境、设备的污染

（图片来源：Heidelberg）

4．喷粉的使用原则和方法

（1）根据纸张及其印刷图文的状况选择合适的喷粉。①非涂布纸类比涂布纸类更能吸附喷粉，因此可减少喷粉量；②承印材料越粗糙，应配合使用的颗粒较大的喷粉；③印张的油墨叠印色数越多，墨膜越厚，需要的喷粉量越大。

（2）选择正确种类的喷粉。不正确的喷粉严重影响正常的良好印刷质量，特别是光泽度。①可以采用不同颗粒尺寸的碳酸钙（矿物）粉剂，对卡纸印刷也很重要；②采用玉米生产的淀粉（植物），其只有极细颗粒，因此只适用于着墨量小于等于$100g/m^2$的四色印刷；③由于淀粉没有碳酸钙粉硬度高，因此印刷油墨的耐摩擦力可以相对较低；④印版受软性（植物）粉末摩擦的影响也相对要小；⑤在多色印刷中，碳酸钙（矿物）粉末沉积在橡皮布上，以灰尘方式像含沙的纸张一样作用于印版，因此会相对降低印版的使用寿命；⑥喷粉种类与颗粒选择应根据印品用途（如食品、香水包装等）以及后加工工序（如上光、覆膜、烫金、压凹凸等）来决定；⑦颗粒较重的喷粉（碳酸钙类）要比轻质喷粉（淀粉质）更易到达纸张表面。

喷粉种类与正确使用场合如表3-14所示。

表3-14　喷粉种类与正确使用场合一览表

喷粉种类	多次过纸	单次过纸	离线上光或覆膜	连线UV上光	连线水性上光	使用红外线干燥
碳酸钙喷粉	√	√	√	√	×	√
碳酸钙喷粉（经处理）	√	√	×	√	×	√
淀粉质喷粉（溶水性）	√	√	√	√	×	√
淀粉质喷粉（抗水性）	×	√	√	√	√	√
蔗糖基喷粉	√	×	×	×	×	×

（3）"按需喷粉、均匀喷粉、尽量减少喷粉量"的使用原则，尽量减少喷粉的使用量以减少对环境和健康的影响，有条件的企业还可以在印刷设备收纸端加装废粉集中收集装置，减少废粉的飘溢。

减少喷粉量的诀窍：①使用高品质的喷粉（泛用型，颗粒大小均匀一致）；②使用合适的喷粉颗粒；③尽可能选择大颗粒的喷粉；④尽可能选择较重的喷粉（碳酸钙）；⑤定期保养和正确设定平张胶印机上的喷粉器。

二、洗车水

洗车水的作用是彻底清洗印刷机的供墨单元上的油墨，因此需要具备如下性能：①彻底溶解和清除橡皮布及墨辊上的油墨及杂质；②快速挥发，极低的残留量；③不腐蚀和污染印刷机的供墨单元上的墨辊；④无毒、不含苯、不易燃、使用安全，不损害人体健康。

三、衬垫

衬垫分为印版衬垫和橡皮布衬垫两类。

（1）印版衬垫　印版衬垫通常是纸张或涤纶片基，其弹性模量大，厚度薄，几乎没有辅助弹性作用。只起到阻隔金属印版对印版滚筒金属胴体的磨损作用。

（2）橡皮布衬垫　橡皮布衬垫按照其硬度，可分为硬性、中性和软性衬垫三种。

①硬性衬垫。

a. 组成：由衬垫专用衬纸或尼龙布构成。b. 衬垫厚度：在2mm以下。c. 衬垫变形量：较小（0.04 ~ 0.08mm）。d. 衬垫性能：弹性小、所用印刷压力小、网点变形小、印刷的图文精细、结实饱满；但对机器的精度、压力调节、印刷速度以及对印版和橡皮布的平整度、工艺条件要求较高。e. 应用：一般进口高速小滚筒胶印机和滚枕接触型胶印机多采用硬性包衬。

②中性衬垫。

a. 组成：由夹胶布（旧橡皮布）加衬纸构成。b. 衬垫厚度：3 ~ 3.5mm。c. 衬垫变形量：普通（0.05 ~ 0.15mm）。d. 衬垫性能：软硬适中，印刷的网点清晰、点形光洁实在，网点变形相对较小。e. 应用：一般可分为中性偏软衬垫和中性偏硬衬垫两种。

中性偏软衬垫多为滚枕非接触型的印刷机采用，如国产J2108、J2203等机型。

中性偏硬衬垫多为滚枕接触型的印刷机采用。

③软性衬垫。

a. 组成：由呢绒（毡呢）加衬纸构成。b. 衬垫厚度：可达4mm。c. 衬垫变形量：较大（0.2 ~ 0.25mm）。d. 衬垫性能：压力较大，压印接触宽度大，不易磨损印版，不易出现"杠子"；但网点易变形，印刷质量欠佳。e. 应用：适合实地图文的印刷或磨损较大的旧机器。

（3）各种衬垫印刷适性的比较如表3–15所示

表3-15 各种衬垫及其印刷适性的比较

序号	硬性衬垫	中性衬垫	软性衬垫
1	网点清晰，光洁饱满，再现性好，实地平服度稍差	网点较光洁、饱满，层次清晰，实地较平	网点不够光洁、铺展、变形较大，实地平服
2	纸面受墨量较少，墨层厚度比软包衬薄，耗墨量少，暗调部分易糊死	墨层传递断裂性能好，着墨力强，耗墨量较少，墨层背面黏脏少	印迹墨层比较厚实，耗墨量较大，背面易黏脏
3	图文的几何形状变化小，特别是图文的宽度增量较小，套准精度好	橡皮布挤压形变较小，纸张拖梢影响扇形变化少，套准精度好	图文宽度增量较大，套准误差较大，拖梢扇形变化大
4	加减少量衬垫厚度，对印迹结实程度有较大影响，垫铺橡皮易起硬口	加减少量衬垫物，对印迹程度有影响，垫铺橡皮起硬口不太明显	加减衬垫对印迹结实程度变化较小，垫铺橡皮时不易起硬口
5	表面摩擦量大，印版不耐磨易损坏，耐印率较低	版面磨损量较小，可保持应有的耐印率	版面摩擦量较小，印版使用寿命长，尤其平凹版较耐印
6	水斗润湿原液用量较大，方能保持版面整洁	原液用量大于软衬垫才能保持版面整洁	原液可大大减少，也能保持版面整洁性
7	遇有输纸歪斜打摺或多张进入机器很易压坏橡皮布	输纸歪斜，打摺多张压坏橡皮程度较低	输纸歪斜打摺多张因缓冲不易压坏橡皮布
8	橡皮布平整度要求高、压力小、掌握难度大	橡皮布平整度要求较高，压力稍小，掌握难度稍大	橡皮布平整度有一定的误差、压力较大、掌握难度较小
9	对机器精度要求高，否则易产生印版局部花、糊版，条杠等问题	对机器结构精度要求较高，否则也易产生印版花糊、也容易出条杠	机器精度要求不太高，一般阵旧设备也不易花、糊版，也不容易出条杠
10	可印制精细的艺术复制品，质量好，还原真实	可印刷质量要求高的产品也可印刷一般性的产品	可印刷要求不高的一般产品

四、阿拉伯树胶

阿拉伯树胶是平版胶印工艺中常用的物质，它的主要作用是涂布在制作完毕等待上机的印刷版上，保护印版上图文部分与非图文部分的稳定性（隔绝氧气），尤其是保护非图文部分的亲水性能。

（1）阿拉伯树胶的组成 属多糖类有机高分子碳水化合物。组成：$XCOOH \cdot XCOOK \cdot (XCOO)_2 Ca \cdot (XCOO)_2 Mg$。即：阿拉伯酸·阿拉伯酸钾·阿拉伯酸钙·阿拉伯酸镁 式中：X代表由碳、氢、氧组成的糖（$C_6H_{10}O_5$）$_n$

（2）阿拉伯树胶的性质

①可逆性。可在固相和液相之间进行转换。②亲水性。其分子结构中的两个官能团——羟基（—OH）和羧基（—COOH）都是亲水基团。③分散稳定性。在水中溶解为单相稳定系统，即没有凝结作用，也没有沉淀作用。④溶液呈酸性反应。含有阿拉伯酸（XCOOH），其溶液呈弱酸性。⑤易发酵变酸。为多糖类物质，在潮热环境中，易于酵母

菌的繁殖而发酸。⑥溶解性。易溶于水，但不溶于油及大多数有机溶剂，如：汽油、乙醇、松节油、油墨连结料等。

（3）阿拉伯树胶在印刷中的作用

①印版防氧化隔离剂。防止印版空白部分接触空气而氧化。②润湿溶液亲水附加剂。与印版表面的无机盐层结合，提高亲水性，减少润湿原液的用量，提高印版耐印力。③印版吸水排油的清洁剂。版面擦涂树胶，能使版面立即除脏，恢复空白部分的亲水抗油性。④提高金属水辊的亲水性能。

职业拓展　环保印刷材料与绿色印刷

印刷技术从古人2000多年前发明的石版拓印复制开始，一路蜿蜒走到现代，为人类文明传承、知识传播和思想进化起到举足轻重的贡献，印刷技术本身也从原始的"铅与火"，走过"光与电"，进入21世纪0与1的"数与网"时代，其技术、工艺、设备和材料都发生了翻天覆地的变革。

随着人民生活水平的日益提高，对与日常生活息息相关的印刷包装产品也提出了更高的要求，"环保、绿色、低碳"的理念逐步深入印刷与包装行业，引发了一场"绿色"的风暴和革命。

2010年1月，新闻出版总署柳斌杰署长在全国新闻出版工作会议的报告中明确提出："要根据国家控制温室气体排放的约束性指标规定，积极参与印刷、复制行业环保标准的研究制定，推广高效节能技术和产品的应用，探索产品用纸循环使用等新材料、新工艺的研发，进一步降低能耗和污染，打造'绿色'印刷复制产业。"这成为印刷行业向"绿色印刷"进军的动员令和号召书。同年9月，新闻出版总署与环保部共同签署《实施绿色印刷战略合作协议》，大力推进我国绿色印刷的发展。在2011年4月公布的《新闻出版业"十二五"时期发展规划》中，明确提出到"十二五"期末，基本建立绿色环保印刷体系，力争绿色印刷企业数量占到我国印刷企业总数30%。绿色印刷已经是全球印刷业未来发展的主流，实施绿色印刷也成为我国乃至世界印刷业的重大战略抉择。

一、绿色印刷在外国

绿色印刷是20世纪80年代后期在以日本、美国、德国等为代表的发达国家发源后，经过20余年的发展，绿色印刷已经从概念讨论阶段进入到实际应用阶段，从理念到技术标准都得到了极大发展。绿色印刷已成为21世纪欧美发达国家普遍应用并日益普及的一种新型印刷方式。在这些国家，绿色印刷既是其科技发展水平的体现，同时也是替代产生环境污染和高能耗的传统印刷方式的有效手段。

例如，美国国家环境保护局（EPA）通过资助各州的环保组织，以企业认证、政府采购引导、税收优惠等方式引导企业进行节能减排。目前，美国塑料印刷中有40%采用水性油墨。

德国工业协会制定了印刷业低碳发展指导方针，在2010年初作为德国机械设备制造业联合会（VDMA）的标准出版，成为评价能耗和效率的重要基础。

英国印刷工业联合会（BPIF）推出碳排量计算器，该计算器可根据PAS 2050（产品与服务生命周期温室气体排放评估规范）和GHG（温室气体）标准对工厂和产品的碳排放量进行估算，给出"碳足迹"，用于指导印刷企业的节能减排。

日本印刷产业联合会2001年颁布《印刷服务绿色标准》，分别就平版胶印、凹印、标签印刷、丝网印刷服务的各工序、材料、管理等制定了详细的绿色标准。2006年，日本印刷产业联合会对该标准进行了大幅度的修订，同年4月，增订《绿色印刷认定制度》（又称GP认定制度）。

2013年7月，ISO国际标准化组织正式颁布国际上首部有关印刷品碳足迹的标准《印刷媒体产品碳足迹计算和交流的标准》（ISO 16759）。其所追踪的碳足迹来自以任何印刷方式生产印刷品所需要的工艺过程、材料和技术设备。标准为碳足迹计量的数据收集、数据分析和报告内容设定了清晰的方法和原则，成为全世界印刷业计量印刷品碳排放及编写产品碳足迹研究报告的共同依据。

二、绿色印刷在中国

2008年，国家出台了《循环经济促进法》，以减量化、再利用、资源化为原则，以能耗、低排放、高效率为特征，对大量生产、大量消耗、大量废弃的传统经济实行变革。

2010年5月，国家九部委相继推出了新一批的节能减排政策，发布《国务院办公厅转发环境保护部等部门关于推进大气污染联防联控工作改善区域空气质量指导意见》的通知，明确将印刷行业列入"开展挥发性有机物污染防治"的范围。

2010年9月，国家新闻出版总署与环保部共同签署《实施绿色印刷战略合作协议》，正式揭开了我国绿色印刷发展大旗。2011年3月2日，环境标准《环境标志产品技术要求 印刷第一部分：平版印刷》，经由环境保护部批准正式颁布实施开始，绿色印刷有了明确的准入门槛。

2011年10月，新闻出版总署与环境保护部共同发布了关于实施绿色印刷的公告，明确了实施绿色印刷的时间表和路线图。

2011年5月发布的《印刷业"十二五"时期发展规划》中，明确了印刷业发展的主要任务，其中特别指出要引导产业绿色转型，组织好"绿色环保印刷体系建设工程"，协调有关部门开展多层次多方位合作，制定和完善绿色环保印刷标准，开展绿色环保印刷企业和印刷产品的认证，推进我国绿色环保印刷的发展。具体保障措施体现为制定和完善绿色印刷标准，开展绿色印刷认证，实施"绿色环保印刷体系建设工程"，以中小学教科书、政府采购产品和食品药品包装为重点，积极协调环境保护、教育等有关行政部门开展多层次多方位合作，大力推进绿色印刷的实施。推动包装装潢印刷向减量化、重复使用、再循环和可降解（3R+1D）方向发展。指导"绿色环保印刷示范园区"建设，推动低耗能绿色印刷设备和材料的研发完善低端落后产能淘汰退出机制。

2012年4月，新闻出版总署、教育部、环境保护部共同发布关于中小学生教科书实施绿色印刷的通知发布，将绿色印刷推向一个新阶段。

具体行动表现在：

（1）推动绿色印刷体系建设工程　2009年政府有关部门首先建立绿色环保包装评价体

系，涉及包装产品的制造、使用、回收和废弃的整个过程。

2013年4月，国家新闻广电总局发布了《关于推进绿色印刷产业发展的通知》。

（2）推进绿色印刷，标准先行

①2007年底，我国首部绿色环保油墨标准——《国家环境保护行业标准／胶印、凹印及柔印环境标志技术要求》诞生，并于2008年2月3日正式开始实施。

②2010年4月《限制商品过度包装要求食品和化妆品》国家标准正式颁布实施，对食品和化妆品销售包装的空隙率、层数和成本等三个指标做出了强制性规定。

③2011年3月，国家环境保护部发布实施环保标准HJ 2503—2011《环境标志产品技术要求印刷　第一部分：平版印刷》。

④2013年2月，国家环境保护部发布实施环保标准HJ 2530—2012《环境标志产品技术要求印刷　第二部分：商业票据印刷》。

⑤2014年12月，国家环境保护部发布实施环保标准HJ 2539—2014《环境标志产品技术要求印刷　第三部分：凹版印刷》。

⑥国家新闻出版广电总局印刷发行司王岩镔司长指出："按照国家环境保护战略的要求，从提升产业治理能力、完善产业治理结构出发，重视标准制定工作。标准是'准法规'，国家各行业都要贯彻执行国家和行业标准，企业也要依据标准开展生产经营活动，提供合格产品。绿色印刷的实施，特别是绿色印刷自我声明工作的开展，迫切需要有绿色印刷系列标准作支撑。"

因此，国家新闻出版广电总局于2014年5月批准立项绿色印刷系列标准的起草制定。

2015年3月，国家新闻出版广电总局正式发布绿色印刷的行业标准：

CY/T 129—2015《绿色印刷　术语》；

CY/T 130.1—2015《绿色印刷　通用技术要求与评价方法 第1部分：平版印刷》；

CY/T 131—2015《绿色印刷　产品抽样方法及测试部位确定原则》；

CY/T 132.1—2015《绿色印刷　产品合格判定准则 第1部分：阅读类印刷品》。

⑦目前正在制定《绿色印刷　通用技术要求与评价方法 第2部分：凹版印刷》、《绿色印刷　产品合格判定准则　第2部分：包装类印刷品》和《绿色印刷　标准体系表》三项标准。

⑧围绕已经出台的绿色印刷系列标准，国家新闻出版广电总局即将出台《绿色印刷自我声明管理办法》、《绿色印刷认证管理办法》和《绿色印刷标志管理办法》，搭建绿色印刷的公共平台，在行业内全面启动"绿色印刷"的企业认证程序和自我声明活动。

（3）中小学教材率先实施绿色印刷

（4）开展"绿色印刷在中国"的系列活动

三、"绿色印刷"的含义

绿色印刷是对具有"环境友好"与"健康有益"两个核心内涵属性的印刷过程和方式的一种形容性和描述性称谓。主要是指不破坏生态环境，不威胁人体健康，节约资源消耗的印刷方式及其相关的产业行为。绿色印刷体现可持续发展理念，强调在印刷产品的整个生命周期过程中，始终贯穿着"以人为本"的宗旨理念，在科学发展观的指导下，重点关注民生的健康与安全。

绿色印刷的主要特征为：

①减量与适度。绿色印刷在满足信息识别、保护、方便、利于销售等功能条件下，应是用量最少、工艺最简化的适度印刷。

②无毒与无害。印刷材料对人体和生物应无毒与无害，不应含有有毒物质，或有毒物质的含量控制在有关标准一下。

③无污染与无公害。在印刷产品的整个生命周期中，均不应对环境产生污染或造成公害，即从原材料采集、材料加工、制造产品、产品使用、废弃物回收再生，直至最终处理的生命全过程均不应对人体及环境造成公害。

绿色印刷的实质包含三个方面的内容，一是印刷原辅材料的绿色化，选用安全、环保、绿色的材料，并注重废弃物的无害化处理并可回收循环再利用；二是印刷生产过程的绿色化，以节能、减排、安全生产、精细化生产、提高能源与资源利用率、高效新工艺和无害新材料应用等为核心；三是印刷最终产品的绿色化，生产的印刷产品无毒无害、低碳环保、环境友好、可降解和再生循环利用。

四、环保印刷材料与绿色印刷

印刷原辅材料的绿色化是绿色印刷的基础和源头，只有采用环保绿色的印刷材料，才能生产出绿色的印刷产品。相对于传统的印刷材料，新型印刷环保材料不仅具有良好的环保效果，同时也可有效提高印品质量，并降低企业成本（综合考虑产品的生产成本和环保成本）。

（1）环保型油墨　环保原则及目标：减少原则——减少VOC$_s$排放。

油墨是目前印刷工业重要的污染源，世界油墨年产量已达300多万吨，每年由油墨引起的全球VOC$_s$污染物排放量已达几十万吨。因此环保油墨是今后油墨发展必须首先考虑的问题。为使油墨符合环保要求，首先应改变油墨成分，即采用环保型材料配制新型油墨。目前，环保油墨主要有水性油墨、UV油墨、水性UV油墨、醇溶性油墨和大豆油墨。

（2）环保型印刷纸张

①采用FSC／PEFC认证的纸张或再造纸。环保原则及目标：替代原则——节省资源。

纸张是印刷过程中消耗量最大的资源之一，而纸张也是森林砍伐的主要原因之一。在过去40年间，地球上50%的森林（约30亿公顷）已被砍伐，余下下只有20%未受人类破坏，引发的全球性温室效应将导致南北两极冰山融化的严重生态灾难。

采用森林管理委员会FSC或森林认证体系认证计划PEFC认证的纸张或其他合适的再造纸，可减低纸张消耗对环境资源的影响。

②轻型纸。环保原则及目标：替代原则——节省资源。

轻型纸即轻型胶版纸，由化学浆制成，不进行蒸煮，不会有废气废液排出，是绿色环保纸张，轻型纸具有较高的松厚度及表面强度，以低克重达到较高的厚度要求、颜色自然且不含有害的荧光增白剂（保护读者视力）、印刷适性好、纸张寿命长。

③再生纸。环保原则：循环再利用原则。

再生纸是以废纸为原料，将其粉碎、脱墨、制浆后再经过多种复杂工序加工生产出来的纸张。其原料一部分来源于回收的废纸，同时加入一些原生浆以提高纸制品的强度。回收1吨废纸能生产800kg再生纸浆，相当于少砍17棵大树，节约造纸能耗9.6t标煤，减少35%的水污染。

④环保纸包装。环保原则：循环再利用原则，替代原则。

纸包装比塑料容易降解，比玻璃不易碎，比金属重量轻而便于携带。另外，纸制品易于降解，既可以回收再生纸张或作植物肥料，又可以减少空气污染净化环境。与塑料、金属、玻璃三大包装相比，被认定为最有前途的绿色环保包装印刷材料之一。

（3）环保型印刷辅助材料

①免处理版材。环保原则及目标：减少原则——减少废液，VOC_s减排。

一般CTP版材在制版机上曝光成像后都要经历化学显影和清水漂洗等处理过程，消耗大量的化学显影液和清水，免处理CTP版材则可免除或简化这个过程，只产生极少量或者不产生废液，将CTP制版工艺简化，实现印前制版的绿色生产。目前，免处理版材主要分三类：完全免处理版材、在机显影的免处理版材和免化学处理版材。

②环保型润湿液添加剂。

③环保型洗车水。

④印刷品封面采用植物型喷粉。

⑤环保型上光油。

环保原则及目标：减少原则——减少VOC_s排放。

纸质包装受外界环境的影响，表面的油墨层易于脱落，且无光泽的包装品不受人们喜爱，通常采用覆膜的方法解决以上问题。然而，覆膜难以自然降解，废包装材料回收时，纸塑难以分离，分离成本高，造成大量固体废弃物，对于环保要求高的包材料禁止采用覆膜工艺而以涂布环保型上光油作为替代。环保型上光油主要分为水性上光油和UV上光油。减低排放，减低空气中的VOC_s浓度，保障员工健康。

⑥水溶性薄膜。环保原则及目标：可降解原则。

水溶性薄膜是一种环保的包装材料，可以用于多种产品的包装。它的主要特点是：环保（可降解）、使用安全方便、具防伪功能、物理性能良好。

⑦环保型胶黏剂。环保原则及目标：减少原则——减少VOC_s排放。

传统胶黏剂含有游离甲苯二异氰酸酯（TDI）、溶剂残留、易燃易爆、VOC_s排放等污染隐患。发展水性化、固体化、无溶剂和低毒的环保型胶黏剂已成为胶黏剂的发展方向。环保型胶黏剂包含热熔型、无溶剂型和水基型胶黏剂等。

"数字印刷、绿色印刷"是印刷包装行业不可逆转的发展潮流和趋势，更多更环保的绿色印刷材料正逐步走入到我们每个人的生活之中。

技能知识点考核

一、填空题

1. 印刷油墨一般是由＿＿＿＿＿＿、＿＿＿＿＿＿和助剂（添加剂）按一定配方组成的悬浮状混合物。

2. 印刷油墨按照类型可分为凸版油墨、_____油墨、_____油墨和孔版油墨。

3. 纸张的主要成分是_____、矿物颜料（填料、涂布颜料）、_____、色料和水分。

4. 纸张中最重要的原料是_____，其占纸张成分的_____，并决定着纸张的主要质量。

5. 用一句话来高度总结纸浆造纸的过程，就是将造纸原料均匀分散在_____中，再进行_____的过程。

6. 大度纸的纸张尺寸是（_____×_____）mm。

7. 表面涂布纸张按照表面涂布工艺分类，可分成单层涂布、_____涂布（其中_____涂布最为常见）。

8. 卷筒纸的尺寸主要是指其_____，平板纸的尺寸是指其_____。

9. 纸张的方向性又称丝缕性，它指的是纸张的_____，与纸张的_____方向平行。

10. 表面涂布纸张按照其光泽度分类，可分为_____纸和_____纸两类。

11. 油墨的干燥分为_____干燥和_____干燥两个阶段。

12. 纸张中植物纤维具有吸水膨胀的特点，一般来说植物纤维的横向膨胀要比纵向膨胀的程度_____得多，一般为2～8倍。

13. 油墨中起显色作用的成分是色料，它又可分为_____和_____两类。

14. 油墨干燥的类型主要分为：_____干燥、氧化结膜干燥、热固／挥发干燥和光固化干燥四种。

15. 纸张开切的方法主要有_____法、_____法和特殊开法。

二、多项选择题

1. 纸张的含水量通常保持在：（　　　）
   A. 3%～6%　　　　　　　　B. 4%～9%
   C. 5%～8%　　　　　　　　D. 6%～8%

2. 纸浆的制造方法有：（　　　）
   A. 热磨机械制浆　　　　　　B. 压力磨石机械制浆
   C. 混合制浆　　　　　　　　D. 化学制浆

3. 纸张表面涂布矿物填料的目的在于：（　　　）
   A. 改善纸张的表面平滑度　　B. 改善纸张的不透明度
   C. 改善油墨—纸张的相互作用　D. 增加纸张的制造成本
   E. 提高纸张的等级和品质

4. 亚光铜版纸和光泽铜版纸在工艺制造过程中的最大区别是：（　　　）
   A. 湿纸页成型工艺　　　　　B. 表面涂布工艺
   C. 压光工艺　　　　　　　　D. 纸张烘干工艺

5. 商品纸浆做成浆板的目的在于：（　　　）
   A. 便于储藏　　　　　　　　B. 便于加工
   C. 便于运输　　　　　　　　D. 可卖更高的价钱

6. 纸张起泡故障只会发生在以下（　　　）的胶印印刷工艺中

    A. 平张纸胶印（SFO）   B. 热固轮转胶印（HSWO）

    C. 冷固轮转胶印（CSWO）

7. 纸张的表面性质有：（　　　）

    A. 表面强度   B. 可压缩性

    C. 松厚度   D. 平滑度

    E. 光泽度

8. 在橡皮布滚筒上的纸张边缘处集聚的纸粉主要来源于：（　　　）

    A. 游离纤维或微粒   B. 压光纸粉

    C. 分切纸粉

9. 胶版印刷中特有的现象是：（　　　）

    A. 干拉毛   B. 湿拉毛

    C. 干墨皮   D. 造纸毯毛

10. 造成纸张"荷叶边、紧边、卷曲"现象的主要原因是：（　　　）

    A. 纸张的吸墨性   B. 不均匀的纸张的吸湿性

    C. 印刷压力   D. 油墨的剥离

三、判断题

（　　）1. 承印物是指接受油墨或其他黏附色料并呈现图文的各种纸张的总称。

（　　）2. 现代造纸工艺原理和古代造纸工艺原理已经有了很大的不同。

（　　）3. 经验证明，木材纤维是一种优良的造纸原料。

（　　）4. 全化学木浆（Wood-free）纸浆的质量相比来说质量最好，但成本也最高。

（　　）5. 卷筒纸和平张纸都是来源于大的纸卷，只是卷筒纸是经过复卷裁切工艺制成，而平张纸还要从卷筒纸（一般是标准宽度）进一步分切成单张而制成。

（　　）6. 常用的铜版纸的克重和常用的胶版纸是一样的，都是80、105、128g/m^{2}等。

（　　）7. 厚度相同的光泽铜版纸其克重也相同。

（　　）8. 纸张的厚度要求整个幅面（MD方向和CD方向）均匀一致。

（　　）9. 使用现代造纸技术和先进的纸机生产，可以完全避免纸张的两面性差异。

（　　）10. 纸张生产厂商只能生产出特定克重的印刷用纸。

（　　）11. 减色法三原色是黄色、品红色和青色，所以黑色油墨不是必须使用的。

（　　）12. 挺度高的纸张有利于纸张在平张胶印印刷机中的传递走纸。

（　　）13. 纸张的两面性是在纸张制造过程中两面脱水工艺的差异所造成的。

（　　）14. 纸张的颜色对其印刷品色调改变的影响不大。

（　　）15. 气垫橡皮布的印刷性能较好。

（　　）16. 印刷完毕后的纸张的不透明性会降低。

（　　）17. 水基印刷油墨是一种环保型油墨。

（　　）18. 胶印油墨需要其透明度越高越好。

（　　）19. 一般情况下，平滑度越高的纸张，其印刷品的质量越高。

（　　）20．油墨的固着干燥过程是一种物理过程。

四、工艺填图题（请把下列的纸张工艺分别填入图中的正确位置）

（1）运输到工厂　　（2）纸机造纸　　（3）成品纸包装　　（4）切片　　（5）卸载、切割

（6）印刷　　　　　（7）伐木　　　　（8）制浆　　　　　（9）运输　　（10）森林

（11）纸卷分切　　　（12）终端印刷品　（13）树木去皮

第四单元

印刷工艺过程控制

本单元从印刷工艺技术的角度讲解印刷压力、水墨平衡、印刷色序的基本概念，介绍了印刷压力的表示形式、印刷压力与油墨转移的关系、影响印刷压力的因素以及印刷压力的检测和计算方法。对水墨平衡的基本原理、影响水墨平衡的因素和控制水墨平衡的原则、印刷色序的确定原则、印刷工艺条件的确定及其控制原则等进行了分析，并列举分析了一些常见的印刷工艺故障。

能力目标

1. 理解印刷压力的存在形式及表示方法。
2. 理解印刷压力与油墨转移的关系。
3. 理解水墨平衡的原理及种类。
4. 理解印刷色序的确定原则。
5. 了解掌握印刷工艺条件及其确定原则。
6. 了解常见的印刷工艺故障的原因和排除方法。

知识目标

1. 掌握印刷压力的定义。
2. 掌握印刷压力的计算和检测方法。
3. 掌握影响印刷压力的因素。
4. 掌握影响水墨平衡的因素。
5. 熟练运用印刷色序的确定原则来安排印刷色序。
6. 熟练掌握印刷工艺条件设定方法。

项目一　印刷压力及其控制

知识点1　印刷压力定义

印刷压力是实现印刷过程的前提和保证，它不仅是油墨向承印物表面转移的基础，而且很大程度上决定着印迹转移的效果。

在现代有压印刷技术中，印刷压力的形式是通过印刷机的压印单元来实现的，而印刷机的压印单元又由印版和压印滚筒两部分组成，由于印刷方式和印刷机型的不同，印刷机的压印单元也不完全相同。

比如：在平版印刷（胶印）中，压印单元由印版滚筒、橡皮滚筒和压印滚筒三部分组成。而在凹版印刷中，压印单元主要由印

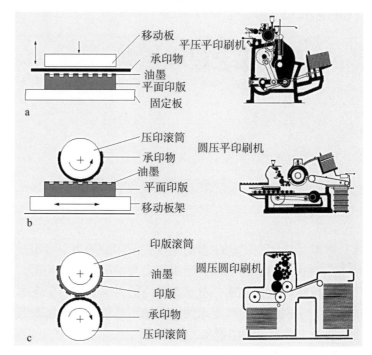

图4-1　印刷压印形式

版滚筒和压印滚筒两部分组成，柔性版印刷和网版印刷也各有不同的压力实现形式。

另外，根据压印单元的不同形状，压印形式又可分为平压平形式、圆压平形式、圆压圆形式，如图4-1所示。

这三种压印形式中存在不同的印刷压力，平压平的印刷压力大于圆压平的印刷压力，圆压平的印刷压力大于圆压圆的印刷压力。

在现代印刷机上，基本采用圆压圆形式，因此压印单元里应该包括印版滚筒、压印滚筒，对于胶印来说还包括橡皮滚筒。胶印印刷机上的印版滚筒又包括印版滚筒体、包衬、印版三部分，橡皮滚筒包括橡皮滚筒体、包衬和橡皮布三部分。图4-2所示为胶印压印单元。

图4-3表示的是现代印刷机上典型的压印体接触的方式，假定O_2轴不动，而在O_1轴上有作用力p_1，p_1沿O_1O_2指向O_2，则在O_2处有约束反力，p_2与p_1大小相等，方向相反。在p_1、p_2的作用下，压印体变形，便形成了一个接触面，叫压力作用面，简称压印面。

印刷压力就是指油墨转移过程中压印体在压印面上所承受的压力，即沿着压印面的法向，指向压印面的力。

只有在印刷压力的作用下，压印体才能充分接触，进行油墨转移。印刷压力是油墨转移和印迹得以实现的前提，但是并不是越大越好，而是要适中。印刷压力过大，会加剧印版的磨损、增加印刷机的负荷，如果是网点阶调印刷，还会因为压力过大使油墨过

分铺展而影响印刷品的阶调和颜色再现。印刷压力过小，会造成油墨转移量不足，印刷品墨迹浅淡不清，严重的会造成网点丢失。

因此，正确的设定印刷压力对于有压印刷技术而言十分重要，它是决定印刷品质量、印版的耐印率和印刷机使用寿命的重要因素。

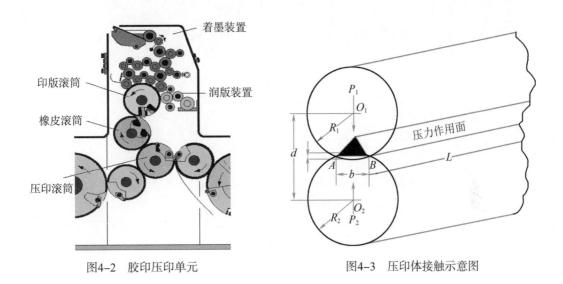

图4-2　胶印压印单元　　　　　　　　图4-3　压印体接触示意图

知识点2　印刷压力的表示方法

印刷压力在有压印刷技术中起着重要作用，目前国际国内对印刷压力研究角度和测试方法不同，从而在印刷技术中形成了多种印刷压力的表示方法和单位。

一、压力

（1）总压力Ps　总压力是指在压印过程中，压印体轴承两端承受的力，用Ps表示，其单位为牛（N）。

（2）线压力Pl　对于压印体而言，两个压印体的接触如果可以看成线接触的话，从印刷工艺角度，这种沿压印体母线方向单位长度上的印刷压力称之为线压力，用Pl表示，如图4-4（b）所示，单位为N/m。用公式表示 $Pl=\dfrac{Ps}{l}$，式中l表示压印体的母线长或压印面长。

（3）面压力（平均压力）Pc　实际的印刷机上，压印体的接触由于有包衬等存在，并不是线接触，而是面接触，即在压印区域存在一定的压印宽度，用b表示，如图4-4（a）所示，这样便认为印刷的总压力是平均分布在压印区域的各个部分，因此也称平均压力，这个平均压力也称面压力。

平均压力就是总压力Ps除以压印面积S，即单位面积上承受的压力，其单位为N/㎡，可用公式表示为 $Pc=\dfrac{Ps}{S}=\dfrac{Ps}{b\times l}$

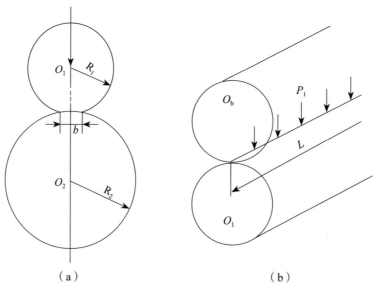

（a）　　　　　　　　　　　（b）

图4-4　印刷压力图示

二、压缩量

用滚筒间所有衬垫物的压缩量来间接地表示印刷压力，属印刷工艺中特有的表示方法，用λ表示。

压缩量就是两相压滚筒的半径之和加上纸张、衬垫等包衬物的厚度与两滚筒实际中心距之差。

用下列数学表达式表示

$R_版+a+R_橡+b> O_1O_2$

$R_橡+b+R_压+c> O_2O_3$

$R_版$——印版滚筒的半径

$R_橡$——橡皮滚筒的半径

$R_压$——压印滚筒壳体的半径

O_1O_2——印版滚筒和橡皮滚筒之间的中心距

O_2O_3——橡皮滚筒和压印滚筒之间的中心距

a——印版及衬垫物的厚度

b——橡皮布及其下面的衬垫物的厚度

c——印刷纸张的厚度

印版滚筒和橡皮滚筒之间的压缩量$λ_1$和橡皮滚筒和压印滚筒之间的压缩量$λ_2$分别用公式表示为：

$λ_1= R_版+a+R_项+b-O_1O_2$

$λ_2= R_橡+b+R_压+c-O_2O_3$

印版滚筒、橡皮滚简、压印滚简的筒体以及印版可视为刚体，忽略它们的压缩变形，而有压缩变形主要出现在橡皮布、衬垫和承印物上。正是由于这些材料的弹性变形，才使得滚筒表面能充分接触。

在生产实际中，印刷压力的控制是通过改变滚筒衬垫物的厚度和调节滚筒中心距的大小来实现的。滚筒中心距的大小需要调节到适当的位置，然后增减滚筒衬垫的厚度，便可使压缩量相应地增大或减小，达到调整印刷压力的目的。

压缩量只是相对地表示印刷压力，它并不能反映接触面的实际受力大小。所以，只有在版材、橡皮布和衬垫都相同的条件下，压缩量的大小才能真正说明压力的大小，具有可比性。

三、接触区宽度

在压力的作用下，滚筒表面的接触部位一般是狭长的矩形区域，称为接触区。接触区的宽度随着印刷压力的增大而加宽，因此，接触区的宽度也可间接地表示印刷压力的大小。

与压缩量一样，接触区宽度b也只是间接表示印刷压力的大小，只有在机器的滚筒半径都相等.且采用相同版材、橡皮布和衬垫的条件下，才有可比性。实际生产中，用接触区宽度可检验沿滚筒轴线上印刷压力是否均匀。

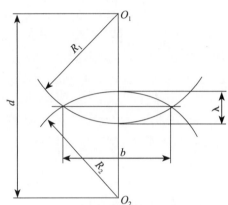

图4-5　压缩量与接触区示意图

宽度b与最大压缩量λ有确定关系，而λ和b间接的表示印刷压力。对于胶印机而言，一般认为印版滚筒和橡皮滚筒的有效直径相等，如图4-5所示$R_1=R_2$，压缩量λ与接触区宽度b之间的关系如下：

$$\lambda = \frac{b^2}{4R}$$

知识点3　印刷压力与油墨转移的关系

一、油墨转移率和印刷压力的关系

在印刷过程中，要保持印刷压力的稳定。调整滚筒调压机构，应避免因调压机构游隙变动而导致印刷压力变化，进而影响油墨转移率，使印刷品墨色失衡。

印刷中的墨量可以用单位面积上的油墨重量，即g/m^2来表示，也可以用单位面积上油墨的体积，即ml/m^2来表示，还可以通过计算，用墨层厚度（μm）来表示。

印刷前印版上的墨量叫印版墨量，用x表示，印刷后转移到纸张或其他承印材料表面上的墨量，叫转移墨量，用y表示。转移墨量y与印版墨量x之比，叫油墨转移率，用百分率表示，记作f，即：$f = y/x \times 100\%$

以x为横坐标，分别以y、f为纵坐标，便可以作出y-x、f-x曲线；分别叫油墨转移量曲线和油墨转移率曲线。

如图4-6表示印刷压力与油墨转移的关系，可以把曲线划分为许多段。

*AB*段，可被称为"墨量不足"段。这是由于在P_A-P_B的范围内，印刷压力并不能使印刷面间的距离小到油墨与固体足以相互吸引，印迹不可能完整的复制出来，因而有"空虚"的现象。

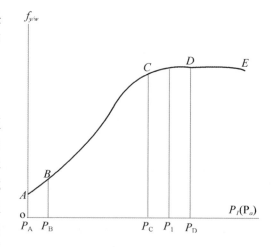

图4-6　油墨转移率 *f* 与印刷压力p_d的关系

在*BC*段，从*B*点开始，油墨转移率随着压力的增加而显著增加，能把印迹较好的复制出来。即在P_D-P_C压力下，能印制出轮廓不走样的印迹。但是纸张的表面粗糙的常有空隙。部分印迹还会有"空虚"的现象。一般的情况下，在*BC*段上，供墨量随着压力而变化（油墨层经常变化的厚度不能超过印刷的正常厚度），印版的供墨量与压力成正比例。

因此，把*BC*段叫做油墨按比例转移的区段，而P_D-P_C内称为按比例转移压力。

在*CD*段，压力在P_C-P_D以内有所改变。但供墨量则近似不变，能够在一定的客观条件下印出不走样的印迹。并使各印张之间保持相同的墨量。这时能得到印刷质量比较稳定的印刷品。

在*DE*段，由于压力过大，印迹向非图文部分铺展，油墨转移量反而趋于降低。因为油墨在过大的压力作用下，墨迹铺展更严重，增加了受墨面积；网点铺展合并严重，大大降低了复制效果。

因此，我们把P_C称为工艺必须压力，P_1称适当压力，P_D则为临界压力。

二、压力不合适对印刷质量的影响

在实际生产中，印刷压力不合适，印出的产品质量必然不高。印刷压力过小，从印版转移到纸张上的墨量偏少，印张上的墨迹浅淡不清，实地不平服；印刷压力过大，印版会很快磨损，印版耐印率急剧下降。而且油墨铺展厉害，图文网点变形，使中间调与暗调部分的层次并级，印刷品的阶调再现和色彩再现不理想，图像失真。

由于印刷压力不当而引起的故障主要有以下几种。

①剥纸。印刷压力过大时，纸面摩擦量增加，纸张从橡皮布上剥离时的分离力较大，纸毛被严重剥离。

②墨杠。印版滚筒和橡皮布滚筒之间压力过大，橡皮布滚筒受挤压后产生较大的摩擦滑动，从而造成网点变形而形成墨杠。这时，可调节印版与橡皮布滚筒之间的压力使其在0.1～0.5mm。此外，着墨辊对印版压力过大，着墨辊同串墨辊之间压力过大，也会产生墨杠。

③白杠。由于着水辊对版压力太大，使油墨无法在此区域内吸附。

④重影。当滚筒之间压力过大时，特别是橡皮布滚筒与压印滚筒之间压力过大时，橡皮布移量过大，各次转印后，不能完全复位，产生大面积的纵向重影。

⑤印迹挤铺。印刷压力过大或滚筒半径差过多时，网点会被拉长成为椭圆形或线

条，印迹发生有方向的扩张，产生了印迹挤铺。

⑥糊版。着水辊压力太轻，或滚筒之间压力过大，特别是印版滚筒和橡皮布滚筒之间的压力0.15mm时，加大了相互间的挤压力，印版砂目逐渐被磨平而降低其储水能力，造成糊版。

⑦花版。印版滚筒和橡皮布滚筒之间压力过大，加大了摩擦。开始是网点扩大，产生糊版，时间稍长，网点根基磨光，便开始花版。

⑧印版滚筒和橡皮布滚筒之间压力过大，使印版砂目磨光，版面发亮，严重破坏了印版表面的亲水层面而使之亲油，从而产生油腻。

⑨倒顺毛现象。印刷实地、线条或文字时，在图文边缘前后会产生毛刺，这就是倒顺毛现象。在生产过程中，常根据印版图文与空白部分相连处的摩擦发亮的位置和橡皮布表面存余墨迹、纸张粉质、纸毛堆积情况来判断滚筒的衬垫正确与否。如果纸毛、纸粉堆积在图文或网点咬口这一边。这就是倒毛现象。这是表明$R_{印} > R_{橡}$，可以通过加大印版滚筒的衬垫或减少橡皮布滚筒内的衬垫来解决。

⑩逃纸逃衬。当压力过大时，滚筒之间有较大的摩擦力。该力远远超过橡皮布背面摩擦力的作用。衬呢、衬纸会往下（拖梢方向）或往上（咬口方向）移动。

⑪单边网点不饱满。滚筒两边的齿轮由于长期磨损，滚筒两边间距单边会走动，致使单边压力较轻造成单边网点不饱满。

⑫透印。压力过大，致使油墨渗入印刷品背面。

除了印刷品的质量外，印刷压力的不当还会对印版耐印率、印刷机、橡皮布有不良影响。当印刷压力调节不当，印版滚筒和橡皮布滚筒在相互滚压中，印版上的墨层不能在中间断裂，印版表面图文部分没有剩余墨层或剩余墨层很薄时，印版的图文基础裸露出来，容易被磨损和被润版液侵蚀，出现"掉版"。另外，水辊、墨辊压力过大，印版不耐印，印迹铺展；水辊与印版压力过大，包衬失去弹性，增加表面摩擦力，会造成水墨辊跳动，使其频繁的撞击版面，影响印版耐印率。印刷压力过大还会造成过量摩擦，加大滚筒轴承磨损以及橡皮布提早"蠕变"失去弹性，降低印刷机的使用寿命。

知识点4　影响印刷压力的因素

一、影响印刷压力的因素

为了确定适当的印刷压力，必须明确影响其大小的有哪些因素。影响印刷压力大小的因素很多，在不同的条件下对印刷压力大小的影响程度也有所不同。其中，最直接的影响因素自然是包衬的组成及性质；此外，在印刷条件中的印刷速度、纸张印刷适性中的纸张平滑度，对于印刷压力的大小都有很大的影响，以及印版的类型、印刷的数量和质量等因素对印刷压力大小的影响也不容忽视。

印刷压力与包衬变形是同一个印刷要素的两个方面，是相互依存、密不可分的。

如图4-7表示了印刷压力与包衬压缩量之间的对应关系，p_d-λ关系曲线近似于一条指数关系曲线，在数值比较大的p_d附近，较小的λ变化会引起较大的p_d的变化，即p_d对λ反映更为敏感。因此，在确定p_d时，对包衬的软硬性质要更加注意。

另一个因素是印刷速度，印刷速度的提高，使印刷表面接触的时间减少。高速印刷机的滚筒直径较小，滚筒直径愈小，压印宽度愈小，为了有足够的油墨转移到纸面，就必须加大印刷压力。

纸张平滑度对印刷压力的影响也很明显，用平滑度低的纸张印刷时，必须提高印刷压力，才能使纸墨充分接触，有充足的油墨转移到纸面，否则会引起网点发虚、印迹残缺等弊病。作为参考，从表4-1、表4-2中，可以看出纸张平滑度、印刷、包衬性质对适当的印刷压力的影响。

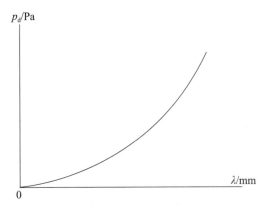

图4-7　印刷压力P_d与包衬压缩量 λ 的关系曲线

表4-1　印刷与纸张平滑度的关系

纸张种类	贝克平滑度 /s	工作压力 /（N/m）
超高光铜版纸	2472	4.31×10^3
铜版纸	518	7.64×10^3
非涂料纸	17	11.96×10^3
水彩画用纸	3	11.76×10^3

表4-2中的实验数据是用应变计在同一台胶印机上测试的。

表4-2　印刷压力与印刷速度、包衬的关系

印刷速度	印刷压力	软性包衬	中性包衬	硬性包衬
1r/h	最高压力 /（$10^5 \times$Pa）	13.13	15.19	20.38
	平均压力 /（$10^5 \times$Pa）	8.23	9.80	13.42
	接触时间 /s	34.4	24.8	20.4
500r/h	最高压力 /（$10^5 \times$Pa）	16.56	19.92	23.58
	平均压力 /（$10^5 \times$Pa）	10.49	13.03	16.17
	接触时间 /s	0.076	0.057	0.048
2000r/h	最高压力 /（$10^5 \times$Pa）	16.76	20.28	26.65
	平均压力 /（$10^5 \times$Pa）	10.58	13.38	17.74
	接触时间 /s	0.0172	0.0122	0.0108
4000r/h	最高压力 /（$10^5 \times$Pa）	17.25	20.87	27.24
	平均压力 /（$10^5 \times$Pa）	11.47	13.32	18.03
	接触时间 /s	0.0086	0.0062	0.0052
6000r/h	最高压力 /（$10^5 \times$Pa）	17.44	20.68	27.44
	平均压力 /（$10^5 \times$Pa）	11.56	14.41	18.62
	接触时间 /s	0.0055	0.0040	0.0034

软性包衬是橡皮布+毡布，中性包衬是橡皮布+橡皮布，硬性包衬是橡皮布+马尼拉卡纸。图4-8用表4-2的数据绘制的压力分布曲线。

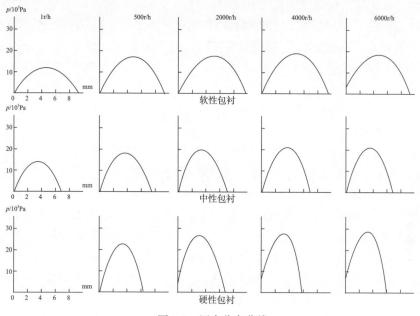

图4-8　压力分布曲线

从图4-8看到，在几乎接近于静止的1r/h的情况下，三种包衬的压力分布峰值都比较低。但印刷速度提高到500r/h后，压力分布的峰值并不因速度而变化，曲线的对称性也不因速度的提高而变化。然而，包衬的软硬对压力分布曲线的形状有显著的影响，硬性包衬，滚筒接触宽度小，最高压力大；软性包衬，滚筒接触宽度大，最高压力低。

二、如何确定理想印刷压力

确定适当的印刷压力，要考虑的因素还很多。

例如，凹印的压力比凸印的压力大，凸印的压力又比平印的压力大；铜锌版可采用较大的压力，感光树脂版却因强度低而只能采用较小的压力；实地印品在较大的压力下才能得到浓重厚实的印迹，而精细的网点印刷品则十分强调在印迹清晰的前提下采用尽可能小的压力，以免因网点扩大而损失层次；印刷压力要随印品数量的增加而有适当的提高，等等。总之，确定印刷压力要根据生产实际，全面地考虑到影响压力的各种因素，而且，即使压力确定了，也常常根据具体情况进行适当的调整。

（1）获得理想压力的必要步骤如下　①正确测量和校正滚筒中心距；②正确计算和度量衬垫物的厚度；③在将接触而未接触的压力下，正确地检验印版和橡皮布的不平度；④有效填补不平度；⑤增加最少的衬垫厚度，使接触情况达到理想状态。

（2）实现理想压力，必须做到的几点　①三滚筒保持轴线平行；②齿轮节圆相切；③滚筒表面质点的线速度力求相等，为此必须严格按机器说明书合理选用包衬并调节中心距。

（3）破坏理想压力的常见原因　①滚筒中心距调节不当；②印版厚度不均或测量不准；③橡皮布测厚不准或平整度差；④橡皮布吸墨能力降低；⑤墨辊与印版接触不良；⑥油墨传动分布不匀；⑦滚筒滚枕上有脏物。

（4）决定滚筒压力的因素　①印刷面的粗糙度和不平度，特别是纸张；②印刷速度；③产品的质量要求；④橡皮布及其衬垫物的弹性。

项目二　水墨平衡及其控制

知识点1　水墨平衡的定义

平版印刷时，由于水和油墨同时存在于印版之上，水墨之间的关系对油墨的转移性能有着十分重要的影响，印版上的水分过多或者过少都会直接影响印刷质量和生产的顺利进行。因此，平版印刷中，润版液的供给量必须适中。一般要求在不引起印版起脏的前提下，使用最少的水量，来达到水量和墨量的平衡，才能保证平版印刷的质量。平版印刷的水墨平衡可以从不同的角度来分析。

水墨平衡的定义，是指在印刷过程中，版面上的油墨和水同时存在且不相互渗透和混溶，以保持图文部位获得最大载墨量，空白部位干净整洁状态时的水墨关系。

1. 以相体积理论为基础的水墨平衡

油墨和水在胶印机上的传递过程中，油墨的乳化是不可避免的，结果是生成水包油型的或者是油包水型的乳状液。

一种液体以细小液珠的形式分散在与它不互溶的液体之中，形成的体系叫"乳状液"。这两种不互溶的液体，在一般情况下，一相是水，另一相是"油"——有机液体的统称。若油为分散相，水为分散介质，则所形成的乳状液称为"水包油型乳状液"，用符号"O/W"来表示；若水为分散相，油为分散介质，则所形成的乳状液称为"油包水型乳状液"，用符号"W/O"来表示。符号"O/W"和"W/O"中的"O"代表油，"W"代表水。O/W型乳状液对于平版印刷过程的正常进行和印刷品的质量危害极大，它会使印刷过程发生所谓"水冲现象"，造成墨辊脱墨，油墨无法传递，导致印刷品的空白部分起脏。如果采有树脂型油墨，抗水性能增加，水冲现象极少发生，所形成的乳状液都是W/O型的，除非供给印版的水量过大时才会形成O/W型的乳状液。以下提到的乳化油墨，如不加说明，均指W/O型乳化油墨。

润湿液以微细的液珠形式分散在油墨中，形成W/O型乳化油墨。油包水程度轻微的乳化油墨，黏度略有下降，改善了油墨的流动性能，有利于油墨转移。油包水程度严重的乳化油墨，黏度大幅度下降，墨丝变短，妨碍了油墨的顺利转移。混入油墨中的润湿液还会腐蚀金属墨辊，在辊面上形成亲水盐层而排斥油墨，造成墨辊脱墨。只有严格地控制印版的供水量，才能形成油包水程度适中的乳化油墨。

胶体化学中形成乳状液的相体积理论指出，若把分散相的液滴看作是大小相等的圆球（图4-9），则可计算出圆球以最密集的方式堆积时，液滴的体积占乳状液总体积的74.02%，其余的25.98%应为分散介质。若分散相体积所上的比例大于74.02%，乳状液便会发生变型或破坏。若水相体积占总体积的26%～74%，形成的乳状液可能是O/W型的，也可能是W/O型的；若小于26%，形成的乳状液只能是W/O型的；若大于74%，形成的乳状液只能是O/W型的。

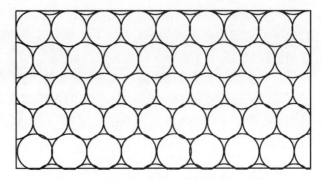

图4-9 均匀球形液体所形成的紧密堆积乳状液

根据上述理论，要形成W/O型乳化油墨，润湿液的体积占乳化液总体积的比例应在26%以下。实验证实，平版印刷机印刷正常时，印版上的油墨中的润湿液含量都在16%以上，当达到21%（相当于在100g油墨中含22ml的润湿液）时，油墨的传递性能很好，能得到质量优良的印刷品。

平版印刷中，印版空白部分始终要保持一定厚度的水膜才能使印刷正常进行。印版上水膜的厚度与印版上油墨的含水量有关，水膜越厚，油墨中的含水量越大。

按照相体积理论，结合印刷过程中水墨传递的规律，平版印刷水墨平衡的含义归结为：在一定的印刷速度和印刷压力下，调节润湿液的供给量，使乳化后的油墨所含润湿液的体积比例在15%～26%，形成油包水程度轻微的W/O型乳化油墨，以最小的供液量与印版上的油墨量相抗衡。

2. 以表面过剩自由能理论为基础的水墨平衡

该理论认为，在平版空白部分的润湿液和附着在图文部分的油墨，两相之间若存在严格的分界线，水墨便互不浸润，即可达到静态的水墨平衡。实际上，这种静态平衡在印刷生产中是无法实现的。但是，可以从润湿液和油墨的表面过剩自由能（或表面张力）出发，找出水墨互不浸扰的能量关系，寻找水墨平衡的条件。

图4-10是润湿液表面张力和油墨的表面张力间的静态平衡关系图。平版空白部分附着有润湿液，图文部分附着有油墨。若润湿液表面张力γ_w与油墨表面张力γ_0，如图4-10（b）所示，在扩散压的作用下，润湿液将向油墨一方浸润，使印刷品上的小网点、细线条消失。如果润

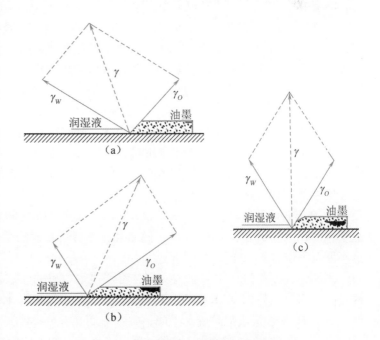

图4-10 润湿液与油墨的静态平衡关系

湿液的表面张力与油墨表面张力，如图4-10（a）所示，在扩散压的作用下，油墨将向润湿液一方浸润，使印刷品的网点扩大，空白部分起脏。只有当润湿液的表面张力等于油墨的表面张力，如图4-10（c）所示，界面上的扩散压才为零，润湿液和油墨在界面上保持相对平衡，互不浸润，印刷品的质量才较为理想。

从以上分析中得知，为满足水、墨静态平衡的要求，润湿液和油墨应当取同样大小的表面张力值，油墨的表面张力在$3.0 \times 10^2 \sim 3.6 \times 10^2 \text{N}/\text{m}$，润湿液的表面张力应在这个范围内。

从第二单元讲述的液体润湿固体的条件得知，润湿液若要在平版空白部分铺展，必须满足下面的条件：

$$S = \gamma_{SG} - \gamma_{SL} - \gamma_{LG} \geq 0$$

式中　S——铺展系数

　　　γ_{SG}——平版空白部分的表面过剩自由能，一般为$(7.0 \sim 9.0) \times 10^{-1}\text{J}/\text{m}^2$

　　　γ_{LG}——润湿液的表面张力

　　　γ_{SL}——润湿液和平版空白部分之间的界面张力

上式表明，γ_{LG}越小，S越大，润湿液的铺展性能越好。

按照表面过剩自由能的理论，采用表面张力较低的润湿液，便有可能用较少的水量实现平版印刷的水墨平衡。

在实际的生产中，平版印刷中的水墨平衡是在动态条件下实现的。经验表明，润湿液的表面张力略大于油墨的表面张力，一般认为润湿液的表面张力值为$4.0 \times 10^2 \sim 5.0 \times 10^2\text{N}/\text{m}$时，有利于实现水墨平衡。

3．以场型理论为基础的水墨平衡

水分子是具有特殊性质的化合物，由氢元素和氧元素组成，分子的偶极矩等于$6.17 \times 10^{-30}\text{C} \cdot \text{m}$（库仑·米），分子的结构不对称，是极性很强的分子。

水分子由氢原子和电负性很强的氧原子化合而成。因此，一个水分子中的氢原子贡献出电子与另一个水分子中的氧原子结合形成氢键的能力。在常温常压下，液体状态的水分子，常常不是以单个的水分子存在，而是形成二聚体、三聚体或四聚体。氢键是一种弱键，它的键能较小。因此，氢键很容易形成，也很容易断裂，极不稳定。

水能够导电，因而可以认为水具有金属导体在电结构方面的特点，即具有自由电子。当水不带电也不受外电场的作用时，水中的负电荷和正电荷相互中和，整个导体都是中性的，水分子排列也杂乱无章。如果将该导体放入静电场中，按照物理学的理论，这个电场将驱使导体内的自由电子在其内移动，从而使导体内正负电荷重新分布，结果使导体的一端带正电荷，而另一端带负电荷，使杂乱无章的水分子按其正负有序的排列起来，而在其周围形成一个"场"。这个场使水分子之间的牵引力增强，有人曾比喻：就像小朋友手拉着手一样，更加紧密。

平版，在制版过程中，非图文部分都经过了很好的亲水处理。如阳图PS版，非图文部分有亲水性良好的Al_2O_3（氧化铝）薄膜，当着水辊把强化处理过的水传递到平版的非图文部分时，水很快的附着在上面，并在非图文部分形成一个场。在场的作用下，水分子相互之间的牵引力（拉力）增大。因此，水和油墨在接触过程中，非图文部分的水很难进入油墨中，油墨也很难浸入非图文部分的水中，使印版非图文表面的水膜和图文表面的墨膜之间，形成更加接近理论上存在的分界线，达到油水互不浸润的水墨平衡。

知识点2 影响水墨平衡的因素

在印刷过程中，除了水墨控制得当之外，中途停机、印刷车间温湿度变化、印刷机器的运行速度、油墨、纸张的种类、版材质量等也会直接影响到水墨平衡。

1. 油墨传递过程的状态

我们知道，除无水胶印工艺外，一般平版印刷机都是采用给水和给墨装置，分别对印版表面涂刷润版液和油墨。通过对生产现场的观察和分析，可以发现当印刷机滚筒合压印刷时，着水辊、着墨辊与印版的图文部分和空白部分存在着4种辊隙状态，水、墨在各个辊隙之间被强制混合后即分离。第一种辊隙是着水辊与印版空白部位的辊隙，辊隙间有润版液，那么在着水辊与印版分离后，空白部位表面被润版液润湿，形成一层薄薄的水膜；第二种辊隙是着水辊与印版图文部分的辊隙，辊隙间既有润版液又有油墨，两者同时处以并存状态，在着水辊和印版的强力挤压下，微量的润版液被挤压到油墨中，这样当着水辊与印版分离后，被挤入油墨的润版液一部分由于油水不相混溶而被排斥到墨膜的表面，另一部分细微的液珠则分散在油墨中，这两种不相混溶的液体其中一种液体以细微的液珠的形式分散在另一种液体之中；第三种辊隙是着墨辊与印版空白部位的辊隙，辊隙间也是既有润版液又有油墨同时存在，这样在着墨辊与印版间的强力挤压下，微量的润版液被挤压到油墨中，当着墨辊与印版分离后，被挤入油墨的润版液一部分由于油水不相混溶而被排斥到墨膜的表面，另一部分细微的液珠则分散在油墨中；最后一种是着墨辊与印版图文部分的辊隙，辊隙间出现了类似前两种情况的油墨乳化现象。可见，胶印工艺在水、墨供给过程中，要保持水、墨间的分界绝对清楚是不可能。油墨乳化是印刷中的必然现象，假如油墨完全不与润版液相混的话，油墨表面必然会形成一层水膜，便难以使油墨顺利地涂布到印版上面。所以，适当的油墨乳化现象是印刷所必须具备的条件。

2. 与润版液用量有关的印刷条件

日常工艺实践情况表明，润版液用量的大小取决于印刷时的各种条件，下列条件与印刷时润版液用量控制有密切关系。

（1）纸张性能 纸张紧度值的大小、纸质纤维组织结构的疏松程度、纸张的表面强度优劣、纸张的含水率高低以及纸面的平滑度如何直接决定着版面的用水量的大小。一般来说，紧度差、纸质疏松、表面吸水性强、表面强度差、含水率低、平滑度低的纸张，印刷时润版液用量相应就大；反之，润版液用量则相应减少。

（2）印版的结构与特性 印版的结构与特性不同，版面的用水量也有所差异。通常印版图文面积大，油墨涂布量也就大，当然版面的用水量也就大。此外，印版表面砂目的深浅与粗细很大程度上也决定着版面的用水量的大小。PS版表面砂目深而细，贮水性能较好，版面膜层坚固耐磨，空白部位亲水拒油性能也较好，印刷时用较少的润版液就可实现正常印刷。而平凹版的砂目粗而浅，贮水量相对较少些，且空白部位的亲水性能也不如PS版，所以印刷时所需的水分相对较大些。

（3）油墨的特性 油墨的性能也是影响润版液用量的因素之一，这主要取决于油墨的耐水性和乳化值。一般来说，耐水性好、乳化值大的油墨，版面用水量也大；反之，版面用水量则小。黏性强、流动性小的油墨，印刷时润版液的用量也小；反之，版面用水量则大。油墨细度好、颜料颗粒小的油墨，版面用水量也小；反之，版面用水量则大。油脂型的油墨耐水性差，容易产生乳化现象，故用水量也就大；而树脂型油墨抗水性好，不易乳化，版面用水量相应就小。

（4）印刷车速快慢程度 印刷车速开得快时，版面上的水分向空间蒸发也就相对较慢，润版液的用量相应就小些；反之，版面用水量则大。但是，这只是相对而言，从另一种角度上去分析，若印刷速度开得过快时，机器上的印版、墨辊的摩擦因数相对就大一些，这样因油墨具有触变性受摩擦发热而变稀，而"墨稀水大"则是胶印工艺的基本规律，所以保持适合而又均匀的印刷速度既有利于减少或避免印刷弊病发生的机会，提高生产效率，又可较好地保证产品质量。

（5）印刷压力 压力是印迹转移的前提条件，印刷压力偏轻时，印迹就显得发淡，而加大油墨涂布量后可弥补压力不足的缺陷，使墨色相对加深些，但是"墨大水大"也是胶印工艺的基本规律。所以，根据纸张的厚薄和光泽度情况，调整合适而又均匀的印刷压力，可较好地保证印刷效果。

3．印刷过程中影响水墨平衡的因素

理想的胶印工艺是以尽量小的润版液供给量，在水墨平衡的条件下完成印刷，这样印出来的墨色密度值和视觉效果都比较好。这就要求版面上空白部位的水膜和图文部位的墨膜始终保持明确的分界，不相互浸润，以实现最佳的水墨平衡状态。但是，由于印刷过程中难免会存在一些变量因素，以致使水墨平衡的条件也会受到一定程度的影响。

（1）纸质不良对水墨平衡条件的影响 若纸面平滑度差、表面较粗糙的话，印刷时纸面与橡皮布表面容易产生接触不良情况，造成印品墨色偏淡。对此就得通过加大印刷压力和油墨涂布量进行弥补，以获得所需的印刷墨色。但是，油墨涂布量加大后，必须相应增加润版液的供给量才能保持版面的水墨平衡。此外，如果纸张表面强度差，印刷容易产生掉粉情况时，对此就得通过调整油墨的浓度以降低油墨的黏性，另一方面纸粉会吸收润版液而破坏水墨平衡。再说油墨经过稀释处理后，其流动性相应增大，油墨涂布量也增大，印刷时润版液的供给量也得相应增大才能保持水墨平衡状态。所以，纸张质量如何对印刷过程的水墨平衡状态具有一定的影响作用。

（2）温湿度对水墨平衡条件的影响 印刷过程中，温度的可变性是比较大的，这一点为生产实践所充分证明。温度的变化主要源于机器运行过程中散发出来的热量，尤其是胶辊摩擦所产生的热量对油墨触变性的影响最大。这也是刚开印时润版液用量相对较少，印刷一段时间后润版液用量就得适当加大才能保持水墨平衡的原因之一。此外，气温变化无常也容易影响水墨平衡，温度高热量大必然将加快版面润版液的蒸发，所以印刷环境温度高润版液的用量相对就大才能保持水墨平衡。除温度对水墨平衡产生影响作用外，湿度也会对水墨平衡产生影响作用。当印刷车间空气湿度大时，水分不易蒸发散失，润版液用量相对较少也就可以保持水墨平衡。

（3）催干剂（燥油）对水墨平衡条件的影响 有些产品为了便于套印和印后加工，采用给油墨加放催干剂以促使印品墨层适时氧化结膜干燥。油墨加放催干剂后，由于其黏度增大，流动性则相应降低，油墨内聚力也就大。那么，油墨涂布版面后其流平性就小，印迹不易扩大，印版空白部位用较小的水量就可以抗斥油墨的侵蚀，保持版面的水墨平衡。所以，给油墨适当加放催干剂后，润版液用量相应减小一些就可以达到水墨平衡条件。但是，催干剂用量若过大的话，也会破坏水墨平衡条件，造成印版空白部位容易起脏。

知识点3 水墨平衡控制的原则

一、水墨平衡失调

如何实现水墨平衡，操作者不仅要了解和研究水墨相互间的有机联系，相互间的制约因素以及它们之间产生微妙变化的规律，还应该分析和探讨水墨不平衡时所导致的不良后果。

（1）水小墨也少的现象分析 在印刷过程中，印版在空白部分有一定的水膜存在，当水膜与油能抗衡时，就不会被墨辊上的油墨沾脏，如果水分过小，水层的量不能抗拒油墨对空白部分的吸附，则空白部分会沾附油墨，产生挂脏，供墨量少则会使印品字迹无光泽，浅淡发灰，印迹不实，印迹中布满雪花似的白点。在这种状态下，虽然也达到了"水墨平衡"，但这种"水墨平衡"不是我们所要的"水墨平衡"。

（2）水少墨多的现象分析 此时最易产生印品墨色不均，挂脏，某一部位或大块版面由于缺水导致糊版、糊字。同时印品的印迹墨色也比较深，使印品变的黑糊糊，网点不清晰，尤其对细微网点的再现影响最大，图像分不清层次。

（3）水大墨少的现象分析 如果版面的水分过大，逐步传布到所有的墨辊表面，形成一定厚度的水层，阻碍了油墨的正常传送油墨的乳化速度加快，印迹墨色逐渐不饱和，图文变浅，字迹发虚，发灰，发毛，发花，暗淡无光。印迹周围有晕虚不利落，图像不清晰，无层次。

（4）水大墨多的现象分析 当版面水分过量时，墨色会变浅，往往会盲目的认为供墨量少，因而不断增加墨量，长时间地循环往复，油墨乳化失去了稳定性，造成水墨不平衡的恶性循环，导致油墨严重乳化，堆聚在墨辊表面，使印刷无法正常进行。

二、保持水墨平衡的原理

首先应管理好水。一般我们遵循最小用水量原则，即在胶印工艺中使用最少的供水量就可以实现水墨平衡。

胶印工艺中根据油墨的特性，通常有如下保持水墨平衡的原理：

①墨小水小，当油墨用量小时，用最小的供水量实现水墨平衡，也是胶印工艺中的最佳水墨平衡条件。

②墨大水大，当墨量增加时，适当提高供水量以实现新的水墨平衡。

③墨稀水大，当油墨黏稠度降低时，增加供水量来抗衡油墨的扩张，实现水墨平衡。

④墨稠水小，当油墨黏稠度增大时，降低供水量，防止网点丢失，实现水墨平衡。

三、保证水墨平衡的措施和控制方法

（1）印刷过程中，印版必须具有牢固的图文基础和空白基础，保持亲油和亲水的稳定。

（2）在保证印版不沾脏的前提下，把供水量控制在尽可能小的范围内（版面的供水应是26%），并使供水量与油墨量处于比较稳定的状态，这样才能保证印刷品墨色前后深浅一致和印刷作业稳定。

（3）掌握水少墨厚的原则。这里指的水少，是以版面空白部分不沾脏为前提。所谓墨厚，也是建立在水少的基础上的。水大造成油墨乳化，墨层不可能厚实从胶印水墨传递过程看出，在一次供水供墨中，共发生三次水墨的混合和乳化，要保持水和油之间严格的分界线是不可能的。因此，胶印中的水墨平衡只能是一个相对概念，而完全理想的水墨平衡并不存在。只要达到最佳的平衡状态，就能印出理想的印刷品。

（4）根据印版的材料类别选择水墨的大小，PS版水量可适当小些，PVA版水量可稍大些；光滑的纸张水量可稍小些，粗糙的纸张可稍大些，机器运转的速度快，水量可稍小些，低速时可大些。

（5）环境条件和温湿度也不能忽视。由于版面水分是以直接和间接两种形式散发，版面水分在满足印刷时水墨平衡需要的同时，大部分是向空间散发，环境温度越高，散发得也就越快。

（6）必须控制 润版液的pH（一般控制在4.5～5.5）。另外，由于胶印用纸表面的pH对润版液的pH有较大影响，所以最好对纸张的pH进行测定。如纸张的pH过低时，应稍微提高润版液的pH；反之，若纸张的pH过高时，则应适当降低其pH，使之能中和纸张的OH−，从而缓冲润版液pH的过度升高。根据有关资料所述和实践得出的结论，当纸张pH为9时，润版液pH以4为好；当纸张pH为8时，润版液pH以5为好。

（7）采用科学仪器检测的方法来控制水墨平衡。因为水墨平衡状态下得到的印刷必然墨色厚实，密度一致，可以通过不断的测量密度来检测印刷过程中水墨平衡的变化情况。当密度值达到标准值范围内时，即可推断出水墨平衡状态正常。

四、正确识别版面水分大小的方法

如何正确判断印刷时版面润版液用量合适与否是做好水墨平衡控制的前提，也是胶印机操作者应该掌握的生产要领。到目前为止，国内还没有任何仪器可测量版面润版液的用量，操作者一般还是凭实践经验以目测法进行判断、调整和控制。现在识别版面水分大小，通常是利用印刷机传动面上的照明光源斜射版面，根据版面水膜反射光亮的强弱来判别版面水分的大小。一般情况来说，水膜越厚版面反射光亮越强，水膜越薄版面反射光亮越弱。但是由于情况不同，同样厚度的水膜反射的光亮也会不同，如版面图文部分和空白部分面积的大小、光源的强弱、版面砂眼粗细、印版新旧程度，以及目测时所站的位置和角度等情况都会影响鉴别的准确性。所以，观察版面水分时应站在光源的另一侧，使入射光角度等于反射光的角度，以避免视觉误差造成判别不准。识别版面水分大小除观察版面特征外，生产中还可以通过对印刷样张的检查和观察来识别，看看版

面有无起脏、印迹是否发淡，因为水分小不能抗斥油墨时容易出现起脏现象，而版面水分过大，油墨乳化值大，影响油墨的黏性、流动性和转移性能。此外，日常生产中还可以从以下几个方面来判断版面水分的大小：

（1）用墨刀铲下的油墨，其墨色浅淡，墨色发暗无光泽，则表明水分偏大。

（2）用墨刀在墨辊上铲墨，墨刀上留有细小的水珠，墨斗内也有水分则表明水分偏大。

（3）版面经常出现浮脏，或停机较久版面水分仍未干则表明水分偏大。

（4）印迹网点空虚，咬口印迹呈波浪形发淡，墨色暗淡无光泽则表明水分偏大。

（5）印张卷曲软绵无力，收纸不齐则表明水分偏大。

（6）橡皮布滚筒拖梢处有水影或水珠则表明水分偏大。

（7）在墨辊上加墨时，因墨辊表面有水膜的存在，不易使墨打匀，输墨辊下摆输墨时会有打滑现象则表明水分偏大。

（8）如果印版两侧非图文区域出现明显脏版则说明水分过小。

任务　水墨平衡的判断

训练目的

通过对一些特定现象的分析，分析印刷过程中的水墨平衡状态：

1. 观察墨辊上的油墨产生的一些变化来分析水墨平衡状态。
2. 观察版面上的印迹来分析水墨平衡状态。
3. 观察印张状态来分析水墨平衡状态。

训练条件（场地、设备、工具、材料等）

1. 场地：印刷实训室。
2. 工具：带有刻度的放大镜、印刷测试样张。
3. 材料：纸张、油墨。

方法与步骤

通过观察下述现象判断水墨状态：

（1）墨辊表面滞留较多的水量是否光亮的视觉感，且串墨辊与传墨辊之间是否有水珠积聚。

（2）墨辊上的油墨产生超饱和乳化时，用墨刀铲墨是否水分渗出。当往墨辊上加墨时，由于墨辊表面有水膜的存在，不易使油墨搅均匀，且输墨辊下摆时容易出现打滑现象。

（3）墨斗中可见到有细小的水珠渗出时，说明水分过大。

（4）印刷过程中停车前后，由于墨辊与印版之间暂时处于分离状态，水膜对油墨传递的阻隔作用产生变化，过多的水分会使印品墨色明显变化。

（5）经过压印后的纸张若吸收了过多的水量，则显得软绵无力，输送过程中没有清脆的响声。

（6）水分过多时会阻碍油墨的正常涂布，使油墨积聚在墨辊上，这样尽管墨辊上墨层很厚，但印品墨色仍显得发淡。

（7）版面水分过多时，印张咬口部位印迹及空白面积大的边缘印迹容易呈现波浪形空虚现象。

（8）水分太大时，橡皮布拖捎部位有水分滞留，过量的水分会在该处形成水珠滴下。此外，橡皮滚筒、印张滚筒内的衬垫物也容易被水分沾湿。

（9）印张若吸收了过量水分，正反两面含水量不均而产生剥离变形，引起印张向下曲卷，造成收纸台收纸紊乱，印张四边也容易出现卷曲现象导致收纸不齐。

（10）水分太大时，停机时间较长，版面水分仍不易蒸发散失。

考核基本要求

1．依据套印对象观察判断水墨状态。
2．水墨失衡的处理。

项目三　印刷色序及其控制

知识点1　印刷色序

平版印刷是将层次丰富的连续调原稿分解后制成半色调的单色版，再用半色调单色版叠印来实现色彩还原。在叠色规律的指导下选择适当的色序，才能叠印出最艳丽的色彩，确保正确的印刷灰色平衡的实现。由于油墨的透明度、遮盖力、明暗度等性能的不同，印刷时先印什么色，后印什么色，都会影响到叠色效果。所以，科学合理地安排色序，才能获得正确、柔和、层次丰富以及色调正确的优质复制品，满足客户的需求。

（1）印刷色序的定义　在多色印刷中，不同颜色的油墨以一定的顺序依次重叠套印的顺序称为印刷色序。

（2）确定印刷色序的意义　我们知道印刷是通过黄、品红、青、黑四种色墨按一定的色序重叠套印完成的。只有合理安排印刷色序才能有利于实现灰色平衡充分表现原稿的色彩效果，以获得色调正确色彩鲜艳柔和和层次丰富的复制品。

（3）印刷色序的作用

①纠正色偏，通常是以三原色油墨来表现色调，以黑版作为图像中的骨架来实现整个版面阶调结构的合理性，实现中性灰平衡。但实际上达到此目的并非易事。因为生产中所用的三原色油墨存在着缺陷、纸张工艺条件等方面存在着差异，势必在印刷品和原稿之间留有距离。由于印刷上不能实现灰色平衡必然就出现色偏。

选择合理的印刷色序能够在一定的程度上给予弥补，起到纠正色偏的作用。在一定印刷条件下黄、品红、青三原色版从浅到深按一定网点面积比例组合套印在压印带上获得了不同亮度的消色成为中性灰平衡。

②显示色彩三原色油墨以不同的比例相互混合会显示出许多新的印刷色彩。显示色彩的作用主要有两个方面：一是不同的印刷色序会显示出不同的色彩效果。如黄版叠印

品红版或品红版叠印黄版叠印之后呈现出的色彩效果不同。二是色序在叠印时总有一部分叠印在色墨上另一部分叠印在纸张空白处而叠印在色墨上与叠印在纸面上网点扩大率是不同的，显示色彩的作用也就不同。

③反映质量状况，印刷色序是影响产品质量的重要因素。如果选择的印刷色序与叠印方式不相匹配就会出现混色重影、印不上等现象。选择正确的印刷色序就能得到预期的色彩效果。可见印刷色序能起到反映产品质量状况的作用。

（4）印刷色序的排列组合　印刷色序以黄、品红、青、黑四色为例，按不同次序编排可得到24种不同的印刷色序。表4-3为四色印刷色序排列表。

表4-3

黄＋品红＋青＋黑	品红＋黄＋青＋黑	青＋品红＋黑＋黄	黑＋品红＋青＋黄
黄＋品红＋黑＋青	品红＋黄＋黑＋青	青＋品红＋黄＋黑	黑＋品红＋黄＋青
黄＋青＋品红＋黑	品红＋黑＋青＋黄	青＋黄＋品红＋黑	黑＋黄＋品红＋青
黄＋青＋黑＋品红	品红＋黑＋黄＋青	青＋黄＋黑＋品红	黑＋黄＋青＋品红
黄＋黑＋青＋品红	品红＋青＋黑＋黄	青＋黑＋黄＋品红	黑＋青＋品红＋黄
黄＋黑＋品红＋青	品红＋青＋黄＋黑	青＋黑＋品红＋黄	黑＋青＋黄＋品红

按照排列组合我们可以得到24种不同的印刷色序，那么在实际生产中我们是否这些色序都会用到？还是只用其中一部分色序呢？在后面的知识点中我们会分析如何确定正确的印刷色序。

知识点2　影响印刷色序的因素

一、油墨性质对印刷色序的影响

油墨是印刷五大要素之一，是再现自然界色彩纷呈的主要物质，其主要成分是颜料和连结料，颜料是主要的呈色物质。连结料是颜料的分散剂，保证颜料颗粒均匀分散其中，并且最后将颜料固着在承印物表面呈色。颜料与连结料种类不同、性质不同，油墨的性能也存在一定的差异。

油墨的透明度稳定性、黏度、着色力、干燥速度、密度和墨层厚度等性能直接影响着印刷色序的确定。

（1）透明度　油墨透明度是指透过印品上层墨层看到下层墨层的程度，与遮盖力相对。印品用途不同，承印物不同，对油墨透明度的要求不同，印刷色序也不同。如承印物是金属、有色纸、布料等，此时为了遮盖承印物自身的颜色就要求油墨的遮盖力强，透明度差。最初的彩色印刷，黄色油墨的透明性很差，通常将其作为第一色先印，否则会影响后印油墨的颜色再现及叠印呈色效果。由于彩色印品基本是依靠三原色墨层对白光逐层减色而呈色的，因此印品复制对三原色油墨的透明度要求较高，油墨的透明性越好，最终呈色的效果越好。

目前，黄色油墨由原来的铅铬黄改为联苯胺类二芳基化合物颜料黄，透明度提高了若干倍，相比之下黑色油墨和品红色油墨的透明度较低。目前四色油墨的透明度排列顺序是：黑＜青＜品红＜黄。

一般而言，透明度小、遮盖力大的油墨应该安排在第一色，而透明度大、遮盖力小的油墨应该安排在最后一色印刷。实际生产中，为了更好地呈色，常常按黑、青、品红、黄色序进行上机印刷。

（2）稳定性　油墨的稳定性包括化学稳定性和耐光性两方面。化学稳定性是指油墨遇酸、碱、水、醇，高温等条件不发生化学变化、不退色、不变色的能力。

印刷用的纸张具有一定的酸碱度，要求油墨有一定耐酸性、耐碱性与之匹配。所用的润版液有偏酸性的，也有醇类的，要求油墨具有一定的耐酸性、抗水性和耐醇性。印品上光和覆膜工艺在高温下进行，要求油墨具有一定的耐热性。依据印刷条件选取不同类型的油墨进而决定印刷色序。

耐光性是指在长时间光照下，油墨保持原来颜色不变的能力。油墨的耐光性表明了印刷品在光线照射下退色或变色的程度。不同种类的油墨在光照的条件下墨色变化程度不同。有机颜料制成的油墨随着光照时间的延长会退色，变成灰色或近乎白色，而多数无机颜料则会产生变色现象，如常见的室外用宣传画、广告、标语等常常随光照时间的延长慢慢变色，生产时需选用耐光性强的油墨。通常黄、品红油墨的耐光性较差。因而印刷时需根据印品的用途及油墨的稳定性来安排色序。

（3）黏度　油墨的黏度，又称内聚力，是油墨转移过程中墨层被拉伸断开而转移。油墨为了对抗拉力出现一种抗拉伸断开的抗拉力。

油墨的黏度随机械压力与温度而变化。油墨在机械作用下黏度降低，随温度的升高而下降。油墨黏度大，墨层间内聚力较高，在湿压湿的印刷方式下，前一层墨还没来得及干燥，后一层墨又附着上来。此时前一层墨必须紧紧地黏住后一层墨，才能保证印刷正常进行。如果在第二色或后续套色印刷时油墨黏度过大会把纸张表面的纸毛或上一色印刷的墨层黏走。因而印刷色序一般按照油墨黏度递减的顺序排列，先印油墨黏度大的，后印黏度小的，第一色序的油墨具有最高黏度，最后一色的黏度最低。四色油墨黏度大小顺序是：黄＜品红＜青＜黑

（4）密度和墨层厚度　一般来说，随着墨层厚度的增加密度值也逐渐增加。国家行业标准中精细产品的密度范围和墨层厚度规定：黄密度范围0.85～1.15，墨层厚度约1.5μm。品红密度范围1.25～1.5，墨层厚度约1.0μm；青密度范围1.30～1.60，墨层厚度约0.85μm。黑密度范围1.40～1.80，墨层厚度约0.75μm。实践表明按墨层厚度黑、青、品红、黄增加的顺序进行印刷，得到印品的质量比较理想。

更换印刷顺序，会导致偏色、灰平衡破坏，加剧网点增大。并且实际生产中墨层薄比墨层厚的叠印效果好，因而在湿压湿的印刷方式下，先印墨层薄的颜色再印墨层厚的颜色。即采用逐层增加墨层厚度来保证印品的最终质量，通常的顺序是黑、青、品红、黄。

（5）着色力　着色力表明了油墨显示颜色能力的强弱，直接关系着油墨的使用量和墨层厚度。印刷同一实地密度，着色力强的油墨只需较薄的墨层就能达到要求，使用量小。

（6）干燥速度　实践证明，黄墨比品红墨的干燥速度快近2倍，品红墨比青墨快1

倍，黑墨固着最慢。一般干燥速度慢的油墨应先印，干燥快的油墨后印，最后印黄色以加速结膜干燥。

二、其他因素对印刷色序的影响

通常除了油墨性质外，印刷色序的确定还要考虑以下几方面的因素。

（1）印刷方式　早期的彩色印刷，国内普遍采用湿压干印刷方式，即印张上先印的墨层基本干燥后再套印下一色，与之相匹配采用的是黄、品、青、黑的印刷顺序。近年来随着技术的进步，高速多色印刷大都采用湿压湿套印方式，每色之间的印刷间隔极短。前面印刷的油墨在几分之一秒内就附着下一色，前一色未干，后一色便叠印上来。尽管湿压湿印刷方式与干式印刷方式相比存在着油墨转移不良、叠印率低等不足，但是它提高了印刷速度，缩短了四色套印时间，而且可以通过印前设置弥补叠印率低的不足从而保证印刷质量，更适合当今的多色印刷。

目前，我国主要采用黑、青（品红）、品红（青）、黄印刷色序。

（2）机型　四色机采取湿压湿印刷方式，从第一色组到第四色组，印刷适性逐渐变差，色序比较固定。常采用由深到浅的色序：黑、青、品红、黄或黑、品红、青、黄。而单色机与双色机为了换洗墨辊的方便，选择的范围比较大，多采用由浅入深的色序排列方式。如单色机通常采用黄、品红、青、黑或黄、品红、黑、青色序，双色机通常采用黄、青、品红、黑或黄、黑、青、品红的印刷色序。

（3）原稿　原稿影响色序的安排主要体现在两个方面：颜色的强弱及原稿的主色调。

印刷四色中黄色的明度最高，其次是品红、青，黑色明度最低。通常将黑、青、品红称为三强色，将黄色称为弱色。实际印刷通常先印强色，最后印弱色。主色是指原稿中对构成彩色图像作用最大的原色，特点是其在印版上网点总面积最大。生产中通常先印网点面积小的色，后印网点面积大的色。一般以暖调为主的原稿先印黑、青，后印品红和黄色，而以冷调为主的原稿先印品红，后印青色，以此顺序来强调主色调。

（4）套印精度　套准精度是指青、品红、黄、黑各分色版套印在承印物上的准确程度。它直接制约着图像的清晰度及颜色阶调的再现。彩色印刷复制过程中，通常存在如下规律：青版和品红版的套准性最重要，黄版和黑版的套准性要求稍低。

（5）纸张性质　承印物（如纸张）承担着将透明墨层减色混合后透过光全反射出去的作用。印品的颜色再现是油墨与纸张综合作用的结果，纸张的性能对油墨印刷后的呈色效果具有不可忽视的制约作用。影响着印刷色序的选择。

通常影响印刷色序的纸张性能主要有白度、吸收性、平滑度和紧度。平滑度低、紧度低的纸张应先印暗色，后印亮色，能保持较高的、较稳定的油墨转移率并很快形成均匀的干燥墨膜。而白度较低、平滑度不高、吸收性较强的纸张先印明亮黄墨，后印暗色，常常用黄色打底.先在纸张上形成墨膜，防止纸张纤维空隙过度渗透，提高最终呈色效果。黑色最后印，以增大整个画面反差，提高图像暗调的密度，稳定图像阶调层次。

（6）油墨成本　通常四色油墨中，成本的高低顺序为：黄＞品红＞青＞黑，所以一般从节省成本角度考虑，先印成本低的墨后印贵的墨。

知识点3　印刷色序的确定原则

选择印刷色序的原则有以下几方面。

（1）根据三原色的明度排列色序　三原色油墨的明度反映在三原色油墨的分光光度曲线上，反射率越高，油墨的亮度越高。所以，三原色油墨的明度是黄＞青＞品红＞黑。明度小的先印，明度大的后印。

（2）根据三原色油墨的透明度和遮盖力排列色序　油墨的透明度和遮盖力取决于颜料和连接料的折光率之差。遮盖性较强的油墨对叠色后的色彩影响较大，作为后印色叠印就不易显出正确的色彩，达不到好的混色效果。所以，透明性差的油墨先印，透明性强的后印。

（3）根据网点面积的大小排列色序　一般情况网点面积小的先印，网点面积大的后印。

（4）根据原稿特点排列色序　每幅原稿都有不同的特点，有的属暖色调，有的属冷色调。在色序排列上，以暖色调为主的色序为黑、青、品红、黄；以冷色调为主的色序为黑、品红、青、黄。

（5）根据印刷设备的不同排列色序

①单色机色序。单色机印多色产品时，油墨转移属于湿叠干，考虑色序时，可将油墨黏性放在较次要的地位。在纸张、油墨质量都较好的条件下，一般印刷色序为黑、青、品红、黄。在纸张质量较差，表面粗糙，紧度低，吸墨性强时，可选择色序为黄、品红、青、黑。由于黄版面积大，可以弥补纸张的缺陷。使印刷效果好一些。另外采用黄、品红、青、黑色序，有利于换色，容易清洗墨辊、墨槽。单色胶印机先印黄版的又一原因是人的视觉对黄色网点不敏感，而印浅颜色黄版时，即使略微会有一点套印不准的现象，肉眼也不容易观察出来，因而有利于四色套印的效果。

②在双色机的印刷中第二色和第三色属湿叠干套印。1—2色和3—4色的印刷属湿叠湿套印，双色机的印刷色序以明、暗色相互交替为宜，墨量大的放在第二色组，所以在印刷中一般采用以下印刷色序：1—2色品红—青或者青—品红；3—4色黑—黄或者黄—黑，但也根据需要。要突出某个重色时，如绿色，就应按照品红—黄，青—黑的套印色序印，这样以获得较理想的印刷效果。也可以采用色序为黑—黄、品红—青，这种色序墨色较容易控制。

③四色机印刷是湿压湿印刷方式，要使后一色油墨能较好地转移到前一色承印物的墨层上，应顺着印刷色序油墨的黏着性依次减少，否则会产生逆叠印刷现象。

一般是先印油墨黏性大的暗色，后印油墨黏性小的亮色。常用色序为黑、青、品红、黄，或黑、品红、青、黄。在改变色序的同时，对油墨的黏性也应进行相应的调整。在四色机印刷中，黄墨排到最后一色印刷，主要有三个优点：

a.由于黄墨的透明性好，用于最后一色有利于足够的光量射入上下墨层，使印刷品色彩更鲜艳。

b.黄墨的干燥性能较快，印刷面积较大。把黄墨安排最后一色，不仅可以防止因黄墨干燥速度过快而引起的晶化外，还可利用它印刷面积大，又能很快氧化结膜的特点，罩盖在其他墨层表面，可提高印刷品的光泽度。

c.黄色安排在最后一色，便于控制黄色的用墨量，可随时对照样张进行调节。

（6）根据纸张的性质排列色序　纸张的平滑度、白度、紧度和表面强度各有不同，平、紧的纸张先印暗色，后印亮色；粗、松的纸张，先印明亮黄墨，后印暗色，因为黄墨可以遮盖掉纸毛和掉粉等纸张缺陷。

（7）根据油墨的干燥性能排列色序　实践证明，黄墨比品红墨的干燥速度快近两倍，品红墨比青墨快一倍，黑墨固着性最慢。干燥性能慢的油墨应先印，干燥性能快的油墨后印。单色机为防油墨表面晶化，一般最后印黄色以利迅速结膜干燥。

（8）根据平网和实地排列色序　印刷品有平网和实地时，为取得好的印刷质量，使实地印得平、墨色厚实、色彩鲜艳，一般先印平网图文，后印实地。

（9）根据浅色和深色排列色序　为使印刷品具有一定的光泽而加印浅色的，先印深色，后印浅色。

（10）以文字和黑版为主的产品一般采用青、品红、黄、黑色序，但不能在黄色实地上印黑文字及图案，否则由于黄墨黏性小，黑色黏性大而产生逆套印，造成黑色印不上或印不实的现象。

（11）对于四色叠印区域很小的画面，套色顺序一般可采用图文面积大的色版后印的原则。

（12）金、银色产品，由于金墨、银墨的附着力很小，金、银墨应尽可能放在最后一色，一般情况下不宜采用三次叠墨印刷。

（13）印刷的色序要尽量与打样时的色序保持一致，不然就追不上打样的效果。

综上所述，在实际的印刷生产中，要根据印刷品的质量要求，纸张、油墨的性能，印刷机的精度等情况，灵活地安排印刷色序，达到最佳印刷效果。

任务　典型印刷品的色序分析与确定

训练目的

根据印刷品色序确定原则，对特定印刷品的色序进行分析，设定印刷色序，掌握色序安排的基本方法和确定原则。

1. 了解色序确定原则。
2. 掌握确定色序的方法。

训练条件（场地、设备、工具、材料等）

1. 场地：教室。
2. 仪器与工具：放大镜、样张、典型图片。
3. 材料：无。

方法与步骤

按画面的色彩特征，选择以下几种色序：

（1）BK+M+C+Y　自然风光、山水画等　冷色调为主体的原稿的印刷。
（2）BK+C+M+Y　人物肤色、霞光等　暖色调为主体的原稿的印刷。

考核基本要求

1. 能分析印刷画面的色彩特征。
2. 依据印刷画面的色彩特征选择合适的印刷色序。

项目四　印刷工艺条件及其控制

知识点1　印刷环境条件

所谓的环境条件控制，对于胶版印刷工作来说，主要是环境的温度和湿度控制，实际生产过程中还有对粉尘和溶剂挥发等条件的控制。

我们都知道在印刷过程中，环境的温湿度的变化会直接影响到纸张的形稳性、油墨的黏性、油墨的黏度、油墨的转移、油墨在承印物表面的干燥性、印刷过程中水量和墨量的控制、以及静电等，甚至还会影响到印刷机械的电器设备以及机械设备的正常工作和运转。

由此可见，对环境的温度和湿度的控制，对于能否顺利的印刷和最后印刷品的质量，都有着非常重要的作用。

1. 湿度的概念

首先我们来弄清楚一个问题：什么是湿度？

很多印刷工作人员只是机械的按照一个固有的规定来控制环境的湿度，实际上并不了解湿度的真正含义。这样就会造成当工艺和条件变化时，不能够根据条件的变化做相应的调整和改变。下面我们来了解关于湿度的概念。

所谓湿度，就是空气的干湿程度。空气中含有水汽的多少，随环境条件变化而变化。在一定的温度下，一定的空气里含有水汽越少，则空气越干燥；水汽越多，空气越潮湿。通常，衡量空气的湿度的方法有绝对湿度和相对湿度两种。

绝对湿度是指空气中实际含有水汽的密度，通常以$1m^3$空气中所含有水汽的质量（g）来表示。气体定律表明，空气的压强是随空气密度的增加而增加的，所以空气绝对湿度的大小也能用水气压强来表示。

但是仅仅了解绝对湿度对于实际的工作是远远不够的。因为空气的干湿程度和空气中所含有的水汽量是否接近饱和的程度有关，而往往和空气中的水汽的绝对含量没有直接的关系［例如当空气中所含水汽的压强同样为12.79 mmHg（1mmHg=133.3Pa）时，在35℃的夏天，人们并不感到潮湿，而在15℃的秋天，人们就会感到很潮湿，因为这个时候水汽已经达到饱和，水分非但不能蒸发，而且还要凝结成水］。这就需要了解一个不同的物理量，也就是相对湿度。所谓相对湿度是空气中实际含有的水蒸气密度，和同温度时饱和水汽密度的百分比，叫作相对湿度。当然也可以用水汽压强的比值来表示相对湿度。

这样，只要知道了环境的温度和空气的绝对湿度，我们就可以计算出来相对湿度，其中常温下的饱和水汽 p 可以通过表4-4查到。

表4-4 不同温度饱和水汽查询表

$T/℃$	p	$T/℃$	p	$T/℃$	p	$T/℃$	p	$T/℃$	p
−30	0.3	14	11.99	22	19.83	30	31.82	38	49.69
−20	0.77	15	12.79	23	21.07	31	33.70	39	52.44
−10	1.95	16	13.63	24	22.38	32	35.66	40	55.32
0	4.85	17	14.53	25	23.76	33	37.73		
10	9.21	18	15.48	26	25.21	34	39.90		
11	9.84	19	16.48	27	26.74	35	42.18		
12	10.52	20	17.54	28	28.35	36	44.56		
13	11.23	21	18.65	29	30.04	37	47.07		

因为同样空气中的温度和水汽含量，在低温环境中可能达到饱和，甚至超饱和，而在高温环境下，却会较低，甚至大大低于饱和值。

因此，相对湿度对纸张的含水量起着绝对的作用。由于纸张的含水量与温度以及相对湿度有着密切的关系，所以对车间的温湿度要加以控制，而被控制的湿度应当是相对湿度。

实际上，生产中不必从水汽压强来求得相对湿度的大小。在实际的生产中，我们使用专用的仪器就很容易直接测得相对湿度的大小。

2．车间的温湿度控制

为了套印准确，胶印车间应当有空调设备，严格的控制温湿度。如果要是有专门的晾纸车间，那么晾纸车间的温度和湿度也要得到相应的控制。

由于要求晾纸车间的相对湿度比印刷车间的高5%～8%，同时又因为印刷车间中有许多机器在运转中放出热量（包括墨辊的摩擦、电动机、风泵、以及机器间部件的摩擦都会使温度升高），还有版面、橡皮布表面等水分的蒸发，都会增加环境的湿度。因此，控制生产环境的温湿度对于印刷工作是非常重要的。

为了充分发挥空调设备的作用，提高经济效益，既要防止湿度过高降低纸张表面的机械强度、延缓印迹干燥的问题；又要防止湿度过低所引起的纸张静电的问题。因此，根据不同的季节，相应规定控制温度和湿度的范围，是十分合理的。

表4-5所示数据为某地区车间温湿度控制范围，不同地区，可以根据当地的气候条件，作为参考。

表4-5 某地区车间温湿度控制范围

	季节		
	夏季	冬季	春秋两季
温度 /℃	26 ~ 30	16 ~ 20	21 ~ 25
相对湿度 /%	60 ~ 65	45 ~ 50	53 ~ 58

要保持纸张含水量的稳定，并不是要求一年四季车间的温湿度都保持一致。但要求在统一批印品，从白纸投入到印刷完成，车间的温湿度不应该有大的变动。

当根据季节变化要改变车间温湿度的设置时，要注意车间成品和半成品的投放情况，不要一次性的大幅度转换，否则温湿度变化太大，使正在印刷产品几何尺寸伸缩超过允许范围。

没有空调设备的工作场地，其窗户必须按需启闭，加装排气扇。如果遇到梅雨季节或外界气候不正常的时候，半成品应用塑料薄膜罩起来。比较积极的办法是采用局部空调的办法，把经常印刷高质量要求产品的机器，连同周围的适当空间与外界隔离起来，加装窗式空调和去湿机（还有空气加湿机），把该区域空间的温湿度控制起来。

新厂房设计建造必须采用科学的方法，从厂房结构到空调设置，周密设计、严格管理，使印刷车间具备恒温恒湿的理想条件。

3. "露点"对纸张含水量的影响

在冬天或是初春、深秋季节，往往会发生刚拆箱拆包的纸张本来是十分平整的，但是相隔1 ~ 2h，发现纸张产生"荷叶边"，纸张的含水量严重不均匀。还有，已经吊晾、裁切好的纸张，存放在白纸准备车间里是平整完好的，但是搬运到印刷车间里面不久，也会发生"荷叶边"，使纸张无法投印，甚至印刷时发生起拱。而当检查两地的相对湿度，也没有明显的差别，这究竟是为什么呢？

为了说明上述原因，要从空气的"露点"谈起，在饱和水汽的性质中，可以得知，降低温度能使具有一定质量和体积的未饱和水汽变为饱和水汽，而这个温度称为露点。

根据已知空气的相对湿度和温度，测算出温度下降多少时，即达到了露点。

已知环境温度是25℃，相对湿度为60%时，现气温下降到多少度时才会达到露点呢？首先计算出25℃时的绝对湿度（通过查表能得到25℃时的饱和汽压是23.76mmHg）。根据以上可以计算出绝对湿度是14.3mmHg，然后从表4-3中查出当 p =14.3mmHg时所对应的温度，为16 ~ 17℃，此温度就是我们要求的露点。也就是说当温度从25℃降到16 ~ 17℃的时候就会结露。

要了解露点对纸张含水量的影响，可以从日常生活中的一些现象来说明：在夏天的自来水管壁上会结一层水滴；从冬天的室外进入房间眼镜上会结一层水雾。JY203打样机利用冷冻印版的方法，使印版不必擦水而能够从空气中得到足够的水分来润湿版面，这都是由于器物、版面的温度低于环境的气温，当达到了露点的缘故。

同理，当冷的纸张进入气温较高的车间时，如果温差达到了露点，就会在纸堆边缘大量地凝结水珠，被纸张边缘吸收，使纸边的含水量大于中间，出现荷叶边。

为了避免冷的纸箱（纸包）拆出来的纸张周边凝结水分，可将纸箱（包）存放几天，使温差低于"露点"。

解决白纸从准备车间进入印刷车间的凝水现象，最合适的方法是使两个车间的温度相近，至少不要使温差达到露点。

如果条件限制，不可能提高白纸准备车间的温度，那么可以先测量纸堆的温度，并计算温差，在未达到露点温度时，将白纸运到印刷车间。例如不要一清早运纸，而在中午两个车间温差较小的时候运纸。

通过以上的介绍，我们对印刷车间的环境控制，有了一个比较全面的认识，同时也会发现在对环境的温度和湿度控制的时候，一定要互相联系起来，而不能孤立的控制。在实际工作中如果我们能很好的控制印刷工作的环境，那么一定会在工作中获益匪浅。

知识点2　印刷观测条件

一、观测条件对色彩的意义

色彩和密度测量是印刷中对复制质量进行控制的常用方法。但是对于一幅图像来说，这些相关的测试方法并不能代替人眼对色彩质量复制效果的最终评价。印刷复制中，我们主要是将复制图像与各种图形原稿进行比较，判断色彩复制的还原程度。例如，对一幅复制的彩色图像进行色彩质量方面的评价，常用的一种方法是将这些图像与一份原件图像对比，再现原稿的忠实程度的来做结论。

无疑，在印刷过程中对印品复制进行控制的最佳观察条件应该与印品最终的观察环境相符。如果十分清楚最终的观察环境，印刷工作人员就可以在相同的条件下进行印刷品的品质监控了。但是这种情况一般不太可能，尤其重要的是，最终的观察条件不允许我们在原稿、照片或合同样张、最终印刷品件进行直接的对比。因为在光源和相关观察条件下，每一种材料的显色方式直接影响最终的图像效果。为了避免对色彩复制效果的误解，在产品复制过程中使用稳定的观察条件是十分必要的。

观察环境的周围物体或存在的物体表面，其颜色和亮度也在很大程度上影响着观察者对观察对象的节点色彩感觉。有时，人们使用标准观察箱进行观察。但是一般的观察台建在房间的某一部分。所以，对观察环境的控制十分重要。

为确保在所有的复制环节中使用统一的观察条件，推荐统一的观察标准势在必行。对于彩色印刷品和照片的观察条件，推荐的标准是ISO 3664。

在新标准推出之前已经有了两个标准，1975年的《ISO 3664 观察色彩透视片和复制品的照明条件》和ANSI的《PH2.30—1989 印刷品、照片、色彩印刷品、投射激光成像复制品的观察条件》。它们在有关观察标准的推荐上十分类似，但并不完全相同。

新的ISO3664标准的改版是在1994年年末开始的，ANSI协会表示将接受新版标准为ANSI标准。

在印刷复制环节中，要保证稳定一致的观察条件，有以下几个关键因素：①照明光源的光谱能量分布；②照明光源的发光强度和均匀度；③观察环境条件（包括观察环境和照明环境两部分内容）；④照明环境的稳定性。

二、ISO 3664标准推荐的观测条件

1．光源的标定

ISO 3664新版本包括了所有要求的推荐标准。同时新版标准对在彩色屏幕上进行图像观察，及图片展览和鉴赏的条件也做了推荐。此标准将同时是用于印刷机、照相行业。

表4-6对ISO3664的观察标准中的关键条目做了介绍。

①此参数推荐为除了彩色显示器外的参考照明制定了光源的光能分布，对彩色显示器在括号中指明了白点的显色容忍度。这些说明都是根据1976 UCS系统的视觉观察得到。

②当在透射稿和印品件进行比较时，透射稿光源的照度与同等印品观察平面的照度比是2（±0.2）：1。

③彩色显示器的环境照明应该小于或等于32lx，一般≤64lx都可以使用。

表4-6　ISO 中的指定观察条件

ISO 观察条件	参考照明和色差（1）	照度	显色指数（符合 CIE13.2 标准）	同色异谱指数（符合 CIE51）	照明均匀度（min：max）	环境照明的反射率/照度/亮度
印品的鉴定比较条件（P1）	D50 标准光源（0.005）	2000 lx±500 lx（理想为±250lx）	常规指数：≥ 90 样张 1～8 的指定指数为：≥ 80	视觉效果：C 或更好：理想为 B 或更好 UV：<4	位置高于 1m×1m 的平面≥ 0.75 面积超出 1m×1m 的平面≥ 0.6	<60%（应为中性灰并无反光）
透射直接观察（T1）	D50 标准光源（0.005）	（1270±320）cd/m² （理想为160cd/m²）（2）	常规指数：≥ 90 样张 1～8 的指定指数为：≥ 80	视觉效果：C 或更好：B 或更好	≥ 0.75	5%～10% 的亮度水平（个方向延伸变应为中性灰，并向外延伸 50mm）
印品的实际评价（P2）	D50 标准光源（0.005）	（500±125）lx	常规指数：≥ 90 样张 1～8 的指定指数为：≥ 80	视觉效果：C 或更好：理想为 B 或更好 UV：<4	≥ 0.75	<60%（理想为中性灰并无反光）
透射片的投影观察（T2）	D50 标准光源（0.005）	（1270±320）cd/m²	常规指数：≥ 90 样张 1～8 的指定指数为：≥ 80	视觉效果：C 或更好：理想为 B 或更好	≥ 0.75	亮度水平为 5%～10% （中性灰并在各方向延伸 50mm）
彩色显示器	D65 光源的色度（0.025）	75 cd/m²（理想为 >100cd/m²）	—	—	—	中性灰、暗灰或黑（3）

本标准中将基本的观察照明推荐为CIE D50标准光源，实际上是将照明指定为相关色温在5000K的日光光谱分布。据说，最初使用D50的一个原因是它在光谱的蓝、绿、红波段的能量分布接近等能状态。光源的生产商想尽办法使用各种材料制作荧光灯和滤色片，以得到D50效果的光源。但是，最终并没有一种灯的发光效果与CIE标准照明体D50完全匹配。所以，在标准中推荐了相应的参数，对真实观察光源与理论光源的匹配程度进行比较。

在以前的标准中，匹配度使用CIE的显色指数来指定。它反映的是一系列标准色块在理论D50光源下表现的颜色与实际观察光源下显示颜色的相似程度。

当前，彩色成像和打样系统在创建图像时，使用了许多新技术：染料升华、热转移、喷墨、静电成像等。这些方式的使用正在逐渐增加图像的色彩反差。这些技术使用的原色染料，大多在匹配照片或油墨印刷色彩效果时，它们的反射曲线相对它们匹配的颜色曲线会在某些地方有突变情况，这叫作同色异谱匹配。同色异谱匹配的负面作用是颜色对照明条件的变化十分敏感。这样，只使用显色指数描述光源特征已经不够了。

新标准中保留了显色指数这一特征，同时增加了两个新的标准参数：可视度和UV变色指数。这两个指数来自CIE版标准No.51，1981——评价光源质量的方法。这些参数使用了更加复杂的匹配标准。一个标定可视情况，一个标定光谱UV部分的情况，以便更加严格的对实际光源与CIE D50理想照明进行区分。

也就是说，如果符合新标准，观察设备将提供更加稳定的观察条件。这将降低因为新材料或荧光灯对纸张和油墨的敏感性而出现的问题。

初步的测试显示，在旧标准中认为是较好的观察设备，大部分也同样符合新标准。早期被标准界定的设备可能存在许多问题，并需要更新所以还不能用以说明那项推荐指标是可行的，而那些还需要进一步的工作。

一种叫GATF/RHEM的光源指示器可以在观察条件不正确时，对观察环境发出警告。若将此装置直接装配在工作条件下，用以提醒工作人员观察环境的情况，将十分方便。但要注意的是，GATF/RHEM并不能说明观察条件的正确性。

2. 亮度水平

新标准中推荐了两种照度，高照度（P1）（2000±500）lx，用于评测和比较图像时使用；低照度（P2）（500±25）lx，用于模拟相似与最终观察条件的图像阶调观察。对早期标准在鉴定性评价和比较方面的修改十分必要。例如，比较原稿和样张的效果，或在印刷过程中比较合同样张和印刷图像的细微色彩差别，适用于此推荐标准。

由此，尽管观察条件有一定适应度，照度水平的变化也会对图像的表现效果有着十分显著的影响。为了模拟最终的图像观察环境，使用推荐的低照度水平（P2）。虽然日常的观察过程中的照明条件也在变化，但是标准照度条件的选择是我们平常观察时最具代表性的照明情况。

在行业中，低照度水平的推荐应起了很大的争议。人们提出，太多的照度推荐可能引起混淆。所以，在标准之后附加了下面的提示给予说明。

注："强调比较图像细节效果"时，在高于平时观察的照度下进行，这将有利于观察图像间的细微差别。例如：一张合同样张与一张印刷样张能够很容易的比较区分。所以，所有的两张或更多图像的质量比较必须在P1条件下进行。但是，对于单一图像的阶

调复制和真实质量的评判，最好在与最终的观察条件相符的条件下进行。这与观测者对图像的观察条件是一致的。然而，最终的观察条件怎么样，我们可能并不知道。在不了解最终观察质量的情况下，最好使用典型的正常观察照明条件。模拟正常的观察条件要确保图像的暗调细节能够分辨。P2条件符合这种情况。

我们认为，应该强调以下几个实际应用方面的问题："最近，我在几种不同的照明条件下观察了同一幅图像。画面内容中包括一条十分精致的花边，颜色与背景十分贴近。我在标准观察台下的观察效果不如在办公室环境下的效果那么好。在办公室中看见的十分漂亮的图像，在观察台下观看时，显得苍白，就像水浸泡过的效果。一段时间以后，我碰见一个关于大型的批发过程的广告图画。画面是彩色的，内容是在黑色背景映衬下的黑色草坪修建工人和割草机的图画。我的第一反应是，这种图像怎么能够复制呢？我们几乎都看不见上面有些什么。但是，但我在标准观察台下再观察时，连图像的阴影都可以毫无问题的分辨出来。可能我们也常常碰见这种情况，不妨试着注意一下。"

除了在观察台上观看复制图像与原稿的匹配情况，我们也可以把图像放在大厅、办公室或其他低照度的地方观察。这种照明条件的变化，无论在亮度水平或颜色特征上，都是不可以得以控制的。如果我们在使用这种变化的照明进行打样，尤其是对于某些新型的材料使用时，我们就会被强制去对图像的色彩效果进行调整。所以，规定一个既适于高亮度的观察条件（2000lx），又适于低照度的观察条件的低照明观察条件将是一件十分有利的事情。这样，图像的阶调复制效果将更加真实的得以判断。更重要的是，我们能够在其他地方对这种观察条件进行模拟，从而得到相同的观察效果。

3. 观察环境

在观察中，周围的条件也对观察效果起着很大的影响作用。在新标准中对一下条件做出了提示。

①观察环境应对图像观察的干扰达到最小。为了避免其他的条件影响对透射稿或印品的判断，在进入观察环境后，应避免立即开始评判工作。人眼至少需要几分钟的时间去适应环境。

②额外的光线，不管是从其他的光源发出或是从其他物体的表面反射，都会对观察或其他图像照明产生影响。

③在当时的观察环境中，不应有强烈色彩的表面（包括衣物）存在。

注：在观察视场中强烈的色彩是一个潜在的问题，因为它们可能会产生无法避免的反射。视场中的天花板、墙、地板或其他表面的反射都可能使反射率低于60%的中性灰色块变色。

新标准也指出，观察范围边缘中性无光的周边环境在各边应该至少延伸出观察空间的1/3。周边环境的反射率要小于60%，最好小于20%。新标准中同时指出对比图像应该进行对边放置。

4. 保持光源的稳定性

一般情况下，观察人员没有相应的测试设备用以测试观察台上的照度和光谱能量的分布。所以常规使用的观察环境维护方法就是定期的更换灯泡。标准中提出，生产厂家应该对设备或仪器的保质时间进行说明，提醒用户按期进行维护，除非用户有足够的理由说明设备处于正常的工作状态下。它建议，在观察设备上配备相应的使用时间测试设备或者其他一些具有衰减指示的仪器。一些生产厂家用2500～5000h、一年来说明灯泡的使用时间，但是，并没有提出观察台面应该保持清洁和整齐。

任务 印刷工艺条件现场认知

训练目的

在实训现场或者企业现场，对现场的工艺条件进行观测，评判印刷环境条件和观测条件是否符合要求，了解工艺条件的评价方法。

1. 掌握印刷环境条件的要求。
2. 掌握印刷观测条件的要求。

训练条件（场地、设备、工具、材料等）

1. 场地：印刷实训室、企业印刷现场。
2. 仪器与工具：温度计、湿度计、照度仪。
3. 材料：印刷样张及原稿。

方法与步骤

1. 对观测现场的温度和湿度取样。
2. 评判环境条件。
3. 对看样的观测环境和光源进行检测。
4. 对观测条件进行评判。

项目五 常见的印刷工艺故障分析与控制

知识点1 印刷套印误差

一、套印误差的含义

1. 什么是套印误差

将分色制成的各色印版，且网纹角度不同，按照印刷色别顺序依次套印，最终成为与原稿具基本相同层次色调的复制品，称为印刷套印还原过程，或称网点的彩色还原。

套印误差是指各色版在套印过程中出现的偏差。

在彩色还原的套印过程中，存在着套印精确度的问题。一般情况下套印准确与否反映在两个方面：一个是整个印张径向（即上下方向）套印不准和轴向（来去方向）套印不准；另一个则是印张图文局部套印不准，引起套印不准的因素较多。

2．套印准确的允许误差

在生产实践中绝对地套印准确是不存在的，总是要产生一定的误差，而这种误差又并非是无限制的，它有一定的允许公差范围，这个范围称为套印允许公差。

确定套印允许公差值时，则是以人们的肉眼观察力为依据。理论和实践证明，人眼辨别的细微能力可以达到0.10mm，同时人眼能够识别出极微小差别的色调。在这个范围内，人眼基本感觉不到变化的阶调值。所以，套印允许公差一般规定为0.10mm。

套印允许公差一般分为两个内容：一个是印刷套印误差；另一个是制版规矩误差，即：

$$套印允许公差＝套印误差＋规矩误差＝0.10mm$$

3．套印准确的工艺原理

彩色套色印刷，要求每色图文在同一平面上（指纸张及其他承印物）叠合时套印的规范，是使每一色图文网点在规定的位置上准确重合，使之组织色彩，还原原稿的色彩。根据这样一个原则，套印的基本原理，就是光学组合全过程，即：色光的加色法和色料的减色法，使图文网点实现正确位置的并列和重合，最后以网点的独特功能去组织色彩，还原于色彩。

二、套印不准的原因分析和措施

套印准确与否是影响印刷生产质量问题的关键一环，在印刷过程中尤其重要。对引起印刷套印不准的原因分析如下。

1．印版的变化引起的套印不准

印刷使用的金属板材，都具有一定的延展性，将其安装到滚筒上之后，在压印过程及擦版过程中，受到各种压力的作用，就不可避免地产生不同程度的变形。尤其是在长、宽尺寸上的变化都会影响印刷品的套印准确程度。

（1）印版厚度与印版表面尺寸变化的关系

印版在安装时肯定会发生一定程度的变形，但在滚筒曲率大的机器上（一般滚筒直径大于450mm），当印版与滚筒形成的圆心角较大时，印版表面的尺寸变形规律并不符合"虎克定律"。在合理的拉力条件下，印版的厚度越厚，表面尺寸变形越大。

当印版安装到滚筒上时，必须要进行人为弯曲。金属物体在弯曲变形时，要产生中和层，曲面里边的部分被压缩，曲面外边的部分被拉伸。这样就会造成印版的正、背面具有不同的半径，而外表面受到较大的张力，致使其发生"崩裂"现象，造成印版表面的尺寸伸长。

这种变形值与两种因素有关：一是若滚筒半径不变，则随着印版的厚度增加而增加。二是若印版厚度不变，则随着滚筒的半径减小而增加。

（2）减少印版产生变形的措施

通过上述分析可以看出，印版在安装到滚筒上后因各种因素产生的变化是不可避免的，会给印刷带来一定的影响。但可以采取各种措施和技术手段将这种不利影响缩小到最低程度。

①装版时应按如下原则进行：装版时尽可能使其位置准确，使用最小的拉力为宜（以

印版和滚筒贴合为准），减少拉版、校版的次数是非常必要的而且是有益的，应使用厚度一致的印版。

②校正印版时应注意的问题。 在印刷过程中如需要调节印版位置，在操作中应遵循这样的原则：方向明确，宁少勿多，数据准确，用力勿猛。这样才能使经过校正的印版位置趋于准确，否则易造成反复调整，一是浪费时间，二是造成不必要的拉伸变形。

另外，在校正印版之前，应先解除对应力——最大限度地克服版背面与滚筒表面的摩擦力。只有这样，印版在拉力（或顶力）的作用下，才能顺利地位移，达到预期目的。否则印版将受到较大的拉伸而产生变形，甚至断裂。

对应力的确定：凡是阻碍印版按需要的方向移动的力都是对应力。若是在滚筒直径较大，印版与滚筒的圆心角较小的机器上，印版只做微量的单边移动，只放松单向的拉版螺钉即可。但是在移动量较大时，必须放松所有的与之有关的拉版（顶版）螺钉，否则印版受到对角线方向的阻力会产生"扭转现象"，非但不能达到目的，反而会使印版产生扭转变形。因此，使印版周向移动时要考虑到轴向顶版螺钉的影响，在印版做轴向移动时，要考虑到周向拉版螺钉的影响。

2. 印版与半成品的尺寸规格匹配

（1）未印刷的半成品尺寸规格要与印版相匹配。为了保证套印准确，机台人员在垛纸之前应对纸张进行必要的抽样（上、中、下若干张）检测，看其规格是否与印版尺寸一致。尤其在季节变化、车间温湿度不稳定时，应引起充分注意，若发现有较多的纸张尺寸超过允许公差范围时不得付印，需重新调湿，以免引起套印和走纸问题。

（2）每个印刷机台所用的印版在安装前应认真检查，要求所有印版的规格尺寸一致并在可能的条件下，力求其厚度也相同，这对套印准确很有好处。

3. 纸张变形引起的套印不准

纸张是承印物，其尺寸变化是造成套印不准的另一个重要因素，而影响纸张尺寸变化的原因主要是由于环境温湿度导致纸张含水量变化造成纸张尺寸变化，从而造成套印不准。

纸张含水量的变化是造成纸张变形并引起印刷品套印不准的主要原因。纸张是由天然植物纤维交织成的薄层材料，具有很强的亲水能力。而且，由纤维交织而成的纸张有无数粗细不同的毛细孔，对水有毛细吸附作用，所以，纸张是吸水性很强的材料。由于其特殊结构，纸张不仅在同纸张接触时能够吸收水分，而且具有从潮湿空气中吸水（吸湿）的能力和向空气中排水（脱湿）的能力。

纸张在吸水后发生膨胀，纸张各方面的直线尺寸和面积都会增加，机械强度有所降低。纸张脱水后发生收缩，纸张各个方面的直线尺寸和面积都会缩小，变得僵硬发脆。这些变化都是由纸张含水量的变化所引起的塑性变形造成的。因此，要控制纸张的变形，必须控制纸张的含水量，并且使纸张的含水量均匀，才能保证套印的准确度。

纸张在印刷前要进行调湿处理，使纸张含水量均衡，并与印刷车间的温湿度相适应，提高纸张尺寸的稳定性，让其滞后效应充分显现出来，从而提高套印精度。

调湿时间越长，纸张伸缩性越小，其稳定性也越高。同时，要注意控制印刷车间的温湿度。通常情况下，要求印刷车间温度为20～22℃，相对湿度为45%～60%。目前，国内部分优秀印刷企业不但对印刷车间采取了温湿度控制，对纸库的温湿度也做出严格要求：温度为18~20℃，相对湿度为60%~65%，尽量使纸张处于恒温恒湿的理想环境中。

控制印刷中的水墨平衡也十分重要。印刷时水量要均匀、一致，不可忽大忽小，尤其对吸水性比较强的纸张更要注意。

纸张外包装不要过早去除，否则会使纸张边缘与内部出现一定程度的湿度差，其吸水伸缩量会不同，从而使套印不准。

4. 橡皮布及衬垫对套印的影响

压印橡皮布及衬垫是获得良好印迹的主要材料，其松紧度、厚度、均匀度都会给套印带来一定影响。

包衬的厚度：所选用包衬的厚度取决于所印产品的特性及机型，可根据具体情况进行合理选择。

包衬的严整度：压印包衬由橡皮布、纸张、衬纸等组成，每一种材料可能不会绝对平。在挑选时应使其本身误差尽量小，而且重叠起来不要使其误差集中在一个部位，这样可以使其厚度误差互补，避免在总厚度上出现局部凸起或凹陷。否则若误差累加在一起大于0.05mm以上时，则经过压印后的印张受到压缩变形会出现一定误差。因此，在调换衬垫时应做到必要的测量以掌握准确的数据。

由于橡皮布是弹性体，具有一定的可塑性，当受到外力时，其厚度、长度均会有所变化。所以松紧度的变化，对压印滚筒的实际半径会有影响。厚度的变化会引起印刷压力的变化，随之而来的是印张"压缩变形"套印不准。这种现象表现强烈的地方是版尾两角。

橡皮布的松紧程度发生不均衡时分为如下两种情况：

一是整体松。出现这种情况的套印不准，在印张上表现为从版头（叼口）至版尾递增的"搋纸"现象，套印误差由弱到强。造成的原因有：胶皮松退导致机构磨损、失灵、损坏；新更换胶皮后，经过一段时间印刷，自然拉伸，造成松弛；夹版螺丝拧紧不当，造成胶皮的螺钉孔拉豁。

二是局部松紧不等。当胶皮出现局部松紧不等时，会造成印张的整幅面受压不均，严重时会发生局部的套印不准（变形不均）或褶子。产生的原因有：胶皮布裁剪形状不标准，即不是矩形，两端夹版螺钉孔不平行，个别夹版螺钉拧的不紧，夹板变形或弯曲，胶皮的头、尾部（滚筒作用面的边缘）破裂，包衬厚度误差聚集在一处。

5. 机械强度对套印的影响

前面讨论了印版、纸张原因造成的套印不准。除此之外我们使用的印刷机械，从外因上也会造成套印不准，而且在正常印刷中是经常出现故障的主要方面。因为，纸张从输纸台上"分纸"开始，一直到经过压印后送到收纸仓得到印张的全过程，若有一部分发生故障，均可能造成套印不准。下面就机械因素可能产生的故障对套印不利影响进行分析讨论。

（1）分纸机构要协调——纸张起动利落

"分纸"过程是纸张从静止状态过渡到运动状态的起点。故分纸机构的各零部件应协调动作，纸张在与纸垛分离时应干脆利落，这里只着重讨论一下分纸毛刷和吸嘴胶皮圈的合理性，若使用不当就可能成为输纸故障的诱因。

①毛刷。其作用是控制纸堆吹起的高度（当然应与吸嘴协调），将被吸嘴吸起的单

张纸下边的纸"刷"落。所以除质量的好坏以外，关键是位置合理与否，上下位置应在纸堆上边3～5mm，前后位置伸进纸堆后缘小于8mm（当然这只是一个大体数据，斜刷与平刷也有所区别，具体情况可略有出入）。这样做的目的可以使吸嘴的高度定得相对高一些，防止在吸嘴"回程"时与纸堆摩擦，造成最上边的纸起动位置紊乱和胶皮圈卷曲，将纸吸变形。另一方面便于松纸吹嘴将上边数十张纸吹松，有利于分纸的正常进行。

②胶皮圈。它的用途是增大吸纸面积，应根据印刷纸张的幅面大小、薄厚不同，使用不同的胶皮圈，防止吸力过大产生双张。值得注意的是调整吸嘴的位置时，要与纸垛平面保持平行或略微"仰头"切不可低头，避免胶皮圈蹭动下边将要吸起的单张纸。另外，在工作中应注意不要和油类物质接触，以防变形，造成吸起的纸启动位置不正。

（2）"接纸传动"要准确——交接无误

所谓"接纸传动"即递纸吸嘴与导纸胶轮的交接纸张过程。它是纸张从静止到运动的"起跑线"，是第一个"共运衔接"，直接关系到纸张输送的好坏。因此在调节其运动关系时要仔细、准确。

（3）输送过程要平稳——不能失控

经接纸传动纸张上输纸台以后，直至定位前的这一段"输纸过程"应注意不能失控。一定要对输纸台进行定期保养，保证其良好的均匀平滑性能，否则会造成纸张传输时歪斜造成套印不准，甚至撕纸。

（4）定位机构工作稳定——性能良好

套印的准确与否，除上述因素外，更直接更重要的一环就是定位工作的好坏。因为它是确定纸张与印版相对的"中转部位"，而且它的工作是多种动作在瞬间完成的。一旦出现故障后很快就付诸印刷过程，挽回的机会甚少。因此，要从多方面考虑到对定位的不利因素，予以预防排除是很必要的。

①最大限度地利用定位时间。前规停在挡纸位置的时间是极其有限的，因此就要充分合理利用这段时间。为达到纸张定位稳定的目的，当前规运动到挡纸位置时，纸张叼口应距前规8mm（下摆式25mm左右）左右，以便纸张有充足的稳定时间，使之定位准确。

若纸张提前到达，则有可能出现"超越"现象形成。合力冲击加大纸张的反弹趋势；若纸张滞后到达，就会缩短了纸张的两极稳定时间。这两种情况都是不利的。

②输纸速度与止弹措施。现在的连续式输纸速度比间隙式输纸速度慢一些，在前规定位时相对来讲冲击力较小。但不同的纸张其纸张硬度是不一样的，强度高的纸张到达前规时有回弹趋势。因此，就要充分合理地使用止弹措施，尽可能保证定位的准确性。

定位压球应以"球体"压在纸上运动自如为准，切不可让其笼壳也接触纸张，影响定位。同时又不能将笼壳调得过高，这样压球既接触纸张转动，又与笼壳产生较大摩擦力致使转动不灵活。使用时要成对的对称使用，防止出现止弹不均衡产生歪斜。

在已经定位的纸张拖梢，放置毛刷和毛刷轮的主要作用是防止纸张回弹，位置的合理性是其发挥作用的关键。毛刷可以进入纸拖梢一部分（2～3mm），而毛刷轮要放在纸张拖梢以外1mm左右的位置，而且要给予牢固定位。若靠前则有可能影响纸张侧定位，过于靠后则起不到止弹作用。

③侧规使用的合理性

拉纸力：以能拉动纸张5～8mm，碰到侧挡板又能在两者之间产生滑移为准。

拉纸时间：在纸张前定位之后，递纸牙叼住纸张将要启动之前完毕。此时，压纸球抬起两倍纸厚距离为宜。

上压板：与定位台面保持3~4张纸厚距离为宜。

定位板：与压印滚筒轴线垂直，防止倾斜时与纸边为点接触造成定位不准或反弹。

（5）递纸机构工作的影响　递纸机构是将已经定好位的纸张交给压印滚筒的叼纸牙的间接传纸工具。但在"接""交"纸张的过程中，有时受客观条件影响或本身调节不当，往往造成工作故障而发生套印不准或纸张撕口、褶皱等现象。

①递纸牙的牙垫要与定位台工作面平齐。如果定位台高于牙垫时，轻者会造成被叼纸张的叼口呈"波浪边"，严重时有可能产生叼纸时"牙根"将纸张压退现象，形成被叼住的纸位置不准；如果定位台低于牙垫，若传纸机构是摆动牙时，在运动到咬纸位置瞬间，会将纸"顶退"（虽然有进退毛刷及毛刷轮，但摆动牙一旦到位即很快闭合，被顶退的纸来不及复位即被咬住），同样使被叼住的纸位置不准；如果是滚筒式递纸牙，也会影响原有的定位效果，即被叼住的纸叼口也会出现"波浪边"。这种原因引起的套印问题，一般没有什么规律，也不容易观察的非常准确，故在调整机器时应精心细致，保证其准确性。

②前规与递纸牙动作的协调性。前规的作用除对纸张进行前后定位外，还应与递纸牙配合好完成"咬纸"工作。在递纸牙咬住纸张之后，启动之前，必须给纸张让路。若提前让路会造成已经定好位的纸位置移动，若滞后让路会阻碍递纸牙咬住纸张运动造成撕口。两者均会造成纸张在交给压印滚筒咬纸牙时位置不对。

③在保证纸张不撕口的前提下，尽可能增大"共运衔接"时间。递纸牙与压印滚筒咬纸在相对静止的条件下，进行纸张交接。这段时间是两组牙共同控制纸张的（称为"共运衔接"时间），其时间长短直接关系到传纸精度的高低，即时间长比较稳定，时间短易失控（理论上讲也不会太长，因交接区间只能在两圆外切的法线上进行），由于机件的制造精度及机器调试的误差，有时交接时间达不到应有的理论数据，但应尽可能增大这段时间，对保证套印是有利的，也是关键的一环。

④压印滚筒咬纸牙闭合时间的准确度是交接精度的保证。由于机件的润滑及保养等原因，在慢车调试时压印滚筒咬纸牙闭合位置能实现咬纸，但在正常机速情况下却出现完全闭合或时间滞后，这样一来应有的交接时间就得不到保证。这就要求在调整其闭牙控制凸轮工作曲线时要注意精度，并检验各咬纸牙的力量是否符合标准且均衡。其次，要保证闭牙大弹簧的力度要足够大，防止在高速运动中出现"飞轮"现象，形成实际的闭合时间滞后。再就是要保证叼牙轴转动灵活及应有的配合精度，不容许出现径向跳动和轴向窜动。

（6）压印滚筒咬纸牙与套印精确度的关系　纸张在压印过程中受到强大印刷压力的影响，必然会有位置移动的趋势。如果叼纸的力量小于这些外力的影响，轻者会造成版头部位褶皱，严重时有可能出现局部或较大面积的套印不准，如中间松两边紧，中间紧两边松，单侧松紧或个别纸张松。

上述几种情况，往往是因咬纸牙的咬纸力调节不当，受到外力作用时咬纸力轻的部位无法拉出，经压印后改变了原有尺寸，形成套印不准。为避免以上几种情况发生，应注意以下几点：①咬纸牙的调整工作应在一批产品印刷前做好，非不得已时，不得在中途改变其咬纸力。②全组咬纸牙的牙垫应呈一直线，不得有凸凹不平的现象。③注意使咬纸牙的弹簧出现弹性疲劳，使咬纸力下降（两侧的弹簧力要一致）。④咬纸牙轴与轴套除具有应有的精度外，要经常保持润滑，防止咬纸中产生阻力和不稳定因素。⑤咬纸力的牙片应与牙垫贴实。尽量"面接触"，而非"点接触"。

（7）压印滚筒与印版滚筒的相对滚动完成印刷过程，两滚筒的轴线是否保持平衡一致，对套印的精确度也会产生影响，下列情况的发生需要引起我们的注意。

①轴线相交。即两滚筒的轴线延长线相交，表现为两侧的滚枕间隙不一致。导致压印接触区的半径不等，形成"锥体滚压"使纸张两侧受力不均匀。压力大的一侧（间隙小）纸张的压缩变形大；压力小的一侧（间隙大）纸张的压缩变形小。

②轴线滚筒的轴线虽然不相交，但在三维空间上不是重合的，而是形成一定的角度。此种情况不易发生，可一旦出现造成的后果非常严重。除了印刷半径不等外，两滚筒在压印过程中轴向力和径向力同时作用于纸使其产生合力方向上的变形，除套印不准外，印迹也会发生微量变形。同时机件的磨损也大，使应有的精度破坏，影响机器寿命。

③故障原因与排除方法。印版滚筒是全机的水平基准，在安装与调试机器时，要绝对保证与机墙的垂直度和水平度。然后调节压印滚筒（包括其他滚筒）与它的轴线平衡关系。

滚筒齿轮单侧磨损较大。由于轴线不平衡，两侧的齿轮磨损也不均匀，滚轴间隙的一侧磨损较大。

滚筒轴线方向上的三点间隙不等。在合压位置，将两滚筒的包衬去掉，测量两滚枕间隙及滚筒作用面之间的间隙（根据各机型的数据算出标准值），看是否符合工艺要求。如有问题方可通过滚筒的偏心轴承进行调试。

知识点 2　粘脏

胶印多色机的应用越来越广泛，机器色组也越来越多，车速更是不断地在提高，但是背面粘脏仍是胶印产品中经常碰到的影响产品质量的弊病之一。随着多色机及更多色组机器的应用以及速度更快，防止背面粘脏也就显得更加重要，任务更加繁重。

从印版或橡皮布转移到承印物上的油墨，如果固着时间不足，墨层尚未干燥，再与其他承印物接触时，就可能发生油墨的再转移现象。单张纸印刷机，在印刷过程中，一张印刷品的墨迹未干，又有另一张印刷品叠放其上，前一张印刷品上的油墨便有可能转移到后一张印刷品的背面，这种污染印刷品背面的现象，就叫作印刷品的油墨粘脏，简称背面粘脏。

一、粘脏的原因分析

背面粘脏造成的危害，轻者影响产品画面质量，严重的导致产品报废，给企业带来很大损失。造成印品背面粘脏的主要原因有很多，我们从以下几个方面谈谈背面粘脏产生的原因及解决方法：

1. 油墨和油墨辅料的使用

（1）油墨的干燥速度　在胶印过程中，油墨在印张上的结膜过程，一般可分为固着和干燥两个阶段。所谓固着，是指转移在印张上的油墨，伴随连结料渗透，使其形成凝胶态（或半固体状）墨膜的初始干燥阶段。墨膜在这一阶段，已具有一定的牢度和耐摩擦性，如手指触及或不用强力摩擦，印张不致产生背面粘脏或转印，因而也能经受堆积和移动。如出现粘脏或转印时，则表明墨膜尚未达到凝胶态。所谓干燥，是指固着在印张上的凝胶态墨膜，因连结料中的聚合干性油和某种树脂中的不饱和化合物与空气中的氧发生反应，使其形成全固态墨膜的最终干燥阶段。印迹的干燥速度对印刷品的印刷质量有很大的影响。干燥过慢，轻则使印品背面粘脏，重则造成印张粘页。

（2）不同类型的油墨　随着印刷机械的不断更新和完善，印刷产品也更加精美，对印刷原材料的要求也不断提高，由于多色机是在很短的时间里进行套印的，对油墨有其特殊的要求，一般常用的油墨有树脂型油墨（10型）和快干亮光型油墨（05型）。胶印油墨中的连结料，合成树脂，被广泛的应用，它具有干燥快以及印刷性能好等优点。因多色机的湿压湿的叠印方式，要求油墨在纸张上的干燥必须迅速，否则网点还原率会受影响。因此，有些快干亮光型油墨的组成结构是：树脂为35%～40%，干性植物油为30%，高沸点煤油为15%～25%，这种混溶状态决定了油墨的干燥性质是渗透和氧化、聚合结膜相结合的综合干燥形式。干燥速度比树脂型油墨快。并且铜版纸的干燥速度要比胶版纸的干燥速度快得多。因为树脂油墨在纸面靠渗透低分子溶剂固着，其瞬时渗透量决定着它的固着速度，所以油墨在纸面上的快固着性能、不仅需要油墨具备大量渗透条件，还必须要求纸张对油墨有吸收性能（连结料、低分子溶剂）。因此，纸张对油墨的吸收性能与纸面毛孔半径有关。胶版纸表面孔分布稀疏，对油墨中的连结料低分子溶剂瞬时吸收性能差，所以油墨对这类纸快固着要求不高。但铜版纸涂料通常是松孔性的亲油颗粒物质，纸面具有微毛孔，对油墨中低分子溶剂吸收性良好，油墨附着在这类纸面上，油墨连结料中低分子溶剂在纸面微毛孔的强烈作用下，瞬时内得以大量渗透，变成胶凝状态而固着在纸面。在实际操作中，我们要根据不同的纸张，提高油墨的适性，有些特殊产品或者纸张质量不好，不得不使用调墨辅料来保证产品质量。

（3）墨层过厚　油墨转移到具有吸收性的承印物——纸张表面上时，如果墨层较厚，表层的油墨和空气中的氧产生作用，迅速形成固态的皮膜，这层皮膜，阻止了空气中的氧向油墨层的中部进入。再者，纸张的渗透作用是有一定限度的，墨层过厚时，只有紧贴纸面底层油墨才容易渗透，而中间层的油墨仅能依靠氧化聚合干燥，由于氧分子的缺乏，干燥速度缓慢，致使整个墨层难以彻底干燥。

因此，控制墨层厚度，不仅关系到印刷品阶调、色彩再现的效果，而且对印迹的干燥也十分重要。特别是调配的专色油墨，不论是深色墨还是淡色墨，调配完后要加入适量的燥油。有些特殊产品，为了防止实地部分粘脏，可以印两遍。

（4）油墨触变性　通常胶印油墨呈胶凝状，在搅拌或机械力的作用下，变成流动性较大的溶胶，停止搅拌静止一段时间，又恢复到原来的胶凝状态，这种性质叫胶印油墨的触变性。

显然，胶印油墨的触变性是胶印油墨与时间相关的一种现象。印刷过程中的油墨可看作是塑性流体，且具有触变性。在印刷机的墨辊之间，油墨被研匀，同时受到持续的剪切作用，油墨内部的结构崩坏，黏度下降，结果油墨被延展成均匀的薄膜转移到纸张上。油墨转移到纸张上之后，内部应力趋于缓和，油墨内部结构逐渐回复到原来的状态，黏度也随之上升，结果油墨很快地在纸上固着，形成坚硬的墨膜。如果油墨的触变性小，转移到印刷品上的墨膜，黏度的回升就缓慢，即不大容易固着结膜，因而容易发生印刷品的背面粘脏。

（5）油墨辅料的使用　正确合理地使用辅料，对于保证印刷效果和印刷品质量，以及节省原墨消耗，确保原墨稳定性等都具有重要的技术和经济意义。印刷中，常用调墨辅料有以下几种：

①6号调墨油。6号调墨油是以干性植物油炼制而成的低相对分子质量、低黏度聚合物，主要用于油型胶印油墨、书刊油墨黏性和流动性能的调整，用量控制在5%以下。

②树脂调墨油。它是采用改性树脂、干性植物油、高沸点矿物油溶剂炼制而成的，其作用是可以改善油墨的流动性，降低黏性，适用于胶印树脂、亮光油墨，用量一般控制在3%～5%。

③稀释剂：属高沸点矿物油溶剂产品，主要作用是稀释油墨，增加流动性，降低黏性，适用于胶印树脂、亮光油墨，用量一般控制在1%～3%。

④干燥剂：常用的干燥剂主要有下列两种。

a. 红燥油（钴燥油）：主要成分为环烷酸钴，属表面干燥型，具有用量少、效果快的特点，对胶印树脂、亮光油墨一般加入0.5%以下，对油型胶印油墨一般加入1%以下。

b. 白燥油：采用钴、锰、铅盐的最佳配合比例，以油墨连结料调配，经研磨制成。它能使印品的墨层表、里同时干燥，多用于浅色油墨或多色印刷的前两三个色油墨之中。胶印树脂、亮光油墨用量在3%～5%，油型胶印油墨用量在5%左右。

⑤撤黏剂：其主要成分以液体石蜡、聚合油、成胶剂为主。印刷时当油墨黏性偏大或纸质差易拨纸毛时，可加入3%左右的撤黏剂，最多不超过5%。

⑥冲淡剂：按其组成、性状和作用分为油脂型和树脂型两大类。油脂型包括透明油、白油；树脂型包括亮光浆、撤淡剂。其中撤淡剂最为常用，其主要作用是减淡墨色，增强光泽。在实际使用中一定要根据原稿或产品要求灵活掌握用量。

从以上这些调墨辅料中可以看出，它们都有用量上的明确限制，当加入少量时并不明显影响印迹干燥，如果过量使用，会阻滞油墨连结料的氧化聚合结膜，干燥速度减慢，同时还会使油墨内聚力降低，抗水性能减弱造成油墨乳化，从而引起背面粘脏。

2. 润版液的使用

（1）提高润湿性能，控制油墨乳化，使用最小水量，现在大多采用酒精润湿液，酒精润湿液的主要成分是乙醇，它是一种表面活性物质，性能好，可以降低溶液表面张力，酒精润湿液在版面上有很好的铺展性能，使润湿液的用量大大减少。

另外，酒精具有一定的挥发性，版面水量转移到橡皮布后，水分有一定程度的挥发，所以纸张吸收量减小。酒精在挥发的同时，能带走大量的热量，使版面温度降低，保证了油墨的流动性能，加快油墨在纸张上的干燥速度，这样能防止背面粘脏。

（2）润版液的pH　润湿液的主要作用就是润湿印版的空白部分，并生成金属氧化物或亲水盐层，在空白部分和油墨之间建立起一道屏障，使油墨不粘污印版的空白部分，为此，润湿液必须是弱酸介质。我们所使用的PS版润湿液粉剂和快干型润湿粉剂及立德润湿液，它们能降低水的表面张力，并使润湿溶液呈弱酸性，它的pH应控制在5～6。润湿液的pH低，润湿液中的氢离子（H^+）浓度很大，就会与燥油中的金属盐发生置换反应，从而抑制了油墨在纸面上的干燥，造成背面粘脏。例如：油墨中常常要加入一定数量的催干剂（燥油），催干剂一般是铅、钴、锰等金属的盐类，对干性植物油连结料有加速干燥的作用。当润湿液的pH过低时，润湿液会和催干剂发生化学反应，使催干剂失效。实践证明，普通润湿液的pH 从 5.6 下降到2.5 时，油墨的干燥时间从原来的6h 延长到24h；非离子表面活性剂润湿液的pH 从6.5下降到4.0时，油墨的干燥时间从原来的3h 延长到40h。油墨干燥时间的延缓，会加剧印刷品的背面粘脏，还会影响叠印效果。

3．其他因素

（1）纸张性能　纸张是印刷中使用最多的承印物，纸张吸墨性能的好坏也是影响印品背面粘脏的一个因素。纸张吸墨能力的大小，是随其纤维组织结构的疏松或紧密、坚实程度以及油墨对纸张渗透强弱而各异的。

印刷中，纸张吸墨的过程，是在压力、纤维间空隙及纤维间毛细管的共同作用下完成的，这个过程可分为两个阶段：

第一阶段：橡皮布表面的图文墨层，在印刷瞬间的压力作用下转移到纸面上，这时纤维的毛细管和油墨的渗透力作用尚未发生显著作用，而压力则起着主要作用。

第二阶段：随着油墨在纸面上的固着，纤维的毛细管和油墨的渗透力发生显著作用。一般地说，纸张组织结构疏松，则纤维间间隙大，毛细管作用强，吸墨能力就大；纸张组织结构紧密，则纤维间间隙小，毛细管作用弱，吸墨能力就小。纸张吸墨性能差，使油墨停留在纸张表面，固着速度慢，引起背面粘脏。

另外，纸张的酸碱度对印迹的干燥有较大的影响。酸性越大，阻碍破坏氧化聚合的程度越严重。实验表明，当室内温度保持在 20℃，相对湿度 75%时，用 pH 为5.4 的胶版纸印刷，印迹干燥的时间约为30h；若用pH 为4.4 的胶版纸印刷，需 80h印迹才能干燥，而用 pH 高于8 的胶版纸印刷，在任何温湿度的环境中，印迹均能迅速干燥。对于胶印工艺来说，其所用纸张可略偏于碱性。纸张本身的含水量也影响印迹的干燥。含水量高的纸张，强度降低，纸质变得松软，纤维处于松弛状态，部分毛细管被水分子堵塞，故分子间的引力减弱，由毛细管作用的油墨向纸张内的渗透力衰减，纸张纤维对氧的吸收性也随之下降，延缓了印迹干燥的时间。

（2）车间温湿度

①温度。印刷车间的温度升高，物质分子运动加快，促进了氧化物的生成，缩短了氧化聚合反应的诱导期，使印迹的干燥速度提高。在夏天，即使不加催干剂，油墨也能很快干燥。但在冬天，需要加放适量的催干剂，油墨才以及时干燥。

②湿度。印刷车间的湿度升高，空气氧分子的活动性降低，干性植物油对氧的吸入量减少，延缓了氧化聚合干燥的速度。此外，车间的湿度上升时，纸张的含水量也相应增加，其结果也妨碍了油墨的干燥。据试验证明，在一定的相对湿度下，纸张含水量与温度成反比，温度每变化5℃，含水量变化0.15%；在一定的温度下，纸张含水量与相对湿度成正比，相对湿度每变化10%，相当于含水量平均变化1%。从数据中可以看出：在高湿度的印刷条件下，油墨中必须加入适量的燥油，否则将发生油墨干燥不良的印刷故障。

（3）印刷色序　在多色套印中，色序安排很重要，颠倒了就容易产生背面粘脏。例如：期刊封里往往是多色相叠，深深淡淡，这时，就应当把深色安排在前面印，淡色安排在后面印。这是因为淡色和深色油墨的黏度和遮盖力不同。一般深色墨黏度大，遮盖力强，淡色墨黏度小，遮盖力弱。按照多色机油墨遮盖力从强到弱的原则去安排，叠色效果较好。反之，如将淡色先印，后一色橡皮布上的油墨会将前一色印在纸上的油墨拉过来，造成叠色发虚、或混色。有时为了要弥补这一缺点，将后一色油墨调薄或加撤黏剂。印刷下来，后一色的油墨好像浮萍浮在水面一样、根基不牢，碰到上面纸张，极容易产生背面粘脏。因此，多色机色序一定要安排适当。

（4）印刷压力　印刷过程中，由于滚筒压力调节不当，也会导致纸张背面粘脏。特别是表面比较光滑的纸张，印刷实地印品时，此现象比较突出。这种现象的产生，就印刷压力问题而言，主要是因橡皮布滚筒在向纸张进行图文转印时，缺乏足够的压力，未将橡皮布表面油墨作彻底转印。一般说来，压力调节过程中，应使压印滚筒与橡皮布滚筒之间的压力要略大于印版滚筒与橡皮布滚筒之间的压力为好。这有助于橡皮布表面油墨对纸张彻底转印，而且印品网点清晰、实地较平服，对克服印品背面粘脏，也是有效的措施。

二、解决背面粘脏的措施

为了防止背面粘脏现象的发生，除了上述几种针对产生背面粘脏的原因而采取的措施外，一般还采用以下对策：①使用快干油墨，对于卷筒纸胶印机来说采用红外干燥器；②使用预防背面粘脏的喷粉；③采用隔凉架，减少堆纸层高度；④对粗糙的纸张采用加大印压减少墨量的方法印刷；⑤控制润湿液的pH及用量，防止油墨乳化；⑥调节车间温、湿度并对印刷色序重新安排；⑦图文的实地面积过大，印后加强通风；⑧调整干燥剂用量；⑨采用防粘脏剂或加粘衬纸的方法。

知识点3　脱粉、掉毛

一、纸张脱粉、掉毛的原因

纸张脱粉、掉毛影响印刷质量，这是因为纸张是由纤维、木质素、树脂、填充料、胶料和色料等原料组成。纸张的掉毛和脱粉是因为其表面纤维不够坚固致密而造成的。在印刷的过程中，当纸张与橡皮剥离的一瞬间，在它们之间因相互黏结而形成了一定的拉力，如果纸张的纤维结构坚固致密，那么就不会出现掉毛的现象。反之，就容易将纸张表面的纤维拉下而造成脱粉掉毛。

在印刷过程中，胶印机一般情况下以6000～10000张/h的高速下运转，印版上面的图文转移在极短的一瞬间内完成。在这短暂的一瞬间里印版上的油墨与纸张之间存在着极其复杂的机械力的相互作用。胶印机的速度很快，相应来讲惯性力的影响相对增大，要使油墨能比较理想地转印到纸张上，就要求纸张必须具有一定的表面强度。

纸张掉毛会引起脏版，直接破坏了印张上的图文清晰度，降低了印刷质量。纸张产生脱粉，掉毛的原因除因纸张的表面强度低而引起以外，填料与胶料选用的不适当，压光不实也是产生的原因。另外，在高速印刷情况下也会出现纸张掉毛，脱粉故障。

二、如何减少纸张脱粉、掉毛对质量的影响

纸张出现掉毛、脱粉故障，一般是由于纸张的产品质量不佳所引起的。除了建议造纸厂家尽快提高产品的质量和要求退货之外，印刷企业的操作者也可根据所印纸张的具体条件，采取相应的补救措施。

①纸张由于原料及制造工艺等原因，在印刷过程中可能会脱粉、掉毛，堆积在橡皮布的表面上，从而影响网点正确传递，严重时每印1000张左右就得擦洗橡皮布，否则橡皮布上粘满了脱粉、掉毛，印刷出来的产品光泽度明显下降。有条件的情况下在纸张表面上套印一道白墨和清水，一般应多擦洗橡皮布。

②适当调节好所用油墨的黏度，在油墨中加入适量的撤黏剂和稀释剂，降低油墨中的黏度，以此改善油墨的黏结性对纸张的影响。因为油墨黏性过大也容易使纸张掉毛脱粉。

③调节印刷压力，使橡皮滚筒与压印滚筒之间的压印力适当减小，或者选择合适的印刷速度，以适当降低速度为好，这样在压印之后，橡皮布与纸张之间的剥离拉力就可以减小。

④橡皮布使用久了，产生硫化反应，或者受光、遇热、磨损、老化，尤其是夏季天气炎热，陈旧的橡皮布容易发黏而造成掉毛、脱粉。此时，可以在橡皮布上涂一层硫磺粉，如果还不行的话，只好更换新的橡皮布了。

⑤对容易出现掉毛脱粉的纸张，如胶版纸、凸版纸、书写纸等，在印刷前一定要进行晾纸处理，将纸张表面上的纸屑、纸粉、纸灰、尘土、破烂纸等清除干净。胶印印刷与其他印刷方式不同之处，在于胶印使用"水"，而用"水"常会出现油墨的乳化，纸张的伸缩变形等，纸张的脱粉、掉毛同样与胶印用"水"有直接关系。胶印所用的纸张一般都要经过加填处理，为了提高所加的填料在纸张中的存留率，应提高纸张的表面强度和纸张的光泽度，同时纸张应有一定的施胶度，否则纸张在接触水分后会造成软绵无力，产生填料脱落等不良现象。

知识点4　糊版

在印刷过程中，我们会经常遇到糊版的现象，糊版是指版面暗调区域网点扩大变形，互相合并，使暗调的层次没有了，在印品上形成了模糊的印迹，严重的形成了脏斑，产生糊版的原因主要有以下几个方面。

一、供墨量过大和油墨的印刷适应性不强造成

①供墨量过大，造成版面堆积的墨层太厚，在印刷压力作用下，生成了图文网点铺展，线条加粗无棱角，从而引起糊版。

②油墨过于稀薄，流动性大，引起网点铺展造成糊版。

③油墨中燥油过多，会使油墨乳化加重，使印版上的墨层不能从中间断裂，多数留在印版上，造成堆墨，在滚筒挤压力的作用下，使网点逐渐扩大，造成糊版，过量的干

燥剂使油墨的黏性增强，对空白部分的附着力增强，容易使印品上的暗调部分引起糊版。

④日常工作中，我们使用调墨油或去黏剂过多，会加大油墨的油性，印刷过程中会使图文部分网点之间界线模糊而引起糊版。

解决办法：根据印品的图文要素情况，适当控制好供墨量，控制好燥油、调墨油和去黏剂的使用量，使用油性较强的油墨时，适当增加润湿液的酸性。

二、供水不足引起的糊版

由于着水辊与印版滚筒之间压力太小；水辊绒表面脏污；水辊使用时间过长绒毛失去弹性；在印刷时，由于印版上要素多的地方对应的水辊套处磨损的相对严重，该处的吸水性也相对的差一些等原因引起的供水不足，印刷过程中失去水墨平衡导致糊版。

解决办法：①根据工作量和水辊的使用成度，适时地更换水辊套。②用在瓶盖上打孔的饮料瓶装上润湿液，往水辊磨损严重的地方适当喷水，这样既可减少更换水辊套的次数，又可减少糊版，这种方法虽然土了点，但很实用。

三、橡皮布绷得太松或印刷压力过大造成的糊版

橡皮布过松，在印刷过程中产生堆挤变形大，容易造成糊版。印刷压力过大，不但加重了印版的磨损，还直接加重了图文墨层铺展，导致糊版。

解决办法：在换橡皮布时要松紧恰当，印刷前调整好印筒压力，这样就可减少糊版。

四、印版磨损严重引起的糊版

印版上暗调处亲油的图文部分面积远大于亲水的空白部分面积，该处空白部分砂目一旦磨损，就会导致亲水性减弱，很容易被周围的油墨侵占铺展，产生糊版现象。

解决办法：①调整好各滚筒之间的压力，以免压力过大，引起印版的磨损。②在运送印版和上版过程中不要碰撞和摩擦印版。

五、润湿液酸性减弱导致的糊版

在印刷过程中脱落的碱性的纸毛、纸粉会被传到水斗中，中和了酸性的润湿液，使润湿液酸性减弱，润湿液中的磷酸或柠檬酸对版面油污具有清洗作用，润湿液酸性太弱，对版面油污的清洗能力不足，印刷油性较重的油墨时容易糊版。

解决办法：①定期更换水斗中的水。②印刷用的纸张有条件的话最好是用晾纸机进行吹晾，这样做既可以把纸张中夹杂的杂质、纸毛、纸粉吹掉，又能使纸张的含水量均匀一致，保证了纸张含水量和印刷车间的温湿度相平衡，使纸张的滞后现象产生在印刷之前，即降低纸张对水的敏感程度，使纸张在印刷前就适应了印刷车间的温湿度，使整个印刷过程能够顺利完成。

任务　印刷样张工艺故障分析

训练目的

在实训现场或者企业现场，对特定的样张进行观察，分析印刷样张常见的工艺故障，了解工艺故障的特点和尝试着分析工艺故障产生的原因和解决措施。

1. 掌握常见的工艺故障的现象及特点。
2. 掌握工艺故障产生的原因。
3. 了解工艺故障解决的措施。

训练条件（场地、设备、工具、材料等）

1. 场地：印刷实训室、企业印刷现场。
2. 仪器与工具：放大镜、分光光度计。
3. 材料：印刷样张及原稿。

方法与步骤

1. 对特定印刷样张进行观察。
2. 找出样张的工艺故障特点。
3. 对所观察的工艺故障进行分析。
4. 对故障原因进行评判和提出解决措施。

考核基本要求

1. 对给定的印刷样张，能识别与分析常见的印刷工艺故障。
2. 对常见的印刷工艺故障能够提出相应的解决措施。

职业拓展　如何成为一名优秀的印刷机长

每一个机组，一个班次就是一个战斗集体，领机是机组的指挥员，也是战斗员，每天的机组工作都是在领机指挥下进行。众所周知，印刷质量、工期是人们最关注的问题，在实际生产中，起决定作用的往往是该机台的机长。如何做一名优秀机长，应具备以下几点：

一、具备良好的组织才能与个人修养

印刷的过程是集体作业过程，在这个集体中，领头人就是机长。机长的位置相当重要，他首先应该是优秀的组织者，对本机台组员的技术状况了如指掌，能合理地分配工作任务，即用合适的人干合适的活。另外，机长应该帮助组员提高技术水平，并独当一面。事必躬亲的机长未必是优秀的机长，因为在集体作业中，仅靠个人的力量是难以做好工作的。机长与组员的关系既是上下级关系，又是同志关系，恰当处理好这种关系，作为机长必须加强自身的修养。一要虚心，谨防傲气。二是要待人和善，谨防霸气。三要通情达理，谨防心胸狭窄。在生产过程中，出现一些机械或工艺故障时，要主动查找原因，不要推卸责任，乱发脾气。四要加强语言修养。

二、具备过硬的技术素质

机长的技术素质应包括：机长必须具备印刷机械的基础知识，对操作的机台结构要了解，对重点部位的调节方法要熟练，对机械故障的判断要准确，如"三压"（辊压、版压、印压）的调节等。

其次，要熟悉印刷材料，精通印刷工艺。在印刷工艺方面，要掌握胶印中的变量，即环境温湿度、油墨层厚度、润版液的量、纸毛与墨渣在橡皮上的堆积等。

另外，掌握好水墨平衡是提高印品质量的关键，印刷工艺方面的故障大多反映在印刷材料的使用和工艺操作方法上。

此外，安全、规范的操作方法也能体现出机长技术素质的高低。机长操作的水平对组员来说具有示范作用。

三、具备创新和分析解决问题的能力

印刷过程是一个复杂的过程，在这个过程中出现的问题多种多样，机长要培养处理这些问题的能力。生产过程中出现问题（如质量、机械等），机长要积极思索，努力去解决。在印刷过程中，机长要"耳闻目睹"，既要巡视机器的运转、润滑情况，又要经常抽取样张，通过对比观察来调整水墨平衡，同时也可以发现橡皮上纸毛、油墨堆积情况、机器状况、印刷材料对质量的影响等。多观察能启发思维。

在印刷过程中，往往会出现一些工艺、机器故障。此时，判断力就非常重要。首先，判断要真实，只有在真实的基础上，判断才有意义；其次判断要准确，这是建立在观察力和相关知识以及操作经验的基础之上，及时、准确的判断能够提高质量。现代印刷技术日新月异，设备更新换代，但印刷的基本原理并没有发生质的变化，所以优秀机长必须适应在不同的环境下操作不同的机型，努力成为复合型技术人才。在实践中多交流，多学习，完善自我，练就强硬的基本功，方能成为一名优秀的机长。

四、能够承担质量、产量、安全等方面的责任

影响产品质量的四大要素是操作者、机器本身、原辅材料和工艺过程，但在实际生产中起决定作用的就是机长，所以，机长责任重大，这是毫无疑问的，主要体现在以下几点：

1. 质量方面

产品质量是企业的生命，也是机组工作综合管理的反映，贯彻落实质量第一方针，是每个企业经营方式的重要体现。印刷工作是为传播科学文化知识，丰富人民精神文化生活服务的，因此，坚持质量第一，加强质量管理，努力提高印刷质量，更好地为和谐

社会、为科学经济发展服务。印刷同仁都知道，没有好的产品质量，就没有好的经济效益，产品质量好，企业的合作伙伴就多，业务回头客也多，也就是说："好酒不怕巷子深"这个道理。

质量第一思想，来源于精益求精的工作作风，有精益求精的工作作风，就能做到好中求多，好中求快，好中求省，努力生产出优质产品，多快好省地完成生产任务。不同的印刷产品有不同的质量要求，对于这一点，作为机长心里必须清楚，但不同的印刷产品也有共同的质量要求。例如，规矩套合准确，墨色一致，网点还原好，印刷品表面整洁等，这些都是最起码的质量要求。

2．产量方面

在保证质量的基础上，如何完成生产计划，这是机长必须考虑的问题。如果机长不能很好地完成上级下达的生产任务，这样的机长也是不合格的机长。为此，机长必须练就过硬的基本功，在生产过程中尽量的缩短辅助时间，要有计划性，克服盲目性，并出色的完成生产任务。

3．安全方面

"安全为了生产，生产必须安全"，机长要有极强的安全意识，防患于未然，谨防机器和人身事故的发生。安全责任大于一切，牢固树立"安全为天、质量为上、产量次之"的观念，避免机器和人身事故发生。机长操作印刷机的水平对助手来说具有示范作用，尤其是初来乍到，刚刚接触印刷机的新手，他们对机长操作方法的一点一滴都看在眼里、记在心里，甚至模仿。如果机长在操作时很不规范，不按照程序进行而是随心所欲，结果不是出机械故障便出人身事故。

五、爱护机器设备，遵守作业规程

领机带领机组人员保持设备完好率，搞好设备的一级保养和维修工作，机组人员精通使用设备，认真搞好安全生产和文明生产，遵守工艺和安全操作规程，按印刷标准作业，按生产通知单作业，认真执行自检、互检制度，尊重专职人员的检查意见，主动把好产品质量关。

六、在印刷过程中严格执行五勤六不印

五勤：①勤对照样张；②勤看规矩套合；③勤检查水、墨大小；④勤检查是否带脏；⑤勤检查机器设备有否异常情况。

六不印：①规矩不好，套合不准不印；②线划网点不实，大片不平不印；③墨色不正确不印；④不符合样张不印；⑤大片地子有白点、墨点不印；⑥发现问题或有疑问不印。

七、不断总结实践经验，积极探索新思路

一个善于不断总结的机长，其技术水平将有很大提高。总结自己就是对自己在工作中所做所为的回顾。坚持写"工作记录"，详细记录工作中的得失，尤其是对印刷机结

构、工艺、印刷材料中的疑难问题要记录在案。对于好的经验丝毫不能放过，对于遇到的故障及排除方法要现场笔录，然后再做整理，进行总结。这种做法是对工作持严谨态度的一种具体表现。还有一点特别重要，在总结自己的同时，一定要虚心听取助手对自己的意见，这样总结自己是比较圆满的。在遇到问题突然想到新的解决途径时，一定要大胆尝试，并记录在案。

"火车跑得快，全靠车头带"，作为印刷机的机长，起到了排头兵的作用。用心观察、用心学习、多交流、多沟通、不怕苦、不怕累，练就一身过硬的本领，方能成为一名优秀的机长。

技能知识点考核

1. 印刷压力的定义及表示形式是什么？
2. 结合具体印刷机型和包衬计算印刷压力的大小。
3. 什么是最佳印刷压力？
4. 影响印刷压力的因素有哪些？
5. 印刷中油和水绝对不相溶吗？使用完全拒水的油墨行吗？
6. 印刷中油墨的乳化为什么是不可避免的？乳化对印刷油墨的转移有何利弊？
7. 影响水墨平衡和油墨乳化的因素有哪些？印刷中如何控制？
8. 水墨平衡是指印刷时水和墨的用量完全相等吗？
9. 确定印刷色序的意义有哪些？
10. 多色印刷中如何正确设定印刷色序？
11. 印刷过程中怎么建立符合要求的环境和观测条件？
12. 常见的印刷工艺故障有哪些？
13. 分析常见印刷工艺故障产生的原因和解决措施。

第五单元

印刷质量检测与标准化控制

ISO 9000对质量的定义是"一组固有特性满足要求的程度"。对印刷质量而言是指该印刷品自身的属性满足顾客的需求或者社会的需要的程度。印刷品是采用一定的印刷工艺技术，通过印版或者其他方法与承印物、油墨、印刷机械相结合，得到的以还原原稿为目的的复制品。印刷品质量的评价是印刷最终评判过程，它同时还能够提供印刷作业必要的反馈信息，并能提示今后作业的改进方向。

本单元从印刷工艺技术的角度讲解印刷质量的评价方法、印刷质量检测常用的工具和仪器、印刷质量控制指标检测与计算以及印刷质量的标准化控制。

能力目标

1. 熟悉印刷品质量评价的内容。
2. 能够熟练使用测控条完成对印刷质量的主观评价。
3. 能够熟练使用测量仪器完成对印刷质量指标的直接测量。
4. 能够完成印刷质量控制指标的计算。
5. 能够依据相关标准完成印刷质量的客观评价。

知识目标

1. 理解印刷质量的基本概念。
2. 掌握印刷质量的评价内容和评价方法。
3. 掌握印刷质量测控条的检测原理和应用。
4. 了解密度、色度测量仪器的测量原理。

5. 掌握印刷质量控制指标的计算方法。
6. 了解国家和国际常用印刷质量标准。

项目一　印刷质量评价

知识点1　印刷质量的基本概念

一、印刷质量概述

从某种程度上说，印刷品既是商品又是艺术品。因此对印刷品质量评价的时候，往往会联想到审美、技术、一致性三方面因素。从这三方面衡量印刷质量是把人的视觉心理因素与复制工艺中的物理因素综合在一起进行考虑的，也就是说既考虑印刷品的商品价值或艺术水平，也考虑印刷技术本身对印刷品质量的影响。但是实践证明，从商品价值或艺术角度评价印刷品质量的技术尚不完善，通常还不能可靠地表达印刷品的复制质量特性。而从印刷技术的角度出发进行印刷质量的评判，能代表印刷质量的客观性，消除人的心理因素的影响，并且通过制定相应的标准尺度，取得一致性赞同的结果。

有人认为，印刷质量可定义为印刷品各种外观特性的综合效果。印刷品的外观特性是一个比较广义的概念，对于不同类型的印刷产品具有不同的内涵。从这个角度出发评价印刷质量，需要对印刷品进行分类，针对不同类型的印刷品定义其质量特性。这会使印刷质量评价标准变得非常复杂，因为印刷品分类就是个复杂问题，首先需要制定标准。

也有人认为，印刷质量可定义为对原稿复制的忠实性。这种定义方法是从复制工艺流程出发的，通过对印刷复制工艺流程的研究，评价印刷复制各个阶段的质量。与上述的印刷质量定义相比，这个定义缩小了讨论问题的范围。但印刷复制技术依据的成像原理不同，工艺流程也是不同，并且新的工艺技术不断的出现，如数字印刷技术等，这就需要针对每种印刷技术流程制定相关的评价标准。然而如果从印刷结果方面来看，印刷页面有文字、图形和图像三要素构成，尽管不同工艺流程再现这些要素的技术手段不一样，但是在结果上都表现为印张上的着色单元。从这个层面出发研究印刷质量，可以将问题简化为印张上的图像质量。印刷图像质量通常包括两方面的内容：图像质量和文字质量。

二、印刷质量评价的内容

依据上文对印刷质量基本概念的分析，对印刷质量的评价定位在对印张上的图像复制质量的评价和印张上的文字复制质量的评价。下面将表达图像质量和文字质量的特征参数分别描述如下：

（1）图像质量特征参数　包括阶调与色彩再现、图像分辨力、龟纹等故障图形以及表面特性。下面按此顺序进行说明。

　　阶调和色彩再现是指印刷复制图像的阶调平衡、色彩外观跟原稿相对应的情况。对于黑白复制来说，通常都用原稿和复制品间的密度对应关系表示阶调再现的情况（复制曲线）。对于彩色复制品来说，色相、饱和度与明度数值更具有实际意义。

　　印刷图像的阶调与色彩再现能力不仅受到所用的油墨、承印材料以及实际印刷方法固有特性的影响，而且也常受到经济方面的制约。例如在多色印刷时，采用高保真印刷工艺能够取得比较高的复制质量，但这是以提高成本为代价的。对于以画面还原为主的印刷品复制来说，所谓阶调与色彩的最佳再现就是在印刷装置的各种制约因素与能力极限之内，综合原稿主题的各种要求，生产出多数人认为是高质量的印刷图像。

　　最佳复制中的图像分辨力问题，包括分辨力与清晰度两方面的内容。印刷图像的分辨力主要取决于网目线数，但网目线数是受承印材料与印刷方法制约的。人的眼睛能够分辨的网目线数可以达到250Lpi，但实际生产中，并不总能采用最高网线数。此外，分辨力还受到套准变化的影响。清晰度是指图像边缘上的反差，在印前图像处理阶段，能够增强图像的清晰度，但是，至今还不知道清晰度的最佳等级怎么定。倘若增强太多，会使风景或肖像之类的图像看起来与实际不符，但像织物及机械产品的图像却能提高表现效果与感染力。

　　在网点印刷中，网目图像带有些龟纹图形（如玫瑰花形）是正常的，但当加网角度偏差过大时，就会产生不好的龟纹图形。影响图像颗粒性的因素很多，纸张平滑度、印版的砂目粗细都与图像的颗粒性相关。从技术角度讲，除龟纹与颗粒图形之外，其他故障图形可以通过印刷调节降至最低或者避免。

　　印刷图像的表面特性包括光泽度、纹理和平整度。对光泽度的要求依据原稿性质与印刷图像的最终用途而定。一般来说，复制照相原稿时，使用高光泽的纸张效果较好。在实际印刷中有时需要使用光油来增强主题图像的光泽。光泽程度高，会降低表面的光散射，从而增强色彩饱和度。然而，用高光泽的纸张来复制水彩画或铅笔画时，效果并不太好，使用非涂料纸或者无光涂料纸，却可以产生较好的复制效果。纸张的纹理会在某种程度上损坏图像，通常应避免使用有纹理的纸张复制照相原稿。复制美术品时，非涂料纸张的纹理会使印刷品产生更接近于原稿的感觉。

　　（2）文字质量特征参数　文字质量必须没有堵墨、字符破损、白点、边缘不清、多余墨痕等物理缺陷。

　　文字图像的密度应该很高。实际上，文字图像的密度受可印墨层厚度的限制。涂料纸能承载油墨的墨层厚度大于非涂料纸。

　　笔画和字面的宽度应该同设计人员设计的原始字体相一致。字体的笔画与字面宽度也受墨层厚度的影响。墨层比较厚的时候，产生的变形就会比较大，在一定的墨层厚度条件下，小号字产生的变形要比大号字产生的变形明显得多。为了获得最佳的复制效果，笔画宽度的变化应该保持在设计宽度的5%以内；字符尺寸的变化应保持在（0.025±0.050）mm以内。

　　由于印刷是大批量复制的技术，其产品是视觉产品，目前普遍认为在对印刷品进行评价时只能从复制效果一面，以印刷品的再现性为中心对其外观的各种特性进行综合评价，印刷品质量评价的内容主要包括以下三个方面：①阶调层次，印刷品的阶调与层次分布情况对图像原稿明暗再现起主导作用，一般情况下用阶调复制曲线表示。②色调和色彩，对印刷品色彩的再现进行评价时需要考虑以原稿色彩为基础，对忠实于原稿的部分可以按照客观技术标准来衡量，对不能忠实于原稿的部分则需要结合主观因素来做评价。评价颜色和色调的再现时，通常用密度值或者CIE色度值计量。③清晰度，彩色印刷品的清晰度，是图像复制再现的一个重要质量指标。除了一些特殊要求的印刷品为了表现图像的特殊的效果外，印刷主体和背景都应该是清晰的。对印刷画面清晰度的评价也有相关内容：图像轮廓的明了性；图像两相邻层次明暗对比变化的明晰度，即细微反差等评价内容。

知识点2　印刷质量的主观评价

一、主观评价方法

印刷作业的一个主要目的是生产某种能够阅读，从这个层面上讲，印刷品最终质量判断方式往往是主观性的。印刷图像的主观评价是一种根据经验评价图像质量优劣的方法。印刷品质量主观评价的原理是评判人员通过眼睛观察，对印刷品进行比较，从而得出印刷品质量状况的相关结论。主观评价法常用的有目视评价法和定性指标评价法。目视评价法是指在相同的评价环境条件下（如光源、照度一致）由多个有经验的管理人员，技术人员和用户来观察原稿和印刷品，再以各人的经验、情绪及爱好为依据，对各个印刷品按优，良，中，差分等级，并统计各分级的频数，综合计算出评价结果。定性指标评价法是指按一定的定性指标，并列出每个指标对质量（色彩、层次和清晰度三个方面）影响的重要因素，由多个有经验的评定人评分，最后统计总分，总分高者质量为优，低者为差，质量评定表见表5-1。印刷质量的主观评价中目视方法和定性指标评价方法通常是结合在一起的，目视评价要求有严格的观察条件，定性指标的对比也是目视评价的结果。

表5-1　主观评价定性指标

评价指标	质量因素重要性排序	得分	评价指标	质量因素重要性排序	得分
质感	STC		反差	TSC	
高调	TSC		光泽	SCT	
中间调	TSC		颜色匹配	CST	
暗调	TSC		肤色	CST	
清晰度	STC		外观	CST	
柔和	TSC		层次损失	TSC	
鲜明	CST		中性灰	CTS	

注：C代表色彩，T代表层次，S代表清晰度。

按质量因素重要性加权，加权系数第一位为2.5，第二位为2.0，第三位为1.5。C、T、S都有优、良、差三级，其中优为原值，良为原值减去0.5，差为原值减去1.0。综合评定值W按下式计算：

$$W = \sum K_1 C_i + \sum K_2 C_i + \sum K_3 C_i$$

其中，$K_1 + K_2 + K_3 = 1$。

评价的一般步骤：在正式印刷过程中按照一定的抽样规则抽样若干张；根据印张的相似性分组；并按照一定的规则给每张印张标号，该标号可以唯一标示该印张；在各个组中对印张进行比较分析，最后得出质量最好的印张。

二、主观评价的标准与观察条件

1. 主观评价内容

印刷品质量特性是一种对印刷质量的定性描述，这些质量特性很抽象，因此，必须将这种抽象的特性转化为具体的特性。如对平版胶印品而言，根据不同类型和要求可分为精细产品和一般产品两种，因此对不同的产品，印刷的质量标准也有所不同。精细产品的质量标准为：①套印准确，误差应小于两网点之间距离的一半，所以越是精细产品，允许的误差就越小；②网点饱满，光洁完整；③墨色均匀，层次丰富，质感强，实地平服；④文字、线条光洁，边缘清晰、完整；⑤印张无褶皱、无油腻、无墨皮，正反面无污迹。一般产品的质量标准为：①画面的主要部位套印准确；②网点清晰完整；③墨色均匀，实地平服；④文字、线条清晰完整；⑤印张无褶皱、无油腻、无墨皮，正反面无污迹。

2. 标准评价条件

印刷品和其他物体的外观色彩很大程度上受到观察环境的影响。因此，对于色彩的所有判断都必须在可重复的条件下进行，也即是在标准评价条件下进行。所谓评价条件是指评价印刷品时所应具备的照明条件、环境条件、背景条件、观察条件、评价者的心理状态等。因为同一个印刷品在不同的照明条件、不同的环境、不同的背景、不同的观察角度以及不同的心理状态下时，人所看到的颜色都不会相同。因此为确保观察者所看到的颜色一致，在ISO3664：2000标准中对观察条件有以下要求：

（1）照明光源　因为印刷品一般属于反射体，因此应采用CIE标准照明体D_{50}，即相关色温5000K的标准光源，显色指数$R_a \geq 90\%$。高照度（2000l±500）l x，用于评测和比较图像，严格地评测印刷品。低照度（500l±25）lx用于分辨图像暗调细节。

（2）观察环境　环境为孟塞尔明度值N6/–N8/的中性灰，其彩度值越小越好，一般应小于孟塞尔彩度值的0.3。观察环境设置中把周围环境干扰减至最少；进入观察环境后，不应立即评判印品，应先进行一段时间的适应；不应有额外的光线进入观察范围（包括反射）；周围不应有强烈的色彩；观察范围周边应有中性灰色无光、发射率小于60%的色块。

（3）背景条件　观察印刷品时的背景应是无光泽的孟塞尔颜色N5/–N7/，彩度值一般应小于0.3，对于配色要求较高的场合，彩度值应小于0.2。但要注意，在实际工作中，要准确比较两个样品颜色，尤其是面积较小的样品的颜色时，应将两个样品色块拼在一起，中间不留间隙地在看样台上进行观察比较。

（4）观察条件　观察样品时，光源和样品表面垂直，观察角度与样品表面法线成45°

角，对应于0/45照明观察条件，如图5-1（a）所示，或者是45/0照明观察条件，如图5-1（b）所示。

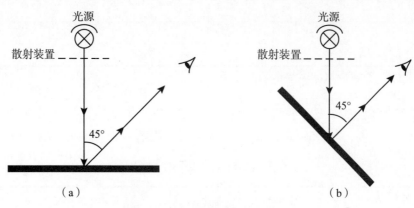

图5-1　观察反射样品的照明条件

（a）观察反射样品的首选照明条件　（b）观察反射样品的替代照明条件

评价者心理和生理状态：评价者的生理状态必须正常，如果评价者长时间对彩色印刷品连续评价，会由于生理上的疲劳给评价结果带来误差。此外，评价者处于狂喜、愤怒、沮丧、悲伤等心理状态时也无法得出对颜色质量的正确评价。

根据ISO3664设计和提供的设备可以满足标准观察条件的要求，如：光源的色彩、光源的强度、光谱反射的影响、环境色、非标准环境光源的影响以及观察者的视觉适应等。观察架或者观察台需要定期维护以确保其条件满足标准。应当作如下维护：所有中性色表面、荧光灯管和隔板每月最少清洗一次，所用的清洗材料不能对表面造成破坏；荧光灯管在使用2000h后应当更换。

三、主观评价程序

依据印刷质量主观评价的方法和定性指标的评价内容，确定质量评定指标及质量要素的排序，如用表5-2表示。

表5-2　质量评定指标

评价指标	第一质量要素	第二质量要素	第三质量要素	得分
质感	S	T	C	
高光	T	S	C	
中间调	T	S	C	
暗调	T	S	C	
清晰度	S	T	C	
反差	T	C	S	
光泽	S	C	T	
颜色匹配	C	T	S	

续表

评价指标	第一质量要素	第二质量要素	第三质量要素	得分
外观	C	T	S	
层次损失	T	S	C	
中性灰	C	T	S	

注：C代表色彩，T代表层次，S代表清晰度。

确定质量要素的等级及评分范围，如C、T、S都分为优、良、差三级，按照10分制标准确定每级评分范围，见表5-3示，然后对印刷品C、T、S三个指标进行质量评价和评分。

表5-3　质量评定等级及评分范围

评价等级	优	良	差
分数范围	8~10	5~7	0~4

确定C、T、S的加权系数K_1、K_2、K_3，权值可以根据印刷产品的具体情况加以调节，但是其和必须是1。如以清晰度评价指标为例，见表5-4，其质量因素重要性排序为S、T、C。加权系数K_1、K_2、K_3的确定方法：S为第一位要素，优等级，确定加权系数为2.5；T为第二位要素，良等级，确定加权系数为$2 - 0.5 = 1.5$；C为第三位要素，差等级，确定加权系数为$1.5 - 1.0 = 0.5$。K_1、K_2、K_3的值为归1后的结果：

$$k_1 = \frac{k_1}{k_1 + k_2 + k_3} = \frac{2.5}{2.5 + 1.5 + 0.5} \approx 0.56$$

同理：$k_2 = 0.33$；$k_3 = 1 - k_1 - k_2 = 0.11$。

表5-4　清晰度评价指标评分表

项目	S	T	C
加权系数	$K_3 = 0.56$	$K_2 = 0.33$	$K_1 = 0.11$
评级	优	良	差
评分范围	8~10	5~7	0~4
某评价人员给分	8	7	3

按照加权和计算每项指标的得分，如清晰度的得分W计算如下：

$$W = K_1 C + K_2 T + K_3 S$$

将上表数据代入上式，可得该印刷品在清晰度这一项质量指标的综合得分：

$$W = K_1 C + K_2 T + K_3 S = 4.48 + 2.31 + 0.33 = 7.12$$

同理，依次对其他指标打分，并计算各指标的综合得分，就可得到该印刷品的主观质量分数。

知识点3 印刷质量的客观评价

一、客观评价方法

对彩色印刷品，仅用主观评价来判断印刷质量，没有一个客观的产品质量评价标准，无法进行标准化的印刷生产，更不能进行标准化工艺管理与控制。为了进行印刷生产的质量管理，还是需要将印刷品的主观评价描述转换成可以进行印刷检测和控制的物理量，即引入客观质量评价。客观评价，本质上就是要把主观评价的评定指标通过恰当的物理量或者质量特性参数进行量化描述，从而有效地控制和管理印刷作业流程以及印刷产品的质量管理。对于彩色图像来说，印刷质量的评价内容主要包括阶调层次再现、色彩再现、清晰度等方面的内容。结合印刷技术工艺原理这三个方面可以转换过相应的物理参数来表示。

1. 阶调（层次）再现的评价方法

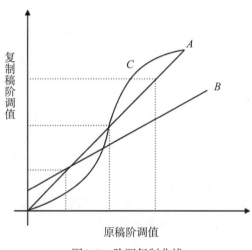

图5-2 阶调复制曲线

图像原稿在视觉上都有明暗过度关系，对应印刷复制图像要表现出原稿的这种明暗过度关系，这种关系再现就是阶调层次的再现。阶调通常指图像中最深的色调与最浅的色调所能包含的范围，意在两端的数值。层次通常指在某一阶调范围内所能细分的阶调数量，意在数量。因此对于阶调层次再现的评价，就可以用原稿图像所具有的阶调范围和层级数量与印刷再现的图像的阶调范围和层级数量进行对比即可实现这个关系的量化，即建立阶调复制再现曲线。阶调复制再现曲线，可以量化印刷画面对原稿的阶调层次复制再现质量，如图5-2所示。

在图5-2中，横坐标表示原稿的阶调层次值，纵坐标表示印刷复制图像的阶调层次值。理想情况下，阶调层次线表现为直线，但是实际情况下，印刷图像都会不同程度地对原稿阶调值进行压缩。理想的图像阶调还原应该是，原稿的所有层次完全反映在复制品曲线上，如图5-2中曲线A。但是实际上A曲线很难达到，往往会对原稿的层次进行压缩，如按图5-2中曲线B来再现原稿，则印刷品会出现灰平的结果，画面暗部不够厚实，高光部分不够亮，究其原因是人眼对亮度的敏感度并非是线性的，如果对原稿采用简单的线性压缩显然是不合适的。要解决原稿图像复制压缩与印刷品视觉要求的矛盾，只有采取对各阶调层次作不均匀的压缩和分配。充分考虑人眼的视觉特性，对于一般原稿图像可以采取中亮调作为复制的主体加以突出，略作中深处理，对中间调和暗调采用阶调压缩，其阶调曲线如图5-2中C曲线，这样就可以达到满足印刷复制和视觉要求的双重要求。当然针对不同的原稿特征最佳的阶调曲线不一定是C曲线，实际生产中可根据原稿的特征和印刷工艺条件确定最佳阶调曲线。

2．色彩再现的评价方法

色彩的复制再现，有三种不同的概念：

一是物理意义上的色彩再现，要求再现色彩同原稿色彩在每一色点上的光谱分布都完全相同，这要求印刷实现同色同谱复制。实现同色同谱复制受到印刷材料和印刷工艺等各方面的限制，实现难度很大。

二是色度学意义上的再现，使印刷再现图像同原稿色彩点在色度上一致或接近，即同色异谱色复制。

三是心理意义上的色彩再现，印刷再现的色彩在色度上同原稿色彩可能有些差距，但在色彩效果上却可能达到视觉心理的满足，这里加入了主观评价因素。

这里讲解的印刷色彩再现的评价，主要是以"与原稿的接近程度"为判断标准，考虑到操作的方便性，色彩客观评价方法以色度学颜色测量数据为基础设定客观技术评价尺度。复制图像能够与原稿颜色尽可能的接近，可解释为与原稿有尽可能小的色差或者与原稿的色差在视觉可接受的范围之内。因此，色彩再现的评价方法是建立在基于色度学色差计算的基础之上的，关于色差的计算在后边的知识点中会详细讲解。

原稿包含的色彩千差万别，如果对每一个颜色都按照色度学的色差计算进行评价的话，在实际生产中不现实也不便于操作。因此，在印刷工艺中对色彩是否忠实于原稿的色彩的评价可抽象为"复制稿的颜色相对原稿是否偏色"，偏色的概念在印刷工艺中又可抽象为对"中性灰色"的还原效果，即原稿的中性灰色是否在印刷品画面上得到中性灰色的再现。用中性灰色的色差来衡量复制稿与原稿颜色的接近程度，是印刷工艺中普遍采用的快捷方法。在同一印刷工艺条件下，原稿中不同层次的中性灰得到正确还原的情况下，基本上可以认为色彩得到正确还原了。因此在印刷工艺过程控制方法的研究中就出现了"基于灰平衡的印刷过程控制方法"，如G7方法，详细内容，见本章后边的知识点。除"偏色"的评价参数之外，还会考虑印刷色彩的饱和度是否与原稿接近，这些颜色再现的评价依据多色印刷工艺的原理，可抽象为在某一工艺条件下印刷油墨和纸张所表现出来的色彩进行衡量，如测量C、M、Y、K、R、G、B、W色块的颜色。

3．清晰度再现的评价方法

清晰度再现主要表现为印刷图像层次的边缘与原稿图像层次边缘的接近程度。原稿图像在印刷各个工艺阶段处理过程中，会受到软硬件、印刷材料等本身性能的影响，导致印刷图像边缘的锐度降低，表现为图像层次轮廓发虚、图像相邻层次明暗对比变化不明晰以及细微层次微细程度不够等现象。主观评价指标清晰度的指标没有定义明确的评价尺度，客观评价尺度的建立只能将视觉生理的物理量换算成数据来评价了。

如果建立客观评价测量标准，可依据人眼的视觉特性进行。人眼的最高分辨力是1′视角，明显分辨率力是2′视角。那么，层次边界的单侧宽度在1′~2′视角之内，可以产生视觉的"马赫带"效应，又不会产生浮雕感。因此印刷图像产生较多的细微层次，印刷加网线数应在1′视角之内计算，这样才能保证印刷图像细微层次在理论上能产生较好的视觉效果。对细微层次的客观评价，可在标准光源照明条件下，测量印刷图像高光层次的密度变化，在图像高光层次部位人眼能分辨0.01的密度差别；对于图像暗调部位人眼能分辨0.05的密度差别。

因此，对印刷图像的清晰度评价可通过分别测量原稿的密度级差和复制图像的密度级差，结合人眼视觉的物理量进行客观评价。关于密度测量的知识详见后边的知识点讲解。

二、客观评价的内容

上述印刷质量的客观评价，主要是基于原稿为参考依据的印刷质量评价方法。主要表现在与原稿的对比方面，除此之外，印刷质量还应有印刷过程中印刷样张之间的评价。因此，印刷质量的客观评价的内容，可认定为以下几个方面：阶调再现、颜色再现、清晰度、不均匀性、重复率、平均质量。

①阶调再现。对于图像明暗阶调变化影像的传递特性，用阶调复制曲线表示。

②颜色再现。对于色彩的组成，用密度计测量或CIE测色系统的X、Y、Z表示。

③图像的清晰度。对于图像轮廓的明了性或细微层次，用测试法或星标表示。

④印刷的不均匀性。对于图像在印刷过程中出现的墨杠、墨斑、墨膜不匀以及纸张故障所引起的画面不均匀的现象，用密度计等测量表示。

⑤印刷重复率。为保持印刷质量的稳定，要求印品质量达到较高的重复率，而在生产中通过自动控制求出平均质量值，用统计法表示。

以上五点是彩色图像印刷质量管理的要点，无论是主观评价还是客观评价，都以此为主要内容。不过，在主观评价时，这些评价内容只有性质状态的区别，没有定量的数据关系；而客观评价时，是用恰当的物理量来作定量分析，以数据和主观评价相结合。

任务 印刷品质量的主观评价

训练目的

用主观评价评价方法完成印刷质量的评价。

1. 完成印刷工艺基本信息的辨认与记录。
2. 完成印刷样张表观现象的检查与记录。
3. 完成与打样稿的对比评价与记录。
4. 完成与样张的综合评价与记录。

训练条件（场地、设备、工具、材料等）

1. 场地：教室。
2. 工具：放大镜、毫米刻度尺、标准看样台或者标准灯箱。
3. 材料：打样样张和印刷样张。

方法与步骤

1. 基本信息核查。（表5-5）

表5-5　印刷工艺信息

设备耗材	印刷设备		油墨	
	纸张类型		纸张幅面	
工艺参数	网点形状		色数	
	网目线数		色序	
	网点角度		印刷方式	

2. 表观现象检查（表5-6）

表5-6　打印样张检查汇总表

检查内容			
套印准确	误差≤	印张	
网点	饱满光洁完整 □ 网点清晰完整 □	褶皱 □	污迹 □
文字、线条	光洁、边缘清晰、完整 □ 清晰完整 □	油腻 □	墨皮 □

3. 与打样稿对比评价（表5-7）

表5-7　打样样张评价表

原稿	打样样张	评价指标		
		颜色	阶调层次	清晰度
原稿一	样张一	□好 □中 □差	□好 □中 □差	□好 □中 □差
原稿二	样张二	□好 □中 □差	□好 □中 □差	□好 □中 □差
原稿三	样张三	□好 □中 □差	□好 □中 □差	□好 □中 □差

4. 综合评价（表5-8）

表5-8　样张评价表

评价指标	质量因素重要性排序	得分	评价指标	质量因素重要性排序	得分
质感	STC		反差	TCS	
高调	TSC		光泽	SCT	
中间调	TSC		颜色匹配	CTS	
暗调	TSC		肤色	CTS	
清晰度	STC		外观	CTS	
柔和	TSC		层次损失	TSC	
鲜明	CST		中性灰	CTS	
总计得分：					

考核基本要求

1. 掌握印刷质量主观评价指标的内容。
2. 掌握印刷质量主观标准。
3. 掌握印刷质量主观评价程序。

项目二 印刷质量检测常用工具和仪器使用

知识点1 印刷质量控制条

一、印刷品质量控制的要素

完成项目一的任务，我们会感觉到依照上述的程序进行印刷质量评价是很繁琐的。实际印刷现场高速运转的机器，要求我们要迅速完成印刷质量的评价，甚至是在线完成印刷质量评价数据的反馈，进行实时印刷过程控制，提高优质产品的生产率。印刷质量的主观评价完成不了这个任务，因此需要开发快速的质量评价程序。依照印刷质量评价内容，结合印刷工艺技术原理，印刷质量评价的内容可抽象为颜色再现要素、阶调传递要素、清晰度再现要素、其他要素。

（1）颜色再现要素 印刷工艺中颜色再现，主要是油墨与承印物相互结合所表现出来的油墨颜色以及各色油墨之间叠印的颜色。从印刷工艺实现的原理角度理解，颜色再现要素可分解为三方面的因素，油墨颜色与墨层厚度、油墨叠印、灰平衡。

（2）阶调传递要素 印刷工艺中阶调层次传递，是通过调节网点面积覆盖率大小来实现的。从印刷工艺实现的原理角度理解，阶调传递要素可分解为：高调网点、中间调网点和暗调网点。

（3）清晰度再现要素 彩色印刷工艺是通过多色套印的方式实现。在实际印刷生产中，由于设备、材料、操作等因素的影响，会出现如套印不准、重影、网点变形等。这些故障都会影响图文边缘锐利性。从印刷工艺实现的原理角度理解，清晰度再现要素可分解为：检测印刷套印、重影、变形等。

（4）其他要素 这里的其他要素是上面三个要素的补充，主要是指墨杠、上脏、机械印记、色彩缺损、断线、糊版、页面褶皱、水印等，用目视可以直接定性的印刷质量问题。这些质量问题往往发生在印刷现场的调试过程中，消除了这些基本故障问题，才可以进入批量化的生产。

二、印刷质量控制条

由于印刷图像各不相同，直接在印张上检测某一质量项目，进而控制印刷质量是很难做到的。为能够便捷、快速地检测和评价印刷质量，选择印刷质量控制要素中几项主要的质量评定指标，将其可视化为标准的图像，以期实现印刷过程的诊断、校正、控制。依据印刷工艺原理，印刷质量要素可设计出一些由网点、实地、线条等已知特定面积的各种几何图形，用于抽象的表示印刷页面图像。在印刷过程将这些代表一定意义的几何图形按照一定的规则排列，放置于印张的拖稍或者咬口位，随印刷图像一起印刷，可以在印刷现场抽样进行印品的质量检测与分析。这些由网点、实地、线条等特定面积的、按照一定规则排列几何图形称为印刷质量控制条。印刷质量测控条是印刷质量评价内容的抽象，与印刷图像相比，能反应甚至放大印刷中可能出现的问题。印刷质量测控条是一种有效的测试工具，正确的使用，可以协助检测印刷质量，配合相应的仪器一起使用，可以实现在线控制。

1. 印刷测控的控制对象

构成印刷质量控制条的标准图像可以是图像原有的图像像素，也可以是印刷图像没有的标准像素。印刷质量控制条一般要分为信号条和测试条两种，信号条用于视觉检查，提供定性的信息。测试条用于配合测量仪器使用，提供定量数据，用于定量指标的计算。常见的印刷质量控制条有：布鲁纳尔、FOGRA、GATF等，虽然这些测控条中有的检测对象外观不同，但检测的功能是相同的，它们设计思路都是来自于对印刷质量控制要素的抽象。下面从印刷质量控制要素分析出发，介绍一下这些印刷质量测控条测试对象的设计原理。

（1）油墨颜色与墨层厚度检测对象　彩色印刷的颜色是由油墨颜色表现的。油墨在承印物上的厚度及颜色特征，可用原色油墨的实地色块表征。实地色块是无网点的印刷平面，在网目调中相当于100%有效面积覆盖率，具有最高的光学密度。密度可以表征墨层的厚度，墨层厚度是颜色饱和度的表征。

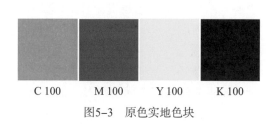

图5-3　原色实地色块

如图5-3所示，表征印刷颜色最大墨层厚度和最饱和油墨颜色对象。

（2）油墨叠印对象　现今多色印刷是湿压湿叠印来表现油墨原色之外的其他颜色。可用"青+黄"、"青+品"、"品+黄"叠印的实地色块，评价油墨叠印形成的二次色。这些色块可以通过视觉或者借助密度计或者分光光度计进行测量评估。在使用中通常是放置在单色实地的旁边，以便对叠印色进行准确测量。如图5-4所示为原色油墨叠印色块。

（3）灰平衡对象　用于检测色彩还原情况，实现中性灰平衡是色彩忠实再现的关键。灰平衡色块通常是由三原色网点按照灰平衡条件设计而成，如ISO 12647-2定义的条件等。理论上讲，灰平衡控制色块应包含多个灰色等级，实际印刷运行中使用的是小型的灰梯尺，灰平衡色块通常是25%、50%、75%灰色等级。如图5-5所示为灰平衡检测色块。

图5-4　原色油墨叠印色块

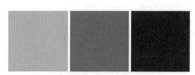

图5-5　灰平衡色块

（4）阶调传递对象 具有梯级变化的、各原色的网目阶调值色块，表征图像阶调的传递特性。这些网目阶调值的网点形状、加网线数、加网角度参数和图像的印刷工艺特性一致。通常状况下，印刷控条中的这些色块是25%、50%、75%网点面积的各原色色块，代表图像阶调传递中高调传递、中间调传递和暗调传递。如果要求更高的情况，还要设计高光阶调控制色块（1%～20%的网点调色块）。如图5-6所示，表征高光、中间调和暗调的阶调传递对象。

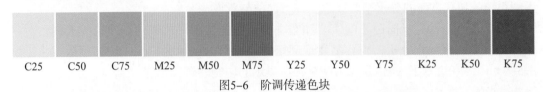

| C25 | C50 | C75 | M25 | M50 | M75 | Y25 | Y50 | Y75 | K25 | K50 | K75 |

图5-6 阶调传递色块

（5）清晰度检测对象 印刷过程中如果滚压出现故障，印刷图像成分（网点、线条）等出现定向几何位移，印刷图像在变形方向显示出颜色渐淡或者拉长，导致印刷图像边缘不清晰。甚至印刷品上出现网点或线条有

图5-7 星标

虚、实双重印迹的故障。检测清晰度的对象通常设计为线条控制块，如：水平、垂直、+45°、-45°，以及半圆、圆、星标等。如图5-7所示，用于检测任意方向变形的星标对象，用于快速目视检测。

2. 常用印刷控制条及使用方法

目前国内外使用的控制条种类比较多，应该选择哪一种控制条，没有简单的答案，可根据自身条件选择适当的。我国国家印刷标准推荐采用布鲁纳尔控制条，作为国家印刷行业使用的质量控制工具。在国内常用的还有GATF、FOGRA测控条等，无论选用哪种控制条，它们都有共同的测量元素，帮助监控生产过程。下面主要介绍GATF测控条中印刷质量检测对象的使用方法。

（1）单个印刷品分析的过程 ①检查页面褶皱情况；②检查页面起始边缘位置刁牙标记的压力；③扫描整个页面的糊版、色调不调和情况；④检查套准；⑤扫描页面缺陷，如机械印记、表面疏松物等；⑥测量整个页面的实地密度；⑦测量多个位置的网点扩大值；⑧测量印刷反差；⑨测量叠印率；⑩评估阶调梯尺对象，评测层次等级；⑪检测星标对象，评估糊版和重影等。

（2）套准"十字线"检测对象 保证四色套印的精确度是良好色彩和清晰度再现的关键。GATF研究发现，对多数色彩再现的对象而言可容忍的视觉误差大约为0.004in(0.1mm)，许多印刷厂所允许的最大套印误差为半线。如图5-8所示为GATF多色套印的检查对象。

GATF 4.1格式的套准对象分析，是通过对四色转印"十字线"的评估来完成的。每两个色的套印用一组"十字线"来表示，当两个十字线重合而无法分辨时，表明这两个滚筒之间达到了较好的套准。如果没有套准时可

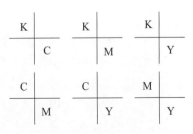

图5-8 套印检测对象

以通过放大镜测量十字线间的距离，按照方向调整滚筒的位置，使多色之间达到套印准确。这些不同十字线之间的测量值记录下来，可用评价各色版之间的套印情况。

（3）星标 GATF星标对印刷过程中因网点传输而造成的问题非常敏感。当印刷过程网点传递有问题时，可从星标的清晰度表现上反映出来。对于低分辨率的印刷系统，将会导致星标中心的实地填充面积增大。星标中心越接近于单独的点，表明系统的分辨率越高。同样，任何方向性的变化将会导致星标中心不是正圆形。如果中心为椭圆形，就说明系统的短轴方向的分辨率要高于长轴方向的分辨率。

星标是由一系列指向圆心的实心和空心交互的楔状图形组成的。使用放大镜可对星标进行快速的可视化分析，很容易发现某个方向上的网点过度扩大，比如糊版或重影。图5-9和图5-10展示了一系列的GATF星标所显示的印刷问题。

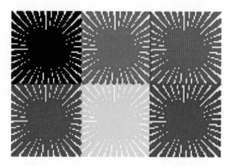

图5-9 网点扩大的判断　　　　　　图5-10 网点变形的判断

当星标中心填充过大，超过合格样张时，表明油墨密度太高。如果星标中心扩大为圆形，则表明是无方向性网点扩大，这种情况可能是由于油墨的过度乳化所引起的。这会引起油墨黏着性降低，转移效率下降。

如果星标中心的扩大为非对称图形，那么网点扩大就与方向有关。如果中心图形为椭圆，表明油墨糊版，糊版方向垂直于椭圆长轴的方向。例如，当长轴水平时，就可断定糊版方向为滚筒转动方向。其原因可能是纸张太滑或橡皮布太松。如果星标有两个中心，则可判断为重影。

（4）灰平衡检测对象 灰平衡检测对象包含了一系列的灰平衡色块，背景色是某一网点百分比的单黑色。在该单黑色的背景上有不同网点百分比组合构成的C、M、Y三色色块，其中C色的网点百分比等于背景黑色的网点百分比，M和Y油墨按照1%的步长变化。这些色块和背景色有鲜明的对比关系，如果某一组合的颜色和背景色一致，就说该三色组合可达到背景色的灰色。如图5-11所示，分别是10%、25%、50%、75%的灰平衡检测列表。

（5）阶调梯尺检测对象 阶调梯尺对象包含有C、M、Y、K、R、G、B、CMY色从5%~100%，步长间隔是5%的色块，便于测量单色阶调的数据、间色的阶调数据以及三色叠印的阶调数据。另外，对于C、M、Y、K四个原色还有从0~100%的渐变色，可以用于检查阶调的过度情况，如果印刷过程中有阶调跳动，从该单色梯尺上很容易观察到。该阶调梯尺对象为数字化数据的测量提供了方便同时也为视觉对阶调层次的判断提供了直观的工具。如图5-12所示为阶调尺检测对象。

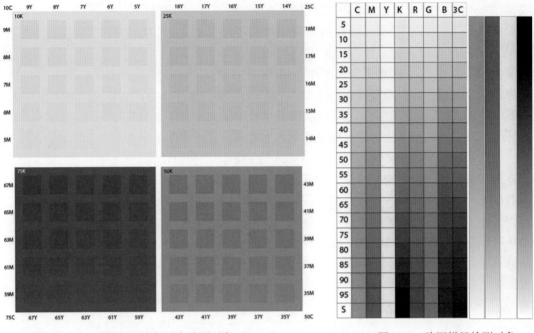

图5-11　灰平衡检测对象　　　　图5-12　阶调梯尺检测对象

（6）单排颜色控制条　GATF设计了快速检测油墨颜色和油墨叠印颜色的单色色块，包括C、M、Y、K、R、G、B的100%、75%、50%、25%的色块用于快速颜色测量评价。另外还有纸张白色的检测块，如图5-13所示。该颜色测控条包含了足够多的元素种类，提供了足够的色块，可以方便地进行网点扩大值、印刷反差、叠印等测量，实现客观评价数据的采集。

图5-13　颜色控制条

知识点2　常用测量仪器

一、密度仪

密度反映的是光线与物体相互作用过程中发生的透射、反射、选择性吸收等物理现象。在印刷行业中通常指其物理属性的内容，一般称为"光学密度"（简称密度）。密度定义为物体表面吸收入射光的比例，可以间接表示物体吸收光量大小的特性，物体吸收光量大，表明密度高；物体吸收光量小，表明其密度低。因此，印刷密度可以用印刷油墨中反射的光所占的百分比表示，在色度学中定义密度D的计算为：

$$D = \lg \frac{1}{f}$$

式中　D——反射密度

　　　f——反射率。

依据上述的公式，可以设计密度仪实现密度数据的测量。密度测量可由被测量样品吸收的光量来决定，测量样品中反射回来的光量，然后将其与参考标准或承印物在特定光源照射下的反射情况进行比较，从而计算出密度值的测量仪器叫密度仪。密度仪的构造主要由光源、光孔、光学成像透镜、滤色片、光电转换器件（"接收器" / "探测器"）、模数转换器、信号处理和计算部件、显示部件等。如图5-14所示为密度仪的基本结构和原理。

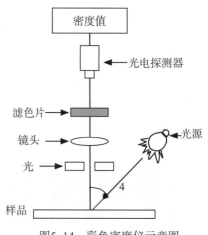

图5-14　彩色密度仪示意图

光源发出的光线在45°方向照射到样品上，在垂直方向测量，有些仪器刚好相反。从样品上透过的或反射的光线经过光孔进入密度仪内。需要说明的是，上图简化了从样品收集光的过程。实际上，所有从这个角度反射出来的光都必须收集起来，然后光线经光学透镜成像到达滤色片（红/绿/蓝/视觉校正），透过某种滤色片的光线经过光电转换器件变成模拟电信号。经过模/数转换得到的数字信号经过运算获得密度数据，在显示屏上显示。

对于印刷品来说，墨层越厚，吸收的光就越多，反射的光就越少，印刷品看起来就越暗，视觉密度就大。反之，墨层越薄，吸收的光就越少，反射的光就越多，印刷品看起来就越亮，视觉密度就小。所以墨层厚度与光反射之间是有联系的，如图5-15所示。

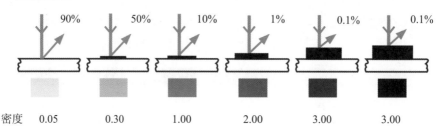

图5-15　光的反射率、墨层厚度与密度三者之间的关系

在这里我们将反射率定义为油墨的透明度，用反射率的倒数代表油墨的不透明度。因此，油墨的这种光吸收特性，在数学上，可以很方便的用对数来表示这种光吸收，因为不透明度取对数与墨层厚度成正比关系。如图5-16反射率和墨层厚度以及密度的关系，实际上最初随着墨层厚度的增加，反射光量迅速减少，并且减少的速度逐渐慢下来。如果将反射率曲线转换为密度值，就可以得到它与墨层厚度的一个线性关系。但是这种线性关系也是有局限性的，也就是当在墨层厚度小于1.2μm时是成立的，当墨层厚度达到一定数值之后，在增加墨层厚度密度值

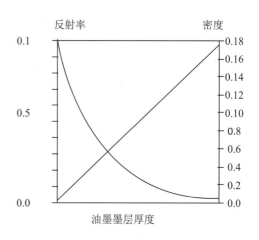

图5-16　反射率和密度测量与墨层厚度的关系

也不会增加。这是因为墨层厚度达到一定之后几乎吸收了所有入射光，致使密度成为了一个恒定的数值。

密度计测量色彩的优点：①色彩受人们视觉主观的影响很大。每个人对颜色的感觉都不同，密度计测量可提供一个客观的分析，克服因人而异的弊病，从而统一了大家对墨色深浅判断的标准。②光源和环境对视觉测色影响极大。在窗内与窗外看色不一样，在印刷车间与办公室看色不一样，而用密度计测量，则不受环境影响。③保证打样及印刷生产质量。密度测量在打样、印刷中非常重要，在生产过程中，颜色密度深浅受多种因素影响，而有了密度标准，通过测量，可以有效控制密度的深浅变化，从而保证墨色深浅的一致性和稳定性。④打样、印刷制定质量标准，采用密度计进行数据化管理，可以提供不同地区、不同厂家的印刷作业人员监控生产过程，达到墨色深浅一致的效果。⑤颜色档案。实现数据化已成为印刷质量管理的前提，制定的标准颜色数据可以记录档案加以保存，供下一批印刷时调出使用，这就避免了保存的样张在过一段时间后，由于样张颜色退色而造成每批印刷颜色不一致。

二、分光光度仪

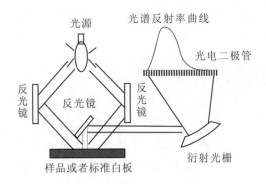

图5-17　衍射光栅分光光度仪

分光光度仪又叫光谱色度仪，是测量物体的反射率或透射率随波长变化的仪器，可以提供一个完整的光谱反射率曲线。分光光度仪除了测色以外还有许多用途。这里仅描述可见光范围的分光光度仪。分光光度仪主要由光源、单色器（如分光棱镜、衍射光栅、干涉滤色片等）、光电探测器和数据处理与输出几部分构成，如图5-17所示，衍射光栅分光光度仪。分光光度仪的光路设计表现为两种形式，其中一种在使用分光光度仪测量时首先由光源发出足够强的连续光谱，先后照在标准样品和待测样品上，经单色器光分解为按波长分布的等间隔（如$\Delta\lambda = 5$、10nm）的单色光，由光电探测器接收并转换为相应的电信号，然后由数据处理部分计算二者的比值进行输出。另一种光路是相反光路设计，光源发出的光先经单色器输出成不同波长的单色光，将单色光同时（将光束一分为二）或先后照射到待测样品及标准样品上，然后用光电探测器接收其反射（或透射）的光能并转变为电能，从而记录和比较光通量的大小，得出样品的光谱反射比（或透射比）。两种设计测量效果相近，各有优缺点。分光光度仪通过测量反射物体的光谱反射率$\rho(\lambda)$和透射物体的光谱透射率$\tau(\lambda)$来测量颜色，如果选择了标准照明体和标准观察者数据，就可以算出相应条件下的三刺激值。

测量透射样品时所选用的标准样品通常为空气，因为空气在整个可见光谱范围内的透射比均为1（100%）。测量反射样品时用完全反射体作为标准，它在可见光谱范围内的反射比均为1，而实际上全漫反物体并不存在，只能使用MgO、$BaSO_4$、白陶瓷板等高反射率材料来替代，要求作为标准反射样品的材料在可见光谱范围内各波长反射比均匀一致，最好均接近于1，并且要严格对其光谱反射率进行标定。

分光光度仪根据分光系统和光量接受系统的不同分为以下三类。

①棱镜分光光度仪。将通过棱镜色散的单色光通过很窄的狭缝后，让光电接受器接受。

②干涉滤色片分光光度仪。将样品的反射光线连续地通过一组波长间隔为10nm或20nm的干涉滤色片，从而使混合光分解为单色光。干涉滤色片由多层薄膜组成，每一层的厚度和选择性吸收、反射、透射性能都不相同，这样能组成各种不同光谱透射性能的薄膜系。

③衍射光栅分光光度仪。目前大多数分光光度仪采用衍射光栅分光，将入射狭缝的一束光线投射到有几百条间隔极窄（通常为1μm）的平行刻线玻璃板上，光发生衍射，在出射狭缝处形成一系列的光谱。

分光光度仪是精度非常高的测量仪器，其测量的准确度主要取决于单色器的精度和对不同波长单色光的标定，即对单色光的分辨力。如果单色器能够分解出波长范围非常细的单色光，则仪器的测量精度就高，反之则精度低。一般对于颜色的测量要求单色光的间隔为10nm就足够了，因为绝大部分颜色样品的光谱分布都不会有突变。但如果要测量有荧光的物体则应该使用更细小的波长间隔（如5nm），因为往往荧光的发射光谱带很窄，波长间隔太大会丢掉细小的光谱辐射的变化信息。

当前使用的分光光度仪大多可以与计算机相联作为数据处理和输出装置，实现了高度的智能化，它能根据所存储的数据[如标准照明体$S(\lambda)$、标准色度观察者函数等]和计算程序，将所测得的$\rho(\lambda)$[或$\tau(\lambda)$]进行计算，得出三刺激值、色品坐标、色差等结果，并能存储数据，显示、打印各种曲线、图表等，使用非常方便。

分光光度仪测色精度高，但仪器结构复杂，价格昂贵，通常用于颜色的精密测量和理论研究之用。但随着光学技术的进步和电子元器件集成度的提高、成本的降低与制造技术的提高，市场上出现了一些体积小、价格低的分光测色仪器，如美国的X-Rite公司和Gretag-Macbeth公司（目前两家公司已经合并）、德国的Techkon公司的产品，它们已经很广泛地应用于印刷行业，作为颜色控制、色彩管理的工具，发挥了非常重要的作用。

除了分光光度仪之外还有另外一种仪器也可以实现CIEXYZ色度值的测量。该测量仪器类似于密度仪。它利用滤色片来度量样本的反射光线。该仪器使用的滤色片的光谱敏感性与CIE色彩匹配函数的光谱敏感性很接近，使用该仪器测量可以直接得出样品的三刺激值，此类仪器叫色度仪。色度仪不能提供光谱反射率曲线。色度仪相对于分光光度仪的精度稍低。

任务　印刷测控条的检测与分析

训练目的

通过对印有印刷测控条的样张检测，分析该印样的印刷状态：

1. 检测该样张的套印精度。
2. 检测该样张是否有变形、重影等。

3. 视觉判断该印张是否有偏色、阶调并级现象。

训练条件（场地、设备、工具、材料等）

1. 场地：教室。
2. 工具：带有刻度的放大镜（10倍）、刻度尺、标准灯箱、印刷测试样张。
3. 材料：无。

方法与步骤

1. 确认色序，本例以K+C+M+Y色序为例。
2. 使用放大镜判读套印误差（表5-9）。

表5-9 判读套印误差

套色	K+C	K+M	K+Y	C+M	C+Y	M+Y
差值						

3. 检查"星标"或者"微线段"对象，判断是否有重影、变形（表5-10）。

表5-10 判断是否有重影、变形

变形				重影		
水平方向	垂直方向	45°方向	−45°方向	没有重影	周向重影	轴向重影
□	□	□	□	□	□	□

4. 检查灰平衡控制块、颜色校正对象、阶调梯尺对象。
（1）是否有偏色现象？请分析偏色的原因，应如何调整印刷机？
（2）是否有阶调并级现象？试列举阶调并级的原因。

考核基本要求

1. 依据套印对象使用放大镜完成套印精度的判读。
2. 依据星标等对象完成重影、变形等现象的分析。
3. 依据灰平衡对象、阶调梯尺对象完成色偏、阶调并级等现象的判读。

项目三 印刷质量控制指标检测与计算

知识点1 实地密度

实地密度是指印刷品中黄、品红、青、黑以100%网点印出的颜色所测得的密度。实地密度是一个最重要的物理量，是色彩检验的第一步。实地可以指示出纸张上油墨可印出的最高色彩的饱和度。在一定范围内，墨层厚，则密度高，墨层薄，则密度低。实际上墨层厚度与反射密度之间的关系比较复杂，当墨层比较薄时存在着正比关系，但当墨层达到饱和状态时，这种关系就不成立了，如图5-18所示，这就是说密度不是无限地增加的。

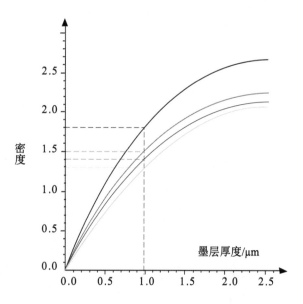

图5-18　实地密度与墨层厚度之间的关系

　　实地密度表达了色彩的色域边界，色域较大可以印出比较饱和的色彩，能够表现出更丰富的暗调层次。对密度的测量可使用密度仪对印张上附加的控制条中的实地色进行测量。由于实地密度的大小既影响着各原色油墨以及任意两个原色油墨叠加得到的间色再现，也影响着三原色油墨叠加的印刷灰色平衡，甚至影响着四色印刷或更多的印刷整体效果，因此必须控制在一定范围之内，可参见相关标准的规定。实地密度受纸张性能的影响，精细印刷品与一般印刷品实地密度的差别主要是由于用纸的不同，如铜版纸常用于印刷精细产品，其实地密度要高于新闻纸和胶版纸；其次是油墨的性能；此外印刷色序以及印刷时水墨平衡也对实地密度产生影响。

知识点2　网点扩大与TVI曲线

　　网点扩大是用印刷品上的网点面积减去胶片上相应位置的网点面积或数据文件中的网点面积值之差。网点扩大值是反映印刷复制的阶调值变化参数，也即TVI曲线（Tone value increase curve）。网点增大通常以百分比表示，但它是简单的面积变化，也就是如果胶片上50%的网点，在纸张上印刷得到的网点面积是67%，那么定义的网点增大即为17%。在印刷流程中影响色调变化有三个部分：印前（Pre-press）：印前工艺生成网点时的变化，如使用胶片晒版加减时间，网点会变大或变小，激光照排机或者计算机直接制版系统上补偿曲线令网点产生变化；机械网点增大（Mechanical dot gain）：指在印刷过程中所有机械影响致使印于纸上的网点大于印版上的网点之扩大值；光学网点扩大（Optical dot gain）：光在纸表面上产生散射所造成的光学作用，导致相同印点在不同纸张上看似大小不同。

　　TVI曲线的测量，可以通过测量印张上附加的阶调控制条来实现。控制条上的网点面积测量，一般只与一个或两个阶调值有关，但在基于校正和评估目的时，就有必要提供整个阶调范围内的测量。这就需要一个5%或10%递增的完整阶调范围的网目调梯尺，如图5-12所示。为了进行评估，可以用测量得到的印张网点百分比与数字文件的网点百分比或CTP印版上的网点百分比数据共同绘制成相关的曲线，从而也就提供了一条印刷特性曲线，如图5-19所示。印刷特性曲线中的对角线表示网点从CTP印版或数字文件数据到印刷的传递是线性或一致的。因此，特定阶调值的网点增大可以通过此直线和印刷特性曲线之间的差来确定。

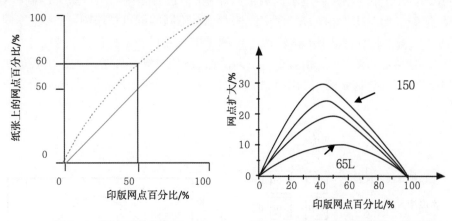

图5-19 网点百分比曲线   图5-20 不同线数的网点增大值曲线

网点扩大基于印刷物理特性所导致的工艺现象，虽然不可能使之零扩大，但可使用色彩控制条来监控以维持扩大稳定，从而在分色稿中加以补偿，抵消因扩大而产生的问题。因色调变化不一定是因网点变化引起，实际印刷中引起网点扩大的因素很多，印刷压力、橡皮布的硬度、纸张的表面性质以及加网线数等不同，网点的扩大情况也不同。一般说来，印刷压力增大，网点扩大变大；橡皮布硬度小，同样条件下网点扩大相对变大；纸张表面粗糙网点扩大较大；加网线数大，网点扩大也相对较大，如图5-20所示为65Lpi到150Lpi的变化情况。

知识点3   相对印刷反差（K值）

印刷反差是指实地密度与网目密度75%网点（也有使用70%网点或80%网点）之差同实地密度的比值，又称K值，用以确定打样和印刷的标准给墨量。印刷反差就是比较每色油墨实地及其75%网点之反光量，如果此反光量差距大，即肉眼能容易分辨出实地及75%网点差异，暗部细节就会表现细致，反之光量差距少，暗部细节则表现不良。这里需要说明的是不需要比较25%和50%等之反差。因为胶印印刷中网点增值虽然在整个阶调出现，但只会令暗调细节因网点变成实地而消失。有较高的印刷反差则意味有较高质量的印刷，原理是高印刷反差必有饱和的实地密度和合适的网点扩大，使印刷品的暗部有较佳的层次，影响就有跳出纸外的感觉，即所谓立体感强。印刷反差的计算公式：

$$K = \frac{D_s - D_t}{D_s}$$

式中 D_s——实地密度

D_t——75%网点密度

K值一般取值范围在0~1，是直接控制中间调至暗调的指标，一般K值偏大，图像中暗调层次好，亮调可能受影响；K值偏小，图像中暗调层次差，亮调层次相对好些。影响K值的因素有很多，如分色制版的层次曲线选择不同，K值不同，选择曲线偏重，则K值相对较小，反之则会相对大些；网线的粗细不同，K值不同，网线粗，K值相对大，网线细，则K值相对小些；晒版是否规范也影响K值大小，如果曝光量偏小，冲洗不足，印刷版相对深，则K值相对小；使用不同的纸张印刷K值也有差别，用铜版纸印刷则K值相对大些；给墨量、印刷压力相对大，则K值相对小；不同印刷机型印刷，K值也不同，单张纸印刷机K值偏大，轮转机印刷K值偏小；测试部位不同，K值不同，越接近中间调，K值相对大，越接近暗调，K值相对小；不同的色版K值不同，黑版最大，黄版最小，品红版、青版居中；打样样张的K值比印刷品的K值大。如图5-21所示，实地密度与印刷反差的关系曲线。

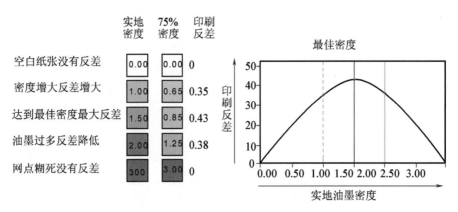

图5-21　实地密度与印刷反差的关系曲线

知识点4　叠印率

叠印率是表示先后印在纸张上的墨膜相叠加情况，影响叠印的因素包括墨层厚度、油墨黏性、印刷色序、两色叠印相隔的时间等。对叠印进行测量的目的是对后印油墨上的墨量转移进行量化。如图5-22所示为油墨叠印示意图。可使用密度计对印刷测控条中的叠印进

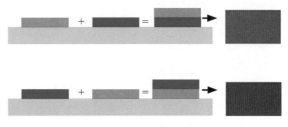

图5-22　油墨叠印现象

行测量。叠印对象包含有三原色色块、三种叠印色块，以及色块叠印信息的测控条。

油墨叠印的计算公式有多个，常用的计算公式是：

$$叠印率（\%）=\frac{D_{1+2}-D_1}{D_2}\times100$$

式中　D_{1+2}——叠印密度
　　　D_1——先印油墨密度
　　　D_2——后印油墨密度
如图5-23所示：
测量所有密度时应选择适用于后印色的滤色片即第二印刷色的补

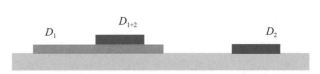

图5-23　叠印率计算中需要的密度测量

色滤色片。测量值很少为100%，一般在70%～90%，叠印率数值越高，叠印效果越好。此公式的计算是以彩色密度保持理想叠加状态为基础的，并不能够提供实际叠印的准确测量值。也就是说，在这种理想状态下，借助已知滤色片测定得到的油墨混合密度等于使用同一滤色片测得的各单色油墨密度值之和。事实上，这个规则是不实际的，因此此公式也被称为外观叠印。加法法则不能实现的原因主要有以下几点：单色和叠印油墨墨层第一表面反射不同；油墨不是完全透明的；光线在纸张内部的反射和散射；密度计的光谱响应。尽管上述的几点都说明了油墨的叠加不能简单用密度的叠加来计算，但是该计算方法足够用于对油墨叠印的控制，适用于大多数控制应用。

知识点5　灰平衡

所谓灰平衡，就是将青、品红、黄三原色油墨叠印，或者以一定的比例的网点面积套印获得中性灰色。据前所述，三原色印刷油墨彼此之间掺杂有另外两种颜色成分，所以等量的三原色不能够得到中性灰色，结果通常是棕色。为了使印刷复制正确的中性灰色，通常让青色的网点大一些，而黄色和品红色的网点稍小一点，由此产生中性灰的感觉。

对印刷控制来说，假设达到中性灰色，依据密度的测量原理可知，密度计中三色滤色片的响应是相同的，那么测得的三色密度也应该是相等的。任何一颜色的供墨发生变化或网点增大，均会导致灰平衡在视觉上和测量上变化。因此，把不同网点组合的灰平衡测试目标印刷出来并进行分析，以确定CMY在不同色调区域达到中性灰所需的网点百分比，从而找出中性灰平衡的数值。可使用视觉分析和密度计测量的方法确定，也可以使用分光光度计去测量a^*和b^*的值，a^*、b^*接近于零，便是最佳的灰平衡组合。灰平衡数值对印前分色和印刷偏色调节都有重要的作用。灰平衡控制好了，才能保证彩色的正确还原。

知识点6　色相误差

为了表征油墨的颜色特征，引入色强度、色纯度、色灰、色偏、色效率这些概念，用来说明油墨的彩色特性和印刷的效果。其计算公式如下：

色强度 $= D_H$

色纯度百分比 $= \dfrac{D_H - D_L}{D_H} \times 100\%$

色灰百分比 $= \dfrac{D_L}{D_H} \times 100\%$

色偏百分比 $= \dfrac{D_M - D_L}{D_H - D_L} \times 100\%$

色效率 $= \dfrac{(D_H - D_M) + (D_H - D_L)}{2D_H} \times 100\% = \left(1 - \dfrac{D_M + D_L}{2D_H}\right) \times 100\%$

色强度，又称油墨强度，指油墨的颜色浓度，色强度决定于油墨中颜料的饱和度，分散程度和含量，并与颜料对选择性反射波长的反射有关。色纯度和色灰是从纯度和灰度这两个侧面反映了油墨的饱和度，且色纯度百分比＋灰度百分比=1。灰度表示原色油墨中三色共同作用的量，灰度有消色作用，会影响油墨的明度和饱和度，但不影响色相；灰度越小，油墨的饱和度越高，则颜色较为明亮、干净，如图5-24所示为灰度示意图。色偏，又称色相差，表示原色油墨中含其他颜色成分造成的色相变化程度的量，如图5-25所示为色相差示意图，反映了除去灰色成分后，色调偏离理想色调的程度。例如当D_M=0且D_L=0时，色偏=0，并且色灰=0，说明该油墨非常饱和。若D_M-D_L=0，但$D_L \neq 0$，则说明色调虽然无偏离，但饱和度不够高。当用密度计测量黑色油墨密度时，必须选用黑通道滤色片，测量得到的密度称为视觉密度，用D_V表示，代表吸收白光的数量。色效率是综合反映油墨选择性吸收和反射色光能力大小的参数，反映油墨接近理想三原色墨的程度。

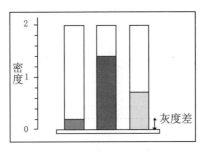

图5-24　灰度示意图

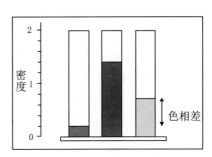

图5-25　色相差示意图

知识点7　色度值与色差

色度值CIEXYZ提供了颜色三刺激值的定义和计算。使用分光光度计可以实现光谱反射率的测量，结合CIEXYZ的定义可以实现色度值的计算。三刺激值实现了颜色的数字化表示，但是，它们没有直接与色彩视觉特性（明度、色相、彩度）联系起来。于是1976年CIE推荐了CIELab均匀颜色空间，用于处理色料减色的混合。L*代表明度、a*和b*代表色度，建立颜色表示的色度空间，CIELab色度值是有CIEXYZ计算得到的，见公式：

$$\begin{cases} L^* = 116 \left(\dfrac{Y}{Y_n} \right)^{\frac{1}{3}} - 16 \\ a^* = 500 \left[\left(\dfrac{X}{X_n} \right)^{\frac{1}{3}} - \left(\dfrac{Y}{Y_n} \right)^{\frac{1}{3}} \right] \\ b^* = 200 \left[\left(\dfrac{Y}{Y_n} \right)^{\frac{1}{3}} - \left(\dfrac{Z}{Z_n} \right)^{\frac{1}{3}} \right] \end{cases}$$

在CIELab色度空间还可以实现色相、明度和饱和度的计算：

明度$L^* = 116 \left(\dfrac{Y}{Y_n} \right)^{\frac{1}{3}} - 16$

色调角$h_{ab}^* = \dfrac{180}{\pi} \arctan \dfrac{b^*}{a^*}$

彩度$C_{ab}^* = \sqrt{(a^*)^2 + (b^*)^2}$

因此，对于彩色印刷来说，使用色度值来评价印刷质量较密度值更加客观。测量印刷颜色可以描述在CIELab色度空间中，并且由于该色度空间是视觉上均匀的颜色空间，两个颜色点之间的几何距离可以表示色差，如图5-26所示。因此，评价两个颜色之间的差别可以用CIELab色差表示。

色差值是基于CIE1976L*a*b*均匀颜色空间的颜色数据，在该系统中L^*表示明度指数，a^*和b^*表示彩度指数，ΔEa^*b^*表示色差。人们通常分辨不出两个差别很少的颜色，但当色度差增大到某一程度时人们可分辨出来。这差别的量称之为颜色差的宽容度，用于表达色

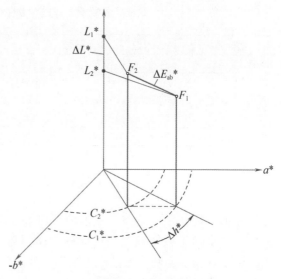

图5-26　色差的计算

差的单个数值是ΔE。自1976以来，印刷色彩匹配和评价方法采用CIELAB，要确定ΔE，我们需要建立参照色和样本色之间的ΔL^*、Δa^*、和Δb^*，然后使用以下计算公式：

如果假定F_1为样品色，F_2为标准色，则F_1和F_2之间的几何距离表示色差：

$$\Delta E_{ab}^* = \sqrt{\left(L_1^* - L_2^*\right)^2 + \left(a_1^* - a_2^*\right)^2 + \left(b_1^* - b_2^*\right)^2} = \sqrt{\left(\Delta L^*\right)^2 + \left(\Delta a^*\right)^2 + \left(\Delta b^*\right)^2}$$

明度差$\Delta L^* = L^*_1 - L^*_2$，正值时表示样品色比标准色色浅，负值时则表示样品色深，明度低。色品差$\Delta a^* = a^*_1 - a^*_2$，正值表示样品色比标准色偏红，负值表示样品色比标准色的红少。色品差$\Delta b^* = b^*_1 - b^*_2$，正值表示样品色比标准色偏黄，负值表示样品色比标准色的黄少。

依据CIELab彩度的计算公式还可以计算F_1和F_2之间的彩度差$\Delta Cab^* = Cab_1^* - Cab_2^*$，正值表示样品色比标准色饱和度高，含非彩色成分少，负值则表示样品色饱和度低，含非彩色成分多。色调角差$\Delta hab^* = hab_1^* - hab_2^*$，正值表示样品色位于标准色的逆时针方向上，负值表示样品色位于标准色的顺时针方向上，具体偏向什么色调取决于标准色所在的色调。例如，标准色的色调是红色时，则$\Delta hab^* > 0$时偏黄色，$\Delta hab^* < 0$时偏蓝色。

印刷控制中密度描述的是印刷油墨的特性，实质上是墨层的厚度，而色度描述的是颜色的实际表现，能够按照人眼对颜色的感受特性来描述颜色，比密度值更直观、更准确。色度值的测量可使用色度计或者分光光度计得到。因此，用色度计测量印刷实地色块的色度值对颜色进行评价和规范是目前国际上的一种通用做法。在色度控制中为了保证质量符合要求，不同国家对同一批产品不同印张的颜色误差确定了一个范围。我国的印刷行业标准对于彩色印刷品的同批同色色差规定为：一般印刷品$\Delta Ea^*b^* \leqslant 5.00 \sim 6.00$NBS，精细印刷品$\Delta Ea^*b^* \leqslant 4.00 \sim 5.00$NBS。与同批同色色差相近的颜色质量指标还有颜色公差。颜色公差是指客户所能接受的印刷品与原稿或打样样张之间的色差。依据美国、日本及我国某些印刷厂的经验，对于一般印刷品而言，颜色公差$\Delta Ea^*b^* \leqslant 6.00$NBS，精细印刷品的颜色公差$\Delta Ea^*b^* \leqslant 4.00$NBS。表5-11是我国国家标准GB7708—1987根据印刷产品的同色密度偏差和同批同色色差划分的产品级别。

表5-11　平版装潢印刷品产品等级标准

指标名称	单位	符号	指标值			
同色密度偏差		Ds	精细产品		一般产品	
			≤ 0.050		≤ 0.070	
同批同色色差	CIEL*a*b*	ΔE	$L^*>50.00$	$L^*<50.00$	$L^*>50.00$	$L^*<50.00$
			≤ 5.00	≤ 4.00	≤	≤
墨层光泽度	%	Gs	≥ 30.0		--	

知识点8　印刷色域

除了上述使用色相差和灰度值评价油墨颜色质量之外，也可以通过绘制GATF色轮图的方式来评价或比较两个过程或者样张与印刷产品之间的色域。GATF色轮图是以油墨的色相差和灰度两个参量作为坐标，如图5-27所示，用油墨三原色C、M、Y和三个间色R、G、B将圆周分为六个等分；两个颜色之间再等分10份，圆周上的数字表示色相误差，理想三原色的色相误差为0。从圆心向圆周半径方向分为10格，每格代表10%，最外层圆周的灰度为0（饱和度为100%），圆心上灰度为100%（消色，饱和度最低，等于0）。图5-27中蓝线代表理想油墨，红线是基于图中表格的色相差和灰度值绘成。

图5-27中各色点的绘制方法，如品红的色相差是40，所以由下方"Magenta"为0的位置向右走4格；由外圆向圆心走是灰度变化，品红的灰度是1.7，所以向圆心走1.7个，如此类推便可绘出印刷色域图，通过此图可以比较印刷颜色和标准颜色的偏差情况。

综上所述，颜色质量的客观评价就是对不同类别的印刷产品，在印刷过程中分别对反映样张表观质量的参数进行测量，然后对各个参数数值分别参照相关的标准进行比

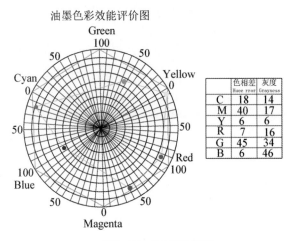

图5-27　GATF色轮图

较、分析、判定印刷品的质量，同时也能反映出印刷过程中各个阶段所出现的问题，实现工艺过程控制，实现印刷工艺过程的规范化、标准化和质量控制的数字化。

任务　印刷质量控制指标检测与计算

训练目的

印刷品定量评价指标包括两方面的内容：基于密度测量方法的评价和参考标准，基于色度测量方法的评价和参考标准。本项目依据印刷质量评价的客观方法，通过密度

仪、色度仪与印刷质量控制条中的客观评价对象配合使用，实现印刷质量的密度评价指标的测量与计算和色度评价指标的测量和计算。

1．熟练使用密度仪完成密度评价指标的测量与计算。

2．熟练使用分光光度仪完成色度评价指标的测量与计算。

3．参考相关的标准完成印刷质量的客观评价。

训练条件（场地、设备、工具、材料等）

1．场地：教室。

2．仪器与工具：密度仪、分光光度计、计算器、放大镜、含有印刷控制条的样张。

3．材料：无。

方法与步骤

密度测量条件：Abs、ISO状态T反射密度、无偏振片。

色度测量条件：Abs、D50、2度视场角、无偏振片。

1．实地密度（表5-12）

表5-12　实地密度

青		品红		黄		黑	
C1		M1		Y1		K1	
C2		M2		Y2		K2	
C3		M3		Y3		K3	
C4		M4		Y4		K4	
C5		M5		Y5		K5	
平均		平均		平均		平均	

2．网目图像层次评价

（1）测量印刷控制条上的网点百分比（表5-13）

表5-13　网点百分比

C			M			Y			K		
胶片/%	印品/%	ΔF	胶片/%	印品/%	ΔF	胶片/%	印品/%	ΔF	胶片/%	印品/%	ΔF
25			25			25			25		
50			50			50			50		
75			75			75			75		

（2）根据上表绘制C、M、Y、K网点增加曲线（图5-28）

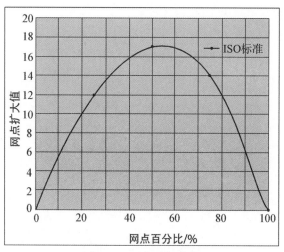

图5-28　网点增加曲线

（3）暗调部分反差评价（*K*值）（表5-14）

表5-14　暗调部分反差评价

	C	M	Y	K
D75% 或 D80%				
印刷品 *K* 值的计算				

（4）灰平衡测量（表5-15）

表5-15　灰平衡测量

	C 密度	M 密度	Y 密度
CMY50% 色块			
K50% 色块			

3. 实地色值及色域
（1）测量数据（表5-16）

表5-16　测量数据

青		品红		黄		黑		红		绿		蓝		白	
C1		M1		Y1		K1		R1		G1		B1		W1	
C2		M2		Y2		K2		R2		G2		B2		W2	
C3		M3		Y3		K3		R3		G3		B3		W3	
C4		M4		Y4		K4		R4		G4		B4		W4	

续表

青		品红		黄		黑		红		绿		蓝		白	
C5		M5		Y5		K5		R5		G5		B5		W5	
AV															

（2）画ab色品图

4．灰平衡色差计算（表5-17）

表5-17　灰平衡色差计算

	L^*	a^*	b^*
CMY50% 色块			
K50% 色块			
白纸			

考核基本要求

1．能正确设定测量仪器的测量条件，完成相关指标的测量。

2．能完成密度评价指标与色度评价指标的计算。

3．能依据标准完成印品质量的评价。

项目四　印刷标准化控制技术

知识点1　国内印刷标准体系介绍

一、我国印刷标准体系介绍

我国印刷标准体系表总体结构划分为五个子体系和四个层次。

五个子体系为：技术类子体系、安全类子体系、环保类子体系、管理类子体系和服务类子体系。

四个层次为基础标准层、专业基础标准层、专业标准层和个体标准层。图5-29为印刷基础标准结构图。

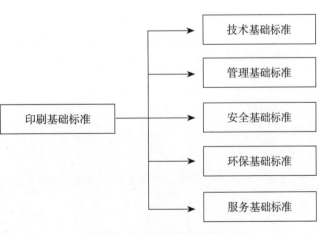

图5-29　印刷基础标准结构图

技术基础标准结构如表5-18。

管理基础标准结构图、安全基础标准结构图、环保基础标准结构图、服务基础标准结构图如图5-30～图5-33。

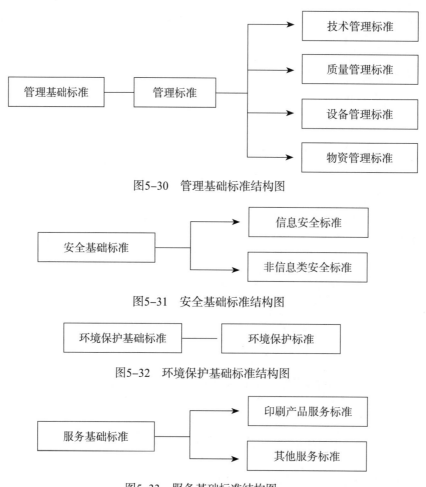

图5-30　管理基础标准结构图

图5-31　安全基础标准结构图

图5-32　环境保护基础标准结构图

图5-33　服务基础标准结构图

表5-18　技术基础标准结构表

专业基础标准层	专业标准层	个体标准层
技术基础标准	信息数据交换标准	图文／内容数据标准
		非图文类数据标准
	过程控制标准	印前处理标准
		凸版印刷标准
		平版印刷标准
		数字印刷标准
		凹版印刷标准
		孔版印刷标准

续表

专业基础标准层	专业标准层	个体标准层
技术基础标准	过程控制标准	其他印刷标准
		印后加工标准
	产品标准	书刊印品标准
		报纸印品标准
		包装装潢印品标准
		标签印品标准
		票证印品标准
		直邮印品标准
		盲目印品标准
		其他印品标准
	设备／仪器标准	设备标准
		仪器标准
	材料标准	呈色材料标准
		承印材料标准
		辅助材料标准
	测试方法标准	产品测试方法标准
		材料测试方法标准
		设备测试方法标准
	基础设施标准	

二、我国常用印刷标准列举

我国常用印刷标准列举如下：

1. 印刷基础标准

GB/T 9851.1—2008 印刷技术术语 第1部分：基本术语

2. 技术基础标准

GB/T 9851.2—2008 印刷技术术语 第2部分：印前术语

GB/T 9851.3—2008 印刷技术术语 第3部分：凸版印刷术语

GB/T 9851.4—2008 印刷技术术语 第4部分：平版印刷术语

GB/T 9851.5—2008 印刷技术术语 第5部分：凹版印刷术语

GB/T 9851.6—2008 印刷技术术语 第6部分：孔版印刷术语

GB/T 9851.7—2008 印刷技术术语 第7部分：印后加工术语

3．技术专业标准

GB/T 17934.1—1999印刷技术 网目调分色片、样张和印刷成品的加工控制 第1部分：参数与测试方法

GB/T 19437—2004印刷技术 印刷图像的光谱测量和色度计算

GB/T 18720—2002印刷技术 印刷测控条的应用

4．技术个体标准

①图文/内容数据标准

GB/T 18721—2002印刷技术 印前数据交换 第1部分：CMYK标准图像数据CMYK/SCID

GB/T 20439—2006印刷技术 印前数据交换 用于四色印刷特征描述的输入数据

②印前处理标准

GB/T 17155—1997胶印印版 尺寸

CY/T 24—1995 彩色复制网线角度

CY/T 30—1999印刷技术 胶印印版制作

GB/T 15110—1994 印刷定位系统

CY/T 9—1994电子雕刻凹版技术要求及检验方法

③印刷标准

GB/T 7006—2008 凸版装潢印刷品

GB/T 17497.1 柔性版装潢印刷品 第1部分：纸张类印刷品

GB/T 17497.2 柔性版装潢印刷品 第2部分：塑膜及箔印刷品

GB/T 17497.3 柔性版装潢印刷品 第3部分：瓦楞纸板类印刷品

CY/T 4—1991 凸版印刷品质量要求及检测方法

CY/T 6—1991 凹版印刷品质量要求检测方法

GB/T 7007—2008 凹版装潢印刷品

GB/T 7705—2008平版装潢印刷品

GB/T 17934.2—1999 印刷技术 网目调分色片、样张和印刷品的加工过程控制 第2部分：胶印

GB/T17934.3—1999 印刷技术 网目调分色片、样张和印刷品的加工过程控制 第3部分：新闻纸冷固型油墨胶印

CY/T 5—1999平版印刷品质量要求及检测方法

④印后加工标准

GB/T 30327—2013 印后加工一般要求

GB/T 30325—2013 精装书籍要求

GB/T 30326—2013 平装书籍要求

CY/T 29—1999装订质量要求及检验方法——骑马订装

CY/T 59—2009纸质印刷品制盒过程控制及检测方法

CY/T 60—2009纸质印刷品烫金/压凹凸过程控制及检测方法

CY/T 61—2009纸质印刷品模切过程控制及检测方法

知识点2　国内常用印刷质量标准

一、国内常用印刷质量标准介绍

我国常用的印刷质量标准有《GB/T 17934.1—1999印刷技术 网目调分色片、样张和印刷成品的加工过程控制 第1部分：参数与测试方法》、《GB/T 17934.2—1999印刷技术 网目调分色片、样张和印刷成品的加工过程控制 第2部分：胶印》、《GB/T 18722—2002印刷技术 反射密度测量和色度测量在印刷过程控制中的应用》、《GB/T 7007—2008凹版装潢印刷品》、《GB/T 7005—2008平版装潢印刷品》、《GB/T 7006—2008凸版装潢印刷品》和《CY/T 5—1999平版印刷品质量要求及检测方法》。

其中跟印刷过程控制与质量检测有关的标准为《GB/T 17934.2—1999印刷技术 网目调分色片、样张和印刷成品的加工过程控制 第2部分：胶印》和《CY/T 5—1999平版印刷品质量要求及检测方法》，《GB/T 17934.2—1999印刷技术 网目调分色片、样张和印刷成品的加工过程控制 第2部分：胶印》是等同采用ISO12647《印刷技术 网目调分色片、样张和印刷成品的加工过程控制 第2部分：胶印》，将在国际常用印刷质量标准的知识点中介绍，在此重点介绍《CY/T 5—1999平版印刷品质量要求及检测方法》，这个标准虽然于1999年颁布，已到15年了，但是在印刷企业的实际生产过程中该标准还在普遍使用，原因一方面是该标准采用实地密度衡量颜色与暗调，实地密度与墨层厚度相关密切，较容易从测量数据中直观判断墨量的大小，便于在生产控制中校正，另一方面是人们已习惯于实地密度的运用，改成色度的测量与控制还有待接受和熟悉的过程。

二、《CY/T5—1999平版印刷品质量要求及检测方法》介绍

在该标准中将印刷品分为两类，一是精细印刷品，二是一般印刷品。精细印刷品指使用高质量原辅材料经精细制版和印刷的印刷品。一般印刷品指除精细印刷品外的符合相应质量要求的印刷品。

（1）阶调值

①暗调。暗调的密度范围见表5-19。

表5-19　印刷品密度范围

色别	精细印刷品实地密度	一般印刷品实地密度
黄（Y）	0.85 ~ 1.10	0.80 ~ 1.05
品红（M）	1.25 ~ 1.50	1.15 ~ 1.40
青（C）	1.30 ~ 1.55	1.25 ~ 1.50
黑（BK）	1.40 ~ 1.70	1.20 ~ 1.50

②亮调。亮调用网点面积表示。精细印刷品亮调再现为2% ~ 4%网点面积；一般印刷品亮调再现为3% ~ 5%网点面积。

（2）层次　亮、中、暗调分明，层次清楚。

（3）套印　多色版图像轮廓及位置应准确套合，精细印刷品的套印允许误差 ≤0.10mm；一般印刷品的套印允许误差≤0.20mm。

（4）网点　网点清晰，角度准确，不出重影。精细印刷品50%网点的增大值范围为 10%～20%；一般印刷品50%网点的增大范围为10%～25%。

（5）相对反差值（K值）　K值应符合表5-20的规定。

表5-20　相对反差值（K值）范围

色别	精细印刷品实地密度	一般印刷品实地密度
黄（Y）	0.25～0.35	0.20～0.30
品红、青、黑	0.35～0.45	0.30～0.40

（6）颜色　颜色应符合原稿，真实、自然、协调。

同批产品不同印张的实地密度允许误差为：青（C）、品红（M）≤0.15；黑（BK） ≤0.20；黄（Y）≤0.10。颜色符合付印样。

（7）外观　版面干净，无明显的脏迹。

印刷接版色调应基本一致，精细产品的尺寸允许误差为小于0.5mm，一般产品的尺寸 允许误差小于1.0mm。

文字完整、清楚，位置准确。

以上质量要求的检验条件为：作业环境呈白色，作业环境防尘、整洁。作业车间温 度要求：（23±5）℃；相对湿度要求：50%～75%。观样光源符合GY/T 3的规定。检验形 式要求为印刷过程中检验和产品干燥后抽检。

知识点3　国际印刷标准体系介绍

一、国际印刷标准化组织ISO/TC130介绍

ISO——国际标准化组织，是由各国标准化团体（ISO成员国）组成的世界性的标准化 专门机构。ISO/TC 130是国际标准化组织（ISO）下设的第130号技术委员会——印刷技术 委员会，主要负责印刷技术领域的国际标准化工作。所负责的领域是从原稿到制成品的过 程中有关印刷和图文技术方面的术语、测试方法、质量要求、所用材料的适性等与印刷相 关的标准化活动。下设十四个工作组，每个工作组有特定的工作范围，详见表5-21。

表5-21　ISO/TC130工作组

工作组	工作范围
第1工作组	术语
第2工作组	印前数据交换
第3工作组	过程控制和相关度量衡

续表

工作组	工作范围
第 4 工作组	介质和材料
第 5 工作组	人机工程 / 安全
第 6 工作组	鉴定的参考材料
第 7 工作组	色彩管理
第 8 工作组	对 IS013655 的修订
第 9 工作组	制定 ISO 12640-5
第 10 工作组	安全印刷过程管理
第 11 工作组	印刷产品对环境的影响
第 12 工作组	印后
第 13 工作组	印刷认证要求
第 14 工作组	印刷质量检测方法

ISO/TC 130于1969年注册成立，第一次正式决议的记录从1989年第4次全会开始。到2013年为止，已经制定并颁布了72项有关印刷技术的国际标准。

二、ISO/TC130 制定的常用国际印刷标准列举

1．印前数据标准

ISO15930：印刷技术——采用PDF的印前数字数据交换

ISO15930-1:2001 使用CMYK数据（PDF/X-1和PDF/X-1a）的完全交换

ISO15930-3:2002 适用于色彩管理工作流程的完全交换（PDF/X-3）

ISO15930-4:2003 用PDF1.4（PDF/X-1a）格式进行CMYK和专色印刷数据的完全交换

ISO15930-5:2003 用PDF1.4（PDF/X-2）格式进行印刷数据的部分交换

ISO15930-6:2003 用PDF1.4（PDF/X-3）格式进行适用于色彩管理工作流程的印刷数据的完全交换

ISO15930-7:2003用PDF1.6 (PDF/X-4)格式印刷数据的完全交换和（PDF/X-4p）格式部分印刷数据的交换

ISO15930-8:2003用PDF1.6（PDF/X-5）格式进行印刷数据的部分交换

ISO15076：印刷技术——色彩管理体系结构、剖面图版式和数据结构

ISO12640：印刷技术——印前数据交换 CMYK标准彩色图像数据（CMYK/SCID）

ISO12641：印刷技术——印前数据交换用于输入扫描仪校准的色靶

ISO12642：印刷技术——印前数据交换 用于四色印刷特征描述的输入数据

ISO10128：印刷技术——调节印刷系统的颜色再现参数匹配特征描述数据的方法

ISO13660：信息技术——数字印刷图像质量客观评价标准（ISO19751为升级补充）

2．油墨标准

ISO2846：印刷技术——四色印刷油墨和透明度

ISO2846-1：单张及热固轮转胶印

ISO2846-2：冷固胶印

ISO2846-3：凹印

ISO2846-4：网印

ISO2846-5：柔印

3．观察条件与测量标准

ISO3664：印刷技术——印刷标准观察条件

ISO12646：印刷技术——彩色校样的显示器特性和观察条件

ISO13655：印刷技术——印刷图像的光谱测量和色度计算

ISO13656：印刷技术——反射密度测量和色度测量在印刷过程控制以及印刷品和样张评价中的应用

4．过程控制标准

ISO12647：印刷技术——网目调分色片、样张和印刷成品的加工过程控制

ISO12647-1：参数和测量方法

ISO12647-2：胶印

ISO12647-3：新闻纸冷固型油墨胶印

ISO12647-4：凹印

ISO12647-5：丝印

ISO12647-6：柔印

ISO12647-7：数字打样

ISO12647-8：数字印刷

ISO12218：印刷技术——胶印印版制作

5．数字印刷标准

ISO15339：图像技术——从跨多种技术的数字印刷（ISO12647的升级补充）

ISO15311：图像技术——利用数字印刷技术用于商业与工业印刷品要求

ISO15311-1：参数和测量方法

ISO15311-2：商业生产印刷

ISO15311-3：大幅面打印

ISO15311-4：附加部分

知识点4　国际常用印刷过程控制标准

一、常用ISO印刷过程控制标准介绍

目前国际上被印刷企业最为广泛应用的印刷过程控制标准为ISO12647，为ISO/TC130于1991开始制定，将其命名为印刷技术——网目调分色片、样张和印刷成品的加工过程控制，现已包含八个部分内容，分别是：参数与测量条件、胶印、新闻纸冷固型油墨胶

印、凹版印刷、丝网印刷、柔性版印版、数字打样和数字印刷的各项标准规范。

目前，订立符合ISO 12647的认证系统有美国IDEAlliance的G7认证、美国RIT的PSA认证、德国Fogra的 PSO认证、瑞士Ugra的PSO认证等，这些认证系统所采用的具体方法有所不同，但最终的目标都是使印刷过程控制与结果达到ISO12647的规范。已越来越多印刷企业取得相关证书，以ISO12647作为质量保证也越来越受到印刷行业的推崇。

二、ISO12647-2：2013胶印印刷过程控制标准介绍

ISO12647-2：2013《印刷技术——网目调分色片、样张和印刷成品的加工过程控制 第2部分 胶印》与2007版相比，有了较大的变动，比如纸张的类型从5种变为8种，网点扩大曲线从CMY三色一条曲线和K色一条曲线变为CMYK四色共用一条TVI曲线，以及明确定义了灰平衡等变化。

1. 印前要求

（1）数据　为印刷传送的数据应该是CMYK 颜色格式或三通道格式，且应转换成PDF/X格式。

（2）印版质量　出版机确保能输出最少150级阶调的印刷印版。

（3）加网线数（调幅网）　对于四色印刷，加网线数应在48～80cm^{-1}，推荐加网线数如下：

①涂布纸印刷：48～80cm^{-1}；

②非涂布纸印刷：48～70cm^{-1}。

（4）网点大小（调频网）　对于四色印刷，调频网点的网点大小应在20~40μm，推荐网点大小如下：

①涂布纸印刷：20～30μm；

②非涂布纸印刷：30～40μm 。

（5）网线角度　无主轴的网点，青、品红和黑版的网线角度差应是30°，黄版与其他色版的网线角度差应是15°，主色版的网线角度应是45°。有主轴的网点，青、品红和黑版的网线角度差应是60°，黄版与其他色版网线角度差应是15°，主色版的网线角度应是45°或135°。

（6）网点形状及其与阶调值的关系　对于调幅网点来说，应使用圆形、方形和椭圆形网点。对于有主轴的网点，第一次连接应发生在不低于40%的阶调值处，第二次连接应发生在不高于60%的阶调值处。

（7）阶调总值　涂布纸印刷阶调总值应少于330%，对于单张印刷机印刷的阶调总值不应大于350%，对于热固轮转机印刷的阶调总值不应大于300%。非涂布纸的单张印刷机印刷阶调总值不应大于300%，热固轮转机印刷阶调总值不应大于270%。

（8）灰平衡　ISO12647-2：2013对灰平衡作出定义，用于计算相对于不同颜色纸张的灰色复制目标，这个灰色目标值可用于印刷过程校准。计算公式如下：

$$a^* = a^*_{paper} \times [1 - 0.85 \times (L^*_{paper} - L^*)/(L^*_{paper} - L^*_{cmy})]$$

$$b^* = b^*_{paper} \times [1 - 0.85 \times (L^*_{paper} - L^*)/(L^*_{paper} - L^*_{cmy})]$$

2. 纸张类型

ISO12647-2：2013《印刷技术——网目调分色片、样张和印刷成品的加工过程控制 第2部分 胶印》列出胶印中常用的8种纸张，比2007版的纸张类型多了3种，其中4种为表面有涂布的纸张如表5-22，4种为表面无涂布的纸张如表5-23。

表5-22 ISO12647-2：2013列出的四种典型涂布纸

纸张特性	纸张类型与表面特性											
	PS1			PS2			PS3			PS4		
表面特性分类	优质涂布			改良涂布			标准光泽涂布			标准哑光涂布		
典型印刷工艺	单张胶印 热固轮转胶印			热固轮转胶印			热固轮转胶印			热固轮转胶印		
有代表性的纸张	WFC：化学浆涂布纸 HWC：高定量涂布纸 MWC：中量涂布纸 （光泽、半哑光、哑光纸）			MWC：中量涂布纸 LWC improved：低定量改良涂布纸			LWC：低定量涂布纸 （光泽、半哑光）			MFC：机械加工涂布纸 LWC：低定量涂布纸（半哑光）		
定量 /（g/m²）	80 ~ 250			51 ~ 80			48 ~ 70			51 ~ 65		
CIE 白度	105 ~ 135			90 ~ 105			60 ~ 90			75 ~ 90		
光泽度	10 ~ 80			25 ~ 65			60 ~ 80			7 ~ 35		
CIELab 色度值	L*	a*	b*	L*	a*	b*	L*	a*	b*	L*	a*	b*
白衬底	95	1	−4	93	0	−1	90	0	0	91	0	0
黑衬底	93	1	−5	90	0	−2	87	0	0	88	0	−1
容差	±3	±2	±4	±3	±2	±2	±3	±2	±2	±3	±2	±2
荧光程度	中等			低			低			低		

备注：表中的 CIELab 色度值的测量条件为：D50 光源，2° 视角，0：45 或 45：0 反射角度，测量模式为 M1。

表5-23 ISO12647-2：2013列出的四种典型非涂布纸

纸张特性	纸张类型与表面特性											
	PS5			PS6			PS7			PS8		
表面特性分类	化学浆非涂布			超级压光非涂布			改良非涂布			标准非涂布		
典型印刷工艺	单张胶印 热固轮转胶印			热固轮转胶印			热固轮转胶印			热固轮转胶印		
有代表性的纸张	WFU：胶印、化学浆非涂布纸			超级压光非涂布（SC-A,SC-B）			UMI：机械浆改良非涂布纸 INP：改良新闻纸			SNP：标准新闻纸		
定量 /（g/m²）	70 ~ 250			38 ~ 60			40 ~ 56			40 ~ 52		
CIE 白度	140 ~ 175			45 ~ 85			40 ~ 80			35 ~ 60		
光泽度	15 ~ 15			30 ~ 55			10 ~ 35			5 ~ 10		
CIELab 色度值	L*	a*	b*	L*	a*	b*	L*	a*	b*	L*	a*	b*
白衬底	95	1	−4	90	0	3	89	0	3	85	1	5
黑衬底	92	1	−5	87	0	2	86	−1	2	82	0	3
容差	±3	±2	±2	±3	±2	±2	±3	±2	±2	±3	±2	±2
荧光程度	高			低			微弱			微弱		

备注：表中的 CIELab 色度值的测量条件为：D50 光源，2° 视角，0：45 或 45：0 反射角度，测量模式为 M1。

3．油墨颜色标准值

对应于以上8种典型纸张，油墨实地色块的CIE色度值如表5-24和表5-25。

表5-24　四种涂布纸的油墨颜色值

特性		色度描述										
		CD1 优质涂布纸			CD2 改良涂布纸			CD3 标准光泽涂布纸			CD4 标准哑光涂布纸		
颜色		L*	a*	b*	L*	a*	b*	L*	a*	b*	L*	a*	b*
黑	垫白	16	0	0	20	1	2	20	1	2	24	1	2
	垫黑	16	0	0	20	1	2	19	1	2	23	1	2
青	垫白	56	−36	−51	58	−37	−46	55	−36	−43	56	−33	−42
	垫黑	55	−35	−51	56	−36	−45	53	−35	−42	54	−32	−42
品	垫白	48	75	−4	48	73	−6	46	70	−3	48	68	−1
	垫黑	47	73	−4	47	71	−7	45	68	−4	46	65	−2
黄	垫白	89	−4	93	87	−3	90	84	−2	89	85	−2	83
	垫黑	87	−4	91	84	−3	87	81	−2	86	82	−2	80
红	垫白	48	68	47	48	66	45	47	64	45	47	63	41
	垫黑	46	67	45	47	64	43	45	62	43	46	61	39
绿	垫白	50	−65	26	51	−59	27	49	−56	28	50	−53	26
	垫黑	49	−63	25	49	−57	26	48	−54	27	49	−51	24
蓝	垫白	25	20	−46	28	16	−46	27	15	−42	28	16	−38
	垫黑	24	20	−45	27	15	−45	26	14	−41	27	15	−38
叠印 CMY100	垫白	23	0	−1	28	−4	−1	27	−3	0	27	0	−2
	垫黑	23	0	−1	27	−4	−1	26	−3	0	26	0	−2

备注：表中的 CIELab 色度值的测量条件为：D50 光源，2°视角，0：45 或 45：0 反射角度，测量模式为 M1。

印刷色序：黑–青–品–黄

表5-25　四种非涂布纸的油墨颜色值

特性		色度描述										
		CD5 化学浆非涂布纸			CD6 超级压光非涂布纸			CD7 改良非涂布纸			CD8 标准非涂布纸		
颜色		L*	a*	b*	L*	a*	b*	L*	a*	b*	L*	a*	b*
黑	垫白	33	1	1	23	1	2	32	1	3	30	1	232
	垫黑	32	1	1	22	1	2	31	1	3	28	1	2
青	垫白	60	−25	−44	56	−36	−40	59	−29	−35	54	−26	−31
	垫黑	58	−24	−44	54	−35	−40	57	−29	−35	52	−26	−31
品	垫白	55	60	−2	48	67	−4	53	59	−1	51	55	1
	垫黑	53	58	−3	46	65	−4	51	56	−2	50	52	−1
黄	垫白	89	−3	76	84	0	86	83	−1	73	79	0	70
	垫黑	86	−3	73	81	0	83	80	−2	70	76	0	67
红	垫白	53	56	27	47	63	40	51	57	31	48	53	31
	垫黑	51	55	25	46	61	38	49	54	29	47	51	29
绿	垫白	53	−43	14	49	−53	25	53	−43	18	47	−38	20
	垫黑	52	−41	13	48	−52	24	51	−43	17	46	−37	18

续表

特性		色度描述											
		CD5 化学浆非涂布纸			CD6 超级压光非涂布纸			CD7 改良非涂布纸			CD8 标准非涂布纸		
蓝	垫白	39	9	−30	28	13	−41	37	8	−31	36	9	−25
	垫黑	37	9	−30	27	12	−40	36	7	−30	34	9	−26
叠印 CMY100	垫白	35	0	−3	27	−1	−3	34	−3	−5	33	−1	0
	垫黑	34	0	−3	26	−1	−4	33	−3	−5	31	−2	0

备注：表中的CIELab色度值的测量条件为：D50光源，2°视角，0：45或45：0反射角度，测量模式为M1。
印刷色序：黑－青－品－黄

4. 颜色允差值

如果印刷时没有可供参加的打样稿、ICC文件或色彩校正数据，印刷时用表5-24或表5-25中的数据作为目标值。当有打样稿提供给印刷作为参考时，印刷OK样与打样稿之间的实地油墨色的色差不超过表5-26中的允差数据。在印刷过程中，四色实地块的变化受后工序条件的限制，因此，至少应有68%的印刷品与印刷OK样之间的色差不超过表5-26规定的偏差值。

表5-26 色差

实地油墨色	允差		偏差		
	印刷 OK 样与打样稿间的色差		印刷品与印刷 OK 样间的色差		
	ΔEab	ΔE_{2000}	ΔEab	ΔE_{2000}	ΔH
黑色	5	5	4	4	−
青色	5	3.5	4	2.8	3
品色	5	3.5	4	2.8	3
黄色	5	3.5	5	3.5	3

5. 阶调增加值（TVI）曲线

ISO12647-2：2013新定义了5条TVI曲线，如图5-34所示。对于印刷品或打样稿来说，阶调增加值应符合图5-34或者表5-27。

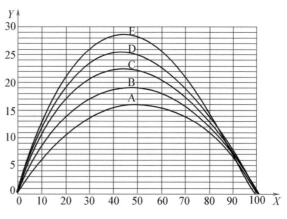

图5-34 阶调增加值（TVI）曲线

表5-27　阶调增加值　　　　　　　　　　　　　　　　　　单位：%

印刷条件 （见表 5-28）	调幅网点 阶调值				调频网点 阶调值			
	40	50	75	80	40	50	75	80
PC1	15	16	13	11	28	28	18	15
PC2，PC3，PC4	19	19	14	12	28	28	18	15
PC5，PC6，PC7，PC8	22	22	15	13	28	28	18	15

6. 标准印刷条件

根据8种印刷纸张和印刷油墨颜色值，以及5条TVI曲线，该标准列出针对调幅网点和调频网点的参考印刷条件，详见表5-28。从表5-28选择印刷条件对应的TVI曲线，利用表5-29的数值作校正之用。

表5-28　典型印刷纸张的标准印刷条件

印刷条件 （PC）	印刷纸张 （PS）（表 5-22 和表 5-23）	色度描述 （CD）（表 5-24 和表 5-25）	加网描述			
			调幅网点		调频网点	
			TVI 曲线（图 5-34）	加网线数 /cm	TVI 曲线（图 5-34）	网点大小 /μm
PC1	PS1	CD1	A	60 ~ 80	E	20(25)
PC2	PS2	CD2	B	48 ~ 70	E	25
PC3	PS3	CD3	B	48 ~ 60	E	30
PC4	PS4	CD4	B	48 ~ 60	E	30
PC5	PS5	CD5	C	52 ~ 70	E	30(35)
PC6	PS6	CD6	B	48 ~ 60	E	35
PC7	PS7	CD7	C	48 ~ 60	E	35
PC8	PS8	CD8	C	48 ~ 60	E	35

表5-29　5条TVI曲线对应的阶调增加值　　　　　　　　　单位：%

阶调值	阶调增加值				
	A	B	C	D	E
0	0	0	0	0	0
5	3.3	4.6	5.8	6.4	6.8
10	6.1	8.3	10.6	11.6	12.6
20	10.5	13.9	17.2	19.3	21.2
30	13.5	17.2	20.9	23.7	26.4
40	15.3	18.8	22.3	25.4	28.5
50	16.0	19.0	22.0	25.0	28.0
60	15.6	17.9	20.3	22.8	25.3
70	14.0	15.7	17.4	19.1	20.7
80	11.0	12.1	13.2	14.0	14.7
90	6.5	7.0	7.5	7.7	7.7
95	3.5	3.8	4.0	4.0	3.9
100	0	0	0	0	0

7. 阶调复制范围

在下面的阶调值复制范围里，半色调网点应该稳定地、一致地转移到印品上。

①加网线数介于60～80cm^{-1}或者网点大小在20μm的涂布纸印刷，2%～98%的阶调能完全再现在印刷品上。

②加网线数为60cm^{-1}或者网点大小在30μm的非涂布纸印刷，4%～96%的阶调能完全再现在印刷品上。

8. 套印精度

任意两个印刷色的图像中心之间的最大位置偏差不得大于0.10mm。

9. 阶调增加值偏差与中间调扩展

印刷OK样跟目标值之间的阶调增加值的允差以及中间调扩展应不超过表5-30规定值。

至少应有68%的印刷品，其阶调增加值与印刷OK样相应位置的阶调增加值之差不超过表5-30规定的偏差值。

至少应有68%的印刷品，其中间调扩展不超过表5-30规定值。

表5-30　印刷OK样和印刷品阶调增加值允差和最大中间调扩展　　　单位：%

阶调值	允差	偏差
	印刷 OK 样	印刷品
<30	3	3
30 ~ 60	4	4
>60	3	3
最大中间调扩展	5	5

其中中间调扩展用百分比表示，其计算公式如下：

中间调扩展=Max.$[(A_c - A_{c_0}), (A_m - A_{m_0}), (A_y - A_{y_0})]$ – Min.$[(A_c - A_{c_0}), (A_m - A_{m_0}), (A_y - A_{y_0})]$

式中：A_c——青原色图像的测量阶调值

A_{c_0}——青原色图像的规定阶调值

A_m——品红原色图像的测量阶调值

A_{m_0}——品红色图像的规定阶调值

A_y——黄原色图像的测量阶调值

A_{y_0}——黄原色图像的规定阶调值。

举例说明：测量值（C, M, Y）=(22, 17, 20)，规定值（c_0, m_0, y_0）=(20, 20, 18)

Max[(22 – 20), (17 – 20), (20 – 18)]=2，Min[(22 – 20), (17 – 20), (20 – 18)] = – 3

中间调扩展=[Max–Min]=5

知识点5　G7印刷标准化控制技术

一、G7技术背景

IDEAlliance（国际数码企业联盟）是一所美国的非牟利机构，主要发展印刷技术规格、指引和最佳实践方法，会员横跨供应链上下游各种企业如出版商、广告商、印刷企业和材料供应商，旗下拥有美国胶印商业印刷规范组织GRACoL和美国商业轮转印刷规范组织SWOP。2007年，IDEAlliance下属的GRACoL推出了G7过程控制方法。

G7是一种印刷和打样控制技术，它是由GRACoL（美国胶印商业印刷规范组织）在CTP计算机制版等技术的基础上创新出的控制方法。G7的"G"代表灰度值校准，"7"代表ISO12647-2《印刷技术——网目调分色片、样张和印刷成品的加工过程控制 第2部分 胶印》印刷标准中定义的7个基本色，青、品、黄、黑、红、绿和蓝。G7主要针对应用数码流程、分光亮度计量及计算机直接制版为主的印刷流程，更简单有效实践 ISO 12647-2 印刷标准。G7最初应用在半色调打样系统上，现在成功地被广泛应用于其他流程，包括：平版印刷、凹版印刷、柔性版印刷、热升华打印、喷墨印刷、静电照相印刷、丝网印刷，也可用在调频和调幅加网上。

GRACOL 并非标准化组织，G7不是标准，它是一种规范，一种尽可能符合ISO12647-2 标准的技术方法。G7也不是色彩管理系统，不过，经G7较正后建立的ICC特性文件，相比没有使用G7校正的ICC特性文件更为准确，并且保持更持久。G7是一种实施新的ISO 10128标准的接近中性灰的校准方法，在任何成像的方法上加强流程控制；是一致的灰度外观规范，应用到所有的彩色成像流程；是一种校准技术，用于调整成像系统内的数值，以达到符合G7规格；是一种不使用色彩管理而尽可能把不同的印刷方法所得的结果一致起来的技术基础。

ISO12647-2现在已经得到广泛的应用，它对印刷质量的控制是建立在实地色块和TVI（网点扩大）曲线的基础上，由于要使用多个TVI曲线，缺乏对灰平衡的色度控制，因此较难控制最终的印刷图像表现。因为TVI 是建立在密度基础之上，而密度与色度没有必然的联系。G7与传统基于精准的油墨实地密度和各色油墨"网点扩大"控制的印刷方法不同，G7较少依赖油墨自身表现，关注更多的是CMY油墨的共同作用。G7利用视觉外观方法，控制色度值及中性灰印刷密度曲线（NPDC）来评价色彩，因此采用G7控制技术能够更简单地实现ISO12647-2的印刷标准，更精确地再现灰平衡，更有效地保证不同印刷条件下的一致印刷外貌。

二、G7的新理念

G7 中涉及的新变量，包括"NPDC"，"HR"，"SC"和"HC"。

（1）灰平衡印刷密度曲线Neutral Print Density Curve（NPDC） 灰平衡印刷密度曲线是建立起灰平衡的网点百分数与其相对密度值之间的关系。NPDC的灰平衡的三色CMY组合是由GRACoL 专门确定的一组数据如表5-31。这些数值考虑过255 级后的最接近小数值，其色度要求大致为$a^* = 0$，$b^* = -2$。

表5-31中的灰平衡数值不用自己去做，GRACoL 的Press2Proof（简称P2P）标准样张提供了灰平衡数据，如图5-35。P2P 的第四列为三色灰平衡，第五列为单色黑版。NPDC 曲线是结合P2P样张来完成的。在G7中，需要测量的NPDC有两条，一条是CMY的三色组合曲线，如图5-36，另一条是单黑版的NPDC曲线。分别用P2P的第四和第五列的数据来完成。

表5-31　灰平衡三色CMY组合值

色版	网点百分比 /%											
C	3.96	5.88	10.2	20	30.3	40	49.8	60	69.8	80.85	89.8	98.04
M	2.75	4.31	7.84	14.9	23.14	31.37	40	50.2	60.39	78.04	84.31	96.86
Y	2.75	4.31	7.84	14.9	23.14	31.37	40	50.2	60.39	78.04	84.31	96.86

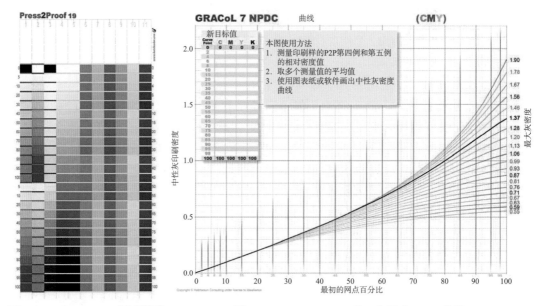

图5-35　GRACol P2P标准样张　　　　图5-36　GRACol CMY的三色组合NPDC曲线

（2）亮调范围Highlight Range（HR）　亮调范围在印刷过程中或印刷完成后，可对中间调做快速检查。在G7中，它取代了TVI，来进行整体明暗度和灰平衡的检查。HR 有两个数据。一个用于CMY 的灰平衡，另一个用于单色黑。

三色灰的HR，其三色组合为（50C，40M，40Y），单色黑的HR，其网点百分数为50K，它们的相对密度值分别为0.54和0.50。

（3）暗调反差Shadow Contrast（SC）　在 G7 中，不使用印刷相对反差K，而是用暗调反差SC。SC 在印刷过程中或印刷完成后，可以对暗调的灰平衡进行快速检查。

SC 有两个数据。一个用于CMY 的灰平衡，另一个用于单色黑。三色灰的SC，其三色组合为（75C，66M，66Y），单色黑的SC，其网点百分数为75K，它们的相对密度值都取决于实际的实地密度。

（4）亮调反差Highlight Contrast（HC）　亮调反差HC 在印刷过程中或印刷完成后，可以对亮调的灰平衡进行快速检查。

HC 有两个数据。一个用于CMY 的灰平衡，另一个用于单色黑。三色灰的HR，其三色组合为（25C，19M，19Y），单色黑的HC，其网点百分数为25K，它们的相对密度分别为0.25 和0.22。

三、G7 工艺方法

1. 准备工作

（1）预计的时间长度和工作过程　全过程共需要两次印刷操作，分别为校正基础印刷和特性化印刷，各需1~2h，中间需要0.5~1h的印版校正，共需半个工作日左右。所有的工作都应安排在同一天，并由相同的操作人员对同样的设备材料来完成。

（2）设备　印刷机应调试到最佳工作状态，包括耗材，并检查其相关的物化参数是否符合要求。按生产厂家的要求，调节CTP的焦距、曝光及化学药水，并使用未经校正的自然曲线出版。半色调网点线数为150或175lpi，对于对称点型，如方型网点，可采用的网线角度为C15°、M75°、Y0°和K45°；对于非对称点型，如链型网点，K版则采用135°，K和M可以互换。

（3）纸张　使用ISO12647-2中的1型纸，尽量不带荧光，纸张的色度参数见表5-32。纸张需要6000~10000张不等，由操作效率决定。

（4）油墨　使用符合ISO2846-1标准的油墨。其基本色油墨及叠印色的参数见表5-32。数据为在白色衬纸上测量结果。

表5-32　油墨数据

	纸基	C	M	Y	K	MY	CY	MC	CMY
L^*	95	55	48	89	16	46.9	49.76	23.95	22
a^*	0	-37	74	-5	0	68.06	-68.07	17.18	0
b^*	-2	-50	-3	93	0	47.58	25.4	-46.11	0
公差 ΔE	5	5	5	5	5	5	5	5	

（5）标准样张　可以从www.printtools.org 网站上购买预置好的《GRACoL7 印刷机校正范样》，也可以自己做，如图5-37。标准样张应该包括：①两份 P2P23标准（或较新的版本），且互成180°；②GrayFinder20标准（图5-38）（或较新的版本）；③两张 IT8.7/4 特性标准样（或相当于），相互成180°，且排成一排；④一条横布全纸张长的0.5in（1cm）（50C，40M，40Y）的信号条；⑤一条横布全纸张长的0.5in（1cm）50K 的信号条；

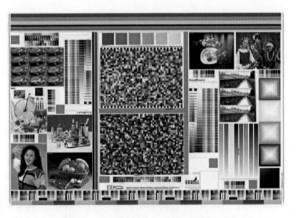

图5-37　GRACol 7印刷标准样张

⑥一条合适的印刷机控制条，应包括G7 的一些重要参数，如HR，SC，HC 等；⑦一些典型的CMYK 图像。

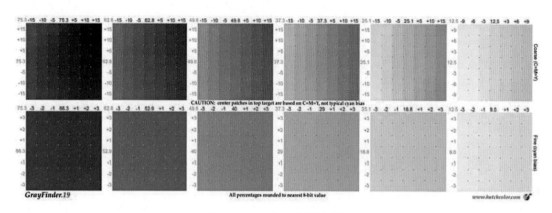

图5-38　GrayFinder灰平衡色块

（6）其他　其他设备包括有：
① 由 GRACoL网站（www.gracol.org）
免费提供的NPDC 图纸；②测量印版
的印版网点测量计；③分光光度计；
④D50 观察光源；⑤做图用的曲线尺，
如图5-39；⑥也可以购买GRACoL 的
软件IDEAlink 来帮助快捷完成测试
工作。

图5-39　曲线尺

2．校正基础印刷

（1）印刷条件　印刷机及其耗材都应得到正确调节，包括油墨的黏性、橡皮布、包
衬、压力、润版液、环境温度、湿度等。印刷的色序建议为K–C–M–Y。最好不使用机器
的干燥系统。

（2）实地密度SID　开机，按标准实地油墨的色度值（$L*a*b*$）或密度值（如表5-33）
印刷。黑版也可按习惯使用更高的值。

表5-33　样张的实地色度和密度

	$L*$	$a*$	$b*$	密度（T 状态）	公差（ΔD）
C	55	–37	–50	1.45	± 0.10
M	48	74	–3	1.45	± 0.10
Y	89	–5	93	1.0	± 0.07
K	16	0	0	1.7	+0.2 ~ 0.05

（3）网点扩大曲线TVI　测量CMYK每一色版的TVI 值。CMY 的每条TVI 曲线之间的
差值应在 ± 3%之内，黑版略高3% ~ 6%，如图5-40所示。

TVI 值此时并不重要，重要的是所有油墨曲线必须流畅光滑。

（4）灰平衡　将分光光度计设定在D50，2°，测量印张上的几个HR（50C，40M，
40Y）块的灰平衡值。标准的灰平衡值应为：$a*=0.0$ （± 1.0) $b*=-1$ （± 2.0)。

在公差范围内，调节CMY的实地密度，以获得理想的色度值。

（5）调节印刷均匀性　调节印刷机键钮，尽量减小印张上实地密度的偏差，最好每种油墨在印刷面上的偏差不要大过±0.05，才能使灰平衡的偏差尽可能小。

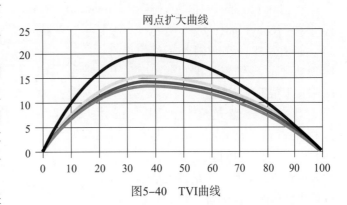

图5-40　TVI曲线

（6）印刷速度　用1000张以上的生产速度来开动机器（预热机器），再次检查实地密度、灰平衡和均匀性。如果油墨的实地密度、灰平衡或均匀性的变化超过了数值，调节印刷机，确保得到希望的印刷要求，然后按需要再次提速，以正常的生产速度印刷，保证印刷品质量的均匀稳定。

3．CTP的校正

（1）三色CMY曲线的校正　进行完第一次印刷后，检查P2P的第四列的色度值，中性灰有可能会做得很好，也可能不好。如果不好，直接看②部分。

①若已经达到灰平衡。

a．测量P2P。选出符合要求的印刷品，干燥。测量P2P的第四列的数值相对密度值。注意，应从不同区域至少测两个读数，取其平均值。

b．绘出实际的NPDC曲线。在GRACoL的官方网站上下载免费的图纸，做出实际的NPDC曲线图。

c．确定目标曲线。在NPDC扇形图中，找到最接近实际生产的SID值的目标线。若没有，可从上下两条接近的曲线中，自己用曲线板分析画出。

d．确定校正点。检查实际曲线，看看在哪儿弯得最明显，然后确定需要校正的曲线点。由于人眼对亮调最敏感，因此，可以在亮调处最好多设几个点。

e．校正NPDC曲线。在每一个校正点做下列工作（如图5-41）：i．从下往上画一条竖线，与目标线相交；ii．从交点处再画一条横线，（向左或向右）与实际线相交；iii．从交点处向下画一条竖线，交于坐标轴，获得一个新的目标值。在图纸上记录该值；iv．在每一曲线点处重复上述步骤，0和100%处不要动。

如图5-41所示，原来为50%的网点处，校正新值应为45%。

图5-42为一张实际生产中的校正图例。图中绿色曲线为步骤b所绘的实际的NPDC曲线，橙色曲线为步骤③所确定的目标曲线。校正完成后，几个校正点20%、50%、75%、90%的新值分别为10%、26%、47%和68.5%。

②若未达到灰平衡

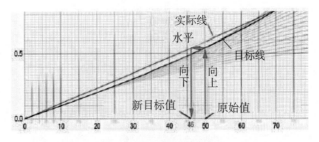

图5-41　NPDC校正曲线

a．GrayFinder。在标准样张中有GrayFinder 灰平衡色块，如图5-38。若印刷时不能实现想要的灰平衡，我们就可以用它来帮助完成校正。

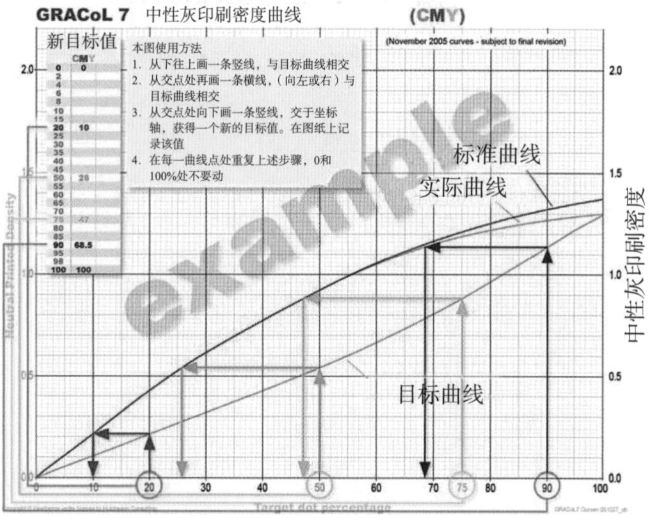

用一台分光光度计，测量标定青色为50%处（实际是49.8%）色块的中间。也要测量相邻的色块，寻找一个最接近目标的中性灰值（即0a*，−1b*）。如果中间色块最接近目标灰，那么，该设备已经灰平衡了（在50%C 处），不需要做任何校正，如图5-43（a）。如果最靠近目标的a*b*值不是中间的色块，注意M和Y旁边所列的百分数值。例如，如果最佳测量在+2和+3的M之间，−3Y上得到，那么所要的较好的灰平衡为+2.5M和−3Y，如图5-43（b）。

重复此步骤，可以为75%，62.5%，37.5%，25%和12.5%等色块，找到实际的灰平衡数值。

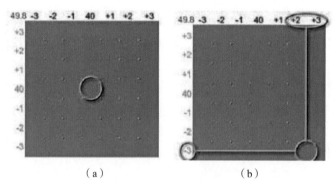

图5-42　实际生产中的NPDC校正图例

图5-43　灰平衡色块

b．确定单色C、M、Y的NPDC曲线。在CMY图上，先画出P2P的第四列值的曲线，即为C版曲线，然后通过在GrayFinder上所找到的百分数，画出单色M和Y版的曲线，在原曲线（C版）的左边或右边，如图5-44所示。

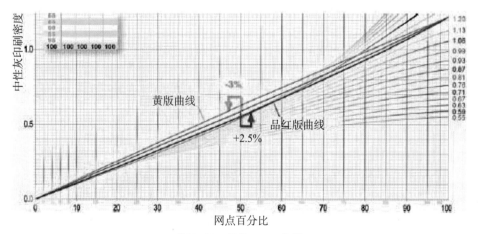

图5-44　单色NPDC曲线

c．确定标准的NPDC曲线、校正点并画出新的NPDC曲线。在NPDC扇形图中，确定最接近实际印刷实地密度值的标准曲线。然后，按①中的第e点步骤找出校正数据，如图5-45所示。

（2）单色黑版的校正　在黑版专用图纸上，将P2P第五列的数值绘上。做法可参考三色CMY的NPDC校正。

（3）为RIP赋值　将上述CMY和K的NPDC

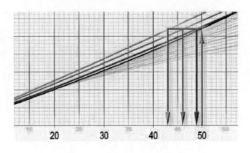

图5-45　新的NPDC曲线

校正结果，为RIP或校正设备赋新的目标值，新的目标值就是经过校正后每个曲线点都应该得到的值。

此部分的CTP校正曲线也可以由GT自动化软件如Hutch Color的Curve软件、Heidelberg的Color Toolbox等得到，只需将测量的NPDC数据输入就可自动得出校正值或目标值。

4．高质特性化印刷

（1）制版　用新的RIP曲线，制作标准样张的新印版，并且将P2P上的印版值与未校正过的印版曲线进行对比，确保所要求的变化已经获得。例如，如果50%的曲线点有一个新的目标值为55%，则检查新版的50%色块处是否比未校正过的印版大约重5%。由于印版表面测量困难，因此，只要这些值大概正确即可。

（2）印刷　使用新的印版或RIP曲线，并且用相同的印刷条件、印刷特性标准样，最好是整个测量标准样。照着与校正印刷最后所记录的相同的L*a*b*值（或密度值）来印刷。注意均匀性和灰平衡。

校机时，测量HR，SC和HC值，确定印刷机满足NPDC曲线。

检查其他参数，如灰平衡，均匀性等，其数据都在控制内，然后高速开动机器到正常印刷速度。

从现场选取至少两张或更多张，自然干燥。如果可能，再以相同的条件，进行两次或更多次的印刷机操作，从每一次印刷中选取最佳的印张，为后续工作平均化准备。

（3）建立ICC（选做）　用分光光度计，测量所选取的每一印张的特性数据，然后从平均数据中建立印刷机的ICC文件。如果可能，存储原来测量的光谱数据，而不是CIEL*a*b*（D50）的数据。如此得到改良后的ICC文件，可以减少由于非标准光源，或是两种光源的变化而导致的同色异谱的问题。

四、G7的常规印刷

在完成了G7工艺的测试实验后，我们就获得了G7生产中的特性数据。用这些特性数据，可以进行高质有效的G7印刷了。

G7印刷机控制法与传统的印刷机控制类似，以CMYK的实地密度读数作为一个基本的出发点，然后用中间调读数来控制阶调变化。区别在于，在G7中，不靠传统的CMYK的TVI读数来控制，而是由亮调范围HR（50C，40M，40Y）的密度值或色度值，和一个50K的色块所代替。传统的印刷相对反差K值的计算则由暗调反差SC（75C，66M，66Y）的密度和75K的色块所代替。

G7 的方法比TVI 更加可靠地控制灰平衡和亮度，由实地密度变化而带来的中间调密度或者灰平衡的变化会更小。不过，应该看到，胶印机上的灰平衡比单独控制TVI 值时，一般会更加不稳定，所以，机长和质量人员在整个的印刷过程中，要做好充分的准备。也要看到，这种胶印机的控制方法非常新，建立时间不长，还没有一个能普遍接受的公差。

下面是一个常规的G7 印刷的控制方法。

（1）将印刷机开到常规的油墨水平　开机，按指定的实地密度或色度印刷。在机器调整阶段要把CIEL*a*b*值放在密度值前面考虑。调机工作完成后，相对密度测量是印刷机控制的有价值和有效率的基础。此时，可以记录下密度和色度之间的关系，为以后的调试阶段做准备。

（2）调节灰平衡、CMY 的HR和SC　在允许的公差内调节实地密度或其他印刷机的参数，直到CMY 三色的HR 点（50C，40M，40Y）尽可能地接近灰平衡的a^*、b^*的目标值、密度值或L^*的目标值。检查CMY 三色的SC 点（75C，66M，66Y），尽可能接近其目标值。由于一般印刷机存在着变化，有些折衷的方法也是必要的，但是，尽量均衡控制HR 和SC 色块间的误差。

（3）调节黑版的HR和SC　调节黑版实地密度或其他胶印机的参数，直到黑版的HR（50K）尽可能接其目标值，见表5-34或图5-46。

检查黑版的SC 色块（75K），尽可能接近其SC目标值，见表5-34。由于一般印刷机存在着变化，有些折衷的方法也是必要的，但是，尽量均衡控制HR和SC色块间的误差。

表5-34　一般的HR、SC 和HC 的目标值

灰色块	相对密度值（ND）		绝对密度值（ND）		绝对亮度 L^* 值	
	CMY	K	CMY	K	CMY	K
25%（HC）	0.25	0.22	0.31	0.28	75.5	77.5
50%（HR）	0.54	0.50	0.60	0.55	57.4	59.9
75%（SC）	0.92	0.90	0.97	0.95	38.9	39.8

在整个印刷过程中，必须要时刻保持CMY 的灰和50K 的色块同样的Lab值。如果灰平衡和实地密度在类似的方向变化，可以通过少量的实地密度来恢复灰平衡。也可以利用以前记录下的实地密度值来参考调节。

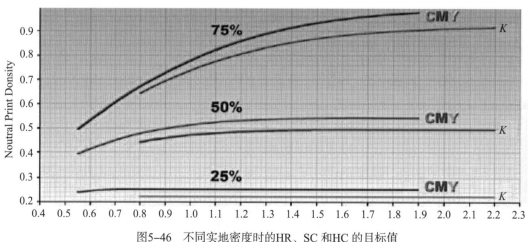

图5-46　不同实地密度时的HR、SC 和HC 的目标值

五、总结

总之，G7 作为一个革命性的工艺，在CTP 时代有着非常大的优势。不单在印刷机上，而且还已经成功地运用到了数码打样、屏幕软打样等诸多方面。

任务　根据ISO 12647-2:2013标准检测印刷样张

训练目的

本项目基于ISO12647-2：2013《印刷技术——网目调分色片、样张和印刷成品的加工过程控制 第2部分 胶印》的标准，采用印刷质量评价的客观方法，通过色度仪与印刷质量控制条中的客观评价对象配合使用，对印刷样张进行测量与评价。

1. 熟悉国际标准ISO12647-2：2013中的质量控制指标。
2. 熟练使用分光光度仪、光泽度仪、亮度仪完成指标的测量与计算。
3. 参考标准ISO12647-2：2013完成印刷质量的客观评价。

训练条件（场地、设备、工具、材料等）

1. 场地：教室。
2. 仪器与工具：分光光度计、光泽度仪、亮度仪、计算器、带刻度的放大镜、含有印刷控制条的样张。
3. 材料：无。

方法与步骤

色度测量条件：Abs、D50、M1模式。

1. 纸张性能测试与分析

（1）纸张类型判断　分析印刷样张所用的纸张类型。

（2）纸张性能的测试（表5-35）

表5-35　纸张性能测试

项目	L^*	a^*	b^*	光泽度	亮度
数据1					
数据2					
数据3					
平均值					
与标准的差值					
允差					——

（3）与ISO标准比较分析测量结果

结论：

2. 样张实地色块CIELABL*a*b*值的测量，分析测量结果（表5–36）

表5-36　实地色块测量表

青		品红		黄		黑		红		绿		蓝		CMY	
C1		M1		Y1		K1		R1		G1		B1		N1	
C2		M2		Y2		K2		R2		G2		B2		N2	
C3		M3		Y3		K3		R3		G3		B3		N3	
平均		平均		平均		平均		平均		平均		平均		平均	

结论：

①分析印刷品上着墨均匀性。

②与ISO标准比较，分析样张上C、M、Y、K和双色、三色叠印色块的色度是否符合标准。

3. 计算样张上的青、品、黄、黑四个单色色块的色度与ISO标准中的相应色块的色度之间的色差，分析结果（表5–37）

表5-37　计算色差并分析

参数	青	品红	黄	黑
样张与标准的色差 ΔE				
ISO 标准偏差				

结论：

4. 套印误差的测量与评价

用带刻度的放大镜观察并测量任意两个印刷色的图像中心之间的最大位置误差。

套印误差测量数据：

任意两个印刷色的图像中心之间的最大位置误差不得大于0.10mm。

结论：

5. 阶调值增加的测量与计算

（1）测量印刷控制条上的网点百分比（表5–38）

表5-38　网点百分比

C			M			Y			K		
印版 /%	印品 /%	ΔF	印版 /%	印品 /%	ΔF	印版 /%	印品 /%	ΔF	印版 /%	印品 /%	ΔF
25			25			25			25		
50			50			50			50		
75			75			75			75		

（2）根据上表绘制C、M、Y、K网点增加曲线（图5-47）

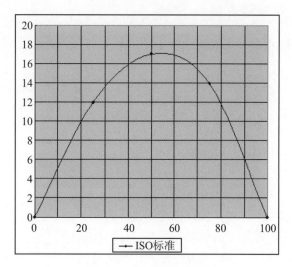

图5-47 网点增加曲线

（3）分析测量和计算数据

以I型纸为例的网点扩大标准为（表5-39）

表5-39 网点扩大

印版 /%	印品 /%	ΔF	允差
25	37	12	3
50	67	17	4
75	89	14	3

结论：与ISO标准比较，印刷品上各色的网点增大的情况是否符合标准？

6. 中间调扩展的计算，分析结果

中间调扩展(S)用百分比表示，计算公式如下：

$S=\mathrm{Max}.[(A_c-A_{c_0}),(A_m-A_{m_0}),(A_y-A_{y_0})]-\mathrm{Min}.[(A_c-A_{c_0}),(A_m-A_{m_0}),(A_y-A_{y_0})]$

式中：A_c——青原色图像的测量阶调值

A_{c_0}——青原色图像的规定阶调值

A_m——品红原色图像的测量阶调值

A_{m_0}——品红色图像的规定阶调值

A_y——黄原色图像的测量阶调值

A_{y_0}——黄原色图像的规定阶调值。

例子：测量值（C, M, Y）=(22, 17, 20)

规定值（C_0, M_0, Y_0）=(20, 20, 18)

$\mathrm{Max}[(22-20),(17-20),(20-18)]=2$

Min[(22 − 20), (17 − 20), (20 − 18)] = − 3

S=[Max − Min] = 5

样张的S=　　　　　　　　　。

ISO标准中最大中间调扩展在5%。

结论：

7. 加网线数的测量与评估

印刷样张加网线数是：

8. 印刷样张的质量总评价

综合1～7点对印刷样张进行总体的质量评价。

考核基本要求

1. 能正确理解ISO12647-2：2013标准的指标含义。

2. 能运用仪器正确测量ISO12647-2：2013标准的指标。

3. 能依据ISO12647-2：2013标准完成对印品质量的评价。

职业拓展　标准化发展史及其作用

一、标准化发展史

标准化是人类由自然人进入社会共同生活的必然产物，它随着生产的发展、科技的进步和生活质量的提高而发生、发展，受生产力发展的制约，同时又为生产力的进一步发展创造条件。

1. 古代标准化

人类从原始的自然人开始，在与自然的生存搏斗中为了交流感情和传达信息的需要，逐步出现了原始的语言、符号、记号、象形文字和数字，西安半坡遗址出土陶钵口上刻画的符号可以说明它们的萌芽状态。元谋、蓝田、北京出土的石制工具说明原始人类开始制造工具，样式和形状从多样走向统一，建筑洞穴和房舍对方圆高矮提出的要求。从第一次人类社会的农业、畜牧业分工中，由于物质交换的需要，制定公平交换、等价交换的原则，决定度、量、衡单位和器具标准统一，逐步从用人体的特定部位或自然物到标准化的器物。当人类社会第二次产业大分工，即农业、手工业分化时，为了提高生产率，对工具和技术规范化就成了迫切要求，从出土的青铜器、铁器上可以看出那时科学技术和标准化水平的发展，如春秋战国时代的《考工记》就有青铜冶炼配方和30项生产设计规范和制造工艺要求，如用规校准轮子圆周；用平整的圆盘基面检验轮子的平直性；用垂线校验辐条的直线性；用水的浮力观察轮子的平衡，同时对用材、轴的坚固灵活、结构的坚固和适用等都作出了规定，不失为严密而科学的车辆质量标准。在工程建设上，如我国宋代李诫《营造法式》都对建筑材料和结构作出了规定。李时珍在《本草纲目》对药物、特性、制备工艺可视为标准化"药典"。秦统一中国之后，用政令对量衡、文字、货币、道路、兵器进行大规模的标准化，用律令如《工律》《金布律》《田律》规定"与器同物者，其大小长短必等"是集古代工业标准化之大成。宋代毕昇发明的活字印刷术，运用了标准件、互换性、分解组合、重复利用等标准化原则，更是古代标准化里程碑。

2. 近代标准化

科学技术适应工业的发展，为标准化提供了大量生产实践经验，也为之提供了系统实验手段，摆脱了凭直观和零散的形式对现象的表述和总结经验的阶段，从而使标准化活动进入了实验数据科学阶段，并开始在广阔的领域推行工业标准化体系，作为提高生产率的途径。

如1789年美国艾利·惠特尼在武器工业中用互换性原理以批量制备零部件，制定了相应的公差与配合标准；1834年英国制定了惠物沃思"螺纹型标准"，并于1904年以英国标准BS84颁布；1897年英国斯开尔顿建议在钢梁生产中实现生产规格和图纸统一，并促成建立了工程标准委员会；1901年英国标准化学会正式成立；1902年英国纽瓦尔公司制定了公差和配合方面的公司标准——"极限表"，这是最早出现的公差制，后正式成为英国标准BS27；1906年国际电工委员会（IEC）成立；1911美国泰勒发表了《科学管理原理》，应用标准化方法制定"标准时间"和"作业"规范，在生产过程中实现标准化管理，提高了生产率，创立了科学管理理论；1914年美国福特汽车公司运用标准化原理把生产过程的时空统一起来创造了连续生产流水线；1927年美国总统胡佛就得出了"标准化对工业化极端重要"的论断。到1932年已有25个国家相继成立了国家标准化组织，在这基础上1926年国际上成立了国家标准化协会国际联合会（ISA），标准化活动由企业行为步入国家管理，进而成为全球的事业，活动范围从机电行业扩展到各行各业，标准化使生产的各个环节，各个分散的组织到各个工业部门，扩散到全球经济的各个领域，由保障互换性的手段，发展成为保障合理配置资源、降低贸易壁垒和提高生产力的重要手段。1946年国际标准化组织正式成立，现在，世界上已有100多个国家成立了自己国家的标准化组织。

3. 现代标准化

工业现代进程中，由于生产和管理高度现代化、专业化、综合化、这就使现代产品或工程、服务具有明确的系统性和社会化，一项产品或工程、过程和服务，往往涉及几十个行业和几百个组织及许多门的科学技术，如美国的"阿波罗计划""曼哈顿计划"，从而使标准化活动更具有现代化特征。随着经济全球化不可逆转，特别是信息技术高速发展和市场全球化的需要，要求标准化摆脱传统的方式和观念，不仅要以系统的理念处理问题，而且要尽快建立与经济全球化相适应的标准化体系，不仅工业标准化要适应产品多样化、中间(半成品)简单化（标准化）乃至零部件及要素标准化的辩证关系的需求，而且随着生产全球化和虚拟化的发展以及信息全球化的需要，组合化和接口标准化将成为标准化发展的关键环节；综合标准化、超前标准化的概念和活动应运而生；标准化的特点从个体水平评价到整体和系统评价；标准化的对象从静态演变为动态、从局部联系发展到综合复杂的系统。现代标准化更需要运用方法论、系统论、控制论、信息论和行为科学理论的指导，以标准化参数最优化为目的，以系统最优化为方法，运用数字方法和电子计算技术等手段，建立与全球经济一体化、技术现代化相适应的标准化体系。

4. 我国标准化的发展状况

新中国成立以来，党和国家非常重视标准化事业的建设和发展。1949年10月成立中央技术管理局，内设标准化规格处。1950年重工业部召开了首届全国钢铁标准化工作会议。 1955年中央制定的发展国民经济第一个五年计划中提出设立国家管理技术标准的机构和逐步制定国家统一技术标准的任务。1957年在国家技术委员会内设标准局，开始对全国的标准化工作实行统一领导。同年参加了国际电工委员会（IEC）。1958年国家技术委员会颁布第一号国家标准GB1《标准幅面与格式、首页、续页与封面的要求》。1962年国务院发布我国第一个标准化管理法规《工农业产品和工程建设技术标准管理办法》。1963年4月第一次全国标准化工作会议召开，编制了《1963～1972年标准化发展规划》。1978年5月国务院成立了国家标准总局以加强标准化工作的管理。同年以中华人民共和国名义参加了国际标准化组织（ISO）。1988年7月19日国务院为了加强政府对技术、经济监督职能，决定将国家标准局、国家计量局和国家经委的质量部合并成立国家监督局。1998年改名为国家质量技术监督局，直属国务院领导，统一管理全国标准化、计量、质量工作。1999年省以下质量技术监督部门实行垂直管理。1988年12月29日第七届全国人大常委会第五次会议通过了《中华人民共和国标准化法》，并以国家主席令颁布，于1989年4月1日起施行，这标志着我国以经济建设为中心的标准工作，进入法制管理的新阶段。国务院有关部门设有负责管理本部门、本行业的标准化管理机构；26个部门及各省、直辖市、自治区质量技术监督机构成立了标准化研究及信息情报机构。

经过60多年的发展，我国国家标准总数已达到24000项，这些标准已深入到经济社会的各个领域，国家标准体系已初步确立，标准化服务经济社会发展取得了显著的成就。基本形成了以国家标准为主，行业标准、地方标准衔接配套的标准体系。标准的覆盖已从传统的工农业产品、工程建设向高新技术、信息产业环境保护、职业卫生、安全与服务等领域扩展，同时在农业标准化、信息技术标准化、能源标准化以及企业标准化和消灭无标生产等项工作方面都取得较好进展。

二、标准的作用

1. 标准与人们生活息息相关

20世纪90年代初曾把标准与人的关系比喻为人与空气（氧气）的关系。日常生活中也确实如此，如人类沟通交流的文字是语言经结绳、图画、书契发展而成的标准；货币作为商品交换统一媒介，是一种公平交易的特殊标准；买符合标准的衣服穿着才合体；吃符合卫生标准要求的食品，健康才有保障；住符合相关标准要求的房子，住着才踏实；乘符合相关标准的交通工具，坐着才放心；按交通规则行走，交通才畅通、安全……所以生活中，人们时刻与标准有着千丝万缕的联系。

2. 标准是企业生存、发展的重要技术基础

产品的竞争能力是企业的生命，是企业生存和发展的基础和前提。而在产品的品种、质量、价格、交货期这四大竞争要素中，都与标准、标准化密切相关，如标准化的简化、统一化、通用化、系列化、组合化、模块化等形式为产品品种的多样化奠定基础；标准是衡量产品质量好坏的准绳；价格战、交货期更需要管理标准化的效益做后盾，所以，标准是企业生产、经营、检验产品的行为准则。

3. 标准有利于企业技术进步

企业现行生产技术水平无法满足高水平产品标准要求时，唯一的出路就是科技创新，用高新技术和先进适用技术改造和提升传统产业，促进企业技术进步，因此，标准是推动技术进步的杠杆，是产品不被淘汰的保证。

企业只有赢得市场竞争，才能发展，而赢得市场竞争的前提，一是识别顾客需求信息，并把这些信息转化为标准中的质量要求，生产出顾客满意的产品；二是制造标准，掌握市场竞争的制高点，即利用标准的游戏让其他企业按你制定的规则（标准）陪你玩，这也是众多先进企业争相制定国家、行业、地方标准的根本原因。

企业要持续发展，就须长久占领市场，而要长久占领市场，就要求企业有较强的适应市场变化的应变能力，即不断提高科技水平，开发出新产品。尤其在市场多元化、需求多样化、个性化趋势日渐增强并占据市场统治地位的今天，这种应变能力对企业越加重要，而标准化，可以大大缩短新产品的设计、研制周期，确保低耗高效地研制出新产品。

4. 标准是各行各业加强管理、建立现代企业制度的重要技术依托

社会效益是一个单位存在的基础，经济效益是其发展的动力。所以，各行各业、任何一个单位都存在着管理的问题，都需要提高管理水平，建立现代化管理制度，以确保各项工作低耗、高效低稳步进行。而标准是一种科技成果，管理标准更是无数优秀的管理专家管理经验的结晶，依据这些管理标准建立现代企业的管理体系，无疑会达到事半功倍的效果。如海信集团1998年以来建立起120多个管理标准，使一切工作按标准稳步进行，管理费用每年降低10%；还有ISO 9000、ISO 14000的认证潮都说明标准对建立现代企业管理制度的巨大作用。

5. 标准是政府宏观调控经济的重要技术手段

为创建一个公开、公正、公平的市场竞争环境，政府通过标准控制产品的市场准入。如米、面、油的安全认证制度；市场经济中出现质量纠纷时，标准是仲裁的依据；国家进行产业、资源调配，促进产业发展所采取的各项政策中，标准化是其重要内容；法律法规中，标准更起着技术规则或管理规则的重要作用。如合同法规定，合同中要有质量标准要求，食品卫生法、环境保护法等法律法规都对采用标准作了明确规定；质量监督机构更需依据相关标准进行监督检验。总之，标准是维护消费者合法权益的有力武器，是企业进入市场、参与国内外贸易竞争的通行证；是社会化大生产中产业链条间的技术纽带；是各行各业实现管理现代化的捷径；更是国民经济持续稳定协调发展的保证。

三、标准化的作用

标准化是一个有目的有组织的活动过程。标准化的主要作用是组织现代化生产的重要手段和必要条件；是合理发展产品品种、组织专业化生产的前提；是公司实现科学管理和现代化管理的基础；是提高产品质量保证安全、卫生的技术保证；是国家资源合理利用、节约能源和节约原材料的有效途径；是推广新材料、新技术、新科研成果的桥梁；是消除贸易障碍、促进国际贸易发展的通行证。具体表现在以下十一个方面：

（1）标准化为科学管理奠定了基础。所谓科学管理，就是依据生产技术的发展规律和

客观经济规律对企业进行管理，而各种科学管理制度的形式，都以标准化为基础。

（2）促进经济全面发展，提高经济效益。标准化应用于科学研究，可以避免在研究上的重复劳动；应用于产品设计，可以缩短设计周期；应用于生产，可使生产在科学的和有秩序的基础上进行；应用于管理，可促进统一、协调、高效率等。

（3）标准化是科研、生产、使用三者之间的桥梁。一项科研成果，一旦纳入相应标准，就能迅速得到推广和应用。因此，标准化可使新技术和新科研成果得到推广应用，从而促进技术进步。

（4）标准化为组织现代化生产创造了前提条件。随着科学技术的发展，生产的社会化程度越来越高，生产规模越来越大，技术要求越来越复杂，分工越来越细，生产协作越来越广泛，这就必须通过制定和使用标准，来保证各生产部门的活动，在技术上保持高度的统一和协调，以使生产正常进行；所以，我们说标准化为组织现代化生产创造了前提条件。

（5）促进对自然资源的合理利用，保持生态平衡，维护人类社会当前和长远的利益。标准化是经过多次实践后得出的最为有效的形式，对于资源的利用率也是比较高的，所以标准化在资源的合理化利用方面是有着积极意义的。

（6）合理发展产品品种，提高企业应变能力，以更好的满足社会需求。标准化是对当前产品的精炼，是针对市场需求的细分，把最适合的保留下来，这样将更好地满足社会需求。

（7）保证产品质量，维护消费者利益。按标准化规定的程序进行，将人为因素对产品质量的影响降到最低，确保了产品质量。

（8）在社会生产组成部分之间进行协调，确立共同遵循的准则，建立稳定的秩序。标准化的采用，提高了企业产品之间的兼容性，减少了由于企业产品之间标准不一致，带来的巨大社会浪费。另外，企业通过标准化可以避免对某一个供货商的依赖，因为其他供货商依据公开的标准可以补充市场，于是企业的供货渠道不断增加。供应商数量的增加，加大了供货商之间的竞争，从而促使产品质量不断提高，价格也会不断降低，维护了市场稳定的秩序。

（9）在消除贸易障碍，促进国际技术交流和贸易发展，提高产品在国际市场上的竞争能力方面具有重大作用。加入WTO以来，面对技术壁垒，我国在大力提高产品质量的同时，必须依靠标准化工作提高技术水平，提升保障产品质量，才能在国际贸易方面有一定的话语权，稳定促进国际贸易发展。

（10）保障身体健康和生命安全，大量的环保标准、卫生标准和安全标准制定发布后，用法律形式强制执行，对保障人民的身体健康和生命财产安全具有重大作用。

（11）标准化标志着一个行业新的标准的产生。标准化是产品质量和技术发展一定水平才能实现的，标准化实现将进一步促使生产技术的提高，形成更高水平的标准。

总之，标准及标准化所具有的引导性、前瞻性、公平性、强制性和惩戒性，决定了标准化在市场经济中的作用是多层次的、全方位的，进而也决定了它是建立和完善市场经济体制不可缺少的重要元素。应用标准化的目的就是为了能有效解决市场经济发展中的质量问题、效率问题、秩序问题、可持续发展问题等。因此，我们必须从战略的高度重视标准化工作。只有不断地提升标准化水平，才能有效提升产品质量，增强产品的市场竞争力，进一步扩大出口贸易，从而有效推进经济社会又好又快向前发展。

技能知识点考核

一、填空题

1．印刷品质量评价方法：＿＿＿＿＿＿＿＿和＿＿＿＿＿＿＿＿。

2．衡量彩色印刷品画面细微层次的解像力，要求能够达到＿＿＿视角，视觉才可以明显分辨出其层次的存在，如果小于＿＿＿视角，视觉上将无法分辨，在精细也会失去观察意义。

3．印刷品的清晰度主要和＿＿＿＿＿＿＿＿＿相关。

4．主观评价法常用的有＿＿＿＿＿＿＿＿＿＿＿和＿＿＿＿＿＿＿＿＿＿。

5．印刷品质量的客观评价内容主要包括＿＿＿＿＿＿＿＿、＿＿＿＿＿＿＿＿、＿＿＿＿＿＿＿＿、＿＿＿＿＿＿＿＿、＿＿＿＿＿＿＿＿等。

6．在CIELAB颜色系统中，$a*$表示＿＿＿＿＿＿＿＿坐标，$b*$＿＿＿＿＿＿＿＿坐标。

7．印刷图像质量特征参数可以分为：＿＿＿＿＿＿＿＿、＿＿＿＿＿＿＿＿、＿＿＿＿＿＿＿＿等。

8．按照新闻出版行业标准规定，平印精细印刷品的套印允许误差为＿＿＿＿＿＿＿＿。

9．观察印刷品使用的光源其色温度为＿＿＿＿＿＿＿＿。

10．反射密度仪适合测量＿＿＿＿＿＿＿＿。

二、选择题

1．观察印刷品时，观察角度与印刷品表面法线呈（　　　）度夹角。

A．15　　　　　　　　B．30　　　　　　　　C．45　　　　　　　　D．90

2．用于观察印刷品的光源，应在观察面上产生均匀的漫射光照明，照明度范围为（　　　）合适。

A．200~500lx　　　　B．500~1500lx　　　　C．3000~4500lx　　D．5000~6500lx

3．相对反差值在0~1变化，K值越大，说明网点密度与实地密度之比变化如何（　　　）。

A．越大　　　　　　　B．越小　　　　　　　C．无变化　　　　　　D．时大时小

4．叠印率的数值越高，其叠印效果如何（　　　）。

A．差　　　　　　　　B．略差　　　　　　　C．一般　　　　　　　D．越好

5．印刷分色版的明暗变化是用来衡量（　　　）。

A．网目　　　　　　　B．阶调梯尺　　　　　C．色标　　　　　　　D．星标

6．下列哪一项与印刷密度大小无关（　　　）。

A．油墨叠印率　　　　B．印刷反差　　　　　C．网点增大率　　　D．以上皆有关

7．印刷复制产品的外观质量要求是（　　　）

A．版面干净、无脏迹　　B．网点清晰、角度正确

C．文字完整、清楚、位置准确　　　　　　D．颜色要符合付印样

E．网点增大率小

8. 影响胶印产品质量的参数，除套准精度和实地密度外，还有（　　　）。

A. 墨色均匀性　　　　　B. 网点增大值　　　C. 墨层厚度

D. 油墨叠印率　　　　　E. 相对反差值

9. 印版质量检查主要包括（　　　）检查等。

A. 外观质量　　　　　　B. 规矩线　　　　　C. 色标　　　　　D. 图文深浅

10. 印制印刷品质量参数主要有（　　　）。

A. 密度　　　　　　　　B. 网点增大　　　　C. 印刷反差　　　D. 油墨转移率

三、判断题

1. 密度计只能测定印刷品实地密度值。（　　　）

2. 分光光度计只能测量颜色表面的光谱。（　　　）

3. 印刷质量是主要对原稿的复制再现性。（　　　）

4. 对印刷质量的评价首先要根据国家及行业的标准来衡量。（　　　）

5. 主观评价主要是以复制品原稿为基础对照样张，根据评价者的心理承受作出评价。（　　　）

6. 分辨率是图像复制再现原稿细部的能力。（　　　）

7. 色差、灰度及色效率能较好地评价色彩再现性，也能对层次和清晰度进行评定。（　　　）

8. GATF星标中心若出现"8"字形，则说明网点轴向增大。（　　　）

9. 信号条只能提供定性的质量信息，而不能提供控制印刷质量的定量信息。（　　　）

10. G7工艺是一种校正和控制CMYK图像处理的新技术，它取代了传统测CMYK油墨梯尺的方法。（　　　）

第六单元

印刷工艺设计与管理

　　实际印刷生产的每一个订单都涉及多种印刷材料、设备、工序，不同订单的产品形式和质量要求也不同，印刷工艺设计正是为生产做好准备，并为生产制定指导性文件，规范整个生产过程，以确保产品质量，具有将客户的要求落实到实际生产过程中的作用。好的印刷工艺设计不仅是生产合同要求的产品的基础，还为企业节省材料成本，提高生产效率。印刷工艺管理，它贯穿于整个生产过程，在印刷厂的生产管理中居首要位置。因此，印刷前对工艺的精心设计和生产中对印刷工艺的规范化管理是使生产过程顺利进行和保证产品质量的关键。

能力目标

1. 能够对印刷品进行工艺要素分析。
2. 能够对印刷品进行工艺方法与流程设计。
3. 能够对印刷材料的用量进行计算。
4. 能够制作、识读和填写印刷施工单。
5. 能够制定印刷工艺管理的主要内容。

知识目标

1. 掌握印刷工艺设计包含的主要内容。
2. 掌握印刷品分析、生产流程设计、版式设计、材料计算等印刷工艺设计方法。
3. 了解印刷工艺过程管理和现场管理要素。
4. 理解印刷产品质量管理要素。

项目一　印刷工艺设计

知识点1　印刷品工艺分析

印刷工艺分析包含的内容有：产品种类、成品尺寸（印品规格）、承印材料、页数、印刷色数及色别、印后加工工艺。

一、产品类型

印刷品有多种分类方法，常见分类方法有按印刷工艺分的，有按印刷品用途分的，有按印刷品装订方式分的。

按印刷工艺分，印刷品分为平版印刷品、柔性版印刷品、凹版印刷品、丝网印刷品、数字印刷品等。平版印刷品的产品以纸质品为主，柔性版印刷品的产品有纸张类印刷品、塑料薄膜类印刷品、纸箱类印刷品，凹版印刷品的产品有塑料薄膜类印刷品、铝箔印刷品、纸张类印刷品、人造革类印刷品，丝网印刷品有曲面印刷品、图案简单的平面印刷品，数字印刷品有大型广告喷绘印刷品、个性化的印刷品或小数量的印刷品。这种分类方法可以非常方便地选择相对应的印刷机。

按印刷品用途分，印刷品分为阅读类印刷品、包装装潢类印刷品、标签类印刷品、票证类印刷品等。

（1）阅读类印刷品分为出版物印刷品和商业类印刷品，出版物印刷品如图书、期刊、报纸、画册等，商业类印刷品如招贴画、宣传单张、产品介绍、公司简介、广告宣传册、说明书等。

（2）包装装潢类印刷品有软包装、折叠纸盒、硬纸盒（工艺盒）、瓦楞纸箱、金属罐（易拉罐）等。

软包装主要以食品、药品、日用品、粉态物质、液态物质包装为主，采用塑料薄膜材料及复合纸类作为承印材料。

折叠纸盒包装主要以药品、食品、文具用品、日用品、服装鞋类的纸盒包装为主，采用卡纸为承印材料。

硬纸盒（工艺盒）包装主要以高档化妆品、高级酒类产品、月饼盒、高级服饰、茶叶、首饰盒包装为主，一般内衬灰纸板。

瓦楞纸箱包装具有耐压、减震等缓冲作用，成本低，方便对商品的运输保护、储存，采用瓦楞纸箱为承印材料。

金属罐（易拉罐）主要以罐装食品、油料、饮料、玩具等以装饰性金属板材料加工为主，属于特种印刷技术。

（3）标签类印刷品如酒类、化妆品罐贴、饮料瓶贴、食品或药品等众多商品的标贴、服装吊牌等。

（4）票证类印刷品，指账单、票据、票证之类的印刷品。

这种分类方法方便人们对印刷品的最终结果有感性认识，看到图书我们就会猜想最终印刷品是以文字为主的平装书，看到画册我们就会猜想最终印刷品是一本以图片为主的印制精美的精装的或锁线平装书，看到包装盒或袋我们就会猜想最终印刷品肯定是要模切压痕成型等。

按印刷品装订方式分，印刷品分为：精装书、平装书、骑马订书、单张、折叠成型、立体成型等，这种分类方法很直观想到印刷品的印后成型工艺。

一般印刷工艺分析中的产品类型指的是印刷品的用途，因为第一种和第三种分类方法过于专业化，只有印刷从业者明白，对使用印刷品者来说难以理解，而按用途分类对于印刷生产者与使用者或客户来说由于双方站在对印刷品的同一认识上，所以更容易沟通交流。

二、成品尺寸

成品尺寸指的是印刷品的外观尺寸，对于一般的书刊，成品尺寸一般指印刷品高度×宽度×厚度；对精装书来说，由于书壳比书芯大，成品尺寸指的是书芯的尺寸，书壳尺寸可以根据书芯尺寸计算得到；对于内含有不同大小的书，比如带护封的书，要分别加以说明每部分的尺寸；对于异形折叠的宣传类折页、封套等印刷品，成品尺寸指的是最终的成型尺寸，同时也要指明展开尺寸；对于用纸较薄的包装盒，成品尺寸指的是外径的长×宽×高；对于用纸较厚的包装盒，要注明外径尺寸和内径尺寸，因为外径尺寸是外观成品尺寸，内径尺寸容纳被包装物品的尺寸，两者缺一不可。

对于包装盒来说，成品尺寸一定要准确，否则可能容纳不了被包装物，或者过大使被包装物在包装盒中摇晃影响运输。对于包装盒，最好附一幅结构示意图，如有不同材质还要注明，便于拼版版式设计和材料的计算。

三、承印材料

承印材料主要是：纸和纸板、纸箱、塑料薄膜、复合纸类、铝箔、马口铁等，其中以纸类为主。

纸和纸板类承印材料要分析纸张定量和类型，比如$157g/m^2$铜版纸，其中$157g/m^2$是纸张的定量，铜版纸是纸张类型。常用的纸张定量有：48.8、55、60、70、80、90、95、100、105、113、128、157、200、210、230、250、260、300、350 g/m^2。常用的纸张类型有：新闻纸、胶版纸、书写纸、铜版纸、白板纸、白卡纸、灰板纸。由于不同厂家生产的纸张品质有差异，最好将纸张的品牌确定下来，比如金东、太阳、紫兴、日本王子等，如果某类型的某品牌纸有质量等级，还要注明质量等级，比如金东铜版纸有A级、B级、C级。

对于同一件印刷品内部，如果存在不同定量或不同类型的纸张，则一定要分别说明，一本书通常包含有封皮、内页、衬纸、插页等，不同部分常常采用不同材质和厚薄的纸质，要分别拼版印刷和成本核算，因此每一个部分都要分析注明纸张的定量和类型。比如精装礼品包装盒，面纸用纸考究，内衬用纸一般，需分别注明内衬和面纸的纸张类型和定量。

塑料薄膜有PVC、PP、PET、BOPP等，需注明塑料薄膜的类型。瓦楞纸箱有A型、B型、C型、E型、G型、F型、N型和微型瓦楞纸，要注明瓦楞纸的型号。

四、页数

对于多页印刷品，需分析页数。页与页码不是一个概念，容易混淆，书刊的一张纸指一页，一页有两面。注意这个页数与印刷品内容中的最大页码值是不同的，比如一本书的内文，有扉页（占一面，无页码）、版权页（占一面，无页码）、目录（占三面，与正文分开标页码）、空白页（占一面，无页码）、正文（占200面，200个页码），那么这本书的页数不是最后一页的页码200除以2的值100页，而是：

（扉页一面+版权页一面+目录三面+空白页一面+正文200面）/2=103（页）

在印刷厂喜欢用字母P来表示面数，如103页用面数表示即206P。

页数分析时要将同一种纸的所有的页面包括空白页、无码页都计算在内，而不同纸质要分别计算页数。

五、印刷色数和色别

印刷色数有：1+0（单面单色），2+0（单面双色），2+1（一面双色另一面单色），2+2（双面双色），4+0（单面四色），4+1（一面四色另一面单色），4+4（双面四色），6+0（单面六色），6+1（一面六色另一面单色），8+0（单面八色），8+4（一面八色另一面四色）等。这种写法针对的是印刷品拼成大版后上印刷机印刷时的一面色数和另一面色数，它不等同于印刷成品后的一页中的一面和另一面的色数。

色别指的是印刷油墨颜色，一般为黄、品红、青、黑四种印刷油墨色，或者是专色，如专绿色、专红色、金色、银色等。一般情况下没有特别指明色别的单色指的是黑色，没有特别指明的四色指的是黄品青黑四色，而其他的颜色都要注明清楚。

分析色数和色别时要分别分析印刷品正反两面的颜色。值得注意的是多页印刷品，不同页面有不同的色数，如有单色页面、双色页面、四色页面或五色页面，则分别注明哪个页面是多少色数和什么色别。多页印刷品如果存在这种情况：如每页的一面是四色，另一面是单色，这个印刷品它的色数不是4+1，而是4+4，因为拼大版印刷时不能将四色一面放在同块版上，单色的一面放在同块版，而是一个块版上有四色也有单色，这样印刷时变成了双面四色。

对于同一个印刷品内部，存在不同定量或不同类型的纸张时要分别分析每种材质的色数与色别。

六、印后加工工艺

印后加工工艺包含两大部分：成型工艺和表面整饰工艺。

1. 成型工艺

成型工艺分为：装订工艺和结构成型工艺。

书刊、画册、宣传册、说明书等产品需要装订工艺。常用的装订工艺有骑马订、平装、精装、活页装。

骑马订是用骑马订书机，将套帖配好的书芯连同封面一起，在折缝上用两个铁丝扣订牢成为书本的装订方式。它的特征为：装订材料为铁丝扣；书较薄，书页套在一起，没有书背；工艺简单，成本低；不牢固，最中间那页容易脱落。一般用于杂志、宣传册等较薄的书刊。

平装是书芯经订联后，通过胶水把书芯和封面包粘在一起、裁切成册的装订方式。它的特征为：装订材料用胶水；书较厚，有书背，书背是平的；工艺复杂程度一般，成本中等；较牢固，书页不容易脱落。平装用于有一定厚度的绝大部分的图书。平装分为无线胶装和锁线胶装，翻开书看书芯里面订口处，如有线则为锁线胶装，没有线则为无线胶装。

精装是书芯经订联、裁切、造型后，用硬纸板作书壳、表面装潢讲究、耐用和耐保存的一种装订方式。它的特征为：书壳面一般为硬纸板，比书芯长出2~4mm；工艺复杂，成本较高；美观、牢固、经久耐用。一般用于精美的或经常使用的或保存时间久的画册、工具书、字典等。精装根据书背是方的还是圆弧形的分为方脊精装和圆脊精装。

活页装有串YO圈、蟹爪圈、蛇皮圈、单张入封套等。它的特征为：个性化；工艺复杂，成本较高；没有实现自动化生产，生产周期长。一般用于个性化需求的或需随时换取内页的印刷品。

印刷品装订工艺的分析方法如下：①观察书刊的书背、整本书的封面和书芯的尺寸大小；②通过观察，以及进一步的分析，结果判断方法如表6-1。

表6-1　装订工艺分析与判断方法

书　背	封面和书芯的大小	结果判断
有从外向内订的铁丝	大小相同	骑马订
无铁丝，书有一定的厚度	封面三边比书芯都长2~4mm	书背圆弧形的为圆脊精装，书背方形的为方脊精装
	大小相同	书芯里面的订口处有丝线的为有线胶装，没有丝线的为无线胶装
有铁环、铁圈、胶圈胶环	大小相同或封面比书芯长2~4mm	活页装

包装盒、包装袋类印刷品需要结构成型工艺。结构成型工艺有模切压痕、糊盒、糊箱、裱纸等工艺。

模切压痕有压面模切和压底模切，产品是选择压面模切还是压底模切，主要由产品模切后的成型效果来决定。一般来说，卡纸和卡裱卡产品多选择压面模切，卡裱瓦产品压底成型会好一些。如果选择压底模切，当模切刀钝以及底版不平时，模切刀口位置容易起毛边或切不透，需要多加注意。

还有一些简单的印刷品，如海报、宣传单张、小折页等，只需裁切或折页就可以。

2. 表面整饰工艺

表面整饰工艺有覆膜、上光、烫印、凹凸压印、植绒、雕刻等。

　　覆膜根据膜有无光泽性分为光膜和亚膜，还有一些具有特殊效果的膜，如带镭射图案的膜。上光分为局部上光或满版上光，因为上光油的不同上光呈现各种不同的效果，有普通光泽亮光油、高光泽的UV油、无光泽的哑油、珠光效果的珠光油，还有特殊效果的水晶油、磨砂油、金属效果油、丝绒效果油等。烫印可以烫各种颜色，每种颜色可以有两种效果：具有金属光泽或无光泽的哑色。

　　表面整饰工艺的分析方法如下：

　　①绝大部分的图书封面采用了覆膜工艺，少部分图书封面采用上光工艺，期刊的封面有上光、覆膜或无表面整饰工艺。

　　②画册运用较多的表面整饰工艺有覆膜、局部UV上光、烫印、凹凸压印。

　　③大部分的彩色纸盒采用了覆膜或满版上光工艺，其中以满版上光工艺为主。

　　④包装纸盒中的精装礼品纸盒采用的表面整饰工艺最多，各种表面整饰工艺都会应用，特别是局部上光，有用到UV油、磨砂油、皱纹油、皮革质感油、金属质感油、绒布质感油等。

　　⑤覆膜和上光的分析：首先对常用类型纸张的光泽有一定的认识，如有光铜版纸、无光铜版纸、胶版纸、白卡纸等，其次对油墨的光泽也要有一定认识，再观察印刷品的表面光泽程度，分析以下三种情况做出判断，方法见表6-2。

表6-2　覆膜与上光工艺分析与判断方法

样品表面与原纸的光泽程度对比	结果判断
样品表面光泽≈原纸的光泽	样本表面无覆膜或上光
样品表面光泽＞原纸的光泽	样本表面可能覆光膜或上光
样品表面光泽＜原纸的光泽	样本表面可能覆哑膜或上哑油

　　区分是覆膜还是上光，撕裂样品一小角，看样品表面是否有一层薄薄的透明膜，如有则是覆膜，如无则是上光。对于上光产品，如果样品表面光泽非常好，则上的是UV光；如果光泽只是比原纸好一点，则上的是一般的光油或水性光油。如果只是页面中某块面积光泽比较好，则是局部上光；如果整个页面光泽都比原纸好，则是满版上光。

　　⑥烫印的分析：首先对常用烫印材料有一定的认识，其次观察和分析印刷品表面的文字和图案的色彩、饱和度以及墨层的厚重程度；如果文字或图案有金属光泽，并且颜色饱和度又高、又厚重的，则可判断为烫印。如果文字或图案虽然没有金属光泽，但是颜色单一、颜色饱和度又高、墨又厚重的、文字或图案部位有一点点向下凹的，则为烫印。

　　⑦凹凸压印的分析：观察样品上的文字、整张图片或图案或者图案的局部，看有无明显的凹凸现象。如向上凸出来的，则为击凸工艺；如往下凹的，则压凹工艺。

　　如果产品需要压凸和裱纸，那么就有裱纸前压凸和裱纸后压凸两种工艺的区分，这两种工艺效果有明显的差别。小文字和细线条适合采用裱纸前压凸工艺。这样裱纸后小文字和细线条仍然清晰俊秀。较大文字和粗线条适合采用裱纸后压凸工艺，这样可以使字体圆润饱满。

七、案例说明

以如图6-1～图6-4的所示画册《Knitting in No Time》为例进行印件分析：

图6-1 画册封面和外形

图6-2 画册内页

图6-3 画册环衬的一面

图6-4 画册环衬的另一面及内页第一页

（1）产品类型分析　该印刷品为印制精美的精装画册。

（2）成品尺寸测量　精装画册的书壳比书芯大，成品尺寸测量书芯的宽和高的尺寸。经测量得到书芯的宽为210mm，高为280mm，厚为17mm。

（3）承印材料分析　经观察分析该画册用到四种纸张，书壳的壳面为一种纸，壳里为厚的板纸，环衬为一种纸，内页为一种纸。通过测量和经验判断得出：书壳壳面用纸为157g/m²的哑光铜版纸，壳里为2.5mm厚的灰板纸，环衬为100g/m²的胶版纸，内页为128 g/m²的哑光铜版纸。

（4）页数分析　壳面：封面与封底连一起为一页；板纸：前面一页，后面一页，共2页；环衬：前面2页，后面2页，共计4页；内页：全部页相加得80页（160面即160P）。

（5）色数和色别　需印刷的有壳面、环衬和内页。其中壳面为4色单面印刷；内页为4色双面印刷；环衬的一面为空白，另一面为满版的一个深品红色，这种颜色可以用黄品青黑色油墨叠印，也可以配成专色，由于专色印刷在成本和质量控制方面都比叠印有优势，故环衬用专色印刷，即环衬为单色单面印刷。

（6）印后加工工艺　该画册的封皮为硬书壳，且书壳在切口边比书芯大几毫米，书背是方形的，故判断该画册为方脊精装。有些精装书没有堵头布的需要注明。壳面光泽性较好，可判断壳面覆了光膜或满版过UV光油，但考虑到该画册为精装，精装的装订工艺复杂，经过的工序多，对壳面的耐磨性、耐折性、耐破性等要求较高，并且精装画册一般希望能耐用、持久，对壳面的耐水、耐污等功能要求较高，而覆膜由于比光油多了一层塑料薄膜，故在耐磨性、耐折性、耐破性、耐水、耐污等性能要好，故判断壳面为覆光膜。

综上所述，该印刷品分析结果如下：

印件类型与名称：精美画册《Knitting in No Time》；

成品尺寸：高280mm，宽210mm，厚17mm（书芯）；

用　　纸：壳面157g/m²亚光铜版纸；

　　　　　壳里2.5mm厚灰板纸；

　　　　　环衬100 g/m²胶版纸；

　　　　　内页128 g/m²亚光铜版纸；

页数与颜色：壳面 4+0C；

　　　　　　板纸 2页（4P）0+0C；

　　　　　　环衬 4页（8P）1（专色）+0C；

　　　　　　内页 80页（160P）4+4C

印后工艺：方脊精装，壳面单面覆光膜。

知识点2　印刷工艺方法与流程设计

一、印刷工艺方法

印刷工艺方法有平版印刷、柔性版印刷、凹版印刷、孔版印刷、数字印刷，以及几种印刷工艺的组合，每种印刷方法都有自己的特点和应用。

平版印刷产品特点：图文与空白部位分明，墨层薄，图文精细、清晰，层次丰富，色彩鲜艳，图文质量好；承印物多为纸张和薄型纸板。

平版印刷应用范围：报刊、图书、杂志、彩画、纸包装盒、纸包装袋等纸品材料印刷，以及金属材料的印刷。

凹版印刷产品特点：凹陷的图文部位具有较强的蓄墨能力，印刷墨层厚实饱满；图文与空白部位分明，图文精细、清晰，图文颜色一致性好；承印物多为塑料薄膜或纸张。

凹版印刷应用范围：塑料包装薄膜、高档纸包装品、有价证券等的印刷。

柔性版印刷产品特点：采用网纹辊传墨，墨层均匀而厚实，色彩鲜艳，图文的层次比平版和凹版印刷稍差；对承印物适应广。

柔性版印刷应用范围：塑料软管、塑料薄膜、瓦楞纸板、印刷质量要求一般的纸质产品等印刷。

孔版印刷产品特点：印刷精细度相比前面的几种印刷工艺要差；印刷膜层厚实（20~100μm），立体感强；对承印物和油墨的适应范围广，可印刷粗糙表面，也可对曲面承印物印刷。

孔版印刷应用范围：任何印刷品（高精细产品除外），如：纸、纸板、瓦楞纸；塑料容器和玩具；金属板和金属容器；玻璃容器；各种棉、丝、针织品；电路板；建筑装潢产品；以及印刷品印后加工中的局部上光（UV）、仿金属蚀刻、冰花等表面整饰工艺。

数字印刷产品特点：生产周期短；单价成本与印数无关；可实现个性化产品；适用于印数较少的产品。

二、印刷工艺方法的选择

选择哪种印刷工艺方法，主要从印刷数量、制版费用、承印物种类、效果要求、印刷质量等因素考虑。印刷数量与制版费用结合起来考虑，当印刷数量大时，制版费用分摊到每份产品中的成本就小了，所以对于制版费用高的凹版印刷，应用于印数几十万到几百万的产品较为合适。印刷数量大的，考虑凹版印刷和柔性版印刷，因为这两种印刷方式以卷筒承印材料印刷为主；印数中等的考虑平版印刷；印数小的考虑孔版印刷；只有几份到几百份的考虑数字印刷。当要求印刷质量高的产品，考虑凹版印刷和平版印刷；要求质量一般的产品可以考虑柔性版印刷和数字印刷。承印材料为纸张的，首先考虑平版印刷，然后再考虑其他印刷方式；承印材料是塑料薄膜，首先考虑凹版印刷和柔性版印刷，然后再考虑孔版印刷；承印材料为瓦楞纸箱，首先考虑柔性版印刷，再考虑其他印刷方式；承印材料为曲面的考虑孔版印刷。

在我国，塑料包装和纸包装等大印量产品选择凹版印刷，画册、期刊、宣传册等几乎不用凹版印刷。而在欧洲，一些彩色杂志、直邮册子、精美画册采用凹版印刷，在日本，漫画杂志、彩色期刊也有用凹版印刷的。

我国以平版印刷为主，报纸、图书、期刊、商业宣传品、纸质包装等印刷产品，除了印数少采用数字印刷外，绝大部分都是采用平版印刷。柔性版印刷在我国用在图书印刷上刚起步，目前还只是在教科书上试用，而在美国，一部分的报纸和少儿图书早已采用柔性版印刷。

柔性版印刷目前被广泛应用于瓦楞纸箱的印刷，80%以上的瓦楞纸箱采用柔性版印刷，其他的包装产品有绿色环保要求的或者标签印刷品也用柔性版印刷。

孔版印刷在印刷市场中所占的份额非常小，只有1%左右，一般孔版印刷用于印刷承印材料为非平面的或特殊材质的印刷，或者追求特殊效果的印刷产品。

三、工艺流程的设计

在工艺流程设计之前需确定印件采用的印刷工艺方法和印后加工工艺，然后根据每种工艺的特点进行总流程设计。以下为书刊类和包装类产品的常用的印刷工艺流程。

1. 书刊类印刷工艺流程

（1）骑马订杂志

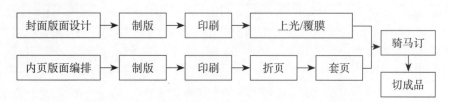

（2）平装书——无线胶装

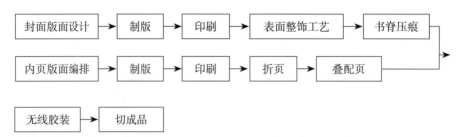

（3）平装书——锁线胶装

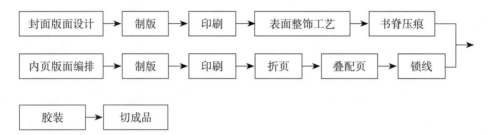

（4）精装书工艺流程

书脊三贴指贴纱布、堵头布、背脊纸。

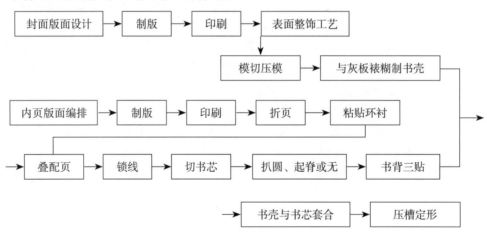

2．彩盒类印刷工艺流程

（1）折叠纸盒

（2）彩色预印瓦楞纸箱

（3）彩色直印瓦楞纸箱

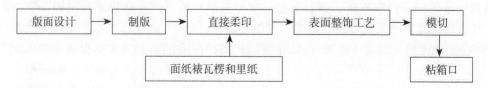

四、案例说明

以画册《Knitting in No Time》为例进行印刷工艺方法分析和流程设计。已知该印刷品为精装画册，从画册类印刷品、且为批量印刷品这两方面可判断该画册为平版印刷所印。假如该画册的壳面存在局部区域光泽性很好，那么这种局部上UV光的一般采用孔版印刷。该画册的生产工序包含有：版面设计、制版、印刷、书壳制作、书芯制作和书壳与书芯的套合，其中书壳制作包含：覆膜、模切、板纸裁切、壳面与板纸裱糊，书芯制作包含：折页、粘环衬、配页、锁线、压脊、切成品、书背三贴，套合制作包含：扫衬、压槽定形。流程如下：

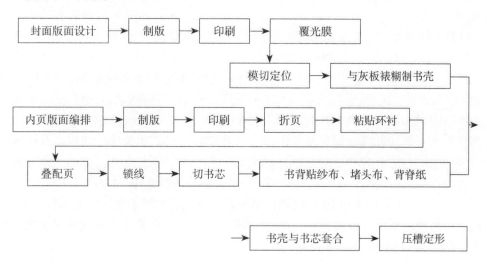

知识点3　印刷大版版式设计

一、印刷版式（大版）设计原则

印刷大版版式设计遵循两大原则，一是设备和材料最大利用率原则，二是产品质量优先原则。具体说明如下：

（1）充分利用印刷机的最大印刷幅面尺寸，使大版版式幅面尽可能与机器印刷幅面相近。如某印刷机的最大印刷纸张尺寸为720mm×1020mm，那么除了常用的大度纸张对开（889mm×597mm）以外，也可以采用正度小全开700mm×1000mm或特度全开630mm×960mm的纸张来印刷。

（2）充分发挥印后加工设备的加工能力，提高生产效率。比如小开本的图书采用双联本拼版，装订就可以减少一半数量。比如对开纸折成16开，在折页机上第一折为对开纸的长边对折比第一折在短边对折的速度快得多。

（3）充分利用纸张面积。通过计算版面总面积占纸张面积的多少得到纸张面积使用率，选择纸张面积使用率高的版式，即选择被裁掉的废纸边最少的版式。如一份广告宣传单张，成品尺寸为180mm×200mm，经计算用大度纸（889mm×1194mm）开24个，用正度纸（787mm×1092mm）开20个，那么大版设计时选择大度24开还是正度20开呢？我们分别计算大24开和正20开的纸张使用率，取使用率高的纸张幅面和开本。

大度24开：纸张面积使用率=（180×200×24）/（889×1194）×100%=81.3%

正度20开：纸张面积使用率=（180×200×20）/（787×1092）×100%=83.7%

经过计算得到正度20开的纸张面积使用率更高，所以设计该宣传页的大版版式时用正度纸，20开。

（4）利用翻版印刷工艺，减少印版数量，节约换版和校版时间，降低成本，提高效率。印刷可采用正反版（也称套版）、自翻版（也称左右翻版）或滚翻版（也称上下自翻、大翻或对翻版）印刷。书刊、画册中不够一印张的零散页面，或者单张印刷品常采用翻版印刷。

（5）拼版版式设计要充分考虑印刷和装订的产品质量

①考虑纸张丝缕方向对质量的影响。纸张的伸长和缩短主要是由纸张纤维径向变形引起的。当环境相对湿度发生变化时，纸张纤维吸水变粗或脱水变细，而纤维长度却变化很小，反映在纸张上则是顺着纸纹方向长度变形小，垂直纸纹方向长度变形大。所以，当产品有烫印、压凹凸工艺时，则要根据图案的位置选择合适的纸张纹路方向，以免纸张变形大引起烫印、压凹凸位置不准。一般成品后书刊的纸张丝缕与书刊高度边平行。许多包装产品需要裱白板衬纸或瓦楞纸板，正确做法是面纸和衬纸的纸张纹路方向垂直，否则将会引起成型不好、暗线爆裂、凸显瓦楞等质量问题。

②考虑使一个印刷大版上从咬口到拖梢的同一墨区的油墨密度尽可能一致。如图6-5符合同一墨区油墨密度一致规则，而图6-6不符合该规则。如果几个页面刚好排满整个印版，则不用考虑一张印版内的密度偏差了。

图6-5　拼版方式一　　　　　　　　图6-6　拼版方式二

③考虑折页质量。不同类型的纸张以及不同定量的纸张的厚度不同，设计折页的次数也就不同。一方面书贴太厚易出八字褶，另一方面也会影响装订质量，比如无线胶订的书贴折叠次数过多，书背起大气孔的概率越高，又如精装书的书贴过厚，在切口边易形成阶梯状。故折页后的书贴不能过厚。薄纸如35~60 g/m² 的纸张可以设计成4折，一般厚度的纸张如70~120 g/m² 的设计成3折，较厚的纸为2折或1折。对开纸折成16开的书贴，如采用157 g/m² 及以下的铜版纸，可以直接折3折后成一贴，如采用180 g/m² 及以上的铜版纸，则对开纸需要对半切后分别折2折成两个书贴。合理选择折页顺序，折出来的书贴平整、对位准确。如折页顺序不合理，折页机的折叠压力过高，空气滞留在书贴内排不出去，使折角处纸张起皱。比如对开纸折成横16开本，采用3次扇形折和1次垂直交叉折得的16P书贴，能有效避免八字皱。

④考虑锁线质量。对于薄纸或折数少的书贴或有零版时的锁线装，版面设计时要考虑先将薄的书贴与另一贴套配，再与其他书贴叠配。这是因为书贴过薄锁线时因线条的拉力在锁线孔处易拉出豁口，而且因有线书背高于书贴前口，导致压本捆本加工困难。而套贴的作用是可增加书贴脊位厚度，避免锁线孔拉豁和书背与前口的高度差。比如4P书贴，可与相邻的16P书贴套配成20P，再与书的其他书贴叠配。套贴时须页数少的小贴套在页数多的大贴外锁线，以方便锁线机分开书贴。要求书的第一贴和最后一贴为整贴，将不足整贴的零页放在整贴之间，便于装订过程的撞齐、传送，成书后便于翻阅，如将单页或一折、两折的书贴放在书的最前面或最后面，成书后翻阅时易使该贴与整书分离。

⑤考虑骑马订质量。如有零散贴，版面设计时要将其安排在整贴的外面，避免放在书的最中间，因为骑马订书刊最中间最易散落。此外，骑马订的整书为套贴在一起的，切成品后套在外面的书贴版面必然大于里面的书贴版面，所以版面排列时一定要注意爬移设置。每贴的爬移量不同，最外面贴的爬移量为整本书的页面数除以4乘以纸张的厚度。

⑥考虑平装质量。平订书的封面是用胶水粘在书芯外面，除了粘书背外，封二和内文的第一页、封三和内文的最后一页在订口有7mm左右被粘住，被粘住的这个7mm左右位置称为侧胶位。版式设计时一定要考虑包封面的侧胶位，胶订的侧胶位一般为7mm，故在此位置不能有图文。如在封二和内文的第一页或者封三和内文的最后一页有跨图或跨字的一定要让出7mm的侧胶位。包封面工序中，为防止涂背胶时毛口边一端胶液外漏，外漏的胶液留在传送带或下书板上将书封面弄脏，大版版面设计时，要将封面订口边留长些，使得封面折页后的订口边长度比书贴订口边长出5mm左右，用于承受胶液。

⑦整本书的拼版规矩要统一，以天头为规矩，或以地脚为规矩，一般西式翻阅的书以天头为规矩，中式翻阅的书以地脚为规矩。如以天头为规矩，大版的版面排列为头对头拼版，如以地脚为规矩，大版的版面排列为脚对脚拼版。

二、大版版式设计步骤

（1）计算开本　一般选用现有纸张原纸的幅面大小进行计算，纸张原纸的幅面大小 有889mm×1194mm、880mm×1230mm、850mm×1168mm、787mm×1092mm、635mm×965mm，计算一张全开纸张可以容纳印刷品单个幅面尺寸的数量，数量是多少就是多少开本，或称开数。

　　计算出开本后，需验证该开本在实际生产中能否印刷和装订。验证的项目有：加上纸张的光边量、出血位、印刷咬口位、拖梢放测控条的位置后纸张是否够尺寸；是否能折页；是否能装订。下面举例说明。

　　案例1：

　　一本骑马订杂志，成品尺寸为210mm×297mm，用889mm×1194mm幅面大小的纸刚好16开（889/210=4，1194/297=4，4×4=16），但是在实际生产中889mm×1194mm幅面大小的纸生产不出210mm×297mm的成品尺寸的杂志。原因分析如下：

　　成品尺寸为210mm×297mm；

　　加上切口边的出血位（3mm）后的毛尺寸：213mm×303mm；

　　采用对开印刷机印刷，放4个毛尺寸版面后的印刷幅面为：852mm×606mm；

　　加上印刷咬口10mm，印刷纸张最小尺寸为：852mm×616mm；

　　再加上拖梢处放测控条的位置8mm，印刷纸张尺寸：852mm×624mm。

　　而889mm×1194mm的纸张，由于纸张的制造和码放时有一定的尺寸误差，所以在上机印刷前四边要进行光边切齐，一般一边切除1~2mm，如果纸张质地差的话，需要切除的更多。如果每边切2mm，经过切边后纸张变成了885mm×1190mm，再切成对开尺寸为885mm×595mm。显然该尺寸在短边上比所需要的印刷纸张尺寸852mm×624mm小，无法实现印刷。

　　案例2：

　　一本骑马订小册子，竖开本，宽172×高182mm，用787mm×1092mm幅面大小的纸刚好24开（787/182=4，1092/172=6）。验证该开本能否实现印刷与装订。

　　成品尺寸为172mm×182mm，加上切口边的出血位（3mm）后的毛尺寸：175mm×188mm。

　　如采用对开印刷机印刷，在对开纸的短边排3个175，而175这边是小册子的翻页边，188边是小册子的订口边，对于骑马订这种装订方式，翻页后的左右页必须是相连的，否则无法骑订。如果该册子大版拼成对开版，翻页边为3个，没有办法骑马订，所以不能拼成对开版。对于该印刷品，不能采用对开纸印刷，可以考虑全张纸或三开纸张印刷，考虑到全开印刷机市面上较少，选择三开纸印刷，即在纸张的短边排2个175，长边排4个188，一张三开纸排了6个毛尺寸版面后的印刷幅面为：752mm×350mm；

　　加上印刷咬口10mm，印刷纸张最小尺寸为：752mm×360mm；

　　再加上拖梢处放测控条的位置8mm，印刷纸张尺寸：752mm×368mm。

　　787mm×1092mm的纸张，如果每边光边切去2mm，经过切边后纸张变成了783mm×1088mm，切成三开尺寸为783mm×362mm。783mm×362mm比印刷纸张尺寸752mm×368mm小一点，如果不在拖梢处放测控条的话，刚好够尺寸，该印刷品为了节省纸张，可以考虑不在拖梢处放测控条。

　　（2）计算印张　多页面的印刷品，第二步为计算印张。

　　印张=总页面数/开本

　　1个印张为全开纸印一面，即一张对开纸印两面。如一本书内页为9个印张，则内页刚好用9张对开纸。不足一个印张的零散页，拼在一起，如9.25个印张，9个印张刚好是9张对开纸，余下的0.25个印张的页面8开纸为一张。

　　当一本书中存在有不同纸张类型时，要分别计算每种纸张的印张数。

（3）选择印刷幅面　按充分利用印刷机的最大印刷幅面和印刷数量选择印刷幅面。比如9.25个印张中的0.25个印张的页面，可以拼对开版也可以拼4开版，如果印数少选择拼4开版，如果印刷数量多选择对开版。

注意不同的纸张需分开拼版，不能将两种不同纸张的页面拼在一个版面上。比如一本图书正文用 60 g/m² 的书写纸，9.25个印张，插页用105 g/m² 铜版纸，0.75个印张，不能将正文的0.25个印张和插页的0.75个印张的页面合拼在一起。

（4）根据印后加工工序设计每个大版的页面摆放　根据折页方法、配页方法、装订方法、模切工艺决定每个大版的页面摆放位置，同时要注意天头、地脚、版口、订口都要符合施工工艺要求。要正确选定咬口位置。

（5）加上规矩线、角线、测控条、折标、印刷品信息。

三、常见印刷产品的大版版式图

1. 书刊

（1）16开直式左开本（图6-7、图6-8）

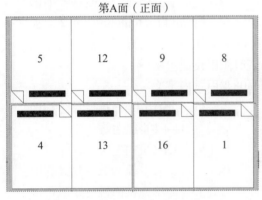
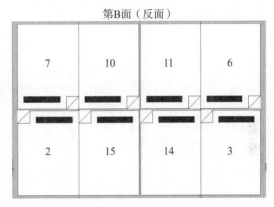

图6-7　16开直式左开本正面版式图　　　　图6-8　16开直式左开本反面版式图

（2）16开横式左开本（图6-9、图6-10）

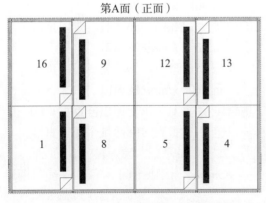
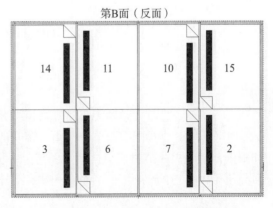

图6-9　16开横式左开本正面版式图　　　　图6-10　16开横式左开本反面版式图

（3）32开直式左开本（单联）（图6-11、图6-12）

图6-11 32开直式左开本单联正面版式图　　图6-12 32开直式左开本单联反面版式图

（4）32开直式左开本（双联）（图6-13、图6-14）

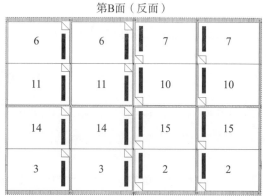

图6-13 32开直式左开本双联正面版式图　　图6-14 32开直式左开本双联反面版式图

（5）12开横式左开本（图6-15、图6-16）

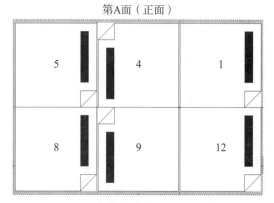

图6-15 12开横式左开本正面版式图　　图6-16 12开横式左开本反面版式图

2. 折叠纸盒（图6-17）

3. 宣传单张（图6-18）

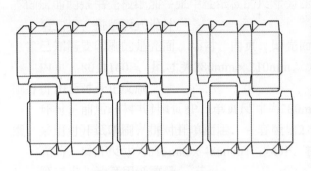

图6-17　折叠纸盒版式图　　　　　　　　　　　图6-18　宣传单张版式图

四、案例说明

1. 印刷工艺分析

印件类型与名称：精美画册《Knitting in No Time》；

成品尺寸：高280mm，宽210mm，厚17mm（书芯）；

用　　　纸：壳面157g/m²亚光铜版纸；

　　　　　壳里2.5mm厚灰板纸；

　　　　　环衬100 g/m²胶版纸；

　　　　　内页128 g/m²亚光铜版纸。

页数与颜色：壳面 4+0C；

　　　　　板纸 2页（4P）0+0C；

　　　　　环衬 4页（8P）1（专色）+0C；

　　　　　内页 80页（160P）4+4C。

印后工艺：方脊精装，壳面单面覆光膜。

2. 大版版式设计

（1）壳面，经计算壳面展开尺寸为315mm×485mm（下一个知识点介绍精装壳面尺寸介绍），正度纸4开，拼版可以是正度四开纸拼一个，或者正度对开纸拼两个，取决于印数的多少，印数5000份以上可采用对开纸印刷，5000份以下可用4开纸。拼成对开版的大版版式图如图6-19所示。

（2）环衬，前后环衬共计4页8面，单页尺寸为280mm×210mm，从这个尺寸可知开本为大度16开，4页即一张4开纸，采用对开纸印刷，一张对开纸可以出两本书的环衬。大版版式图如图6-20所示。该画册的环衬为满版印刷专色，可以不用出印版，直接印刷。

（3）内页，80页160P，尺寸为280mm×210mm，大度16开，印张=160/16=10，即一本书刚好是10张对开纸正反面印刷所得，第一个印张的大版版式图如图6-21、图6-22所示，其他印张版式只需改页码就可以。

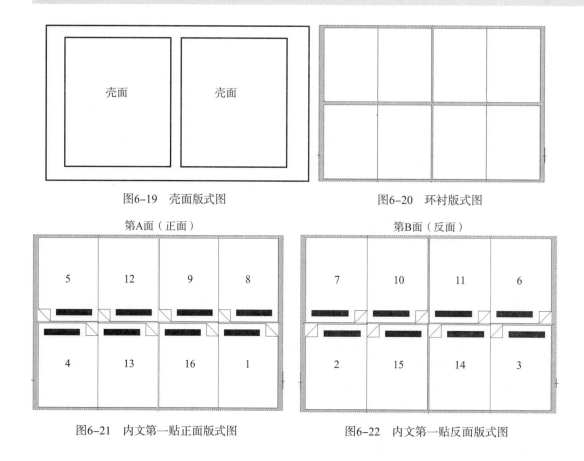

图6-19　壳面版式图　　　　　　　　　　图6-20　环衬版式图

图6-21　内文第一贴正面版式图　　　　　图6-22　内文第一贴反面版式图

知识点4　印刷材料选用与计算

一、纸张的选用

用于印刷的纸张主要类型有：涂布纸和非涂布纸。涂布纸有有光铜版纸、无光铜版纸、轻涂纸、白卡纸等，非涂布纸有新闻纸、胶版纸、轻型纸、书写纸、牛皮纸、灰板纸等。每种纸又有不同定量，如铜版纸常用的定量有：100 g/m²、105 g/m²、128 g/m²、157 g/m²、200 g/m²、250g/m²等，胶版纸常用的定量有60 g/m²、70 g/m²、80 g/m²、100 g/m²、120 g/m²、160 g/m²等，新闻纸常用的定量有43 g/m²、45 g/m²、49.8 g/m²等，白卡纸常用的定量有250 g/m²、300 g/m²、310 g/m²、350 g/m²、400 g/m²等。

纸张的选用从纸张的原纸尺寸、定量、厚度、颜色、光泽度、不透明度、平滑度、表面强度、表面疏松物、含水量、尘埃度等因素考虑，选择性价比最高的纸张。

1. 纸张幅面（尺寸）选用

在计算印刷品开本时也就是在选择纸张的幅面，而印刷品的开本选择计算遵循两个规则，一是要有良好的印刷装订适性，二是材料的最大利用率。一般选用已有纸张原纸的幅面大小，如有创新的纸张幅面，需咨询纸张供应商可否生产。现有的纸张原纸幅面常用的有：

大度规格纸：889mm×1194mm、880mm×1230 mm、850mm×1168 mm；

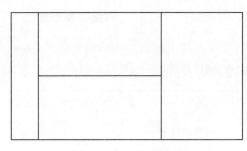

图6-23 丁三开示意图

正度规格纸：787mm×1092 mm；

特度规格纸：635mm×965mm。

①满足印刷和装订适性的最佳开本是2ⁿ，如对开、4开、8开、16开、32开、64开、128开。

②如以2ⁿ开本选用纸张的利用率较低时，选用现有的纸张幅面进行其他开本的计算，如3开、6开、9开、12开、20开、24开、25开、36开等。有时候也可以采用异形开本（丁三开），如图6-23。

其至可以将纸张不对称分切成大小开，如尺寸为宽180mm×高205mm的图书，选用787 mm×1092mm纸张20开，787这边放4个180，1092这边放5个205，由于1092这边放5个205，5为奇数，所以不能按常规将纸张分切成对开782 mm×544 mm印刷，但是可以将纸张分切成782 mm×650mm和782 mm×438mm，如图6-24。

③对印数较大的产品，如果选用现有的纸张幅面使得纸张的面积利用率较低，则可按设计尺寸和常规制版、印刷、印后工艺计算出所需纸张的尺寸，请纸张供应商单独生产。这点包装印刷厂经常用到，例如几个包装纸盒拼在一起纸张的尺寸是700 mm×600mm，则可请纸张供应商单独生产该尺寸的纸，或者用尺寸相近的纸张进行分切。

2. 纸张档次性能的选用

跟印刷与装订相关的纸张性能有白度、色度、油墨吸收性、含水量、均匀度、两面性、平滑度、伸缩性、表面强度、表面疏松物、紧度、耐折度等，另外还有纸张的质量等级（纸张的质量等级分为A等、B等、C等），这些都是纸张选用时需考虑的因素。在选用时首先要考虑适合企业的设备、技术、工艺、环境、人员等各方面的条件；其次是选用性价比最高的纸张，既能最大限度满足客户的质量要求，又能最大限度地降低生产成本。

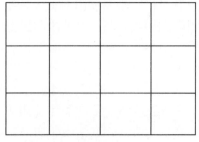

782mm×438mm

782mm×650mm

图6-24 大小开示意图

二、其他材料的选用

1. 版材的选用

（1）依据印刷机规格选择版材规格 根据大版版式设计，选择相应色数和尺寸的印刷机，当印刷机确定了后，那么对应印刷机的印版的规格也就确定了，表6-3为常用印刷机对应的印版尺寸。

表6-3　常用印刷机对应的印版尺寸

型号	印刷机名称	印版尺寸 /mm
CP2000	海德堡四色胶印机	1030X770
SM102	海德堡四色胶印机	790X1030
M-600-24	三菱四色胶印机	830X645
PZ4880-01	北人四色胶印机	905X705

（2）依据产品选择版材质量　具体用版的档次按产品版面内容难度和客户的质量要求综合评价和决定，比如以文字为主的版面可选用中档质量版材；图像为主的版面选用高档版材；产品质量要求相对较低的报纸、中低档图书可选用中档版材；质量要求高的、精细印刷品的选用高档版材。无吸收性承印物或UV油墨印刷的选用耐磨性较好的热敏版。

2．油墨的选用

现在大型印刷企业为了降低成本和方便管理已开始使用中央供墨系统，经过性价比的考核并结合企业设备与产品的特性选择某一品牌的油墨，在较长的时间内都统一用该品牌的油墨。对于没有中央供墨系统的中小型印刷企业，为了便于控制印刷质量也不轻易更换油墨。当产品中有特殊效果的油墨，如香型油墨、荧光油墨则根据需要单独购买。另外当客户对产品的绿色环保有更高的要求时，选择更为环保的油墨。

3．润版液的选用

根据企业印刷机配置的润版液装置，如常规型、酒精型、无接触型等，和使用油墨的不同，选购相匹配的润版液。如选购油墨厂生产的与其油墨配套的润版液，可节省调整时间，提高生产效率。

三、纸张的计算

1．纸张的加放

由于正式印刷之前需要校套准和校颜色，校准需要一些纸张，这些纸我们称为校版纸，校版纸的印刷质量是不达标的，所以这些纸不能流入到后工序加工成产品。同样的在印后加工工序也需要一些额外的纸供校机用。所有这些在印刷和印后加工过程中校版或校机消耗的纸张都是正常的损耗，称为加放。一般用相对数（百分比或千分比）来表示，称为加放率。在计算纸张的用量及成本时要将加放核算进来。

加放分为印刷和印后两大类，两类加放都要计算。一般印刷加放率规定的是每个印刷色的加放率，在计算时，按实际印刷色数加倍计算。比如双面单面印刷，加放率就乘2；单面4色印刷，加放率乘4；双面4色印刷，加放率乘8。

例1：已知某海报，大度对开，单面印4色，5000份，印刷加放率每色0.7%，装订加放率1%，求用纸总量。

$$用纸总量 = \frac{5000 \times（1+0.7\% \times 4+1\%）}{1000} = 5.19（令）$$

每个印刷企业都有自己的加放率，此外每个地区、省或市的新闻出版管理部门也有针对出版物印刷的加放数据。表6-4为原新闻出版署技术发展司印发的《北京地区书刊印刷厂纸张加放率调整办法》中的加放率。

表6-4　北京地区书刊彩色印刷和装订加放率

印数 / 万	加放率 /%	
	印刷（每色）	装订
0~0.5	0.9	1.5
0.5~1	0.9	1.4
1~3	0.9	1.3
3~5	0.9	1.2
5以上	0.9	1.1

注：（1）印刷加放每色不足60张，按60印刷张计；
　　（2）装订印数不足2000按2000计。

一般企业的印刷加放率如下：

一般产品印刷：每色按0.7%~0.9%；

较精细产品或数量又不大的产品印刷：每色按1%~1.2%；

印彩色一色不足60张按60印刷张计；

装订加放：1万册以下按1%~1.3%；

　　　　　1万册以上按0.7%~1%；

覆膜加放：1%；

烫印、模切：1%。

下面所有的例子按《北京地区书刊印刷厂纸张加放率调整办法》中的加放率即表6-4计算。

2．纸张令数的计算

（1）印张法

印张=正文总页面数/开本数

纸张令数=印张 × 印数/1000

例2：4开挂历，13页，印5万份，单面4色印刷，求用纸量。

用纸量=（26/4）×（50000/1000）×（1+0.9% × 4+1.2%）=340.6（令）

例3：16开教材，内文32页码，70 g/m² 胶版纸，封面210 g/m² 铜版纸，内文和封面全彩色印刷，5000份，求用纸量。

每色的印刷加放数=5000 × 0.9%=45，不足60张，按60张计。

注：60张是印刷张，封面如排4开纸印刷，则该60张即4开纸的60张，如排对开纸印刷，则60张为对开纸的60张。由于总印量不大，排4开纸印刷就可以。内文刚好2个印张，排对开纸印刷。

封面用纸量=4/16 × 5000/1000 ×（1+1.5%）+60 × 8/4/500=2.7775（令）

内文用纸量=32/16 × 5000/1000 ×（1+1.5%）+60×8×2/1000=11.11（令）

（2）开数法

对于单页的零件产品，可采用开本数计算方法。

纸张令数=（印数/开本）/500

例4：大32开图书的封面展开尺寸（含勒口）为209 mm ×450mm，经过计算787 mm × 1092mm的纸张6开，印数9000册，单面4色印刷，求用纸量。

封面用纸量=（9000/6）/500 ×（1+0.9%×4+1.4%）=3.15（令）

例5：一个包装盒，经计算为889 mm ×1194mm的纸张8开，印数为30万个，单面5色印刷，求用纸量。

用纸量=（300000/8）/500 ×（1+0.9%×5+1.1%）=79.2（令）

3．纸张重量的计算

知道纸张的令数后，按以下公式换算成重量：

每令重量（kg）=全开纸张的长（m）×宽（m）×定量（g/m²）×500张全开张/1000

　　　　　　　　=长（m）×宽（m）/2 ×定量（g/m²）

　　　　　　　　=系数1×定量（g/m²）

各种规格纸张的系数1如下：

①889mm×1194mm的纸张，0.53；

②850mm×1168mm的纸张，0.50；

③880mm×1230mm的纸张，0.54；

④787mm×1092mm的纸张，0.43；

⑤635mm×965mm的纸张，0.31。

每吨折合令数=1t/每令重量

　　　　　　=1000 kg/[长（m）×宽（m）×定量（g/m²）/2]

　　　　　　=2000/[长（m）×宽（m）]/定量（g/m²）

　　　　　　=系数2/定量（g/m²）

各种规格纸张的系数2如下：

889mm×1194mm的纸张，1884；

850mm×1168mm的纸张，2014；

880mm×1230mm的纸张，1847；

787mm×1092mm的纸张，2327；

635mm×965mm的纸张，3263。

纸张吨数=令数×每令重量（kg）/1000

　　　　=令数×定量×［长（m）×宽（m）/2］/1000

　　　　=令数×系数1×定量（g/m²）/1000

或者：纸张吨数=令数/每吨折合令数

　　　　　　　=令数/［系数2/定量（g/m²）］

　　　　　　　=令数×定量（g/m²）/系数2

例6：正度4开挂历，13页，印5万份，单面4色印刷，用157g/m²铜版纸印刷，求用纸吨数。

用纸令数=26/4 × 50000/1000 × （1+0.9%×4+1.2%）=340.6（令）

用纸吨数=340.6令×0.43×157g/m²/1000=22.99（t）

或者 用纸吨数=令数×定量/2327=340.6×157/2327=22.98（t）

例7：大度16开教材，内文32页码，70 g/m²胶版纸，封面210 g/m²铜版纸，内文和封面全彩色印刷，5000份，求用纸吨数。

封面用纸令数=4/16 × 5000/1000 × （1+1.5%）+60× 8/4/500=2.7775（令）

内文用纸令数=32/16 × 5000/1000 × （1+1.5%）+60×8×2/1000=11.11（令）

封面用纸吨数=2.7775×210/1884=0.309（吨）或 2.775×0.53×210/1000=0.309（t）

内文用纸吨数=11.11×70/1884=0.413（吨）或 11.11×0.53×70/1000=0.412（t）

四、印版的计算

一个大版版面，印几个印刷颜色就要几张版。

例8：正度4开挂历，13页，印5万份，单面4色印刷，求印版数。

4开挂历，印数较大，拼成对开来印刷，一个对开版拼2页，拼了6个对开版后还剩1页，这页单独拼一个对开版，共计7个对开版，每个对开版印4色。

印版数=7×4=28（张）（对开版）

例9：大度16开教材，内文32页码，70 g/m²胶版纸，封皮210 g/m²铜版纸，内文和封面全彩色印刷，5000份，求印版数。

封面和封底16开展开后成8开，印数只有5000，拼一套4开版（放两本的书封面和封底），为了节省印版，采用左右自翻版印刷，即正反面拼在一套版上。

封皮印版数=4张（4开版）

内文32页码16开刚好2个印张，拼2套对开版，正反面印4色。

内文印版数=2×8=16（张）（对开版）

五、书背厚度的计算

当计算一本有一定厚度的书刊本册时，书背厚度影响封皮总尺寸及用纸量，因此封皮的纸张计算时要将书背厚度计在内。书背厚度的计算方法如下：

1. 平装书书背厚度

书背厚度=内页1张纸的厚度值×页数（或页码数/2）+封面1张纸的厚度值×2

例10：大度16开教材，内文120页码，70 g/m²胶版纸（纸厚0.085mm），封皮210 g/m²铜版纸（纸厚0.18mm）。

该教材书背厚度=0.085×120/2+0.18×2=5.46（mm）

2. 精装书书背厚度

见下面精装书壳尺寸计算，表6-5为一些常用纸张的厚度，供参考。由于纸张生产允许有一定的误差，且不同品牌相同定量的纸张的紧度不同，厚度也会有轻微的不同。纸张的厚度也可以按以下公式大致估算，这个估算值只是大约数值，不够准确。

无光铜版纸（亚粉纸）厚度（mm）=定量/1000

有光铜版纸（光粉纸）厚度（mm）=定量/1000−0.02

胶版纸（书纸）厚度（mm）=定量/1000+0.02

表6-5　纸张厚度参考表　　　　　　　　　　单位：mm

纸张名称	单张纸厚度	纸张名称	单张纸厚度
40 g/m² 字典纸	0.04887	105 g/m² 光粉纸	0.09
55 g/m² 书写纸	0.08	105 g/m² 亚粉纸	0.1
60 g/m² 书写纸	0.09	128 g/m² 光粉纸	0.11
60 g/m² 胶版纸	0.08	128 g/m² 亚粉纸	0.13
70 g/m² 胶版纸	0.085	157 g/m² 光粉纸	0.135
80 g/m² 胶版纸	0.09	157 g/m² 亚粉纸	0.16
210 g/m² 光粉纸	0.18	250 g/m² 灰底白卡	0.50

六、精装书壳尺寸的计算

精装书壳壳面构成如图6-25。

①书壳板纸长度a=书芯长度l+飘口宽度$p \times 2$

式中　p —— 飘口宽度，一般为3mm。

②书壳纸板宽度b=书芯宽度$h-（4.0 \pm 0.5）$

③中径纸板长度e=书壳板纸长度a

④方背书中径纸板宽度f=书芯背宽度d+纸板厚度$c \times 2$+1.0

⑤圆背书中径纸板宽度f=书芯背圆弧长度g+（1.5 ± 0.5）

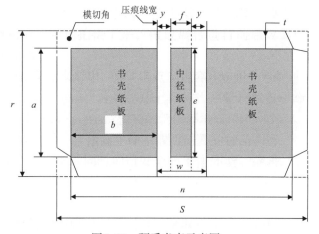

图6-25　硬质书壳示意图

⑥书壳面料长度r=书壳纸板长度a+包边宽度$t \times 2$+纸板厚度$c \times 2$

式中　t——包边宽度，一般为12mm

⑦书壳面料宽度s=书壳纸板宽度$b \times 2$+中径宽度w+包边宽度$t \times 2$+纸板厚度$c \times 2$

⑧中径宽度w=中径纸板宽度f+中缝宽度$y \times 2$

式中　y——中缝宽度，一般方背精装为11mm，圆背精装为9mm

七、案例说明

1. 印刷工艺分析

印件类型与名称：精美画册《Knitting in No Time》；

成品尺寸：高280mm，宽210mm，厚17mm（书芯）；

用　　纸：壳面157g/m²亚光铜版纸；

壳里2.5mm厚灰板纸；

环衬100 g/m²胶版纸；

内页128 g/m²亚光铜版纸。

页数与颜色：壳面 4+0C；

板纸 2页（4P）0+0C；

环衬 4页（8P）1（专色）+0C；

内页 80页（160P）4+4C。

印后工艺：方脊精装，壳面单面覆光膜。

印刷数量：10000册

2. 材料计算

（1）书壳尺寸

书壳板纸长度a＝书芯长度l＋飘口宽度p×2=280+3×2=286（mm）

书壳纸板宽度b＝书芯宽度h－（4.0±0.5）=210–4=206（mm）

中径纸板长度e＝书壳板纸长度a=286（mm）

中径纸板宽度f＝书芯背宽度d＋纸板厚度c×2+1.0=17+2.5×2+1.0=23（mm）

书壳面料长度＝书壳纸板长度a＋包边宽度t×2＋纸板厚度c×2

=286+12×2+2.5×2=315（mm）

中径宽度w=中径纸板宽度f＋中缝宽度y×2=23+11×2=45（mm）

书壳面料宽度s＝书壳纸板宽度b×2＋中径宽度w＋包边宽度t×2＋纸板厚度c×2

=206×2+45+12×2+2.5×2=486（mm）

（2）用纸量计算

内页，80页160P，尺寸为280mm×210mm，大度16开，印张=160/16=10，即一本书刚好是10张对开纸正反面印刷。

内页128 g/m²亚光铜版纸用纸令数：160页码/16开本×10000本/1000（1+0.9%×8+1.4%）

=108.6（令）

换成吨重：108.6×128/1884=7.38（t）

环衬，前后环衬共计4页8面，单页尺寸为280mm×210mm，从这个尺寸可知开本为大度16开，4页即一张4页纸，采用对开纸印刷，拼对开版出2本书的环衬，10000册印5000张对开纸，印1色加放0.9%，计算印1色的加放张数为45张，不足60张，按60张对开纸计算。

环衬100 g/m²胶版纸用纸令数：8页码/16开本×10000本/1000（1+1.4%）+60/1000

=5.13（令）

换成吨重：5.13×100/1884=0.273（t）

板纸，书壳板纸286 mm×206mm，大度16开，并且长丝缕的纸张切成16开后与画册的丝缕方向吻合，2页，中径纸板286 mm ×23mm，1页，一本画册的两张书壳板纸加一张中径纸板的尺寸为286 mm×434 mm，刚好一个大8开。

2.5mm灰板纸用纸令数：10000本/8开/500×（1+1.4%）=2.535（令）

2.5mm灰板纸的定量为1600 g/m², 换成吨重: 2.535×1600/1884=2.15（t）

壳面，经计算壳面展开尺寸为315mm×486mm，正度纸4开，拼对开版出2本书的壳面，10000册印5000张对开纸，印1色加放0.9%，计算印1色的加放张数为45张，不足60张，按60张对开纸计算。

壳面157g/m²亚光铜版纸用纸令数: 10000本/4开/500×（1+1.4%）+60×4色/1000

$$=5.31（令）$$

换成吨重: 5.31×157/2327=0.358（t）

（3）印版数量计算

内页，80页160P，4+4C，尺寸为280mm×210mm，大度16开，印张=160/16=10，即一本书刚好是10张对开纸正反面印刷。

内页印版数: 10×8色=80张。

环衬，前后环衬共计4页8面，单页尺寸为280mm×210mm，从这个尺寸可知开本为大度16开，4页即一张4开纸，拼对开版出2本书的环衬，单面印1个专色。

环衬印版数: 1张（由于满版印刷，也可以不用印版）。

壳面，经计算壳面展开尺寸为315mm×485mm，正度纸4开，拼对开版出2本书的壳面，单面4色印刷。

壳面印版数: 4块。

知识点5 印刷工艺参数及质量要求

一、印刷工艺参数

1. 印刷工艺方法的确定

阅读类印刷品主要以单一印刷方式为主，包装类印刷品经常会使用多种印刷工艺方法，并且往往在同一个产品上采用多种印刷方式相结合，例如：凹版印刷打底、平版印刷四色、孔版印刷做特效等。印刷工艺方法不同，印刷产品最终效果也不同。制定工艺的第一步是确定产品的印刷方式，产品采用单一印刷方式还是多种印刷方式共同作业，这是工艺制定的大方向，不能出错。

2. 制版工艺参数

（1）网点成数的确认 主要是指四色图片以外的平网和渐变网的成数的确认，要以原版的网点成数为准，辅助性地考虑纸张白度的影响和不同品牌油墨的色偏。

（2）专色的确认 专色是用油墨预混得到的特殊颜色或专门由油墨厂生产的具有特殊效果的油墨的颜色，用来替代或补充四色印刷油墨（CMYK）。每种专色在付印时要求使用专用印版，因此制版时需要指明哪些颜色用四色，哪些颜色用专色，确认时请注意以下几点。

①有些专色，例如金、银等颜色，用印刷四色油墨叠印色是替代不了的。有些是可以替代的，但是有轻微的差别。包装产品质量要求高时尽量用专色版印刷，不要轻易用四色叠印替代专色。

②当印刷设备性能差一些时，如条件允许，尽可能地用专色替代多色叠印，印刷质

量会稳定一些，但是成本会有所增加。

（3）印版出版参数设定　包含有网点类型、加网线数、网点形状、网点角度或网点直径等。

（4）晒版参数设定　包含有曝光时间，显影的温度、浓度、速度，烤版温度等。

3. 印刷色序的确认

印刷品的色彩是由不同颜色的油墨叠印而成的，叠印油墨的次序称为印刷色序。

4. 印刷参数设定

包含有润版液的pH、油墨的黏度、印刷压力、印刷速度等。

5. 环境温湿度

印刷环境的温度最好在（23±5）℃，相对湿度为45%~70%。

二、印刷质量要求

1. 印刷品的综合质量要求

综合性的印刷质量对色彩的再现性、层次、密度、光泽、色调的均匀一致性、清晰度、文字、外观等都有要求。在层次上要求：亮、中、暗调层次清楚分明；在网点传递上要求：网点清晰，角度准确，不出重影；在色彩再现上要求：颜色与原稿（或付印样）相符合，真实、自然、协调；在文字上要求：完整、清晰，位置准确；在外观上要求：产品尺寸必须满足规格，无错帖、缺帖现象，版面干净，无明显的脏迹。

2. 印刷品的质量标准

印刷质量标准按作用范围分为：国际标准、区域标准、国家标准、行业标准、地方标准和企业标准。企业根据客户的要求和产品特点，选择执行国际标准、欧洲标准、美国标准、日本标准、中国国家标准、行业标准或者企业标准。

3. 印刷品的特性质量要求

不同类型的印刷品，因为用途不同，所要求的质量特性也不同。

①出版物印刷品。出版物印刷品主要包含报纸、图书和期刊。总体要求：印刷质量精美；大批量生产的产品质量均匀一致；书籍、杂志等的外观质量要求高；对于杂志和报纸类印刷品交货期要求严格。

报纸的质量要求：外观要求版面无破口缺损、划痕，页面不得出现大于3cm的撕裂等破损情况，纸面无压死的明显褶子，部分版面图文内不得出现打死折，文字不能被遮挡或缺失，造成影响阅读的情况，纸面不得出现影响阅读的压脏、蹭脏、手印等；版心要求左右居中，无明显歪斜，版面数量齐全完整，不缺页缺叠，版面平整；文字要求完整、清晰锐利；墨色实地符合国标要求，墨色均匀，无明显缺损；正背面套印准确，报纸版面中彩色文字或图片套印准确；不得出现过于明显的透印；色彩真实自然，主要图片无明显色彩偏差，主体部分不得出现大面积糊死，墨色均匀一致，无明显水印；报头等主要报纸标志色符合要求，各期基本一致；版面内容准确，不得出现版号、日期、报头、报眉等重要版面信息错误，标题字不能有错字，正文编辑的错字率≤0.05%。

中小学教科书的质量要求：纸张的白度不超过90，要求单色印刷的墨色均匀，印刷实地密度测量值：0.9~1.3；文字清晰，无重影、缺笔、断画、糊字、缺字等；线条、表格清楚，无明显模糊不清；页面无明显褶皱、折痕、脏迹；正反面套准误差≤2.0mm；彩色印刷实地密度应符合国家标准；亮调阶调值至少3%（60cm^{-1}）网点可以再现，图像层次分明，网点清晰；封皮表面干净、平整、不模糊、光洁度好，无脏迹、明显卷曲、皱折、破口、起膜、气泡、亏膜、划痕；成品幅面裁切尺寸误差≤±1.5mm。

书刊的质量要求：成品尺寸误差，允差±1.0mm；成品歪斜偏差≤1.5mm；成品裁切光滑、完整；整体外观整洁，平服，完整；文字清晰，完整；图像完整，层次清楚，亮、中、暗调分明；线条、表格清楚；页面外观平整，干净；正反面套印误差≤2.5mm，跨页接版误差允差≤1.5mm，全书页码位置误差≤5.0mm；覆膜后图文清晰，表面干净、平整，黏结牢固；外观表面平整、牢固，光滑，四角垂直，成形方正；装订牢固不脱页和散页。

②包装印刷品。纸容器制品对尺寸要求非常高；除了印刷要求美观性和一致性外，还对保存和不变性有要求，要求印刷品耐光、耐湿，长时间内不会变色、变质；对被包装物品的保护性要求，流通过程中耐潮湿、抗氧化、防细菌等；还要易于陈设、对消费者具有感染力。

折叠纸盒的质量要求：在外观上要求成品表面清洁，每件成品主要部位上不能有直径>2mm的墨皮、纸毛等脏污，次要部位上不能有直径>3mm的墨皮、纸毛等脏污，印刷表面无明显刮痕、压痕、划伤、折皱、脏迹、气泡、摩擦掉色等现象；内容要求完整、有效，文字符号印刷要清晰完整，不能影响信息阅读及内容辨识；多色文字、图案、烫印、压凹凸、模切套准误差≤0.1mm；网点印刷清晰，不出重影，阶调还原准确；批量产品相对应位置色差（ΔEab）≤5；条码放置位置符合国标的规定；折叠纸盒支撑成型后，盒盖与盒体锁合严密，微型瓦楞折叠纸盒的表纸和里纸裱合牢固，不应有明显透楞，不起泡、无折皱；烫印表面应平实、不糊版、不脱落；上光应平实、牢固，无明显污渍点，局部上光套印准确；覆膜与印刷品不能出现分离，不得有明显污迹，覆膜表面气泡直径≤0.4mm；切口光滑，无明显露楞，无污渍、毛边、粘连，无明显的胶条印痕和底模痕迹，纸板痕线饱满无爆裂，无多余压痕；成品粘合处无溢胶、脱胶、开胶等现象。

③商业印刷品。要求印刷美观；产品目录、挂历等的外观质量要求高；因印刷品具有广告媒体、信息传播的作用，要求印刷品与企业标识的色彩一致；严守交货期。

④证券产品等防伪印刷。要求印色的均匀一致性；产品的尺寸裁切精确；信息能正确地输入或输出；严守交货期。

三、案例分析

印件类型与名称：精美画册《Knitting in No Time》；

成品尺寸：高280mm，宽210mm，厚17mm（书芯）；

用　　纸：壳面157g/m^{2}亚光铜版纸；

　　　　　壳里2.5mm厚灰板纸；

　　　　　环衬100 g/m^{2}胶版纸；

　　　　　内页128 g/m^{2}亚光铜版纸；

页数与颜色：壳面 4+0C；

　　　　　　　板纸 2页（4P）0+0C；

　　　　　　　环衬 4页（8P）1（专色）+0C；

　　　　　　　内页 80页（160P）4+4C。

　　印后工艺：方脊精装，壳面单面覆光膜；

　　印刷数量：10000册。

　　该画册主要内容是介绍手工编织围巾、帽子、衣服、背包等的方法，图文并茂，所用材料高档，图片精美，图片以人物为主。印刷工艺参数设置和印刷质量要求如下：

　　①印刷工艺方法。该印刷品为图书画册，印制精美，印数不多，印刷工艺方法可判断为平版胶印。

　　②印刷色数。壳面和内文4色（K、C、M、Y），环衬1个专色（紫色）；

　　③加网线数。画册为平版胶印，图片精美，设置加网线数为175LPI；

　　④加网角度。画册以暖色调为主，将主要色版品红版放于45°，弱色版黄版放在90°，其他色版青版放在15°，黑版放在75°；

　　⑤网点形状。画册阶调柔和，中间调丰富，选择椭圆形网点；

　　⑥印刷色序。画册以暖色调为主，将品红色放到青色后面印刷，印刷色序为K+C+M+Y；

　　⑦环境温湿度。温度为（23±5）℃，湿度为45%～70%；

　　⑧润版液pH：4～5；

　　⑨印刷质量要求。执行国际标准ISO12647-2的相关要求。

任务　分析和填写印刷施工单

训练目的

1. 了解印刷生产施工单的内容和要求。
2. 能读懂印刷施工单。
3. 能根据具体产品填写施工单的各项内容。

训练条件（场地、设备、工具、材料等）

1. 场地：教室。
2. 工具：长尺、短尺、计算器、书籍印刷成品样品。
3. 材料：白纸。

方法与步骤

一、熟悉印刷生产施工单的内容和要求

　　（1）印刷施工单的组成

　　又称生产传票、工作单、工程单、生产指令单，一般有五联：

　　第一联：存根；

第二联：调度；

第三联：版房；

第四联：印刷；

第五联：印后加工。

（2）印刷施工单的内容

①表头：公司名称及标志，如：×××…公司生产施工单。

②合同号、日期。

③客户、印刷品名。

④印数、规格、成品尺寸、钉式。

⑤页码数、色数、用纸类型。

⑥拼晒版图示及要求。

⑦印刷提示（要求）及内容。

⑧切纸提示（要求）。

⑨装订内容及要求。

⑩手工及后加工内容及要求。

⑪签字栏：制单及审核员，日期。

二、理解生产施工单各项要求的含义

如下例生产施工单：

表6-6　印刷生产施工单

印件名称	XXXX 企业年鉴		客户名称		XXXX 企业	
印件类别	书刊类	开单时间	X 年 X 月 X 日	交货时间	X 年 X 月 X 日	
成品尺寸	206mm×142mm	成品开度	大 32 开	成品数量	2000 本	
原稿	制作好的 PDF 文件和样稿					

构成	封面封底	内页	插页	其他
P 数	4P	256P	16P	–
纸张类型与定量	200g/m² 光粉纸	80g/m² 胶版纸	157g/m² 光粉纸	–
纸张规格	787 mm×1092mm	889 mm×1194mm	889 mm×1194mm	–
用纸数量	330 张	8800 张	625 张	–
印刷色数	4+0C	1+1C	4+4C	–
拼版方式	4 开单面版（出 2 个封面）	8 套对开正反版	16P 拼一套对开左右自翻版	–
印刷版数	4 块 4 开版	16 块对开版	4 块对开版	–
裁纸尺寸	390mm×540mm	885mm×595mm	885mm×595mm	–
印刷机台	4 开 4 色机	对开单色机	对开 4 色机	–
印刷色序	K，C，M，Y	K+K	K，C，M，Y	–

续表

印版完成时间	╳年╳月╳日	印刷完成时间	╳年╳月╳日

印后加工	面纸加工	单面过光胶前后各45mm勒口
	内页加工	内页：16P为一个折手，共16个折手 彩色插页加工：8P放于文字内页前，8P放于文字内页后 无线胶装
	其他说明	先切书芯的切口位，上封面后裁切上下两刀位
	完成时间	╳年╳月╳日

包装方式	纸箱包装

跟单员：╳╳╳	业务员：╳╳╳	制单员：╳╳╳	负责人：╳╳╳
第一联：存根	第二联：调度	第三联：版房	第四联：印刷	第五联：印后

表6-6施工单的内容说明如下：

（1）印件的基本信息　从表6-6的印件名称、成品尺寸、构成、P数、纸张类型、印刷色数以及印后加工等栏内信息中可得到如下印件总体印制要求如下：

印件名称：╳╳╳╳企业年鉴

印件类型：书刊类产品

成品尺寸：206mm×142mm

印刷材料及页码数：封面用纸200g/m² 光粉纸　2P

　　　　　　　　　彩色插页用纸157g/m² 光粉纸　16P

　　　　　　　　　文字内页用纸80g/m² 双胶纸　256P

印刷色数：封面4+0C

　　　　　彩色插页4+4C

　　　　　文字内页1+1C

印刷数量：2000册

印后加工：封面封底单面过光胶，封面封底带45mm勒口，装订方式为无线胶装。

（2）纸张数量与裁切要求　从纸张类型与定量、纸张规格、用纸数量、裁切尺寸四栏以及拼版方式中得到如下纸张的要求：

封皮用纸：200g/m² 光粉纸　正度787 mm×1092mm　330张（0.66令）

　　　　　切成390mm×540mm

插页用纸：157g/m² 光粉纸　大度889 mm×1194mm　8800张（17.6令）

　　　　　切成885mm×595mm

内页用纸：80g/m² 双胶纸　大度889 mm×1194mm　625张（1.25令）

　　　　　切成885mm×595mm

（3）拼版与出版要求　从拼版与印刷版数栏可得到如下大版版式信息：

封皮：两个封面和封底拼在一起成一套四开版，由于是单面印刷4色，印版为4块。

插页：16P拼一起，根据折页方式，将同一颜色的正面与反面拼在一块版上，印刷时纸张印完一面后，不用换版，将纸张左右翻转后印刷另一面，正反4个颜色，由于正反面拼一起，所以共计4块版。

内页：256P，一套正反面的对开版拼32P，256P共计8套版，每套版正反印1色即正面一块版反面一块版，共计16块版。

（4）印刷要求　从用纸数量、拼版方式、印刷版数、裁切尺寸、印刷机台、印刷色序栏中的信息得出如下的印刷要求：

封皮：单面4色，390mm×540mm的纸张1320张，印刷色序为K+C+M+Y，用4开4色印刷机印刷。

插页：双面4色，885mm×595mm的纸张1250张，印刷色序为K+C+M+Y，用对开4色印刷机印刷，正反面共用一套版，纸张印完一面后左右翻转印刷另一面。

内页：共8套版，双面印单黑色，每套版印刷885mm×595mm的纸张2200张，用对开单色印刷机，印完一面后换版印另一面。

（5）印后加工要求　从印后加工要栏中得出：

插页：印刷完的印张先裁切成8开再折页，共2个折手，每个折手8P。

内页：印刷完的印张先裁切成4开再折页，共16个折手，每个折手16P，折页后与插页一起配页，其中插页的8P放在文字内页前面，另8P放在文字内页的后面，配页后撞齐、铣背、打毛、切槽、刷胶，切书芯的切口位。

封皮：印刷完的印张，单面过光胶，裁切成8开，模切压痕，给书芯上封皮，先切前口，折勒口后切书的上下刀位。

（6）其他要求　施工单中还有很明确的每工序的完成时间的要求，包装要求等。

三、根据给定的印刷产品信息填写生产施工单

方法与步骤如下：①分析印刷产品的要求；②计算开本；③拼版版式设计；④计算用纸数量⑤计算印刷版数；⑥安排印刷设备与印刷色序；⑦设计印后加工工艺流程；⑧填写生产施工单。

下面以画册《Knitting in No Time》举例说明如何填写生产施工单，经过分析与已知信息得到《Knitting in No Time》画册的印刷工艺要求如下：

印件类型与名称：精美画册《Knitting in No Time》；

成品尺寸：高280mm，宽210mm，厚17mm（书芯）；

用　　　纸：壳面157g/m²亚光铜版纸；

壳里2.5mm厚灰板纸；

环衬100 g/m²胶版纸；

内页128 g/m²哑光铜版纸；

页数与颜色：壳面 4+0C；

板纸 2页（4P）0+0C；

环衬 4页（8P）1（专色）+0C；

内页 80页（160P）4+4C。

印后工艺：方脊精装，壳面单面覆光膜。

印刷数量：10000册

第一步：计算开本。

经计算得到内页280mm×210mm尺寸为大度16开，壳面展开尺寸为315mm×485mm

为正4开，环衬280mm×210mm尺寸为大度16开，书壳板纸286mm×206mm大度16开，长丝缕的纸张切成16开后与画册的丝缕方向吻合，2张，中径纸板286mm×22mm，1张，一本画册的两张书壳板纸加一张中径纸板的尺寸为286mm×434mm，刚好一个大8开。

第二步：拼版版式设计。

已知需要印刷的是壳面、环衬、内页，即壳面、环衬、内页需要进行拼版印刷。

内页，80页160P，尺寸为280mm×210mm，大度16开，印张=160/16=10，即一本书刚好拼10套对开正反版。

环衬，前后环衬共计4页8P，单页尺寸为280mm×210mm，大度16开，4页即一张4开纸，采用对开纸印刷，拼对开单面版，一套版出2本书的环衬。

壳面，展开尺寸为315mm×486mm，正4开，拼对开单面版，一套版出2本书的壳面。

第三步，计算用纸数量。

将印刷与印后加工需要加放的用纸数加一起计算。

内页，80页160P，大度16开，印张=160/16=10，即一本书刚好是10张对开纸正反面印刷。

128 g/m² 亚光铜版纸用纸令数：160页码/16开本×10000本/1000（1+0.9%×8+1.4%）=108.6令，即54300张889mm×1194mm纸。

环衬，前后环衬共计4页8面，大度16开，对开版出2本书的环衬，10000册印5000张对开纸，印1色加放0.9%，计算印1色的加放张数为45张，不足60张，按60张对开纸计算。

环衬100 g/m²胶版纸用纸令数：8页码/16开本×10000本/1000（1+1.4%）+60/1000=5.13（令），即2565张889mm×1194mm纸。

板纸，一本画册的两张书壳板纸加一张中径纸板的尺寸为286mm×434mm，刚好一个大8开。

2.5mm灰板纸用纸令数：10000本/8开/500×（1+1.4%）=2.535（令），即1268张889mm×1194mm纸。

壳面，展开尺寸为315mm×485mm，正度纸4开，对开版出2本书的壳面，10000册印5000张对开纸，印1色加放0.9%，计算印1色的加放张数为45张，不足60张，按60张对开纸计算。

157g/m²亚光铜版纸用纸令数：10000本/4开/500×（1+1.4%）+60×4色/1000=5.31（令），即2655张787mm×1092mm纸。

第四步，计算印刷版数。

内页，80页160P，4+4C，大度16开，即一本书刚好是10张对开纸正反面印刷。内页印版数：10×8色=80（块）。

环衬，前后环衬共计4页8面，大度16开，拼对开版出2本书的环衬，单面印1个专色。环衬印版数：1块（由于满版印刷，也可以不用印版）。

壳面，正度纸4开，拼对开版出2本书的壳面，单面4色印刷。壳面印版数：4块。

第五步，安排印刷设备与印刷色序。

内页，拼版方式为对开版，印色为正反4色，故采用对开4色印刷机。内页以暖色调为主，故印刷色序为K+C+M+Y。

环衬，拼版方式为对开版，印色为单面印一个专色，故可采用对开单色机或对开4色机。

壳面，拼版方式为对开版，印刷色单面印4色，故采用对开4色印刷机，该壳面也是以暖色调为主，故印刷色序为K+C+M+Y。

第六步，设计印后加工工艺流程，如图6-26所示。

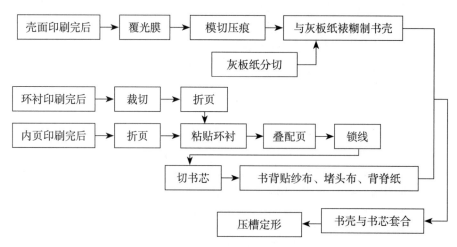

图6-26　印后加工工艺流程

第七步，填写生产施工单。

生产施工单填写表6-7。

表6-7　印刷生产施工单

印件名称	××××××××		客户名称		××××××××	
印件类别	画册类	开单时间	X年X月X日		交货时间	X年X月X日
成品尺寸	280mm×210mm	成品开度	大16开		成品数量	10000本
原稿	制作好的PDF文件和样稿					

构成	壳面	内页	环衬	板纸
P数	2P	160P	8P	4P
纸张类型与定量	157g/m² 亚光铜版纸	128 g/m² 亚光铜版纸	100 g/m² 胶版纸	2.5mm 厚灰板纸
纸张规格	787mm×1092mm	889 mm×1194mm	889 mm×1194mm	889mm×1194mm
用纸数量	2655张	54300张	2565张	1268张
印刷色数	4+0C	4+4C	1+0C（专紫色）	—
拼版方式	对开单面版（出2本）	10套对开正反版	对开单面版（出2本书）	—
印刷版数	4块对开版	80块对开版	1块对开版	—
裁纸尺寸	783 mm×540mm	885 mm×595mm	885 mm×595mm	书壳板纸：286 mm×206mm　中径板纸：286 mm×22mm
印刷机台	对开4色机	对开4色机	对开单色机	—
印刷色序	K，C，M，Y	K，C，M，Y	—	—
印版完成时间	X年X月X日		印刷完成时间		X年X月X日	

印后加工	面纸加工	壳面过光胶
	内页加工	折页、粘环衬、配页、锁线、切书、书背贴纱布、堵头布、背脊纸、上壳面方背精装
	其他说明	
	完成时间	X年X月X日
包装方式		纸箱包装
跟单员：×× ×	业务员：×× ×	制单员：×× ×　负责人：×× ×

| 第一联：存根 | 第二联：调度 | 第三联：版房 | 第四联：印刷 | 第五联：印后 |

考核基本要求

1. 能读懂印刷生产施工单。
2. 能独立编写生产施工单。

项目二 印刷工艺管理

知识点1 工艺过程管理

一、印刷工艺过程管理

1. 生产工艺的制定

印刷行业是订单型的制造业，根据客户的要求进行生产，对客户要求的解读非常重要，印刷工艺设计与制定一方面是解读客户的要求，另一方面结合企业设备与生产特点制定符合本企业的生产工艺流程与印刷装订方法，将客户的要求贯彻到实际生产中。印刷工艺的制定包含以下几点：①印刷产品要求分析；②印刷工艺方法的确定；③印刷工艺流程的确定；④设备的选型；⑤印刷大版版式的设计；⑥材料的选用和用量预算；⑦印刷工艺参数的确定；⑧产品质量要求的制定；⑨其他特殊要求。

2. 原材料的质量检查

在印刷前对所使用的材料要进行质量检查，确定所使用的材料要能满足印刷适性的特定要求。

（1）印版 印版的晒制要使用晒版质量控制条，对印版的晒制质量进行控制，确定印版是否达到要求。

（2）纸张 所使用的纸张应当具有良好的印刷适性，例如商业印刷使用的铜版纸、包装印刷使用的白板纸、报纸印刷使用的新闻纸等，都必须符合相应的要求。阅读类印刷品的主要承印物为薄纸，例如：胶版纸、铜版纸、亚粉纸、书写纸等，厚度一般在0.18mm以下。包装印刷的主要承印物为厚纸，例如：白板纸、白卡纸、PVC、金（银）卡纸等，厚度一般在0.25mm以上，材质较复杂，每种材质都有不同的印刷适性。例如，金（银）卡纸属于非吸收性材料，油墨在其表面上不能渗透，只能靠油墨本身的自然挥发和内部固着进行干燥，干燥时间较长，印刷过程中容易出现表面擦花和背面蹭脏。

纸张质量的好坏不仅影响到印刷，而且直接影响到印后工序。原材料质检的重点首先是纸张的表面强度和厚度，这两个指标对印刷影响较大。纸张的表面强度差，在印刷过程中会出现脱毛、掉粉，导致频繁清洗橡皮布，停机次数增多，墨色不稳定。纸张厚度要均匀一致，紧度符合标准。压力是印刷的基础之一，如果纸张厚度不一致或紧度差，直接导致印刷压力的变化，其结果是印刷网点虚虚实实，墨色杂乱无章。其次要注意的就是纸张的定量、挺度和变形量，它们对印后加工影响较大，定量不足和挺度差，直接影响到包装产品的强度和成型。纸张的变形量大，轻则影响印刷套印，重则影响印后工序的烫印、压凹凸的准确性，甚至还会影响模切定位。纸张的白度、平滑度和光泽度要符合复制质量的要求。

（3）油墨　使用最能优化印刷机性能的油墨，油墨的流变特性要符合作业的要求，颜色特性要符合复制质量的要求。在合理的墨层厚度条件下，油墨所产生的网点增大和叠印率要在要求的范围之内。

（4）橡皮布　胶印中使用的橡皮布要具有良好的缓冲、快速回弹性能。

（5）润湿液　保证所使用的润湿液要与油墨、印版相适应。检查润湿液的pH和电导率，保证在合适的范围内。

3．印前制版

印前工艺随印刷产品和印刷条件的改变而改变。例如，在出印版前，要考虑纸张、印刷条件对应的印刷网点扩大的特性、色域、灰平衡数据等。为了得到符合特性的标准化数据，需在印刷前进行一系列的实验和分析。

印版是印刷的基础，所以印前制作出来的印版一定要准确无误，因此要对客户提供的资料一一审核，例如：文字、图像质量及位置、排版精度、图样尺寸、网点值、商标图样、条码等，都必须经过仔细检查，做到清晰明了后转交下工序。

4．印刷

在印刷前要对印刷机的主要部件如输纸部分、定位部分等进行检查，根据印版和包衬厚度的变化调整墨辊与水辊的压力，使印刷机调整到最佳的印刷状态。

印刷是产品的重点工序，印刷过程要检测印刷机的墨斗的墨量、润版液的pH、机器的压力、印刷速度、环境条件、油墨的黏度、以及与机器有关的其他条件，以确保机器正常运转，保证同一批次或多批次产品的墨色保持一致。

印刷过程中选择抽样进行检验，当产品质量存在偏差时，在机器运转中就要调整，使机器回到要求的控制状态。一般，已经对机器作过正确调整，并且对仪器的调整作过检测的话，只需要针对印件作微小的调整就行了。有证据表明，如果经常对印刷机进行调整，产品质量的波动会更大；而机器调好后不再调整，质量波动反而较小。

5．印后加工工艺

调整机器，使其处于适合所使用材料的最佳工作状态。印后加工工序的质量检查也采用抽样方式，当产品质量存在偏差时，及时调整。有些情况，需要停机进行调整，从生产的产品中将次品剔除。

二、工艺过程管理

1．印刷生产任务管理

总体生产任务管理包括：生产任务、生产材料申购、生产领料、生产任务汇报、产品检验、产成品入库、生产报表分析管理等。

车间作业管理包括：工序计划、工序移交、工序派工、工序汇报、工序检验、车间作业报表分析等管理工作。根据生产任务单生成工序计划单、工序派工单。每天生产结束后工序检验单、工序汇报单，从而生成车间作业报表分析。

2. 生产过程的组织管理

加强工艺管理，优化工艺路线和工艺布局，提高工艺水平，严格按工艺要求组织生产，使生产处于受控状态，保证产品质量。工艺管理包含以下方面：

①每个印件按最优化的工艺流程与质量及最省成本制定工艺规程，制定的工艺规程由相应经验丰富的员工检查确认。

②生产严格贯彻执行工艺规程，对工艺文件规定的工艺参数、技术要求应严格遵守、认真执行，按规定进行检查，做好记录。如需修改或变更，应提出申请，并经试验鉴定，报请生产技术部或工艺部审批后方可用于生产。

③每个工序的首件产品判定无异常且合格方可投入生产。

④每件印刷品按规定做好各项领料数量、半成品数量、成品数量、样品数的记录。

⑤保管好每单业务的原始文件和原始材料、打样稿、签样稿和成品样。

⑥对新员工和工种变动人员进行岗位技能培训，经考试合格并有师傅指导方可上岗操作，生产技术部不定期检查工艺纪律执行情况。

⑦对原材料、半成品进入车间后要进行检查，符合标准以及有接收手续方可投产，否则不得投入生产。

⑧合理化建议、技术改进、新材料应用必须进行试验、鉴定、审批后纳入有关技术、工艺文件方可用于生产。

⑨生产部门应建立生产记录台账。

⑩合理使用设备、量具、工位器具，保持精度和良好的技术状态。

三、工艺过程的标准化管理

在印刷企业，生产是以规定的成本、规定的工时，生产出符合质量标准或客户要求的产品。如果生产作业工序的前后次序随意变更，或作业方法、作业条件随人而异、经常有所改变的话，肯定无法生产出符合要求的产品。因此，必须对作业流程、作业方法、作业条件加以规定并贯彻执行，使之标准化。

实施标准化能够达到四大目的：实现技术储备、提高生产/工作效率、防止问题的再发生、用于教育训练。

通过标准化，一个很重要的目的就是能够把企业员工所积累的技术、经验等，通过文件的方式加以保存，而不会因为人员的流动，整个技术、经验跟着流失。将个人的经验（财富）转化为企业的财富；更因为有了标准化，每一项工作即使换了不同的人来操作，也不会因为人的不同，在效率与品质上出现太大的差异。如果没有标准化，老员工离职时，他将所有曾经发生过问题的应对方法、作业技巧等宝贵经验装在脑子里带走了，新员工可能重复发生以前的问题，即便在交接时有了传授，单凭记忆很难完全记住。没有标准化，不同的师傅将带出不同的徒弟，其工作结果的一致性可想而知。另外，标准化也能够防止出现某些工序或工种的技术操作人员，或维修人员，以掌握一些别人不了解、或不能够掌握的技巧、秘诀而要挟企业管理者的情况。

创新改善与标准化是企业提升管理水平的两大轮子。改善创新是使企业管理水平不断提升的驱动力，而标准化则是防止企业管理水平下滑的制动力。没有标准化，企业不可能维持在较高的管理水平上。

一个好的标准其制定有一些基本要求，至少应满足以下六条：

（1）目标指向要明确　标准必须面对一个目标，即遵循标准总是能保持生产出相同品质的产品。因此，与目标无关的词语、内容请勿出现。

（2）要显示原因和结果　比如"安全地安装印版"。这是一个结果，还应该描述如何安装印版。

（3）用词要准确，避免抽象。

（4）尽量以数量化的方式使标准的描述更具体　要保证每个读标准的人必须能够以相同的方式理解和解释标准。为了达到这一点，标准中应该多使用图和数字。

（5）要具有现实性、可操作性　标准必须是现实的，即可操作的。标准的可操作性非常重要。可操作性差是我们许多企业制定标准的通病。

（6）要及时修订　标准在需要时必须修订。在优秀的企业，工作是按标准进行的，因此标准必须是最新的，是当时正确的操作情况的反映。永远不会有十全十美的标准。出现以下情况时应修订标准：内容难，或难以执行定义的任务；当产品的质量水平已经改变时；当发现问题及改变步骤时；当部件或材料已经改变时；当机器、工具、方法或仪器已经改变时；当工作程序已经改变时；当要适应外部因素改变（如环境的问题）时；当法律和规章（产品赔偿责任法律）已经改变时；标准已经改变时。

标准化工作可以按照"五按五干五检"的思路来进行，即：①按程序、按线路、按标准、按时间、按操作指令；②干什么、怎么干、什么时间干、按什么线路干、干到什么程度；③由谁来检查、什么时间检查、检查什么项目、检查的标准是什么、检查的结果由谁来落实。用以上的要求来规范、评价及检查每项工作，使工艺控制管理工作的标准化水平大幅度提升。

知识点2　工艺现场管理

作为企业，生产要素的主体在生产现场，基本职工在生产现场，企业的经营决策、生产计划要通过现场作业实施，总之，生产投入转化为产品产出都是在现场进行的。因此，决定企业经济效益水平的基础在现场，现场是企业管理的出发点和落脚点。现场管理的好坏有利于成本的降低，有利于保证产品质量，有利于提高员工队伍的综合素质。在现代成功的企业中无不高度重视现场管理，现场管理水平的高低决定了企业产品的质量、生产效率、成本和效益。现场管理作为企业展示其形象、技术实力和扩大知名度的窗口，客户往往通过现场管理这面镜子，就可看到企业的产品质量、服务质量、劳动生产率、安全生产、经济效益状况、员工的精神面貌和形象，直接或间接地反映出企业生产的产品在市场上的内在竞争力，并可衡量出企业管理的优劣。

一、定置管理

定置管理是指在生产过程中要通过科学规划，将物品放置到固定位置，使人、物、场所（包括材料、产品或半成品、工具区域等）处于最佳结合状态，做出适应生产需要的最紧密的安置。因为优良的产品必须有科学的管理来保证，实行定置管理是生产管理中必不可少的一环。

为了做到科学的定置管理，首先进行人、物结合状态的分析，以确定在定置工作中能够做到不同的结合状态。①紧密结合（加工时连续在用的）；②半紧密结合（等待使用的）；③松散结合（成品结束的）；④无结合状态（不能再使用的）。对于不可再使用的，不要放在车间内，否则显得车间场地非常零乱，要及时处理掉，使车间的场地整洁、道路畅通。

其次对物流、信息流进行分析，制定定置设计图。具体做法是，对车间工艺流程中的各个环节，从原材料投入到产品生产完毕的全过程分析，从而掌握生产过程的物流状况，以进行加工工艺和设备、工具、材料、在制品等的布置改进。定置管理遵循以下基本原则：①距离最短。最常用的运输线路的长度应尽可能短，将人流、物流往返次数减至最小；②提高物流效率。物流沿合理线路流动，不能倒流，避免工作线路或运输线路交叉。有效的物流形式有"U"和"L"形；③安全生产。为了便于接近和操作设备，一定要留有足够空间。通行线路要整洁并有标志，安全设计应当符合政府的安全规定，要考虑防火、防潮、防震和预防犯罪等措施；④灵活性。当车间或设备有变化时，能灵活改变。

除此以外，结合作业结构和影响作业时间的原因分析，来改进作业结构，达到减短作业时间、提高生产效率的目的。通过定置设计，做到有物必有区，每区必挂牌，挂牌必分类，分类必考核，使生产作业达到了规范化、标准化和科学化。

二、工艺现场的环境管理

良好的工作环境能使工作人员发挥更佳的效能，生产质量更有保证。

（1）室内温湿度　适宜印刷作业的环境条件为：温度（23±5）℃，相对湿度45%~70%。印刷作业人员应培养关注作业环境温湿度的习惯，及时有效地掌控温湿度变化并采取相应措施，使其始终能满足印刷作业要求，从而获得符合顾客要求的印品。

（2）照明　全光谱或普通日光灯、白炽灯或自然光都能提供健康的照明，其照明强度能产生较好的视觉效果。

（3）强光和对比度　将光源和物体的反射面放在适当位置或屏蔽起来，使工作避免直接或间接受到强光的照射。工作区域比一般区域照度强，可以得到合适的对比度。墙壁和房顶应该涂浅色，不能产生眩光。

（4）安全　工作环境应考虑员工和设备的安全问题，如在生产过程中产生有害气体或废物，要及时排出。

（5）噪声　应尽可能消除噪声或用隔离板加以隔离，如果做不到这一点时，应该给工作人员配发耳罩。

三、"6S"管理

目前很多印刷厂的工作现场存在脏、乱、差现象，表现为物品摆放杂乱、库存控制能力不足、工作环境卫生差、生产设备保养不及时等情况。"6S"管理是现代工厂行之有效的现场管理理念和方法。通过"6S"管理，可以很好地改善印刷企业的工作现场环境，生产制度规范化，生产中的异常现象明显化，可以第一时间对机器进行保养，预防机器运转不稳，保障生产机器的工作稳定，保证生产质量达标。实行"6S"管理还可以提高现场管理控制能力，使企业在一个良好的生产秩序下，以最低的生产物料保质保量的完成生产。

"6S"管理始创于日本，内容包括整理（SEIRI）、整顿（SEITON）、清扫（SEISO）、清洁（SEIKETSU）、素养（SHITSUKE）、安全（SECURITY）。

（1）整理（SEIRI），以作业机能为衡量点，为充分发挥应有的机能，分析哪些是必备的物品及应有的流程。整理不是把现有的物品摆放整齐、有条理，而是要分出必需品和无用品，把必需品留下来，并且把必需品整理得井井有条，把无用品坚决剔除，防止误用，塑造清爽的工作现场。

整理可以从以下3步进行：

①分清必需物料和非必需物料。现场检查，对于工作场所内进行全面检查，包括桌面、墙面、机器下面、电脑、车间的电线布置、机台周围情况。挑出无用品，查看机器设备和日常用品有无报废或者闲置。

②果断消除无用品。找出生产工作现场中的必需品和无用品，并制定出相应的处理方案。

③摆放好必需品。每天下班前的15min，生产者应按照事先制定好的工作现场要求，进行检查。整理活动的实施可通过照相机、录相拍摄下来，做成展台进行前后效果对比，或用不同的盒子进行收纳并用标签注明。

（2）整顿（SEITON），以流程的合理化角度来考虑，以"定点、定容、定量"为原则；将留下来的物品按规定摆放整齐，进行归位、定位、分类、贴上标签，使管理状态清晰表现出来，使工作现场明朗，清除寻找物品的时间，创造整齐的工作环境。

整顿的结果要达到以下4个方面的要求：第一，做到立即拿取所需要的物品。第二，充分地利用狭窄的场所。第三，在提高工作效率的同时创造安全的工作环境。第四，节约物资材料。

整顿可以从以下3个步骤进行：

①科学合理地安排放置位置。物质材料的摆放依据更安全、拿取更便利的原则进行布置，经常使用的物品放置在指定的位置上，不常使用的物品放置在存放架上或库房里。在工作现场画出工作通道和生产作业区。工作通道绝不能放置物品，目的是使工作运行安全。常使用的物品应放在离工作台近的位置。近期内不用的物品应放置在远一些的位置上。

②用纸条或纸盒划分细节。在放置物品的相应位置上贴上相应的标签，方便寻找取放。

③放置方法。物品及工具的摆放一定要在固定的地点和区域。摆放的位置不能随某个人的喜好而改变，固定的放置安排应适合大多数人的习惯。

（3）清扫（SEISO），清扫是通过制定要求，清洁工作现场。实现无垃圾、无污垢，维护机修设备的精度，早些发现设备的不完善，减少故障的发生。清扫工作可从3个方面进行：首先清扫平时使用的生产工具，比如办公电脑。然后清扫生产中使用的设备，主要是指设备的日常保养，这部分可参考机器的使用说明完成。最后清扫生产过程中产生的垃圾，如裁纸机台产生的废纸边、印刷过程中产生的废品，更换材料时的包装盒等。

清扫可以从以下2个步骤进行：

①建立责任区域，明确负责人。印前制作过程可以分出印前图像责任区、数码印刷区、出版区、印版检查区。印刷和印后加工也可根据机台划分出不同区域，在相应的区域要明示出负责人的名单。

②建立清扫标准。从每日清扫到每周的保洁，要划分清扫的内容和清扫区域。每一区域的日常保洁主要是把当天的垃圾清除掉，地面保持卫生没有杂物。空气要清新，温湿度调节到适中。每日下班前要对作业机器进行检查，预防机器出现事故。清扫的推行方法是相关领导每周检查一次清扫情况。或是采用不定期的抽查，特别注意卫生死角和办公设备的清洁。如果发现问题要找到责任人并按照职责进行改进。

（4）清洁（SEIKETSU），清洁即一目了然的管理、标准化的管理，就是对前面的整理、整顿、清扫形成制度化、标准化，创造一个舒适的工作环境，持续不断地整理、整顿，以保持或保障安全、卫生。

（5）素养（SHITSUKE），素养指通过教育训练、活动、监督等工作，培养员工良好的工作习惯，促使员工自发地提高工作能力，主观愿意不断改进生产工艺，确保各项工作的顺利进行。具体可从以下3个方面进行操作：

①编写《工作手册》，从工艺流程到生产模式，岗位流程、岗位职责，以此来规范员工的工作步骤和流程。编写《常见问题手册》，培养职工发现、解决问题的能力。鼓励职工把工作过程中遇到的问题记录在册，便于以后学习和提高。

②企业重视培训，让员工热爱学习，调动员工学习热情，使企业变成一个学习型、创新型的企业。

③培养员工自觉制订工作计划、自我监督的良好习惯，把工作由被动变为主动，养成自觉的好习惯。

（6）安全（SECURITY），指的是安全生产，要安全生产，需要做到以下几点：

①严格执行各项安全操作规程。

②经常开展安全活动，不定期进行认真整改、清除隐患。

③按规定穿戴好劳保用品，认真执行安全生产。

④操作员应培训后持操作证上岗。

⑤学徒工、实习生及其他学员上岗操作应有师傅带领指导，不得独立操作。

⑥交接班记录，班后认真检查，清理现场，关好门窗，对重要材料要严加管理以免丢失。

⑦非本工种人员或非本机人员不准操作设备。

⑧重点设备，要专人管理，卫生清洁、严禁损坏。

⑨消防器材要确保灵敏可靠，定期检查更换，有效期限标志明显。

⑩加强事故管理，坚持对重大未遂事故不放过，要有事故原始记录及时处理报告，记录要准确，上报要及时。

⑪发生事故按有关规定及程序及时上报。

⑫生产车间严禁一切火源。车间地面不得有积水、积油。车间内管路线路设置合理、安装整齐、严禁跑冒、滴、漏，车间管沟、盖板完整无缺，沟内无杂物，及时清理，严禁堵塞。

知识点3　产品质量管理

一、影响印刷品质量因素

影响印刷品质量的因素非常多，包含有材料方面、环境方面、技术方面、人员方面、设备方面、工艺方面等，我们将影响印刷品质量的因素用鱼骨图方式表示出来，如图6-27所示。

正因为印刷质量受到的影响因素非常多，所以现在的印刷企业都采用全面印刷质量管理方法，采用全员参与、全流程管理，其中与印刷质量关系最为密切的为印刷工艺过程质量管理。

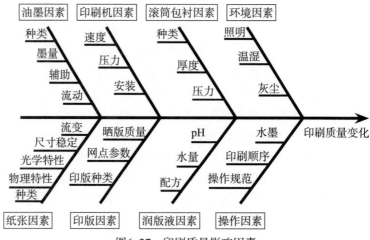

图6-27　印刷质量影响因素

二、印刷工艺过程质量管理

产品的质量问题，大部分都出现在生产和制造过程中，特别是印刷企业一定要加强生产过程的质量控制，这是保证和提高产品质量的关键。印刷工艺过程的质量控制应做好以下几项主要工作：

（1）严格工艺纪律　从生产现场来看，影响产品质量的不外乎人、材料、设备、工艺、环境这五个因素。严格执行纪律，保证工艺质量，把以上五个因素切实有效地控制起来，及时消除不良因素，就能保证稳定地生产出合格品和优质品，这是现场质量管理的核心。其中人的管理是最重要的决定因素。要求操作者牢固树立"质量第一"的思想和对企业负责的责任感，按工艺要求生产。关于材料管理，不仅要入库检查还要建立材料管理台账，对易变质的材料要定期抽检，以保证使用材料的质量。关于设备管理，要正确地使用，定期维护保养，保证运转正常。关于工艺管理，要求严格按照工艺标准、规程进行操作。关于环境管理，要求工作现场清洁、布局合理工具、物品存放有序，做到文明生产。

（2）做好质量检验工作　质量检验是企业质量管理必不可少的内容。是保证产品质量最基本、最起码的职能。检验的内容包括：进料检验（IQC）、印刷工序首件检验、过程巡回检验（IPQC）、成品出入库检验（OQC/FQC）、进料/成品异常检验等。检验的方法按工艺分有预先检验、中间检验和最后检验三种。特别是最后成品出厂前进行的检验，这是保证出厂质量不可缺少的检验。

检测的目的是防止缺陷，而不是探寻缺陷，从质量管理的要求来看，检验的目的不仅在于剔除废次品，而且还在于收集、积累大量的数据、资料，以便指导生产。在检测发现缺陷后确定引起缺陷的根源以及要指明所需要的校正措施，并对印刷工艺过程进行持续的监控，引导工艺过程的改进。通过检测所得的数据可以确定企业的加工能力。所以企业要充分应用生产现场质量检验的数据、资料，把制造过程的质量信息及时反馈到有关工序和部门，促使企业改善经营管理，提高产品质量。

（3）定期综合分析质量检测数据，掌握质量动态 企业要经常了解生产的质量现状，系统地分析质量发展动态，以便有效地预防事故。掌握质量动态的主要办法就是定期对原始记录和台账加以综合统计和分析，从中看出问题，找出规律，分析原因，研究对策。企业掌握质量指标主要有两类：一类是产品质量指标，如产品质量特性值和优等品率、一等品率；另一类是工作质量指标，如合格品率、废品率、返工率等。定期分析产品质量，寻找原因和责任者，发现废品产生和变化的规律，以采取技术和组织措施，减少或杜绝废品。对废品和质量事故要做到"三不放过，即找不到原因不放过；没有提出防患措施不放过，当事人没有得到教育不放过"。

（4）加强员工的技能培训 提高企业的产品质量，除了注重生产过程中的一系列管理之外，员工的操作技能水平是重要的条件。能过对员工的培训来提高员工的工作能力，包含以下两方面：

①提高员工的专业知识理论水平。随着印刷业的快速发展，一定要注意专业理论知识的学习，不断掌握新的理论知识，才能掌握和了解新工艺、新设备、新技术、新材料的更新换代，才能跟上历史发展和进步的"节拍"，才能够胜任自己的工作，产品质量才会有保证。

②提高员工的技术操作水平。好的产品是干出来的，没有娴熟的操作水平和高超的技艺是干不出好活来的。因此，既要认真学习，又要努力提高操作水平，要在"练"上下功夫。要加强对员工的技术培训，适时开展一些劳动竞赛、技术比赛、质量比赛等活动，练出一套过硬的操作技能，以保证产品质量的稳定和提高。

三、全面质量管理

全面质量管理的对象是全面的、是全员参与的，也是全流程管控的，质量管理的方法是科学的，多种多样的各种现代管理技术和方法。全面质量管理的基本理论观点包含：

①坚持"质量第一"的方法，树立用户至上的观点。

②以"预防为主"的观点，在生产过程中，对产品或服务进行严格控制，消灭在萌芽状态。

③尊重科学，实事求是，用数据说话。

全面质量管理的内容：

①在质量体系方面，根据企业质量方针目标要求，建立健全企业的质量体系。

②在质量管理基础工作方法，做好：

a. 加强质量教育工作。要经常进行"质量第一"的思想教育，"质量第一"是质量管理的指导思想，也是企业质量管理的主要内容。认真贯彻这一方针，要进行质量思想教育。企业的员工要有为用客户服务、为下道工序服务的思想和意识。从企业日常接触的质量问题来看，比较大量的经常性的质量问题都是由于思想问题造成的。比如粗心大意、责任心不强、怕麻烦图省事、弄虚作假、违反操作规程或工艺规程等。所以思想教育非常重要。

b. 做好标准化工作。标准是衡量产品质量及工作质量的尺度，也是企业进行生产技术活动的依据。标准化工作，就是针对重复出现的事物，以实现最佳经济效益为目标，有组织地制定、修订和贯彻各种标准化的过程。企业管理的全过程，包括从计划、实施、检查到总结四个阶段，步步都离不开标准。这是企业质量管理的基础。标准化的内容主要有两大类：一类属于技术标准(规定标准和本企业自己的标准)。另一类属于管理标准(就是把各项管理的工作程序、办事规程、业务守则、各种职责、条例，用制度形式固定下来)。企业要号召和要求员工按照标准来进行操作。

c. 做好计量工作。在生产过程中，做好测试和计量工作，是认真执行质量标准，保证产品质量的重要手段，是企业质量管理的一项基础工作。

d. 做好有关质量情况的原始记录。原始记录是通过填写对生产经营活动所作的最初直接记录。如产量、质量的记录、设备运转情况和出勤等。它是企业最原始的信息和质量情报的重要来源，是统计工作的基础，是计划和决策的依据。记录要做到：数据准确、时间及时、情况完整。这对分析工作情况、了解产品质量、改进工作质量的依据，是提高产品质量管理的基础。

e. 建立健全各级以质量责任制为核心的质量管理制度。影响印刷产品质量的因素很多，涉及各个岗位和每一个员工。如果没有明确的责任制，出现质量问题找不到责任者，查不到原因，就谈不上改进和提高质量了。所以要建立质量责任制是企业质量管理极为重要的基础性工作。它要求各个岗位和每个员工，都要明确规定在质量工作中的具体任务和责任，做到职责明确、功过分明，实现"事事有人管，人人有专责，办事有标准，工作有考核"。

任务　给定印刷品的工艺规程编制

训练目的

《印刷工艺规程编制》是在印刷工艺所有内容学习结束后进行的综合设计训练。通过对指定印刷品的生产制作工艺规程进行设计，达到以下目的：

1. 对所学印刷工艺内容进行综合性运用，加深理解。
2. 进一步熟悉印刷工艺。
3. 学会完整工艺设计的基本步骤、方法及内容。
4. 掌握印刷工艺规程的制定与设计书的编写。

训练条件（场地、设备、工具、材料等）

1. 场地：教室。
2. 设备：彩色密度计、电脑、装订设备、打印设备等。
3. 工具：长尺、短尺、剪刀、戒刀、放大镜、计算器、书籍印刷成品样品。

4．材料：白纸、装订材料等。

方法与步骤

在对印件做出基本分析的前提下，对产品的材料、工艺方法、价格、设备选型、工艺条件及参数、制版版式、生产质量要求等进行分析，并设计和填写施工单。

1．对给定的印刷品进行印刷工艺分析。

分析内容包括：印刷产品名称、类别、色彩与图像方面的特点、成品尺寸、构成特点、印刷色数、页码数、用纸类型和定量、印制要求等。

以画册《Knitting in No Time》为例，经过分析得到《Knitting in No Time》画册的印刷工艺如下：

印件类型与名称：精美画册《Knitting in No Time》；

成品尺寸：高280mm，宽210mm，厚17mm（书芯）；

用　　　纸：壳面157g/m²亚光铜版纸；

　　　　　　壳里2.5mm厚灰板纸；

　　　　　　环衬100 g/m²胶版纸；

　　　　　　内页128 g/m²亚光铜版纸；

页数与颜色：壳面 4+0C；

　　　　　　板纸 2页（4P）0+0C；

　　　　　　环衬 4页（8P）1（专色）+0C；

　　　　　　内页 80页（160P）4+4C。

印后工艺：方脊精装，壳面单面覆光膜。

印刷数量：10000册

2．制定生产流程框图（图6-28）。

选择印刷工艺方法，并画出生产流程图。

以画册《Knitting in No Time》为例，该画册平版胶印，生产流程如图6-28：

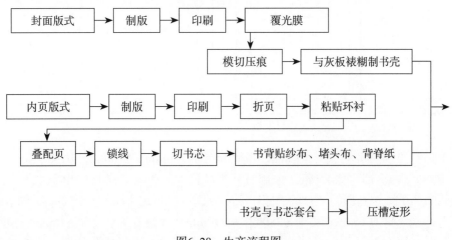

图6-28　生产流程图

3．选择各工艺所用设备及工艺参数。

①制版、印刷、印后设备选型。

②工艺参数的设定：印刷色数、网点加网线数、加网角度、网点形状、印刷色序、环境温湿度、润版液pH等工艺参数。

以画册《Knitting in No Time》为例，如客户自来制作好PDF文件，需要的制版设备为电脑、CTP出版机、数字打样机；印刷机为对开4色机；印后设备有覆膜机、折页机、配页机、黏衬机、锁线机、制壳机、精装联动线、板纸分切机、三面刀、打包机。

画册《Knitting in No Time》的工艺参数设定如下：

印刷色数：壳面和内文4色（K、C、M、Y），环衬1个专色（紫色）；

加网线数：175LPI；

加网角度：画册以暖色调为主，品红版45°，青版15°，黑版75°，黄版90°；

网点形状：画册阶调柔和，中间调丰富，选择椭圆形网点；

印刷色序：画册以暖色调为主，印刷色序为K+C+M+Y；

环境温湿度：温度为（23±5）℃，湿度为70%～45%；

润版液pH：4～5。

4．拼版和晒版版式图设计：分析印刷品需要印刷的部分，并对需印刷的部分进行大版版式设计。

以画册《Knitting in No Time》为例，版式图如下：

（1）壳面　经计算壳面展开尺寸为315 mm×485mm（下一个知识点介绍精装壳面的尺寸的介绍），正度纸4开，拼版可以是正度四开纸拼一个，或者正度对开纸拼两个，取决于印数的多少，一般印数5000份以上采用对开纸印刷，5000份以下用4开纸。拼成对开版的大版版式图如图6-29。

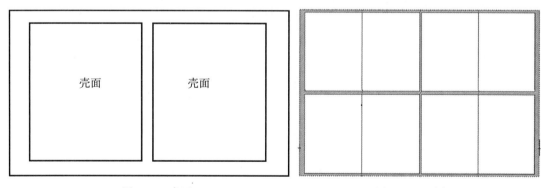

图6-29　壳面　　　　　　　　　　　图6-30　环衬

（2）环衬　前后环衬共计4页8面，单页尺寸为280mm×210mm，从这个尺寸可知开本为大度16开，4页即一张4开纸，采用对开纸印刷，一张对开纸可以出两本书的环衬。大版版式图如下。该画册的环衬的满版印刷专色，可以不用拼版，直接印刷（图6-30）。

（3）内页　80页160P，尺寸为280mm×210mm，大度16开，印张=160/16=10，即一本书刚好是10张对开纸正反面印刷所得，第一个印张的大版版式图如下，其他印张版式只需改页码就可以（图6-31）。

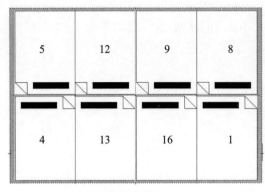 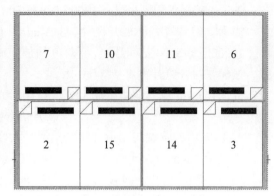

第A面（正面）　　　　　　　　　　　　第B面（反面）

图6-31　内页

5．材料的选择与用量计算。

（1）纸张的选型与用量计算　计算内文、壳面、板纸、环衬、封套等的开本，选择原纸幅面，如正度或大度或特度纸，计算纸张的用量。

以画册《Knitting in No Time》为例，纸张的造型与用量计算如下：

①书壳尺寸计算

书壳板纸长度=书芯长度+飘口宽度×2=280+3×2=286（mm）

书壳纸板宽度=书芯宽度−（4.0±0.5）=210−4=206（mm）

中径纸板长度=书壳板纸长度=286mm

中径纸板宽度=书芯背宽度+纸板厚度×2+1.0=17+2.5×2=22（mm）

书壳面料长度=书壳纸板长度+包边宽度×2+纸板厚度×2=286+12×2+2.5×2=315（mm）

中径宽度=中径纸板宽度+中缝宽度×2=22+11×2=44（mm）

书壳面料宽度=书壳纸板宽度×2+中径宽度+包边宽度×2+纸板厚度×2
　　　　　　=206×2+44+12×2+2.5×2=485（mm）

②用纸量计算

内页，80页160P，尺寸为280mm×210mm，大度16开，印张=160/16=10，即一本书刚好是10张对开纸正反面印刷。

内页128 g/m²亚光铜版纸用纸令数：160页码/16开本×10000本/1000（1+0.9%×8+1.4%）
　　　　　　　　　　　　=108.6（令）

环衬，前后环衬共计4页8面，单页尺寸为280mm×210mm，从这个尺寸可知开本为大度16开，4页即一张4开纸，采用对开纸印刷，拼对开版出2本书的环衬，10000册印5000张对开纸，印1色加放0.9%，计算印1色的加放张数为45张，不足60张，按60张对开纸计算。

环衬100 g/m²胶版纸用纸令数：8页码/16开本×10000本/1000（1+1.4%）+60/1000
　　　　　　　　　　　　=5.13（令）

板纸，书壳板纸286 mm×206mm，大度16开，并且长丝缕的纸张切成16开后与画册的丝缕方向吻合，2页，中径纸板286 mm×22mm，1页，一本画册的两张书壳板纸加一张中径纸板的尺寸为286 mm×434 mm，刚好一个大8开。

2.5mm灰板纸用纸令数：10000本/8开/500×（1+1.4%）=2.535（令）

壳面，经计算壳面展开尺寸为315 mm×485mm，正度纸4开，拼对开版出2本书的壳面，10000册印5000张对开纸，印1色加放0.9%，计算印1色的加放张数为45张，不足60张，按60张对开纸计算。

壳面157g/m²亚光铜版纸用纸令数：10000本/4开/500×（1+1.4%）+60×4色/1000
$$=5.31（令）$$

（2）PS版的选型与用量计算　选择是大度或正度尺寸的PS版，以及PS版的用量。

以画册《Knitting in No Time》为例，PS版的选型与用量计算如下：

内页，80页160P，4+4C，尺寸为280mm×210mm，大度16开，印张=160/16=10，即一本书刚好是10张对开纸正反面印刷。内页印版数：10×8色=80（张）。

环衬，前后环衬共计4页8面，单页尺寸为280mm×210mm，从这个尺寸可知开本为大度16开，4页即一张4开纸，拼对开版出2本书的环衬，单面印1个专色。环衬印版数：1张（由于满版印刷，也可以不用印版）。

壳面，经计算壳面展开尺寸为315 mm×485mm，正度纸4开，拼对开版出2本书的壳面，单面4色印刷。壳面印版数：4张。

（3）油墨的选型　分析印刷品的各构成部分的印刷色数，看是否有专色，是平版印刷油墨还是用到丝网印刷油墨。

以画册《Knitting in No Time》为例，油墨选择普通4色平版胶印油墨，环衬的专色由4色油墨调配而成。

（4）装订材料的选择　以画册《Knitting in No Time》为例，需要的装订材料有锁线用的丝线、精装用的背胶、糊壳胶、扫衬胶。

6．制定生产质量要求：分析印刷品的质量要求后制定印刷品应遵循的质量标准，特别的有特殊质量要求的如绿色环保要求、如封面覆膜的耐磨性要求要明确写明。

以画册《Knitting in No Time》为例，该书为出口画册，应遵循ISO12647-2胶印过程质量控制的标准。

7．设计与填写生产施工单。

以画册《Knitting in No Time》为例，生产施工单填写见表6-8。

表6-8　印刷生产施工单

印件名称	XXXXXXXX		客户名称		XXXXXXXX	
印件类别	画册类	开单时间	X年X月X日		交货时间	X年X月X日
成品尺寸	280mm×210mm	成品开度	大16开		成品数量	10000本
原稿	制作好的PDF文件和样稿					

构成	壳面	内页	环衬	板纸
P数	2P	160P	8P	4P
纸张类型与定量	157g/m²亚光铜版纸	128 g/m²亚光铜版纸	100 g/m²胶版纸	2.5mm厚灰板纸
纸张规格	787 mm×1092mm	889 mm×1194mm	889 mm×1194mm	889 mm×1194mm
用纸数量	2655张	54300张	2565张	1268张
印刷色数	4+0C	4+4C	1+0C（专紫色）	—

续表

拼版方式	对开单面版（出2本）	10套对开正反版	对开单面版（出2本书）	—
印刷版数	4块对开版	80块对开版	1块对开版	—
裁纸尺寸	783 mm ×540mm	885 mm ×595mm	885 mm × 595mm	书壳板纸：286 mm ×206mm 中径板纸：286 mm ×22mm
印刷机台	对开4色机	对开4色机	对开单色机	—
印刷色序	K，C，M，Y	K，C，M，Y	—	—
印版完成时间		X年X月X日	印刷完成时间	X年X月X日

印后加工	面纸加工	壳面过光胶
	内页加工	折页、粘环衬、配页、锁线、切书、书背贴纱布、堵头布、背脊纸、上壳面方背精装
	其他说明	
	完成时间	X年X月X日
包装方式		纸箱包装

跟单员：×××	业务员：×××	制单员：×××	负责人：×××
第一联：存根	第二联：调度	第三联：版房	第四联：印刷	第五联：印后

8. 编写工艺规程书。

工艺规程书包含有封面、目录、正文，正文包含以上的第1条到第7条的内容。

考核基本要求

1. 对给定的印刷品能分析所用的加工工艺，能识别和选择印刷工艺方法。
2. 能结合实际生产设备，制定生产流程和版式设计。
3. 能独立计算所用纸张数量和印版数量。
4. 能针对印刷品的特点制定工艺参数。
5. 了解印刷设备，能根据印刷品选择加工设备。
6. 能根据印刷品的特点制定生产质量要求。
7. 能填写印刷生产施工单。
8. 能独立编写印刷工艺规程书。

职业拓展　如何成为优秀的印刷职业经理人

当前，印刷业正处在加快转变发展方式，网络印刷、数字印刷、绿色印刷等战略性新兴业态正处于实现跨越式发展的重要机遇，行业的大发展大繁荣对印刷人才队伍建设提出了新的更高要求。印刷职业经理人是印刷企业的中流砥柱，印刷职业经理人须适应国际国内印刷领域经济、管理及技术的发展需要，不断提高自己，成为优秀的、成功的职业经理人。

如何成为优秀的印刷职业经理人？

第一，必须具备敬业、忠诚、负有责任感的职业道德；

第二，具备健康的心态、宽广的胸襟；

第三，在生产实践中不断积累专业知识，具有良好的专业知识，也是在经理人企业内部建立权威的有效方法；

第四，经理人不仅掌握管理、营销、财务、人事等各类基本知识，还应该熟悉与了解所在的行业与企业，能快速准确地做出决策；

第五，善于交际，善于沟通协调，摆好老板、员工、顾客之间的关系；

第六，具备带领团队的能力，能够识别、选拔、任用、评价和激励人才，完成制订的目标；

第七，具有开阔视野、全球性眼光，时刻了解国际国内最新行业及相关行业技术的发展新动态和发展趋势，适应新形势；

第八，不断创新变革，掌控企业发展战略，把握企业的未来发展。

技能知识点考核

1. 印刷工艺设计主要包含哪几个方面？
2. 大版版式设计主要考虑哪些方面因素？
3. 计算纸张用量时为什么要有加放？
4. 印刷生产施工单主要包含哪些方面内容？
5. 从影响印刷质量因素方面探讨如何加强印刷质量管理？

附录一

"印刷工艺"课程教学设计

"印刷工艺"课程教学大纲

课程名称：印刷工艺	课程编号：XX	课程总学时：72	学期：第 4 学期
前导课程：印刷技术基础、印刷色彩、印刷图像处理、图文排版与制作、印刷设备		后续课程：胶印机操作、特种印刷、印后加工工艺、印刷企业管理、毕业设计	

职业行动能力

　　一、职业行动分析：

　　1. 检查客户来的资料（图片、排版的文件、菲林、样稿等）是否齐全、是否与合同中的工艺要求相符、是否符合印刷工艺要求。

　　2. 分解工序，选定设备，开具工程单（主要是用料的计算和拼版要求）。

　　3. 生产进度的跟进。

　　4. 主要工序的质量检查：蓝纸的检查、印张的检查、毛书的检查、首册成书的检查。

　　二、职业行动能力要求：

　　1. 能熟练识别与分析印刷原稿、菲林、样稿等源文件的质量，精通各类印刷活件的生产工艺及其要求，掌握定单接洽、客户沟通的能力与技巧。

　　2. 针对不同定单确定工艺方法与生产流程、设计晒版与印刷版式、选定印刷材料类型、计算材料用量、制定生产工艺要求、编制印刷工程单或工艺规程等。

　　3. 了解工艺的基本操作与控制方法，能进行产品质量检测与故障分析处理，能读懂及理解印刷工程单和印刷工艺规程的要求。

　　4. 善于沟通协调、吃苦耐劳、遵守职业法规。

　　5. 具备一定的生产管理能力，掌握 ERP 印刷企业管理软件、5S 现场管理能力和较强的工作计划编制能力、新工艺新技术学习能力、分析与解决问题能力和创新能力。

学习目标

　　本课程以真实印刷产品印刷工艺规程的编制为载体，按印刷产品的工艺设计与生产过程设计了 7 个学习情境，以项目带内容，使学生针对具体生产任务全面掌握：

　　1. 常见印刷的工艺方法与原理。

　　2. 纸张、油墨等工艺要素的使用。

　　3. 印刷工艺参数与工艺过程控制。

　　4. 印刷工艺标准与产品质量标准。

　　5. 印刷工艺设计与现场工艺管理的基本方法。

　　学习结束后达到能进行印刷工艺跟单、工艺设计及工艺操作的基本要求，同时训练与提高学生独立思考能力、解决问题能力和职业素质，为参加并胜任印刷工艺生产打下良好的基础。

续表

课程名称：印刷工艺	课程编号：XX	课程总学时：72	学期：第 4 学期

教学内容：
1. 印刷工艺基本概念
2. 印刷工艺要素
3. 印刷工艺方法
4. 印后加工工艺流程
5. 彩色图像复制参数
6. 油、水不相溶机理与参数
7. 吸附与润湿机理与参数
8. 纸张
9. 油墨
10. 橡皮布
11. 胶水
12. 印刷工艺过程控制
13. 印刷品质量特性与标准
14. 印刷品质量评价
15. 印刷质量控制信号条
16. 胶印过程中的质量控制系统
17. 印刷工艺设计
18. 印刷工价计算
19. 印刷工艺条件标准与控制
20. 印刷生产工程单
21. 印刷工艺规程及其编制
22. 印刷工艺跟踪与管理

教学方法建议：
布置任务→讲解要点→现场教学→实训项目→编制工艺规程→分组讨论→项目成果评价→师生教学总结

教学资源：
1. 教材
自编讲义《印刷工艺》，正在与海德堡公司、深圳嘉年股份有限公司等企业合作编写"十二五"职业教育国家级规划教材《印刷工艺》。
2. 教学文件
包括教学大纲、课程设计方案、考核方案、教学进度表、电子教案、电子课件、实训项目卡（单）、印刷工艺设计指导书等。
3. 其他相关教学资料
● 真实印刷产品——形态各异的精装印刷画册百余册。
● 雅昌、中华商务等 5 家大型印刷企业的典型印刷施工单参考样本。
● 深圳地区常用印刷材料报价单，印刷工价单等。
4. 网络教学资源
参见《印刷工艺》精品课程网站及网络课程网站资源。
5. 设备
印前、印刷及印后加工设备；密度计、读数显微镜等。
6. 可供现场教学的校外生产性实训基地。

学生能力要求：
学生针对具体生产任务掌握平版印刷、凹版印刷、柔性版印刷的基本原理、工艺过程及其应用；弄清印版、纸张、油墨等印刷工艺材料的组成、印刷适性和使用方法；掌握印刷的三大基本原理和过程中的印刷压力、水墨平衡、彩色套印工艺原理与过程控制方法，弄懂印刷质量的数据化、规范化控制和管理方法，学会工艺设计的内容和方法，理解印刷工艺中所涉及的要素和参数，提高分析和解决实际生产问题的能力，达到能进行印刷工艺跟单、工艺设计及现场生产管理的要求。

教师能力要求：
1. 精通印刷技术原理与工艺技术。
2. 具有丰富的印刷工艺生产经验。
3. 能解决常见印刷工艺生产出现的问题。
4. 具有较强的表达能力、课程设计能力、教学创新能力和课堂组织能力。

考核方式：
本课程采用形成性考核方式，过程项目考核占总成绩的 60%（每项目 10 分），由主讲教师评定；综合训练项目——印刷工艺规程编制占总成绩的 30%，由企业岗位主管评定；平时考勤及综合表现占 10%。

"印刷工艺"课程学习情境方案设计

学习 情境	学习情境 1	学习情境 2	学习情境 3
学习 情境	布置、分析与熟悉印刷工艺相关工作任务	印刷工艺方法与流程认知与选用	印刷产品工艺参数的设计与选取
学习 目标	明确学习目标和内容，弄清教学安排与工作任务要求	学习与掌握印刷工艺的基本概念和五大要素，熟悉印刷品生产的常用印制工艺流程	理解印刷的三大基本原理及重要参数概念，并将其融会贯通于工艺技术学习全过程之中
学时	2	12	8
教学载体要求	精装画册印刷工艺设计任务布置	精装画册印刷工艺方法选择与工艺流程设计	精装画册印刷工艺参数的设定与选取
知识点	1. 工作任务布置、分工与学习内容 2. 分析与熟悉工作任务 3. 明确本课程的学习意义与要求	一、印刷工艺基本概念 二、印刷工艺要素 三、印刷工艺方法 1. 平版印刷工艺 2. 凹版印刷工艺 3. 柔性版印刷工艺 4. 丝网版印刷工艺 5. 数码印刷工艺 6. 组合印刷工艺 四、印后加工工艺流程	一、彩色图像复制参数 1. 四色与专色印刷 2. 分色与色彩还原技术 3. 加网基本原理 4. 加网的基本参数 二、油、水不相溶机理与参数 1. 极性分子和非极性分子 2. 分子间作用力 3. 相似相溶原理 4. 印刷中的油、水不相溶机理与参数 三、吸附与润湿机理与参数 1. 表面张力和界面张力 2. 吸附的基本概念和类型 3. 印刷中的润湿与吸附 4. 润版液的作用、种类和成分 5. 亲水胶体的作用 6. 润版液的 pH
重点推荐教学方法	任务布置、引探法	讲解要点→现场教学→实训项目	讲解要点→现场教学→实训项目
教学资源	教材、项目实训指导书、精装印刷画册、多媒体课件、印刷工艺设计书样本等	教材、项目实训指导书、精装印刷画册、多媒体课件、项目卡（单）、印刷工艺设计书样本、校外精装书刊印刷生产性实训基地等	教材、项目实训指导书、精装印刷画册、多媒体课件、项目卡（单）、印刷工艺设计书样本等
教学地点	印刷媒体技术实训室	印刷媒体技术实训室、校外精装书刊印刷生产性实训基地	印刷媒体技术实训室

续表

学习情境	学习情境 4	学习情境 5	学习情境 6
学习情境	印刷物料的认知、选用与应用设计	印刷工艺过程与控制	印刷品质量检测与控制
学习目标	理解常用纸张、油墨的基本性能、印刷适性要求和使用常识，了解润版液、橡皮布及其他印刷材料的基本种类、性能及用法。能根据产品要求选择材料的种类，计算材料的用量	理解印刷压力概念及其与印刷过程和质量的关系，能进行压力的基本调试；水墨平衡的含义、对印刷质量的影响、控制方法；理解色序对印刷色彩再现的影响，能根据不同印刷品选择色序	1. 能对印刷品质量进行定性的分析评价； 2. 会使用信号条检测印刷产品的实地密度、叠印率、印刷 K 值、网点扩大值、套印误差等指标
学时	12	14	6
教学载体要求	精装画册的纸张选型与印刷版式设计	不同印刷设备的选型与印刷计价	印刷信号条检测与分析
知识点	一、纸张 1. 纸张基础知识 2. 纸张规格及其计算 3. 纸张印刷适性 4. 常用印刷纸张 二、油墨 1. 油墨基础知识 2. 油墨印刷适性 3. 油墨的颜色与调配 4. 油墨与印刷色序 5. 常用印刷油墨 三、橡皮布 四、胶水	1. 印刷压力及其控制 2. 水墨平衡及其控制 3. 多色套印及其控制	一、印刷品质量特性与标准 1. 印刷品质量特性 2. 印刷质量指标的检测与计算方法 3. 印刷质量标准 二、印刷品质量评价 1. 印刷品质量评价的内容 2. 印刷品质量评价的方法 三、印刷质量控制信号条 1. 印刷信号条的基本结构和使用原理 2. 常用信号条的结构和原理 四、胶印过程中的质量控制系统 1. 质量控制系统的基本功能 2. CPC 质量控制系统的基本组成和原理
重点推荐教学方法	讲解要点→现场教学→实训项目→分析计算→小组讨论	讲解要点→现场教学→实训项目→分析计算→小组讨论	讲解要点→现场教学→实训项目→检测→计算
教学资源	教材、项目实训指导书、精装印刷画册、多媒体课件、印刷工艺设计书样本、纸张样本、尺子等	教材、项目实训指导书、精装印刷画册、多媒体课件、项目卡（单）、印刷工艺设计书样本、PS 版、胶印机等	密度计、放大镜、印有信号条的印刷样张、教材、项目实训指导书、精装印刷画册、多媒体课件、项目卡（单）、印刷工艺设计书样本等
教学地点	印刷媒体技术实训室	印刷媒体技术实训室	印刷媒体技术实训室

学习情境 7

印刷工艺设计与管理、课程总结

结合课程给定的工作任务，学习印刷工艺设计与管理的流程与要求，制定印刷工艺规程编制的步骤和方法，确定印刷工艺规程的内容大纲

18

精装画册印刷工艺规程编制、本课程应知应会要点总结；课程教学过程总结；成果互评

一、印刷工艺设计
1. 印刷工艺设计的作用与内容
2. 印刷版式设计
3. 印刷材料的设计与预算
4. 印刷工艺流程的设计
5. 印刷工艺参数的设定
6. 印刷设备的选型
二、印刷工价计算
三、印刷工艺条件标准与控制
1. 印刷工艺环境条件
2. 印刷工艺作业条件
四、印刷生产工程单
1. 印刷工程单的作用
2. 印刷工程单的内容组成
3. 印刷工程单的填写
五、印刷工艺规程及其编制
1. 印刷工艺规程对生产的指导意义
2. 印刷工艺规程的内容组成
3. 印刷工艺规程的编制方法和程序
六、印刷工艺跟踪与管理

布置任务→讲解要点→现场教学→实训项目→填写印刷工程单→编制工艺规程→分组讨论→项目成果评价

教材、项目实训指导书、精装印刷画册、多媒体课件、印刷工艺设计书样本、印刷工程单、项目卡（单）等

印刷媒体技术实训室

"印刷工艺"课程学习情境设计表

学习情境 1：	布置、分析与熟悉印刷工艺相关工作任务	学时：	2
所属课程名称	印刷工艺	学期	第 4 学期

学习目标
明确学习目标和内容，弄清教学安排与工作任务要求

学习内容	**教学方法建议**
1. 工作任务布置、分工与学习内容 2. 分析与熟悉工作任务 3. 明确本课程的学习意义与要求 重点： 明确本课程学习任务与工作任务 难点： 无	（如：项目教学法、考察法、引导文法、头脑风暴法） 任务布置、引探法
	教学资源 教材、项目实训指导书、精装印刷画册、多媒体课件、印刷工艺设计书样本等

教学载体
精装画册印刷工艺设计任务布置

学生基础要求	**教师能力要求**
具有印刷技术基础，熟悉印前与印刷技术原理，了解印刷工艺流程	1. 精通印刷技术原理与工艺技术 2. 具有丰富的印刷工艺生产经验 3. 能解决常见印刷工艺生产出现的问题 4. 具有较强的表达能力、课程设计能力、教学创新能力和课堂组织能力

考核方式
无考核

续表

学习情境 2：	印刷工艺方法与流程认知与选用	学时：	12
所属课程名称	印刷工艺	学期	第 4 学期

学习目标

学习与掌握印刷工艺的基本概念和五大要素，熟悉印刷品生产的常用印制工艺流程

学习内容	教学方法建议
一、印刷工艺基本概念 二、印刷工艺要素 三、印刷工艺方法 1. 平版印刷工艺 2. 凹版印刷工艺 3. 柔性版印刷工艺 4. 丝网版印刷工艺 5. 数码印刷工艺 6. 组合印刷工艺 四、印后加工工艺流程 重点： 印刷工艺方法及其应用；印后加工工艺方法 难点： 组合印刷工艺方法及其应用	（如：项目教学法、考察法、引导文法、头脑风暴法） 讲解要点→现场教学→实训项目 **教学资源** 教材、项目实训指导书、精装印刷画册、多媒体课件、项目卡（单）、印刷工艺设计书样本、校外精装书刊印刷生产性实训基地等

教学载体

精装画册印刷工艺方法选择与工艺流程设计

学生基础要求	教师能力要求
具有印刷技术基础，熟悉印前与印刷技术原理，了解印刷工艺流程	1. 精通印刷技术原理与工艺技术 2. 具有丰富的印刷工艺生产经验 3. 能解决常见印刷工艺生产出现的问题 4. 具有较强的表达能力、课程设计能力、教学创新能力和课堂组织能力

考核方式

考核项目 1，主要针对实训报告评分，百分制，占课程总评成绩的 10%

续表

学习情境 3:	印刷产品工艺参数的设计与选取	学时:	8
所属课程名称	印刷工艺	学期	第 4 学期

学习目标

理解印刷的三大基本原理及重要参数概念，并将其融会贯通于工艺技术学习全过程之中

学习内容	教学方法建议
一、彩色图像复制参数 1. 四色与专色印刷 2. 分色与色彩还原技术 3. 加网基本原理 4. 加网的基本参数 二、油、水不相溶机理与参数 1. 极性分子和非极性分子 2. 分子间作用力 3. 相似相溶原理 4. 印刷中的油、水不相溶机理与参数 三、吸附与润湿机理与参数 1. 表面张力和界面张力 2. 吸附的基本概念和类型 3. 印刷中的润湿与吸附 4. 润版液的作用、种类和成分 5. 亲水胶体的作用 6. 润版液的 pH 重点: 彩色图像复制原理与参数确定、水墨平衡原理与参数确定 难点: 彩色图像复制原理与参数确定	讲解要点→现场教学→实训项目 **教学资源** 教材、项目实训指导书、精装印刷画册、多媒体课件、项目卡（单）、印刷工艺设计书样本等

教学载体

精装画册印刷工艺参数的设定与选取

学生基础要求	教师能力要求
具有印刷技术基础，熟悉印前与印刷技术原理，了解印刷工艺流程	1. 精通印刷技术原理与工艺技术 2. 具有丰富的印刷工艺生产经验 3. 能解决常见印刷工艺生产出现的问题 4. 具有较强的表达能力、课程设计能力、教学创新能力和课堂组织能力

考核方式

考核项目 2，主要针对实训报告评分，百分制，占课程总评成绩的 10%

续表

学习情境 4：	印刷物料的认知、选用与应用设计	学时：	12
所属课程名称	印刷工艺	学期	第 4 学期

学习目标

理解常用纸张、油墨的基本性能、印刷适性要求和使用常识，了解润版液、橡皮布及其他印刷材料的基本种类、性能及用法。能根据产品要求选择材料的种类，计算材料的用量

学习内容	教学方法建议
一、纸张 1. 纸张基础知识 2. 纸张规格及其计算 3. 纸张印刷适性 4. 常用印刷纸张 二、油墨 1. 油墨基础知识 2. 油墨印刷适性 3. 油墨的颜色与调配 4. 油墨与印刷色序 5. 常用印刷油墨 三、橡皮布 四、胶水 重点： 纸张、油墨的印刷适性，规格、用量计算及其应用设计等 难点： 纸张的计算	讲解要点→现场教学→实训项目→分析计算 →小组讨论
	教学资源 教材、项目实训指导书、精装印刷画册、多媒体课件、印刷工艺设计书样本、纸张样本、尺子等

教学载体

精装画册的纸张选型与印刷版式设计

学生基础要求	教师能力要求
具有印刷技术基础，熟悉印前与印刷技术原理，了解印刷工艺流程	1. 精通印刷技术原理与工艺技术 2. 具有丰富的印刷工艺生产经验 3. 能解决常见印刷工艺生产出现的问题 4. 具有较强的表达能力、课程设计能力、教学创新能力和课堂组织能力

考核方式

考核项目 3，主要针对实训报告评分，百分制，占课程总评成绩的 10%

续表

学习情境 5:	印刷工艺过程与控制	学时:	14
所属课程名称	印刷工艺	学期	第 4 学期

学习目标

理解印刷压力概念及其与印刷过程和质量的关系，能进行压力的基本调试；水墨平衡的含义、对印刷质量的影响、控制方法；理解色序对印刷色彩再现的影响，能根据不同印刷品选择色序。

学习内容	教学方法建议
1. 印刷压力及其控制 2. 水墨平衡及其控制 3. 多色套印及其控制 重点： 多色套印及其控制 难点： 印刷压力及其控制	讲解要点→现场教学→实训项目→分析计算→小组讨论

教学资源（下半格）
教材、项目实训指导书、精装印刷画册、多媒体课件、项目卡（单）、印刷工艺设计书样本、PS 版、胶印机等

教学载体

不同印刷设备的选型与印刷计价

学生基础要求	教师能力要求
具有印刷技术基础，熟悉印前与印刷技术原理，了解印刷工艺流程	1. 精通印刷技术原理与工艺技术 2. 具有丰富的印刷工艺生产经验 3. 能解决常见印刷工艺生产出现的问题 4. 具有较强的表达能力、课程设计能力、教学创新能力和课堂组织能力

考核方式

考核项目 4，主要针对实训报告评分，百分制，占课程总评成绩的 10%

续表

学习情境6：	印刷品质量检测与控制	学时：	6
所属课程名称	印刷工艺	学期	第4学期

学习目标
1. 能对印刷品质量进行定性的分析评价
2. 会使用信号条检测印刷产品的实地密度、叠印率、印刷 K 值、网点扩大值、套印误差等指标

学习内容
一、印刷品质量特性与标准
1. 印刷品质量特性
2. 印刷质量指标的检测与计算方法
3. 印刷质量标准
二、印刷品质量评价
1. 印刷品质量评价的内容
2. 印刷品质量评价的方法
三、印刷质量控制信号条
1. 印刷信号条的基本结构和使用原理
2. 常用信号条的结构和原理
四、胶印过程中的质量控制系统
1. 质量控制系统的基本功能
2. CPC 质量控制系统的基本组成和原理
重点：
印刷质量控制信号条及其使用原理与方法
难点：
印刷质量控制信号条及其使用原理与方法

教学方法建议
讲解要点→现场教学→实训项目→检测→计算

教学资源
密度计、放大镜、印有信号条的印刷样张、教材、项目实训指导书、精装印刷画册、多媒体课件、项目卡（单）、印刷工艺设计书样本等

教学载体
印刷信号条检测与分析

学生基础要求
具有印刷技术基础，熟悉印前与印刷技术原理，了解印刷工艺流程

教师能力要求
1. 精通印刷技术原理与工艺技术
2. 具有丰富的印刷工艺生产经验
3. 能解决常见印刷工艺生产出现的问题
4. 具有较强的表达能力、课程设计能力、教学创新能力和课堂组织能力

考核方式
考核项目5，主要针对实训报告评分，百分制，占课程总评成绩的 10%

"印刷工艺"实训项目指导书

项目1

项目名称：精装画册印制工艺方法与流程设计

学　　时：2

训练目的

1. 对所学印刷工艺进行综合性运用，加深理解；进一步熟悉生产工艺流程。

2. 学会针对具体印刷产品进行工艺方法的选择、组合应用。

3. 能设计精装画册的印制生产流程框图。

方法与步骤

1. 分析印件，了解产品特点与要求。

2. 产品各部位印刷方法分析。

3. 印刷流程分析与确定

4. 画出流程框图。

5. 填写实训报告单。

考核基本要求

1. 每人独立完成设计内容，并上交一份实训报告。

2. 项目设计期间指导教师负责指导和答疑，学生相互间可以进行讨论，但必须独立完成，不得抄袭。

3. 指导教师根据学生实训表现和上交的实训报告内容合理进行打分，本项目占课程成绩的10%。

所需工具、材料、设备等

1. 设备：印前、印刷、印后工艺加工设备。

2. 工具：长尺、短尺、剪刀、戒刀、放大镜、计算器（自备）等。

3. 材料：白纸、装订材料等。

项目2

项目名称：精装画册的印刷工艺参数设计

学　　时：2

训练目的

1. 针对所给定的精装画册，制定分色色数、色别、加网线数、各色加网角度、网点类别等。

2. 能根据不同印刷品确定色序。

3. 理解印刷压力等工艺参数的概念和要求。

方法与步骤

1. 分析印件的色彩特性。

2. 制定分色色数、色别、加网线数、各色加网角度、网点类别。

3. 分析与确定色序。

4. 确定印刷压力、环境温湿度、润版液pH。

5. 填写实训报告单。

考核基本要求

1. 每人独立完成设计内容，并上交一份实训报告。

2. 项目设计期间指导教师负责指导和答疑，学生相互间可以进行讨论，但必须独立完成，不得抄袭。

3. 指导教师根据学生实训表现和上交的实训报告内容合理进行打分，本项目占课程成绩的10%。

所需工具、材料、设备等

1. 设备：无。

2. 工具：长尺、短尺、剪刀、戒刀、放大镜、计算器（自备）等

3. 材料：白纸等。

项目3

项目名称：精装画册拼版版式设计

学　　时：6

训练目的

1. 理解各种印刷版式的摆放原理和处理方法。

2. 训练针对不同印刷品设计印刷版式。

3. 能按标准绘制拼版版式图。

方法与步骤

1. 分析印件，了解产品特点与结构。

2. 折封面小样，绘制封面版式图。

3. 折内文小样，绘制内文版式图。

4. 填写实训报告单。

考核基本要求

1. 每人独立完成设计内容，并上交一份实训报告。

2. 项目设计期间指导教师负责指导和答疑，学生相互间可以进行讨论，但必须独立

完成，不得抄袭。

3．指导教师根据学生实训表现和上交的实训报告内容合理进行打分，本项目占课程成绩的10%。

所需工具、材料、设备等

1．设备：无。

2．工具：长尺、短尺、剪刀、戒刀、放大镜、计算器（自备）等。

3．材料：白纸等。

项目4

项目名称：印刷设备的选型与工价计算

学　　时：6

训练目的

1．针对所给定的精装画册的结构，选择各部位所用纸张的类型；

2．各据产品的特点，选择各加工工艺所用的设备；

3．计算出给定印量画册的印版、纸张用量。

方法与步骤

1．认知常用纸张类型，了解其主要用途。

2．收集并熟悉常用印刷设备的型号、使用功能、加工产品类型等。

3．根据项目2所设计的版式，计算印刷版用量。

4．根据项目2所设计的版式，计算印刷纸张用量。

5．填写实训报告单。

考核基本要求

1．每人独立完成设计内容，并上交一份实训报告。

2．项目设计期间指导教师负责指导和答疑，学生相互间可以进行讨论，但必须独立完成，不得抄袭。

3．指导教师根据学生实训表现和上交的实训报告内容合理进行打分，本项目占课程成绩的10%。

所需工具、材料、设备等

1．设备：印前、印刷、印后设备。

2．工具：长尺、短尺、剪刀、戒刀、放大镜、计算器（自备）等。

3．材料：白纸等。

项目5

项目名称：印刷信号条检测与分析

学　　时：2

训练目的

1．加深理解印刷质量特性与指标的定义、检测及计算方法。

2．学会使用信号条检测与分析印刷质量。

3．学会运用国家标准综合评价印刷质量。

方法与步骤

1．用目视方法判断样张的印刷色数和色别。

2．用目视等方法定性分析所发样张的质量情况。

3．用密度计检测的方法检测信号条并计算样张的实地密度（黄、品红、青、黑）、叠印率、网点扩大值、印刷K值。

4．按国家标准综合评价样张的质量等级（优等品、一等品、合格品）。

考核基本要求

1．能独立使用密度计进行密度和网点面积的检测。

2．每人上交一份实习报告，内容包括：

①实习项目名称。

②使用材料、工具、仪器。

③检测数据。

④指标计算。

⑤质量分析与评价。

所需工具、材料、设备等

1．仪器：彩色密度计。

2．材料：带信号条的彩色印刷样张。

3．工具：放大镜等。

综合训练项目——印刷工艺规程编制

共10学时

一、设计目的

"印刷工艺课程设计"是在"印刷工艺"课中穿插进行的综合设计训练，它是理论与实践相结合的一个重要的教学环节。学生通过对指定印刷品的生产制作工艺规程进行设计，加深对所学课程内容的理解，进一步熟悉印刷生产工艺流程和专业理论知识，学会工艺设计的基本步骤、方法及内容，掌握印刷工艺规程的制定与编写，为今后的印刷生产奠定一定的能力基础。

二、设计任务

1．设计印件对象：指定精装画册。

2．设计内容：在对印件做出基本分析的前提下，对产品的材料、工艺方法、价格、设备选型、工艺条件及参数、制版版式、生产质量要求等进行设计，并设计和填写施工单。

3．编制印刷工艺规程（设计书）。

4．填写实训报告单。

三、设计内容

1．印品分析，包括：

印件的名称：《××××××…》

印件类别分析：彩色精装画册。

印件构成特点：内文？P；扉页？；书封壳？；封套？；其他？。

尺寸：大度？正度？；开本？；长、宽、厚？。

印制要求：色数？；整体质量要求？；装订要求？；印数要求：3000印。

2．工艺方法与流程设计

工艺方法讨论、设计工艺流程框图。

3．材料的选择与设计

内文纸张的选型与用量计算

给定纸张类型：

正度：787 mm × 1092mm；

大度：850 mm × 1168 mm；880 mm × 1230 mm；889 mm × 1194 mm；

特度：841mm × 1189mm，1000mm × 1414mm，917mm × 1297mm

封面材料的选型与用量计算

PS 版的选型与用量计算

对开？四开？国产？进口？

油墨的选型

参考类型：日本东洋油墨；深圳深日油墨；天津？上海？进口？其他油墨？

装订材料的选择

设计材料清单（表格）

4．制版版式设计

拼版版式设计、晒版版式设计。

5．产品计价

材料费计算

（1）纸张参考价格（仅供教学练习参考）：

铜版纸：8000元/t；　　　哑粉纸：8000元/t；

胶版纸：7000元/t。

（2）PS版参考价格（仅供教学练习参考）：

CTP版（对开）：70元/张；

CTP版（4开）：50元/张。

（3）其他材料费含在加工费中。

印刷加工费计算

参见印刷工价表。

产品报价：材料费+印刷加工费+20%左右利润。

注：以上所有参考价格和利润不代表各地现行市场数据，只作教学计算参考数据。

6．设备选型

制版、印刷设备选型；印后加工设备选型；编制设备清单（表格）。

7．工艺条件及参数设计

印刷色数、网点加网线数、各色版网点角度、印刷色序、印刷速度、压力、环境温湿度、润版液种类成分及pH、装订的相关工艺条件及参数等。

8．生产质量要求

根据具体印品和所学过的专业知识，参考国家标准进行自行设计。

9．生产施工单的设计与填写

（1）印刷施工单的组成

又称生产传票、工作单、工程单、生产指令单，基本组成共五联：

第一联：存根　　　　　第二联：调度　　　　　第三联：版房

第四联：印刷　　　　　第五联：印后加工

（2）印刷施工单的内容

①表头：公司名称及标志，如：×××…公司生产施工单。

②合同号、日期。

③客户、品名。

④印数、规格、成品尺寸、钉式。

⑤页码数、色数、用纸类型。

⑥拚晒版图示及要求。

⑦印刷提示（要求）及内容。

⑧切纸提示（要求）。

⑨装订内容及要求。

⑩手工及后加工内容及要求。

⑪签字栏：制单及审核员，日期。

提供4-5种印刷厂的施工单作参考。

10．印刷工艺规程设计书的编写

封面（含设计书名称、设计者、指导教师、班级、日期等）。

目录。

正文

（1）印品的分析　包括印品的名称、类别、色彩与图像方面的特点、印刷色数、构成特点、尺寸、印制要求（印刷数量可以5000册计）等。

（2）印刷制作工艺方法分析及印制生产流程框图。

（3）各工艺所用设备选型

附设备清单（表格）

（4）拼版和晒版版式图（请画出所有版式图纸）。

（5）材料的选择与设计。

①纸张的选型与用量计算

②封面材料的选型与用量计算

③PS版的选型与用量计算

④油墨的选型

⑤装订材料的选择

⑥附材料清单（表格）

（6）成品价格计算：计算单价和总金额（利润按20%计），计算内容和步骤要写清楚。

（7）各工艺参数。

印刷分色色数、网点加网线数、各色版角度、印刷色序、印刷环境温湿度、润版液pH等工艺参数。

（8）生产质量要求。

原稿质量、扫描、分色、加网质量、晒版质量、印刷质量、印后加工质量等；

（9）设计与填写生产施工单。

参考资料。

实训报告单。

四、设计要求

1. 每人独立完成一份指定画册的工艺设计，并上交一份工艺规程（或工艺指导书）。

2. 工艺规程（或工艺指导书）统一用A4纸打印，版面自行设计，与设计图纸和实训报告单（放在最后）装订成册，于规定时间内上交。

3. 除调研和查阅资料外，课程设计必须在指定教室进行，不得回寝室或回家进行。

4. 设计期间指导教师负责指导和答疑，学生相互间可以进行讨论，但工艺规程必须独立完成，不得抄袭。

五、学生用设计资料

①设计指导书   ②教学大纲

③实训项目单（卡）、实训报告单   ④印刷行业标准

⑤印刷厂生产施工单   ⑥常用印刷材料报价单、印制工价单

⑦各种印刷机型版材尺寸对照表   ⑧精装画册，1册/人

六、成绩考核与评定

1. 指导教师和企业生产主管联合审定和评定学生工艺设计规程并进行打分，两者平均值为工艺设计的分值，按30%比例计入课程总成绩。

2. 若发现工艺规程有抄袭现象，按零分处理。

参考文献

[1] 艾海荣. 印刷材料 [M]. 北京：中国轻工业出版社，2011.

[2] UPM培训材料，2008.

[3] 钟兆魂. 材料对印刷质量的影响. Heidelberg培训材料，2004

[4] 陈蕴智. 印刷材料学 [M]. 北京：中国轻工业出版社，2011.

[5] 齐晓堃. 印刷材料及适性（第二版）[M]. 北京：印刷工业出版社，2008.

[6] 印刷环保技术重点实验室. 绿色印刷技术指南 [M]. 北京：印刷工业出版社，2011.

[7] 周景辉. 纸张结构与印刷适性 [M]. 北京：中国轻工业出版社，2013.

[8] 刘彩凤. 设计与印刷案例宝典 [M]. 北京：印刷工业出版社，2007.

[9] 金杨. 数字化印前处理原理与技术 [M]. 北京：化学工业出版社，2006.

[10] 马若丹. 印刷跟单速学速通 [M]. 北京：印刷工业出版社，2009.

[11] 竹内秀郎. 印刷现场管理 [M]. 北京：印刷工业印刷社，2007.

[12] Gary G.Field. 印刷生产管理 [M]. 北京：印刷工业印刷社，2007.

[13] 何晓辉. 印刷原理与工艺 [M]. 北京：印刷工业印刷社，2008.

[14] 冯瑞乾. 印刷原理及工艺 [M]. 北京：印刷工业印刷社，1999.